系統分析與設計
－ 使用 UML

余顯強、傅詠絮　編著

全華圖書股份有限公司

序言 Preface

筆者曾在資訊企業服務近 20 年，累積許多整合系統開發的實務，包括多語系分散式系統的建置經驗，亦曾負責跨國開發的專案。深深感受到系統分析與設計是結合理論、方法、實務技術與經驗能力的專業，涉及的範圍包含了管理、分析、設計，以及產業領域知識（domain knowledge）的一門科學。團隊如果能夠熟悉各類型系統分析與設計的特徵，和標準化的塑模規範，對於分析的需求管理、設計的塑模視覺化、開發程序的掌控、成員溝通的便利、文件規範的規格化等等，都有極大的助益。

在業界服務多年後，因緣際會進入學術界。坊間許多系統分析與設計的書籍，大多著墨於理論或是工具的介紹，且偏重在結構化的系統分析與設計，著墨於較缺乏依據現今物件導向實務的角度，導致無法滿足產學接軌的需求。

因此，本書的撰寫，著重在三個主軸：

一、完整介紹系統分析與設計的基礎理論。先從基本觀念，到開發模式的歷史演進與特性，逐一詳述說明，使讀者能快速掌握各類型開發模式的特性與脈絡。

二、掌握標準化的塑模工具。將 UML 最新 2.5 版本的視圖，做最完整詳盡地剖析，從最基礎的定義、圖示的意義，延續到圖形的組合。最後逐一介紹各個視圖的使用時機，與對應於系統分析與設計的每個關鍵點。

三、結合實務經驗與物件導向技術。系統分析與設計的學習必須能夠兼顧理論、設計與開發實務。尤其是以物件導向的觀點進行分析與設計，進而產出符合物件導向技術的文件。由於資訊系統更迭迅速，加上應用環境的複雜更勝以往，學習資訊技能的壓力日以倍增。必須能夠兼顧速成與紮實，才能儘快掌握整體所需的技能，取得資訊市場競爭的優勢。

最後，本書去除冗餘的理論與操作，力求具體扼要，透過詳盡的內容、豐富的圖解，搭配實際案例的介紹，改變傳統資訊圖書強調單一專業、只

是掌握理論與工具的主題形式。將筆者過往在業界長期系統分析與設計的實務，以及近年審查公私立機關系統建置的經驗，融入本書的編寫。期許能夠藉由本書的學習，使讀者能夠輕鬆的進入物件導向系統開發與設計的領域，不僅獲得完整的觀念與知識，也能切實掌握系統分析與設計的實務技巧。

目錄 Contents

CH8 UML 行為塑模視圖

第3單元 專案

CH9 專案管理

CH10 專案確認與組織

第4單元 物件導向系統分析

CH11 系統需求調查

CH12 系統需求分析

第5單元 物件導向系統設計

CH13 系統設計

CH14 使用介面設計

CH15 資料庫設計

第6單元 開發與交付

CH16 實作

CH17 測試

CH18 上線維運

系統分析與設計概念

1-1 簡介

1. 系統開發

廣義的**系統開發**（system development）是指軟體資訊系統的開發程序，定義為：運用資訊科技及資訊系統開發方法，來建構**實體的**（physical）或**邏輯的**（logical）系統，以達到特定的目標或功能，協助人們解決資訊處理的需求。其中，資訊科技包含電腦、網路及通訊科技，而資訊系統開發的方法，則可以包括系統分析與設計、資料庫設計及專案管理等。簡單的說，資訊系統就是蒐集、傳遞、儲存與處理資料，並產生活動所需資訊的軟體。

基本上，可以將系統開發分為：系統分析、系統設計、實施三個主要階段。各階段可以再細分如圖 1-1 所示的項目：

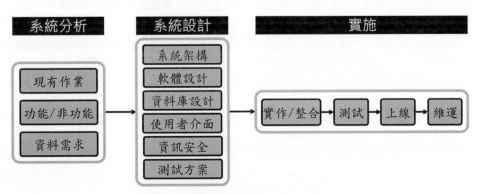

圖 1-1　系統分析階段主要執行項目

(1) 系統分析（system analysis）

系統分析階段進行使用者、軟硬體環境條件的需求取得與分析。如表 1-1 所示，常見的系統分析包括現行業務流程的需求分析與使用者需求、功能性、非功能性與資料的需求分析。

表 1-1　系統分析的項目

需求項目	說明
現行作業	了解現行系統中的業務流程、作業流程以及相關的問題和限制。
使用者需求	與使用者和利害關係人溝通，收集並明確定義使用者的需求和期望。
功能需求	確定系統所需的功能和特性，包括必須和可選功能。
非功能性需求	確定系統的非功能性需求，如性能、安全、可靠性等。
資料需求	確定系統所需的數據和資料，包括資料儲存與交換格式等需求。

(2) 系統設計（system design）

在系統設計階段，基於系統分析的結果，進行系統的架構和結構設計。如表 1-2所示，主要設計的內容包括：資訊系統的軟體架構、資料庫綱要（schema）、使用者介面（user interface，UI）、資訊安全與測試等設計。

表 1-2　系統設計的內容

設計項目	說明
系統架構	確定系統的整體架構，包括模組和元件的設計。
軟體設計	設計軟體的結構和層次，確保模組之間整合與互動。
資料庫設計	資料庫綱要的設計，包括表格、關聯和索引等。
使用者介面	針對不同平台、環境設計系統，並考量使用者最便利的操作介面。
資訊安全	設計系統的安全措施，保護機敏資料和防範潛在的威脅。
測試方案	規劃系統的測試策略和測試案例，以確保系統的品質。

⊕» **補充說明**

本書多處會出現「使用者」與「客戶」等用詞。

»» 使用者是指最終使用系統或服務的個人或群體,例如手機應用程式的使用者、網站的訪客。

»» 客戶則是指也就是委託開發團隊進行系統開發的原始單位,例如企業、組織、機構的員工或操作人員。

(3) 實施(implementation)

根據系統設計階段所確定的系統架構和功能進行軟體開發,撰寫系統中的各個模組和功能的程式,並進行測試、上線與維運等項目。

表 1-3　系統實施的項目

實施項目	說明
實作	進行軟體開發、程式撰寫。
整合	將各個模組和功能整合成一個完整的系統,確保各個部分能夠順利運作。
測試	進行各種層次的測試,包括單元測試、整合測試、系統測試等,以驗證系統的功能和性能是否符合預期。
上線	將系統部署到實際運作的環境,讓真正的使用者可以開始使用。
維運	系統上線後需要進行持續性的維護和支援,包括錯誤修正、功能擴充、安全性更新等。

系統開發的過程中,除了必須掌握適當的方法與程序,更重要的是如何將分析與設計的成果編寫成標準的元件。因此,除掌握各種方法與程序,熟悉 UML(統一塑模語言,unified modeling language,簡稱 UML)視圖(diagram)的繪製,也是系統分析與設計非常重要的關鍵。使用 UML 視圖,不僅符合國際軟體開發的標準,還可以具有下列優勢:

a. 簡單、統一的特點,能夠提供開發團隊,以一種視覺化圖形的方式理解系統的功能需求。

b. 統一各種方法對系統類型、開發階段、內部概念的不同觀點,有效地解決各種塑模語言之間的差異。

c. 不僅應用於各類資訊系統的開發，也非常適合應用在平行或是分散式系統開發的塑模。

2. 系統分析與設計的重要性

系統開發是一個複雜的過程，任何階段都可能發生錯誤，影響後續的開發作業，甚至造成專案的失敗。以下是常會導致軟體錯誤的環節：

(1) 分析階段

分析階段是系統開發非常重要的關鍵，通常會有下列錯誤情況，導致系統設計和開發無法符合使用者的期望。

a. 需求不明確、不完整、不一致或不可行，造成系統無法符合使用者的期望。

b. 需求變動頻繁或沒有及時反映到設計和開發階段，導致系統功能和品質受到影響。

c. 需求沒有和使用者充分溝通和確認，導致系統測試和驗收時出現問題。

因此，分析階段需要注意以下事項，以避免發生後續的問題：

a. 採用適當的方法和工具來蒐集、分析、規範和管理需求。

b. 與客戶保持良好的溝通和合作，確實了解真實的需求和期望。

c. 對需求進行優先權的排序、風險評估和可行性分析。

d. 使用雛型、使用案例、圖表等方式來呈現，並與使用者驗證需求。

e. 建立需求變更管理機制，及時更新需求文件和通知相關人員。

(2) 設計階段

系統設計時，除了因為需求不明確或收集資訊不足，使得開發團隊沒有充分理解專案的需求，導致後續開發出現問題之外，可能發生的錯誤還包括：

a. 程式介面設計錯誤：造成不同模組之間的溝通問題，以致影響系統的整合運作。

b. 安全性問題：設計階段如果沒有考慮到系統的安全性，可能會導致後續開發或上線運作時，出現安全漏洞。

c. 設計文件不明確：不明確的文件，可能會造成開發人員認知誤差，進而影響開發進度和系統品質。

d. 技術可行性問題：設計階段如果忽略技術的可行性，可能會導致實際開發時遇到困難。

e. 功能設計不良：不合理的功能設計，不僅無法滿足使用者需求、也可能產生不必要的複雜度、效能瓶頸等。

此外，錯誤的需求分析或設計，也可能會導致後續開發和測試階段的錯誤。

(3) 編碼階段

程式撰寫的編碼（coding）階段，可能會出現以下幾種錯誤，進而導致後續開發的問題：

a. 語法錯誤：編寫的程式碼不符合程式語言的語法規則，或是不符開發團隊的程式撰寫規範。例如，誤用多載（overload）或覆寫（override）方法、資料型態轉換等各類程式撰寫錯誤。雖然程式可以編譯執行，但會導致系統運行時，引發無法預料的例外執行狀況。

b. 邏輯錯誤：程式碼的邏輯出現問題。例如，使用錯誤的演算法、判斷條件錯誤、變數命名混淆，或是區域變數與全域變數命名重疊造成資料使用的錯誤等，使得系統無法達成預期的執行結果。

c. 程式庫使用錯誤：使用套件或應用程式介面（application programming interface，API）進行開發時，對於函數、類別、變數等的誤用，例如對物件成員存取權限的錯誤，導致程式無法正確運作。

d. 資源管理錯誤：對於資源的管理出現問題，包括釋放資源、資源濫用、資源規劃不合理等，導致程式執行效率低下或資源洩漏（resource leak）問題。尤其是多人同時使用或多工的資訊系統，資料與檔案的鎖定與關閉未妥善處理，會造成資料異動不一致或死結的問題。

程式編碼階段的錯誤如果不及時發現和處理，將會對後續的程式開發和維護，帶來很大的困難和風險。因此，在編寫程式時，應該注意檢查程式碼的語法和邏輯是否正確，並且嚴格按照程式庫和應用程式介面（Application Programming Interface，API）的建構管理與使用規則進行開發。

(4) 測試階段

測試階段是發現錯誤的主要階段，但它也可能會存在問題。測試階段可能會出現以下幾種錯誤，這些錯誤可能會影響到後續維護和運作[1]：

1　Software Testing Help. (2021). What are the Different Stages of Software Development Life Cycle (SDLC)? [online] Available at: https://www.softwaretestinghelp.com/software-development-life-cycle-sdlc/ [Accessed 28 Feb. 2023].

Jia, Y., Harman, M., & Hierons, R. M. (2011). An analysis and survey of the development of mutation testing. IEEE Transactions on software engineering, 37(5), 649-678.

a. 遺漏測試項目：測試人員可能會遺漏某些測試項目，導致這些問題沒有被檢測出來，以致影響系統的穩定性和可靠性。

b. 測試案例不足：測試的案例可能沒有涵蓋系統所有運作的情節（scenario）和互動情況，導致一些潛在的問題沒有被發現。

c. 測試資料不全：如果測試資料無法涵蓋所有可能的情況，就可能有一些錯誤會被忽略掉。或是測試覆蓋率不足，而錯過一些應該被測試的部分，造成一些錯誤沒有被檢測到。此外，如果在測試期間沒有考慮到所有資料的輸入狀況，攻擊者可能會利用這些未測試的輸入管道來發現安全漏洞。

d. 測試環境問題：測試環境可能無法模擬生產環境的各種情況，無法確保實際運作的各個環節都能正確的運作。

e. 測試人員技能不足：測試人員可能缺乏相關的技能和經驗，導致無法發現一些問題，甚至無法正確判讀測驗結果的資訊，是否代表正常或是可能造成的原因。

f. 測試報告不準確：測試報告可能存在不準確的情況，導致開發人員無法準確地了解問題的嚴重性和位置，進而影響問題的修復和驗證。

測試階段可能出現各種錯誤，這些錯誤可能會影響到系統開發的品質和後續維運的成效。因此，需要採取有效的措施，盡可能地減少這些錯誤的發生。

(5) 上線和維運階段

在系統部署上線的正式運作和後續維護階段，不適當的配置或不佳的環境設置，也會導致錯誤。同時，使用者對系統的操作錯誤，也可能導致問題發生。

總體而言，系統錯誤可能在任何階段發生。為了降低錯誤發生的機率，系統開發人員應該採用良好的分析與設計程序，建立完備的建構管理、規範標準的文件編寫依據、進行全面的系統測試，並確保在上線維運時，進行充分的配置和環境設置。

1-2 資訊系統

資訊系統是以電腦為基礎，將一些相關的元件整合一起工作，負責蒐集、處理、儲存與傳播資訊，以協助組織決策、協調、控制、分析與實行。對企業應用而言，資訊系統主要是用來提升組織運作的效率、解決企業面臨的競爭壓力。是一種有組織地結合使用者介面、應用程式與資料庫等元件，用以管理（包括擷取、傳輸、儲存、處理與呈現等）資料、資訊或知識，並為企業活動提供知識或服務的系統。

企業導入資訊系統是為了達成經營的利益，因此資訊系統和企業互相影響。如圖 1-2 所示，企業必須了解並接受資訊系統的影響，以便從新技術中獲益。資訊技術與企業內部各組織之間的相互作用是複雜的，並受到許多中介因素的影響，包括組織的結構、流程、政策、環境、文化和決策等。

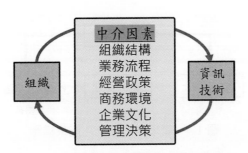

圖 1-2　企業與資訊系統應用技術的關係

如果建置的資訊系統，能夠幫助企業達成經營的目標，就是成功的系統。因此，如何善用系統分析設計的方法與工具，來實現一套符合企業各項需求目標，進而提升競爭優勢的資訊系統，是非常重要的關鍵。

1. 資訊系統類型

一套優良的資訊系統，必須針對企業組織內不同的使用者，提供不同的資訊。以下介紹目前在企業中常見用於提供決策、管理與作業執行的幾種資訊系統。

(1) 交易處理系統（transaction processing system，TPS）

亦稱資料處理系統（data processing system，DPS）。如圖 1-3 所示，將大量交易的處理自動化，負責重複而大量的交易計算工作。主要執行財務、會計及其他每日的企業活動，例如：進銷存退貨、人事薪資、社群買賣交易平台等。

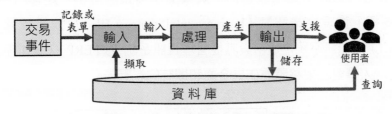

圖 1-3　交易處理系統功能架構圖

(2) 管理資訊系統（management information system，MIS）

如圖 1-4 所示，MIS 主要是用來收集、處理、儲存和管理企業內部和外部的各種資訊，提供不同層級管理者有關組織營運狀況，但細節程度不同之資訊，例如：銷售點（Point-of-Sale，POS）後台、學校的校務系統。

圖 1-4　管理資訊系統功能架構圖

(3) 決策支援系統（decision support system，DSS）

如圖 1-5 所示，協助進行商業級或組織級決策活動的資訊系統。例如：針對高階主管（總經理、財務長、資訊長……）之資訊需求，所設計的高階主管資訊系統（executive information system，EIS）、主管支援系統（executive support system，ESS）。

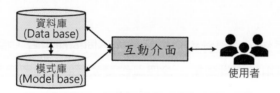

圖 1-5　決策支援系統功能架構圖

(4) 主管支援系統（executive support system，ESS）

或稱為主管資訊系統（executive information system，EIS），類似於決策資源系統。如圖 1-6 所示，ESS 主要功能包括：決策支援與預測分析，是專門為高層管理人員提供決策支援，實現企業智慧（business intelligence，BI）與競爭智慧（competitive intelligence，CI）的資訊系統。通常與其他管理資訊系統（如 ERP、CRM 等）整合使用，以提供高層管理人員對企業整體運作更全面和即時的視野。

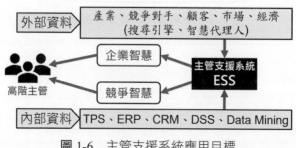

圖 1-6　主管支援系統應用目標

(5) 企業資源規劃（enterprise resource planning，ERP）

是一種涵蓋企業所有方面的整合性管理系統，主要用於協調企業各部門之間的資源，如圖 1-7 所示，包括財務、會計、製造、進銷存等資訊流，整合在一起之大型模組化、整合性的流程導向系統。可快速提供決策資訊，提升企業的營運績效與快速反應能力。

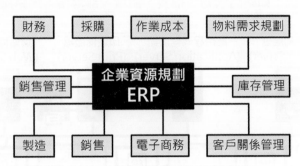

圖 1-7　企業資源規劃系統包含模組

(6) 供應鏈管理（supply chain management，SCM）

如圖 1-8 所示，利用一連串有效率的方法整合供應商、製造商、倉庫和商店，使得商品能以正確的數量生產，透過正確的管理，在正確的時間配送到正確的地點。

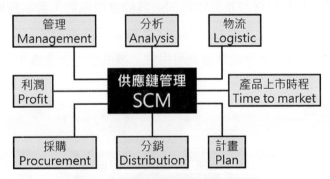

圖 1-8　供應鏈管理系統包含模組
（資料來源：http://www.arkaautomaations.com/scm.html）

(7) 客戶關係管理（customer relationship management，CRM）

企業藉由與顧客充分地互動，來了解及影響顧客的行為，以提升顧客的贏取率（acquisition）、顧客的保留率（retention）、顧客的忠誠度（loyalty）及顧客獲利率（profitability）的系統。

(8) 網站應用系統（web application，簡稱 web app）

如圖 1-9 所示，分為遠端網站伺服器與前端使用者的網頁瀏覽器。由三層式（3-tire）架構與網站互動、跨平台使用，具有容易維護和更新的優勢，許多傳統視窗應用系統都

已轉換成網站架構型態的應用系統。網站不僅具有更高的可移植性、可擴展性和可維護性，尤其搭配響應式網頁設計（responsive web design，RWD）或可適性網頁設計（adaptive web design，AWD）等模式，可以提供網站應用程式，依據裝置（包括手機、平板、桌機等各類型顯示設備）螢幕的尺寸、解析度，自動調適版面的呈現。除了企業資訊系統之外，常見的應用系統，如網路購物、拍賣、論壇、部落格、網路遊戲等諸多應用。

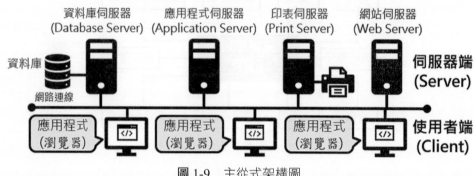

圖 1-9 主從式架構圖

(9) 雲端應用系統（cloud application）

主要是指基於雲端運算技術，利用網路向使用者提供軟體服務和應用系統的一種方式。如圖 1-10 所示，相較於傳統基於實際伺服器的應用系統，雲端應用系統只要能夠上網，就能在任何地點、設備使用服務。而且，雲端更是強調動態資源分配的優勢，搭配網站的應用形式，更是符合現今企業在高可用性、擴展性、安全性和成本要求的優勢。

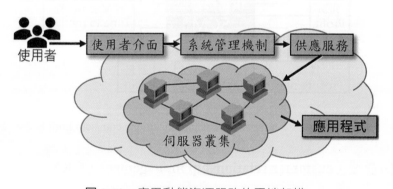

圖 1-10 應用動態資源服務的雲端架構

(10) APP

APP 為應用系統（application）的縮寫，原指電腦上專門為解決使用者需求所開發、撰寫的應用軟體。行動裝置興起，APP 亦可指軟體開發商在行動裝置上，開發各種擁有獨立操作之行動軟體應用程式（mobile application）。包括：社交軟體、影音娛樂、商業工具、遊戲、資訊服務等，類型廣泛。提供企業各種不同領域或類型的使用者應用。

1-3 系統分析與設計

1. 系統分析

系統分析的工作基本分為下列 4 個步驟：

(1)需求確認（requirement determination）

(2)需求分析（requirement analysis）

(3)評估各項可行方案（evaluation of alternatives）

(4)完成系統需求規格（system requirement specifications）

進行分析過程時，可反覆依據表 1-4 尋求解答來完成。

表 1-4　需求分析的確認表

	需求確認		需求分析
What	做什麼？	為什麼要做？	應該做什麼？
Where	在何處運作？	為何在該處運作？	應該在哪裡運作？
When	何時完成？	為何在這個時候完成？	什麼時候應該開始做？
Who	誰來做？	為什麼要由這人來做？	應該由誰來做？
How	是如何完成的？	為什麼這樣做？	應該怎麼做？

2. 系統設計

大多數開發系統的需求相當複雜，如果沒有先經過妥善的分析與考量，撰寫的程式就很可能忽略許多重要關鍵。就像要建造一棟房屋，必須先經過土地評估，了解地質環境。經過市場評估，了解使用者需求與銷售趨勢。經過建築設計，決定格局與建材。當一切調查與規劃完成後，才會開始進行動工興建，這樣蓋出來的房子，才能同時滿足原訂目標的需求與限制。

而且，對資訊系統的程式而言，除了能否滿足應用需求，還必須具備如方便性、擴充的彈性、穩定性等因素，甚至包含跨系統資料的串接、轉換等功能。所以，在程式撰寫之前，就必須要考慮如何組合才能完成「好的」系統開發。這就是所謂的「設計」作業。將建造房屋的邏輯換成開發資訊系統的角度，如果不經過設計就直接撰寫程式，就如同沒有經過設計就直接蓋房子的情況一樣。開發資訊系統的重點並非在於程式撰寫完成，符合所需的功能就好。效率、穩定性、重複再利用性及維護的便利性等，也都必須要能夠滿足才行。

尤其，當系統的規模越大時，人員之間的協調與分工也更為繁複，對於設計範圍的全盤了解及掌控就更為重要。雖然資訊系統分析與設計的結果，是以程式的執行來達成，但是對於設計者以外的利害關係人（例如專案成員、管理者與使用者）要掌握系統全貌、確保各自開發的程式能夠整合並正常運作，並不是一件簡單的事。而且，還要考量系統開發完成，上線運作後，後續接手的人員能夠掌握系統架構，維護正常的運作，這一切都有賴於良好的系統分析設計。

3. 物件導向

物件導向（object-oriented, OO）和物件導向程式設計（object-oriented programming, OOP）是密切相關的概念。

(1) 物件導向

真實世界中的所有具體或抽象的事物，都可以將之視為一個「物件」，物件是動態的，狀態會隨時改變，但架構與行為不會改變。物件導向就是軟體透過「物件」來模擬真實世界的事物，其中包含了事物本身的屬性與操作方式，以及和其他事物之間的互動關係。

a. 屬性（attribute）：物件擁有的各種特徵（characters），代表了一個物件的外觀或某些性質資料。例如：學生的學號、系所、入學年度、修課清單等。

b. 方法（method）：每個物件都擁有不同的行為，這些行為在物件導向程式設計中稱之為方法，代表物件的功能。例如：選課、申請獎學金、參加社團、支付學費等。

(2) 物件導向程式設計

而物件導向的程式是一種程式設計的典範（paradigm），以物件為基本元素，將現實世界的實體抽象為程式中的物件，並透過這些物件之間的互動，實現程式的設計和開發。

物件導向程式設計具備下列 4 個特性：

a. 封裝（encapsulation）：封裝是指將資料和相關操作（函數或方法）組合在一個物件中，並對外部隱藏實現細節。這樣可以保護資料，讓資料只能透過特定的管道被存取和使用。

b. 繼承（inheritance）：一個類別（子類別）可以繼承另一個類別（父類別）的屬性和方法，用以實現程式碼的重用和擴展，並建立類別之間的階層結構。

c. 多型（polymorphism）：多型是指物件可以根據不同的狀況擁有不同的行為。一

個物件可以以不同的方式呈現。程式透過繼承和介面，允許不同類型的物件以相同的方式進行處理。

d. 抽象（abstraction）：將屬性與操作（函數或方法）的實作細節隱藏起來的機制。

⊕)) 補充說明

　　本書會不斷出現操作、方法與函數三個名詞，都是用於描述物件（object）所執行的行為或功能，但它們在程式或系統設計的背景下，有著不同的意義：

)) 操作（operation）：在物件導向程式設計中，操作是一個用於描述物件行為的專有名詞，是對物件的動作或行為的抽象，表示物件可以執行的操作。

)) 方法（method）：方法是物件導向程式設計中，物件的行為或功能的具體實現。也就是說，方法是對操作的具體實作，是描述物件行為的具體程式碼區塊。方法定義了物件在執行操作時應該執行的實際程式碼。

)) 函數（function）：函數是程式設計中的通用術語，指的是一個程式中可重複使用的獨立程式區塊，用於執行特定的任務或操作。在物件導向程式設計中，函數通常與特定物件無關，可以在程式中獨立使用，也可以被物件的方法呼叫執行。

　　總結這三個名詞的差異，「操作」是對物件行為的抽象描述，「方法」是對操作的具體實現，而「函數」是一個獨立的程式區塊，用於執行特定的任務或操作，與特定物件無關。在物件導向系統設計中，它們一起用於定義物件的行為和功能。

　　這些特性使物件導向程式設計更具彈性和可維護性，並可以幫助提高程式的可讀性和可重用性。物件導向程式設計是一種程式設計的方法，其特點是以物件為基本單位，把資料和行為封裝在物件中。物件可以利用繼承和多型等機制，與其他物件進行互動。

4. 物件導向系統分析與設計

　　物件導向分析與設計（object-oriented analysis and design，OOAD）的本質是強調從物件（事物、概念或實體）的角度，考慮問題領域和邏輯的解決方案。在物件導向的分析中，重點是發現和描述問題領域中的物件或概念，在設計過程中，強調最終能夠在物件導向程式語言中實現的邏輯軟體系統。

除了分析與設計的經驗與方法，系統開發有 3 個非常重要的要素：

(1) 符號

符號在任何模型中都有著重要的作用。符號具有 3 個作用：

a. 傳達不明顯或無法從程式碼本身推斷出的邏輯語言。
b. 提供足夠豐富的語義來獲知所有重要的策略與設計。
c. 提供完整具體的形式，提供人類使用和應用的工具。

本書的內容涵蓋完整系統開發生命週期，包含專案的規劃與管理、需求調查、系統分析、系統設計、使用者介面設計、資料庫設計、軟體實作、測試、上線與維運等各個階段的全面知識。並採用統一塑模語言（unified modeling language，UML）作為系統分析與設計的主要塑模和規範語言，以確保分析與設計的文件能夠符合標準規範。

(2) 過程

管理良好的迭代（iteration，反覆循環之意）和增量（increment，以一小部分之意）開發生命週期，已被證明是一個很好的軟體開發過程。在迭代和增量生命週期中，開發是作為一系列迭代進行的，這些迭代演變為最終系統。每次迭代都包含如圖 1-11 中一個或多個分析、設計、實作、測試、上線等流程。本書分別介紹各類物件導向與敏捷軟體開發（agile software development）等系統開發與設計的程序。

(3) 工具

一般稱為 CASE（computer-aided software engineering）工具。本書使用 starUML 軟體。

開發過程各個階段執行項目的目標與對應使用的 UML 視圖，以及各階段產製的文件類型，請參見圖 1-11 所示。

5. 設計準則

設計是指能夠同時滿足需求與限制的系統開發作業，因此需要有可供判斷的設計基準（design criteria）。開發系統的方式有多種選擇時，如果沒有判斷基準，就只能根據個人主觀的喜好來決定。但是有判斷基準時，如圖 1-12 所示，開發團隊的成員就可以依據基準做比較，選出「較好」的方式。一般的設計基準包括下列 3 個方向：

(1) 使用者方面

a. 掌握系統與使用者互動之處。
b. 預估未來使用者的需求。

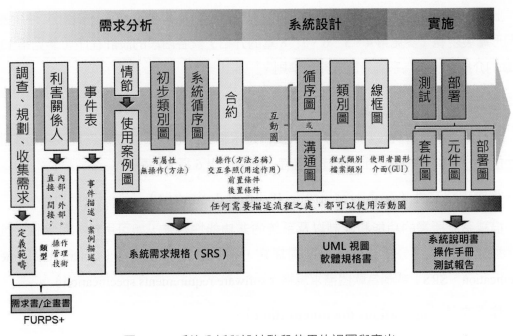

圖 1-11　系統分析與設計階段使用的視圖與產出

(2) 資料方面

a. 資料在產生之處輸入系統。

b. 資料輸入時立刻檢查。

c. 資料輸入盡可能採用自動作業方式。

d. 控制資料的存取,並記錄每一重大資料的改變(系統日誌)。

e. 避免資料重複輸入(主鍵的查核)。

f. 避免儲存重複的資料(主鍵或唯一性欄位的指定)。

(3) 處理程序方面(依據高內聚、低耦合的原則,本章稍後會介紹)

a. 處理程序盡量單純。

b. 使用獨立的模組,且此模組只執行單一功能。

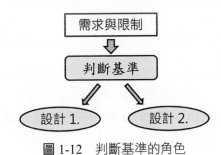

圖 1-12　判斷基準的角色

此外，還可加上系統模型的開發模式（參見第 2、3 章的介紹），設計文件所遵循的圖形繪製規範（參見第 4、5、6、7、8 章的介紹）與各階段的設計程序（參見第 13 至 15 章的介紹），作為系統設計的判斷準則。

6. 產出文件

完善的系統分析與設計，能夠加快撰寫應用程式的過程，並確保滿足系統功能性與非功能性的需求。系統分析與設計的過程，通常產出 6 種文件類型：

(1) 需求規格文件（requirement specification document）

描述系統所需的功能和限制以及系統的非功能性需求，如可用性、可靠性、性能等。通常是由系統分析師與客戶共同編寫，稱為系統需求規格（system requirements specification，SRS）或稱為軟體需求規格（software requirements specification）。

(2) 作業文件（operations documentation）

提供系統分析、程式設計和系統的識別、時程規劃、執行報告與特殊需求，如安全要求等。

(3) 系統設計文件（system design document）

描述系統各部分功能及其實現方式的軟體規格書。包括：系統和子系統架構、資料庫設計、輸入格式、輸出規格、人機介面、細部設計、處理邏輯和外部介面等。

(4) 系統測試計畫（system test document）

描述系統如何進行測試，包括測試的類型、方法、工具、資源等。

(5) 程式文件（program documentation）

解釋所有程式的輸入、輸出和處理邏輯。

(6) 使用者文件（user documentation）

包括提供使用者與系統互動的操作步驟和相關資訊的操作手冊、故障排除指引等。並提供管理者使用的維護文件，描述系統的運作方式、環境、配置、升級等資訊。

7. 物件導向設計準則

物件導向設計（OOD）是將分析階段的需求轉變成符合時間、預算和品質的系統實現方案。從物件導向分析（OOA）到 OOD 是一個逐漸擴充模型的過程。OOD 也可以再

細分為系統設計和物件設計：其中，系統設計確定實現系統的策略和系統的整體性結構，物件設計則確定系統作業的類別、關聯、介面的形式和實作操作的演算法。

OOD 包括下列 5 個基本準則：

(1) 模組化（modulization）

模組是將一個系統按功能分解為多個具有獨立性，也具有相互關聯的組成部分。無論是傳統結構化方法，還是物件導向系統開發方法，**都支援將系統分解成模組**的設計原則。物件導向系統開發方法甚至將每一物件都視為模組——將資料結構和使用這些資料的方法，緊密地結合在一起所構成的模組。

(2) 抽象（abstraction）

物件導向系統開發方法不僅支援程序抽象（procedural abstraction），而且支援資料抽象（data abstraction）。

(3) 資訊隱藏

在物件導向系統開發方法中，透過物件的**封裝**來實現資訊隱藏。

(4) 低耦合（coupling）

耦合是指不同模組（類別、物件與方法）之間相互關聯的程度。低耦合是 OOD 一個重要的要求，使得系統中某一部分的變化對其他部分的影響降到最低程度。耦合度越高，模組之間的依賴性也就越強，軟體的可維護性、可擴展性和可重用性就會相對地降低。

(5) 高內聚（cohesion）

內聚表示一個模組的獨立性，當這個模組可以獨力完成工作，就表示重複使用時，具備越高的內聚，就越不需要擔心影響到其他模組。

⊕ 補充說明

聚合（aggregation）是一種 "has-parts" 的分類結構。例如，汽車是一種交通工具。交通工具是一般的，而汽車則是具體的。交通工具與汽車是一種分類關係，這種分類的關係，在結構上稱為聚合關係，也稱為「一般 - 具體」關係。

本章習題

問答題

1. 系統分析的工作基本分為哪四個步驟？

2. 物件導向程式設計具備哪四個特性？

Chapter

2

結構化開發模式

2-1 開發模式

　　資訊系統開發模式（information system development model），亦稱為軟體流程模式（software process model），是資訊系統開發活動一系列的步驟及執行程序。資訊系統開發模式提供在開發過程中分派任務和責任的方式，目標是在可預見的時程和預算之下，確保所開發的系統能滿足客戶的需求。主要功能是確定資訊系統開發和演進過程中涵蓋的階段順序，並建立從一個階段到下一個階段的轉移準則（transition criteria），包括當前階段的完成準則，以及下一階段的選擇和進入的準則。

　　系統開發遵循系統化、邏輯化的步驟進行，並依據標準、規範與政策的執行，能夠使開發的過程提升效率、降低風險、便於管理，並確保系統品質。

　　資訊系統開發模式源自於 1950 年代的編碼與修正模式（code-and-fix model），如圖 2-1 所示，之後許多專家提出了不同的資訊系統開發模式，以因應不同資訊系統開發的需求或目標。

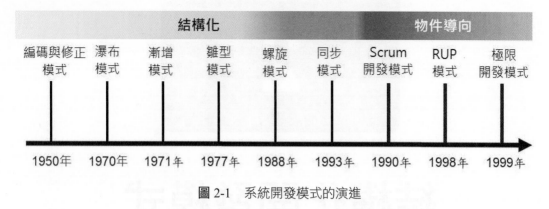

圖 2-1　系統開發模式的演進

　　如同軟體工程由結構化進展到物件導向，這些開發模式可分為結構化與物件導向兩大類。

1.　結構化開發模式

　　結構化技術的概念是強調系統開發過程中，如何應用一些概念、策略與工具，來提升系統需求分析、設計、程式撰寫與測試之效率及效能。著名的結構化開發模式包括：瀑布模式、漸增模式、雛型模式、螺旋模式和同步模式等。

2.　物件導向開發模式

　　物件導向技術之概念是以物件模式來描述真實系統，並將資料抽象（abstract）、封裝（encapsulation）、 繼承（inheritance）與多形（polymorphism）的觀念，融入於物件系統開發中。此外，由於結構化開發的同步模式是採用活動同步（activity concurrency）與資訊同步（information concurrency）的方式，加快了系統開發的效率，再結合物件導向的開發模式，引發後續包括 Scrum、極限開發（extreme programming，XP）等敏捷式和統一軟體開發過程（rational unified process，RUP）開發模式的發展。

　　物件導向開發模式，強調軟體的發展是以較小增量（increment）方式的迭代（iteration，反覆進行）來執行，以縮短系統開發的生命週期。並且在每次迭代中，均納入利害關係人的相關回饋，確保系統目標符合所有利害關係人的利益。

　　結構化與物件導向分別發展出許多不同的開發模式，各個模式也各自有許多優點。如圖 2-2 所示，最主要的差異還是在於結構化開發模式強調完整的規劃，因此專案的可控性高。而物件導向則是採用迭代的開發模式，能夠面對開發過程中，需求或技術不斷的變化，而能夠快速地調整與改變，因此彈性較高。

結構化	完整規劃 - 可控性高
物件導向	快速應變 - 彈性大

圖 2-2　結構化與物件導向開發模式的主要差異

2-2 資訊系統發展生命週期

資訊系統如同萬物一般，也有生命的週期（life cycle），稱之為資訊系統發展生命週期（system development life cycle，SDLC）。通常分為如圖 2-3 所示的五個階段：

1. 啟動規劃階段

此階段主要是確立資訊系統執行功能的需求。確定執行目標、作業項目、執行範圍的利害關係人等。

2. 設計開發階段

確立需求並蒐集相關資料之後，進行可行性評估（feasibility study），確立資訊系統開發之必要性、可行性，確定後進行系統的設計。

3. 上線階段

開發完成之後，執行功能性以及效能、安全性、易用性與相容性等非功能性的測試，確保介面、流程及作業符合使用者期待，就可以實際安裝到使用者的環境，進行正式上線運作。如果是汰換原有的系統，有時還需考量新舊系統的平行作業或系統交接的情況。

4. 維運階段

系統正式運行的階段，面對系統原有瑕疵或錯誤、資安的漏洞、軟硬體設備的變遷、執行作業的改變、人員的更替，不斷地會有需求的變化，所以仍舊需要繼續不斷地更新維護。

5. 廢棄汰換階段

當系統運行若干時日之後，可能會因為組織營運目標的變化、資訊系統無法滿足使用、維運成本考量，或是要導入的其他系統已經能夠涵蓋現有系統功能等各種因素，而需要淘汰現有的資訊系統。

圖 2-3　資訊系統生命週期

　　資訊系統進行廢棄汰換的階段，也可能並非逕行捨棄該資訊系統，而是依據需求重新規劃開發，採取升級的方式。如此，資訊系統的生命週期就可以形成如圖 2-4 所示的生命循環週期。

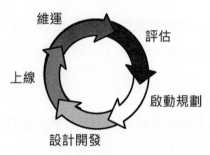

圖 2-4　資訊系統生命循環週期

　　資訊系統生命週期的每一階段都有風險產生的可能。因此，如表 2-1 所述，在每一階段應考量進行適當的風險評估，以確保資訊系統運作的安全與可靠性。

表 2-1　生命週期階段的風險評估重點

生命週期階段		階段特徵	風險評估
一	啟動規劃	提出資訊系統的目標、範圍、需求、規模和安全等要求。	風險評估活動可用於確定資訊系統的安全需求。
二	設計開發	資訊系統設計、開發、整合、購買等規劃。	在本階段標識的風險，可以用來作為資訊系統安全分析的依據，這可能會影響系統在開發過程中，要對結構和設計方案進行權衡。
三	上線	資訊系統的穩定性與可靠性均確實設置、啟動，並經由測試驗證。	風險評估可支持對系統實現效果的評價，考察其是否能滿足要求，並考察系統所執行的環境是否是預期設計的。有關風險的一系列決策，必須在系統上線之前做出。

（續下頁）

（承上頁）

生命週期階段		階段特徵	風險評估
四	維運	資訊系統正式開始執行。通常系統會不斷修正、擴充硬體設備、軟體功能，或改變組織的運行流程或規則。	定期對系統進行重新評估時，或資訊系統在其執行環境中做出重大變更時（例如更新的系統介面），需要對其進行風險評估活動。
五	廢棄汰換	基於組織變遷、資訊系統不敷所用、其他系統涵蓋現有系統功能、或維運成本考量等各種因素，而對資訊硬體和軟體的廢棄或汰換。	當要廢棄或汰換資訊系統時，需要對其進行風險評估，以確保硬體和軟體得到適當的廢棄處置，且原有的資訊也需恰當地處理。並且要確保系統的汰換能符合以安全、可靠的系統化方式完成。

2-3 ▶ 瀑布模式

1950 年發展的編碼與修正模式（code-and-fix model），是最早的軟體開發模式。編碼與修正模式簡單而直接，沒有嚴格的計劃和設計階段，而是根據開發人員的直覺和經驗來進行開發。因此，編寫程式容易忽略一些關鍵的功能，或者在後續測試和維護中發現許多問題。

Royce 於 1970 年提出瀑布模式（waterfall model）以彌補編碼與修正模式的不足（Royce, 1987）[1]。瀑布模式也可稱全功能方法（full functional approach），強調系統開發應有完整的週期，週期中劃分成數個開發階段，每個階段清楚定義要做哪些工作及交付哪些文件。瀑布模式依序執行各階段且僅執行一次。因此，瀑布模式等同於系統發展生命週期（system development life cycle，SDLC）。

瀑布模式並沒有明確規定系統開發過程應分成多少個階段。當問題較小或較單純時，可以只需如圖 2-5 所示的需求分析、設計與實作三個階段。對於較大型或複雜之系統，則可以再劃分如圖 2-6 所示的階段，甚至還可再細分更多的階段。

---

1 Royce, W. W. (1987, March). Managing the development of large software systems: concepts and techniques. In Proceedings of the 9th international conference on Software Engineering (pp. 328-338).

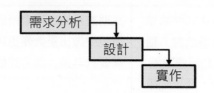

圖 2-5　瀑布模式基本三個執行階段

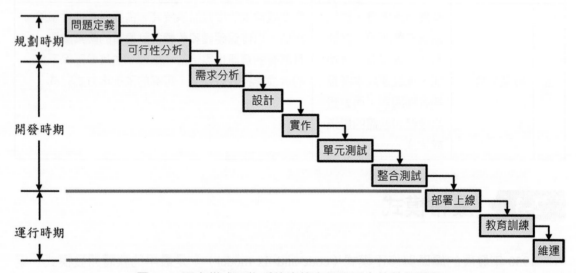

圖 2-6　瀑布模式可依系統複雜度細分更多的執行階段

　　符合邏輯的瀑布模式，也代表管理的重要，因為瀑布模式是依系統發展生命週期階段來進行規劃，各階段必須符合完整的需求，且前一階段必須完成，才能進入下一階段，直到最後整個系統完成。因此，每一階段的結束，均可視為專案管理的里程碑（milestone）。

1.　優點

(1) 執行步驟一致，確保系統開發的品質。

(2) 清楚的階段劃分，易於分工及責任歸屬，讓每個階段工作由最專業的人去執行。

(3) 符合分而治之（divide and conquer）及模組化的觀念，將大而複雜的系統開發工作，切割分成較小的工作。

(4) 各階段可以自由選擇適合的方法、塑模工具與技術進行系統開發。

(5) 一個版本一個週期，易於維護、管理。

2. 缺點

由於瀑布模式在開發各個階段，要能同時考量所有需求，且系統開發通常需要在一個週期內完成，在某些情況下，此模式之執行會有困難。其困難主要是前期作業的偏差，容易造成接續階段可能會有較高的失敗風險。如圖 2-7 所示，因為實作的程式編輯是在系統開發週期較晚的階段才開始，當實作的功能不符使用者的需求，或是分析與設計的架構無法滿足後續的擴充，都可能需要花費極高成本重新設計，甚至造成專案失敗的結果。

瀑布模式缺點整理如下：

(1) 塑模的階段是線性的，使用者只有等到整個過程的末期，才能見到開發成果，從而增加了開發風險。

(2) 各個階段的劃分完全固定，階段之間增加較多文件的工作量。

(3) 不適應使用需求的變化。

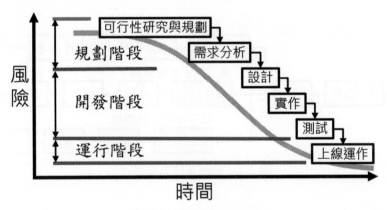

圖 2-7　瀑布模式的風險

3. 適用時機

由於瀑布模式較高風險發生在於系統規劃與開發初期，因此，瀑布模式一般適用於低風險的專案，例如開發期間需求清楚且完整表達、需求較少改變或不會改變、問題領域（program domain）之知識容易取得、解決問題之資訊科技與設計方法很成熟的專案。

2-4 漸增模式

由於瀑布模式在軟體開發的各個階段，必須要同時考量所有的需求，且系統開發要在一個週期內完成。實務上，在人力有限的組織或較大型的專案，很難在設計時考量到所有需求。因此，瀑布模式在許多情況下會有執行的困難。

在 1971 年，Mills 提出軟體應該是被開發，而不是被構建。應該要先建立一個非常簡單的系統，只要達到可以執行，但功能最少，然後再逐步添加功能並讓其成長。理想情況下，軟體會像花或樹一樣不斷增長，因此將此開發模式命名為漸增模式（incremental model）[2]。

如圖 2-8 所示，漸增模式是一種迭代的開發程序，執行方式是將系統需求切割成多個子系統或子功能，再將每個子系統或子功能視為一個開發週期。每個開發週期可以依瀑布模式的循環方式或同步方式，依序進行各週期。於週期內，各階段定義清楚工作及應交付文件，且每個週期僅循環一次。

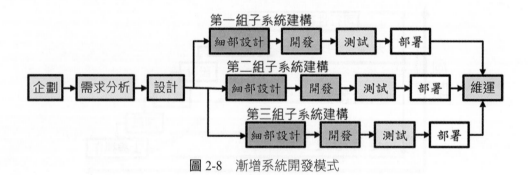

圖 2-8　漸增系統開發模式

也就是說，漸增模式包含兩個核心概念：

(1) 反覆執行瀑布模式的軟體開發基本程序，逐步構建出整個系統。

(2) 在流程早期即可實現部分可運作的功能，並隨著時間的推移，建構出系統完整的功能。

漸增模式改善了瀑布模式必須同時考量完整需求，且系統需在一週期內開發完成的困難。此外，漸增模式的每一週期，都包含有程式的撰寫與部署上線的實施，使用者也有參與。因此，可以及早發現問題，開發失敗之成本風險較瀑布式低。

2　Mills, H. D. (1971). Top down programming in large systems. Debugging techniques in large systems, 41-55.

漸增模式較適用於組織的目標與需求可完全且清楚地描述的系統開發。開發的過程中，可先將系統做整體規劃，並分期編列預算，往後再分期執行。如未來無法獲得某一分期的預算，已經完成的部分功能仍可運作，如此可以降低財務負擔及風險。當機構內的人員需要時間來熟悉並接受新科技時，採用漸增模式，也能有較充裕的時間來學習和導入技術。

1. 優點

漸增模式與瀑布模式大致上相同，採用先有完整的設計與規劃，再進行程式撰寫的方式。但是，漸增模式將主系統分成幾個子系統或功能，各子系統可獨立依序開發，使得漸增模式具備下列瀑布模式所沒有的優點：

(1)在資訊系統生命週期的早期，快速產生可使用的軟體。

(2)模式較為靈活，改變執行範圍和需求的成本較低。

(3)較小的子系統比較容易測試和調校。

(4)使用者可以依據每一子系統回饋使用狀況。

(5)降低初始交付的成本。

(6)更容易管理風險，因為風險在反覆過程中即可被識別和處理。

2. 缺點

由於瀑布模式與漸增模式在專案開始時，都必須要能夠完整地描述使用者需求，此種要求對於半結構化或非結構化的系統，在實務上並不容易達成。因此，漸增模式的缺點是不適合開發半結構或非結構化的系統，例如決策支援系統。和瀑布模式比較，漸增模式還有下列缺點：

(1)需要更完整及良好的整體規劃和設計。

(2)需要對整個系統進行清晰完整的定義，然後才能對其進行分解和迭代建構。

(3)總成本高於瀑布模式。

2-5 雛型模式

瀑布模式與漸增模式均是建立在專案開始時，使用者需求能清楚且完整地描述。但是通常使用者很難將需求清楚且完整地表達。縱使可以清楚地表達，但系統分析與設計的人員，卻可能沒有足夠的經驗與知識，能夠完全了解使用者之作業流程和業務需求，也可能一時無法擬定最佳的處理方法、運作模式或採用適合的資訊科技等。基於上述不適合採用瀑布模式與漸增模式的原因，Bally、Brittan 和 Wagner 便於 1977 年提出了雛型模式（prototyping model）[3]，以便解決上述系統開發的需求。

如圖 2-9 所示，雛型模式是先就使用者需求較清楚的部分，或資訊人員能掌握的部分，依分析設計與實施等步驟，快速開發一個雛型系統，作為使用者與資訊人員需求溝通和操作的依據。透過雛型系統之使用回饋，釐清問題及操作介面的需求並進行修正。如此反覆，直到使用者確認接受後，便可進行正式系統的開發。也就是説，雛型模式的主要特色就是「為了讓使用者確認與了解自己的需求，所以建立一個雛形系統，提供使用確認，再依據回饋修正雛形」，如此反覆，直到滿足使用者的需求。此特色強調：

(1) 先從需求最清楚的部分著手，能夠快速地開發出系統的雛型。

(2) 使用者高度參與。

(3) 以雛型作為系統開發者與使用者之間的需求溝通和使用評估管道。

(4) 依據使用者對雛型之操作與回饋，反覆修正與擴充雛型。

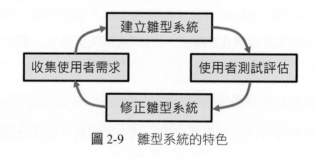

圖 2-9　雛型系統的特色

因為整個系統開發過程中，使用者高度參與雛型之開發、操作與回饋，有助於使用者對於需求的創意與表達、讓資訊人員對實際需求更能了解與掌握，也間接提升使用者對系統的熟悉與接受度。

3 　Bally, L., Brittan, J., & Wagner, K. H. (1977). A prototype approach to information system design and development. Information & Management, 1(1), 21-26.

依據雛型模式的特色，套入整個資訊系統發展生命週期，雛型模式即可表示為如圖 2-10 的執行程序。

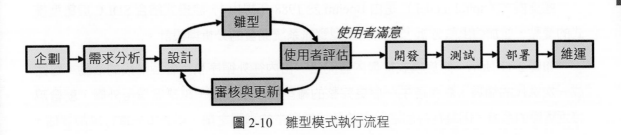

圖 2-10　雛型模式執行流程

在系統開發過程中，若有系統開發技術、軟硬體工具、需求誤解或改變等狀況，就能及早獲知，使得專案風險造成的失敗成本低於瀑布與漸增模式。

1.　優點

整體而言，雛型模式的優點包括：

(1) 有助於了解問題與擬定解決方案。

(2) 提供雛型以增進系統開發者與使用者之間的溝通。

(3) 提早發現需求是否有問題，使用者參與系統發展並迅速回應需求的改變。

2.　缺點

因為雛型模式強調迭代的雛型循環方式，代替完整之分析與設計，因此可能造成下列缺點：

(1) 非完成整體之分析與設計後再進行開發，因此系統文件較不完備。

(2) 反覆修正雛型造成過多的版本，使得程式可能較難維護。

(3) 缺乏整體之規劃、分析與設計，故較不適用於大型及多人參與之系統開發專案。

因此，雛型模式適用於需求改變可能發生於整個專案生命期間、使用者能高度參與、開發人員不熟悉的應用領域或高風險等專案，比較不適合用於需求單純或技術掌握度高的專案。

2-6 螺旋模式

螺旋模式（spiral model）是由 Boehm 於 1988 年提出[4]，該模式結合 SDLC 與雛型模式的優點，並加強風險分析，適用於大型資訊系統開發的分析與設計。

如圖 2-11 所示，螺旋模式從最內層開始，由內往外循序執行各個階段的活動。每完成一次迭代的循環，就會產生一個更完整的雛型系統。如此，越是循環至外層，就會越接近實際的系統。因為在每個階段之前及經常發生的迴圈之前，都必須先進行風險評估，因此，螺旋模型是一種風險驅動的塑模方式。

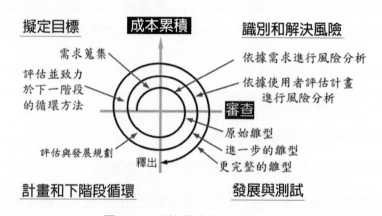

圖 2-11　螺旋模式執行流程

螺旋模式的循環，主要包含四個階段的活動：

(1) 擬定目標（determine objectives）

決定系統開發的目標與範圍。這個階段從收集需求開始，在產品成熟的後續螺旋中，此階段完成系統需求和單元需求的識別，並包括透過使用者和系統分析人員之間持續的溝通，以了解系統要求。

(2) 識別和解決風險（identify and resolve risks）

包括識別、估計和觀察技術可行性，以及進度延誤和成本超支等風險狀況。

(3) 發展與測試（development and test）

執行包括細節設計、撰寫程式碼、功能測試、非功能測試、執行實施（implement）等系統的開發與測試作業。

4　Boehm, B. W. (1988). A spiral model of software development and enhancement. Computer, 21(5), 61-72.

(4) 計畫與下階段迭代（plan and next iteration）

迭代結束時，進行使用者評估並提供回饋。針對使用者的回饋進行系統修正，以及下一次迭代的發展規劃。

1. 優點

(1) 結合 SDLC 與瀑布模式的優點。

(2) 採用循序漸進的迭代循環方式，每一次迭代都會進行風險分析，降低專案風險。

(3) 每一次迭代皆會產出雛型系統，能確實掌握使用者對系統階段性的評價，並且能在早期就發現作業不符的問題。

(4) 設計上較有彈性。可以在循環的各個階段進行變更。

2. 缺點

(1) 不適合無法預測改變或變動性過大的系統開發。

(2) 強調風險分析，但很多時候，要求客戶接受和相信這種分析，同時做出相關反應並不容易。

(3) 開發周期較長，而軟體技術發展比較快，可能發生系統開發完畢後，和當前的技術水準有了較大的差距。

簡而言之，在開發的新系統規模較小，且需求不明確的情況下，較適合採用螺旋模式進行開發，以便於風險掌控和需求的變更。

2-7 同步模式

同步模式（concurrent model）是 Aoyama 於 1993 年提出的系統開發模式，其特色是多個團隊同時進行，再予以整合來加速系統開發的方法[5]。如圖 2-12 所示，與瀑布、螺旋這一類的線性模式比較，能夠大幅縮短系統開發的時程。

同步模式主要是基於下列的構想，達成開發時程縮短的目標：

(1) 活動同步（activity concurrency）：多個團隊同時進行開發，這也是稱為同步模式的緣由。

(2) 資訊同步（information concurrency）：不同團隊之間共享彼此的資訊。

5　Aoyama, M. (1993). Concurrent-development process model. IEEE software, 10(4), 46-55.

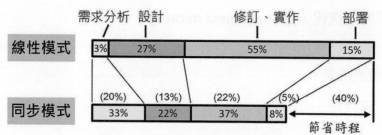

圖 2-12　同步模式縮短開發時程

（資料來源：Anderson, D. M. (2003). Design for manufacturability & concurrent engineering: how to design for low cost, design in high quality, design for lean manufacture, and design quickly for fast production. CIM press. p.80）

　　同步模式執行的流程如圖 2-13 所示。由於需要不同開發團隊平行進行開發，並需要確保團隊之間資訊共享與資源整合，因此同步模式較適合採用的時機包括：

(1) 套裝軟體的專案。

(2) 具備足夠的開發人力與資源。

(3) 擁有經驗豐富與能力的專案管理人員。

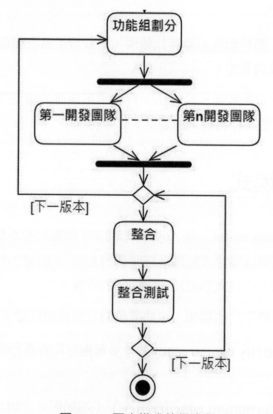

圖 2-13　同步模式執行流程

1. 優點

開發時間縮短，可提高產品的競爭力。

2. 缺點

(1) 緊湊的步驟及資訊溝通的頻繁，使得專案管理的複雜度大大提高。

(2) 人力、物力的成本相對提高。

(3) 如果缺乏良好的工具及管理方法，則不易達成目標。

本章習題

問答題

1. 資訊系統發展生命週期（System Development Life Cycle，SDLC），包含哪五個主要階段？

2. 結構化開發的同步模式具備哪些同步方式，加快系統開發的效率？

3. 請簡述結構化與物件導向開發模式的特性與優點。

Chapter 3

物件導向系統開發模式

3-1 物件導向的源起

1. 概念

物件導向是具備物件概念的程式設計方式。如圖 3-1 所示，物件可以是現實生活中任何具體的事物，例如：老師、學生、教室、桌椅、手機、電視、車子等。不過，並非實體才可稱為物件，參考《韋氏大詞典》（Merriam-Webster's Collegiate Dictionary）有關物件的解釋[1]，概念性的事物，包括思想、感覺或行動所指向的精神或身體事物，例如：經濟效益、交易、展覽、機構等，也都是物件。

(1) 實體性物件

一種可為人感知的物質。表示可以看到和感知的物體，而且可以佔據一定事物的空間（軟體運作物件的空間，就是電腦內部的記憶體）。

(2) 概念性物件

某種思想、感覺或行動所指向的精神或身體事物。這些物件是人們不能看到、聽到的，但是在描述抽象模型和實體物件時，仍然具有相當重要的作用。

---

1 Royce, W. W. (1987, March). Managing the development of large software systems: concepts and techniques. In Proceedings of the 9th international conference on Software Engineering (pp. 328-338).

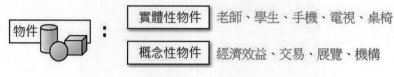

圖 3-1　物件的類型

2. 發展歷史

從 1946 年 2 月 14 日第一台電腦誕生之日起，軟體應運而生。一開始，軟體偏向低階且採取逐一打字或打孔的方式產生，沒有標準化的工具、技術和程序，因此軟體非常容易發生錯誤。20 世紀 60 年代起，隨著電腦硬體性能不斷提升、價格不斷下降、應用領域不斷擴大，使得軟體的規模和複雜性與日俱增。早期系統開發普遍採用結構化的程式語言和方法，在面臨大型軟體應用環境的變遷，不斷遇到許多問題，於是電腦專家又分別提出各種語言、方法、工具等，以期解決系統開發的問題。

物件導向方法起源於物件導向程式設計語言（Object Oriented Programming Language，OOPL）。如圖 3-2 所示，OOPL 的發展經歷了最初 ALGOL 程式語言區塊化的封裝概念，進而廣泛應用到如 Ada、C 等各類程式語言。之後，在 1966 年，Kisten Nygaard 和 Ole-Johan Dahl 開發了具有更高層級抽象機制的 Simula 程式語言。Simula 程式語言基於區塊化封裝，首先提出使用類別的物件概念，並支援封裝與繼承。

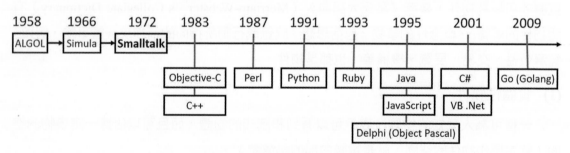

圖 3-2　物件導向程式發展歷史

1970 年代初，在美國全錄（Xerox）的帕羅奧多研究中心（Palo Alto Research Center，PARC）以 Simula 的類別為核心，推出動態型別、反射式的 Smalltalk 物件導向程式語言，於 1972 年發布 Smalltalk 的第一個版本。大約在此時，「物件導向」這個術語正式被確定，Smalltalk 被認為是第一個真正物件導向的語言[2]。Smalltalk 統一了系統設

2　Alfonseca, M., Pulido, E., Orosco, R., & de Lara, J. (1997). OOCSMP: an object-oriented simulation language. In ESS (Vol. 97, pp. 44-48)

計中「物件」的概念，包含物件、類別、方法、實例等概念和術語，採用動態連結和單一繼承的機制。因此，資訊人員注意到物件導向方法所具有的模組化、資訊封裝與隱藏、抽象、繼承、多樣等優異的特性[3]。物件導向的事件和程序，也引發了軟體應用的變革：包括視窗（window）、圖示（icon）、滑鼠（mouse）、環境、對話框（dialog box）等圖形化人機介面。物件導向的分解和模組化，可以將一個問題分解成多個較小、獨立且互相作用的元件，來處理複雜、大型的資訊系統。

Smalltalk 語言還影響了 80 年代早期和中期的物件導向程式語言的發展，例如：Objective-C、C++、Perl、Flavors、Self、Eiffel 等。如圖 3-2 所示，在 20 世紀 80 年代，有眾多物件導向程式設計語言問世。直至今天，這些程式語言中，依然有許多還佔有極重要的地位。

3-2 物件導向程式語言的特性

如圖 3-3 所示，軟體是依據程式語言對問題的解決，加以描述（程式設計）與運作（程式執行）的實現。因此，用電腦解決問題，需要使用程式語言。

圖 3-3　軟體是依據程式語言在硬體設備上實現問題的解決方案

如果軟體解決問題的過程、方式和人類解決問題的思維路徑相同，會讓軟體容易被理解，也容易維護。物件導向就是依據人類通常的思維方式以及現實事務的概念，來建立問題領域（Program Domain）的模型，開發出符合現實處理事務方法的軟體。如圖 3-4 所示，物件是由資料和行為組成的封裝體，與客觀實體有直接對應關係。在資訊領域，物件的資料稱為屬性（Attribute），行為稱為操作（Operation，在物件內的操作稱為方法。方法是操作的實現，因此，通常設計時稱為操作，而在程式語言稱為方法）。一個物件的類別定義了具有相似性質的一組物件。而繼承性是對具有層次關係之類別的屬性和操作進行共用的一種方式。所謂物件導向就是基於物件概念，以物件為中心，以類別和繼承為構造機制來表現客觀世界，並設計、構建相對應的軟體系統。

3　Northrop, L. M. (2002). Object Oriented Development. Encyclopedia of Software Engineering.

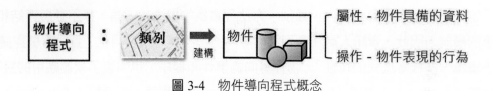

圖 3-4 物件導向程式概念

所謂物件導向系統分析與設計,就是一種將物件導向的思維,應用在資訊系統發展過程中,建立在「物件」概念基礎上的方法學。物件導向的特徵包括:

(1) 封裝(Encapsulation)

封裝是一種資訊隱蔽技術,將方法、欄位、屬性和邏輯包裝在類別內,透過類別的實體,也就是物件來實現,外部物件無法了解物件的內部細節。也就是說,對類別或其所建構的物件只需了解其外在,無需理解內部構造,如圖 3-5 所示的封裝範例。封裝的目的在於將物件的設計者和使用者分開,使用者不必知道行為實現的細節,只需使用設計者提供的資訊或方式來存取該物件。

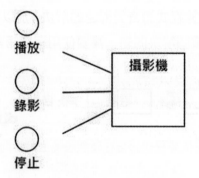

圖 3-5 物件導向的封裝圖示範例

(2) 繼承(Inheritance)

繼承性是子類別自動共用父類別資料和方法的機制。子類別繼承父類別時,子類別除了擁有自己的屬性和方法,還擁有父類別私用(private)以外的所有屬性和方法。如圖 3-6 所示的繼承範例,貨車、轎車、旅行車等子類別均具有汽車類別的屬性與方法。

(3) 多型(Polymorphism)

多型提供相同類別建構的物件,可以具備不同的行為。定義名稱相同的方法,可以傳入不同個數的參數或是型態,利用參數個數和型態,呼叫到對應的方法。如圖 3-7 所示的多型範例,「狼」與「狗」都是使用「犬」類別所建構的物件,但應用多型,可以實現「狼」與「狗」具備不同的行為。

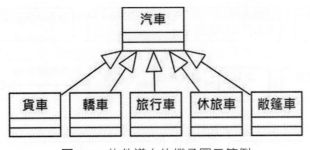

圖 3-6　物件導向的繼承圖示範例

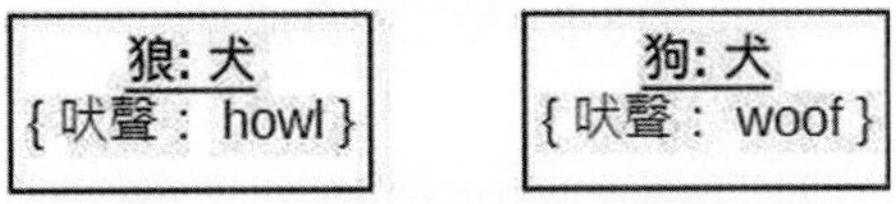

圖 3-7　物件導向的多型圖示範例

3-3　敏捷開發

　　敏捷軟體開發（Agile software development，簡稱敏捷開發），是從 1990 年代開始逐漸引起廣泛關注的新型軟體開發方法，是一種因應需求快速變化的軟體開發模式。相對於「非敏捷」，敏捷開發強調系統開發團隊與業務專家之間的緊密協同運作、面對面的溝通、頻繁交付新的軟體版本、緊湊而自我組織型的團隊、能夠很好地適應需求變化的程式撰寫和團隊組織方法，也更注重軟體開發過程中參與者的作用 [4]。

　　敏捷開發強調人與人綿密的溝通方式，比書面的文件溝通更有效，這是系統開發的一大進步。過度強調文件，但文件的格式、方法是否正確、缺乏閱讀、是否能夠看得懂，都是無法有效幫助系統開發。但是文件又非常重要，畢竟上線後的維運、人員異動的接管，後續擴充的開發，都必須倚賴良好的分析設計與開發文件作為回顧。

　　如圖 3-8 所示，敏捷開發主要的精神在於採用迭代的方式，進行較短的開發循環以及漸進式的開發與交付產品。也就是說，包含規劃、需求細節、分析與設計等，都是隨著專案的進行而漸漸累積完成，並非在最初就將所有的專案細節擬定完成。

　　簡而言之，之所以命名為「敏捷」，就是強調對變化的適應和反應。整體系統的開發，採用較短的迭代週期，每次迭代交付一些成果，關注商業邏輯（Business Logic）的優先順序，確實檢查與調整。和其他開發方式比較，敏捷開發最大的特點是：

4　Beck, K. (2000). Extreme programming explained: embrace change. addison-wesley professional.

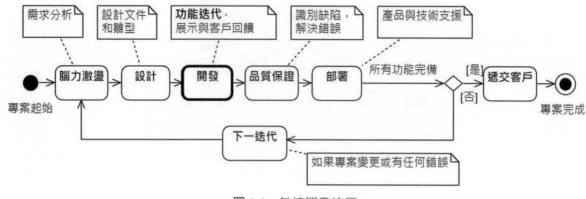

圖 3-8　敏捷開發流程

• 敏捷開發方法是適應（adaptive）而非預測（predictive）

　　許多類型的系統開發，例如人事薪資、進銷存、公文作業等，有比較明確的需求，同時功能也相對固定。所以，這些類型的資訊系統專案通常強調開發前的設計規劃，只要設計時合理並考慮周詳，專案團隊可以完全遵照文件，順利完成開發，並且可以很方便地把文件劃分為許多更小的部分，交給不同的成員分別作業。然而，在大多數的系統開發，卻很難具備這些穩定的因素。

　　傳統的系統分析與設計模式，大多是要求對一個系統開發專案，在很長的時間跨度下做出詳細的規劃，然後再進行開發。所以，這類模式在不可預測的環境下，很難適應變化。反之，敏捷開發則是採取適應變化的過程，甚至能允許改變自身來適應變化，因此也被稱為適應性方法。

• 敏捷開發方法是以人導向（people-oriented）而非程序導向（process-oriented）

　　傳統的軟體開發工作中，專案團隊分配工作的重點是明確角色的定義，再以個人的能力去適應角色，也就是以將專案成員視為「資源」的方式，指派該成員擔任的角色。同時，資源是可以替代的，而角色不可以替代。在敏捷開發過程中，人是第一，程序則是其次，強調利用人的特點，充分發揮人的創造力，這與傳統軟體工程提倡的「先程序，後人」的觀念相反。

　　敏捷開發的目的是建立起一個專案團隊，全部的成員，包括設計軟體開發流程的人員，都要參與到系統開發中。同時，敏捷開發要求技術人員在技術上獨立自主地進行決策，因為他們最了解各項技術的需求。其次，敏捷開發特別重視團隊中的資訊交流，要求資訊能夠及時準確地傳遞給應該接收的人。

不過，敏捷開發並不是特定的一個開發方法框架，包括 Scrum、極限開發（eXtreme Programming）、特性驅動開發（Feature Driven Development，FDD）、動態系統開發方法（Dynamic Systems Development Method，DSDM）、Crystal、Kanban、Lean 等，都是著名的敏捷開發方法。除上述強調適應性、以人導向、透過功能迭代方式逐步堆疊出專案產出的系統，敏捷開發可謂是一組框架和實踐的總稱。這些框架和實踐基於敏捷開發宣言（manifestos）及其背後的 12 條原則（principles）[5]：

1. 敏捷開發宣言

(1) 個人與互動勝過程序和工具。

(2) 工作軟體（working software）優於詳盡的文件。

(3) 與客戶協同合作取代合約談判。

(4) 回應變化而不是遵循計畫。

2. 敏捷開發原則

(1) 優先透過早期和持續交付有用的軟體來滿足客戶。

(2) 歡迎需求的改變，即使是在開發後期。利用變化來獲得客戶的競爭優勢。

(3) 頻繁地交付可用的軟體，無論從幾周到幾個月不等，盡量越短越好。

(4) 業務人員和開發人員必須在整個專案中每天一起工作。

(5) 為團隊成員提供所需的環境和支援，並確信他們會完成工作。

(6) 開發團隊內部傳達訊息最有效的方法是面對面的交談。

(7) 工作軟體是進度的主要衡量標準。

(8) 開發者和客戶應該長期地保持恆定的步伐，促進彼此持續的發展。

(9) 持續關注新技術與設計方法，以便提升敏捷性。

(10) 簡單性：將未完成工作量最大化的藝術是必要的。

(11) 最好的架構、需求和設計來自於自行組織的團隊。

(12) 團隊定期反思如何提高效率，從而調整其行為。

---

5 Beck, K., et al. (2001). The agile manifesto. https://www.agilealliance.org/wp-content/uploads/2019/09/agile-manifesto-download-2019.pdf

> **⊕ 補充說明**
>
> 工作軟體（working software）或稱可運行軟體，是系統開發中完成經過整合軟體，測試並運作良好，可為客戶提供價值的潛在交付系統。

3-4 Scrum

Scrum 是用於開發、交付和維持複雜產品（complex products）的敏捷開發框架（framework）。Scrum 是橄欖球術語 scrummage（球員們低著頭緊緊地圍繞在一起，試圖獲得控球權的爭球活動）的簡寫，被隱喻於軟體開發中團隊合作，逐步邁進目標的過程。

除了具備敏捷開發強調的跨職能團隊，以迭代、增量的方式開發產品或項目，Scrum 開發團隊將每一迭代的工作週期稱為 Sprint（短程衝刺）。Scrum 開發流程如圖 3-9 所示，每個 Sprint 通常為 1～4 週，並且無間歇地相繼進行。Sprint 受時間箱（timeboxing）限制，無論工作完成與否，都會在特定日期結束，並且從不延長。在 Sprint 過程中不可以增加新的項目，必須在下一個 Sprint 時才可以接受變化。當前這一個 Sprint 週期裡，只注重於短小、清晰、明確的目標。團隊每天都會花費簡短的時間來檢驗工作進度，並調整後續步驟，以確保完成剩餘工作。對於在 Sprint 結尾，成員也會確認自己可以交付哪些目標，集合達成一致的意見。然後，團隊成員與利害關係人一起回顧這個 Sprint，並展示所構建的產品。再將獲取的回饋併入到下一階段的 Sprint 中執行。Scrum 強調在 Sprint 結尾產生真正完成的工作軟體（working software）。

1. 角色

Scrum 角色通常可簡略分成如圖 3-10 所示的三個類型：

(1) 產品負責人（Product Owner，PO）

產品負責人是專案的代表，負責確定產品的需求和優先順序，具備決定產品方向的最終決定權。PO 與利害關係人溝通，收集需求並維護產品待辦清單，再明確地傳達需求給開發團隊，確保團隊的工作符合客戶和使用者的期望。

(2) 領導者（Scrum Master，SM）

負責流程諮詢、專案監督和控管。不同於一般專案的專案負責人（Project Leader 或 Project Management，PM），SM 沒有任何人事、產品方向、甚至使用資源的實權，僅是專注在系統的開發管理，屬於服務型的角色。職責包括協助團隊理解和遵守 Scrum 原則，消除障礙，促進團隊的自我管理，並確保 Scrum 流程的順利進行。

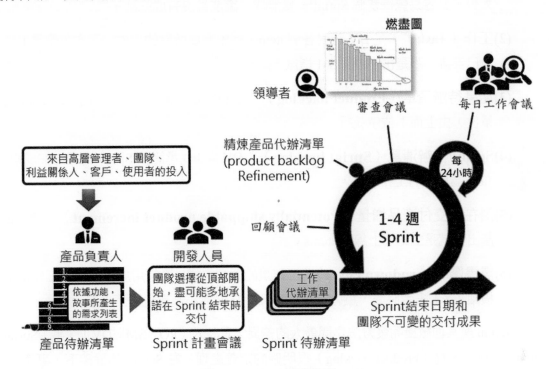

圖 3-9　Scrum 開發流程

（圖片來源：Sutherland, J., & Schwaber, K. (2007). The scrum papers. Nuts, Bolts and Origins of an Agile Process. p.16）

(3) 開發人員（Development Team，DV）

包括開發人員、測試人員和其他相關角色組成的成員，負責開發和交付產品需求細節的執行。DV 在每個迭代中共同合作，確保團隊的目標能夠實現。

圖 3-10　Scrum 專案團隊的三個主要角色

2. 物件

Scrum 使用的物件，常提及的包括下列六項：

(1)項目（Item）：又稱故事（Story），是 PO 定義的系統需求，也就是產品的功能方向。Item 大小要講究，一個 Sprint 若有太多個 items，則不易完成，若 items 太少，又容易覺得整個 Sprint 一事無成，讓成員沒有成就感。

(2)工作（Task）：是 DV 針對各個 item，列出完成所需的工作。工作分配是 DV 自己安排，不是由 PO 或 SM 指派。

(3)產品待辦清單（Product backlog）：由 PO 負責整理的產品方向，以 item 為單位，由上而下依序執行。

(4)Sprint 待辦清單（Sprint backlog）：DV 向 PO 承諾此 Sprint 會盡力完成以 Task 為單位的工作清單。

(5)潛在可交付產品增量（Potentially shippable product increment）：專案的產出，就是立即可上線的 items。

(6)燃盡圖（Burndown chart）：工作量的觀察指標。通常用於表示剩餘工作量上，橫軸（X）表示時間，縱軸（Y）表示以 Task 大小為單位的工作量。

Scrum 與其他敏捷開發方法之間最大的差異，是將人（PO、SM、DV）、事（Sprint、Item、Task）、物（Product backlog）很明確的定義處理。在 Scrum 的框架下，專案團隊的成員會得到尊重和授權，在一個正面循環下，各成員會不斷增加自己的能力和產品品質，成就感和滿意度都是遠超過採用 PM 領導的傳統開發模式。不過，自我管理與自行工作分配的決策與執行，對每位成員都有相當巨大的壓力。

3-5 統一軟體開發過程（RUP）

傳統系統開發與設計的團隊，是採取循序方式執行每個工作流程，也就是如圖 3-11 所示的瀑布生命週期的方式，直到最後系統完成時才開始測試。屆時，在分析、設計和實作階段的問題會大量出現，導致開發可能停止，並開始一段漫長的錯誤修正週期。

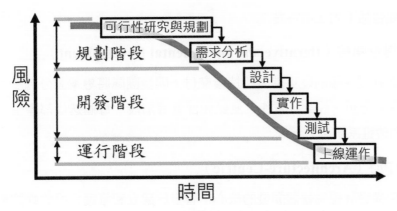

圖 3-11　瀑布模式的風險

　　靈活、風險較小的開發方式，應該是透過多次不同的開發工作流程，這樣可以更容易及清楚地理解需求，建構出一個穩健的系統，並交付出一系列逐步完成的版本。在工作流程中的每一次循環的過程，稱為迭代（Iteration）。

　　統一軟體開發過程（Rational Unified Process，RUP）是由 Rational 公司所開發和推廣的迭代系統開發模式。如圖 3-12 所示，RUP 中的每個階段，可以進一步分解成循環的子項目。一個迭代就是一個完整的開發循環，會產生一個可執行的產品版本，而此產品版本也是最終產品的一個子集。藉由迭代的過程，以增量發展的方式，從一個迭代過程進展到下一個迭代過程，直到完成最終的系統。

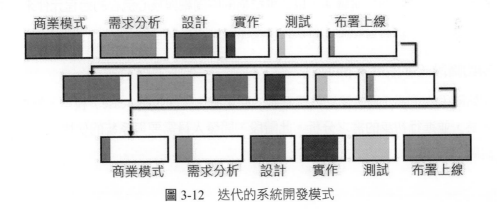

圖 3-12　迭代的系統開發模式

　　RUP 結合很多公司和專家的集體經驗，包括發明 UML，後來加入 Rational 公司的 Booch、Rumbaugh 和 Jacobson 聯合制定的物件導向系統開發模式，以及 ObjectTime 公司開發的即時物件導向（real-time object-oriented）方法中的元素，經歷了許多年的發展才逐漸成熟。描述如何有效地利用商業可靠的方法，開發和部署軟體系統，可以為所有層面的系統開發提供指導方針。因此，RUP 相當適用於開發大型資訊系統的專案。

RUP 主要包括下列三項特點：

(1) 迭代和增量開發（Iterative and Incremental Development）

RUP 強調軟體開發的逐步進展和持續交付。開發團隊將專案劃分為多個迭代，每個迭代都包含需求分析、設計、實作、測試和部署等階段。每個迭代都產生可用的增量，並逐步擴展和改進系統。

(2) 架構為中心（Architecture-Centric）

RUP 將架構設計視為軟體開發的核心，著重於建立和維護良好的軟體架構。開發團隊在整個開發過程中持續關注系統的架構，包括設計模式、元件和子系統的選擇、應用程式的佈局等。這有助於確保系統的可擴展性、可維護性和可靠性。

(3) 使用案例驅動（Use-Case Driven）

RUP 強調以使用案例作為驅動需求和功能開發的主要手段。使用案例描述系統不同的使用情境和互動過程，作為開發團隊開發相對應功能的依據。使用案例作為需求驗證和功能測試的基礎，幫助確保系統滿足使用者的實際需求。

簡單地說，RUP 就是：使用案例驅動、以架構為中心的迭代增量開發方法。RUP 在資訊系統生命週期中的指導方針和模板包括：迭代式開發、管理需求、採用基於元件（component）的架構、視覺化塑模、持續性品質驗證、控制需求的變更[6]。如圖 3-13 所示，RUP 將一個系統開發的生命週期，以二維結構的時間軸與核心流程的過程元件來描述。

RUP 的時間軸分解為四個階段，每個階段都有特定的目標：

(1) 初始階段（inception phase）

初始階段的主要任務是建立軟體系統的商業案例（business case）模型。需要考慮專案的效益，並進行初步的需求分析。此階段，開發人員需要與系統的使用者或領域專家進行討論。

---

6   https://en.wikipedia.org/wiki/Rational_Unified_Process

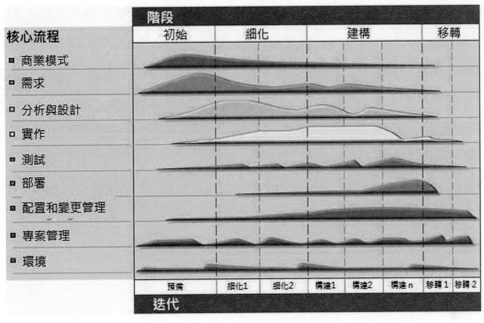

圖 3-13　RUP 各階段的作業分配

在初始階段，開發人員要為系統建立商業案例，並且要確定專案的邊界。為完成這個任務，開發人員必須確認所有與系統互動的外部實體，並對關鍵的使用案例進行描述。商業案例包括驗收標準、風險管理、資源評估以及定義專案開發重要里程碑（milestone）的階段計畫。

此階段的產出包括：

a. 藍圖文件：關於專案的核心需求、關鍵特性、主要限制的總體藍圖。

b. 初始的使用案例模型（完成 10%～20%）。

c. 初始的專案術語表。

d. 初始的商業案例，包括商業環境、驗收標準和財務規劃。

e. 初始的風險評估。

f. 專案計畫，表達系統開發的階段和迭代。

(2)　細化階段（elaboration phase）

細化階段的目的是了解問題領域和系統架構。主要任務是分析問題領域、建立健全的系統結構基礎、制訂專案計畫，並消除專案中風險較高的因素。開發人員必須在此階

段理解整個系統的基礎，包括系統範圍、主要功能和非功能性需求等，以制定系統結構的決策。

在細化階段，透過一個或多個迭代過程，建立可執行的結構原型，這個工作最少應該完成初始階段中確認的關鍵使用案例。因為這些關鍵使用案例，通常也代表專案的主要技術風險。

此階段的產出包括：

a. 更完備的使用案例模型。所有的使用案例和參與者都已被確認，並完成大部分使用案例的描述。

b. 補充非功能性要求，以及與特定使用案例沒有關聯的需求。

c. 軟體系統結構的描述。

d. 可執行的系統雛型。

e. 修訂過的風險清單和商業案例。

f. 整個專案的開發計劃應表現每個迭代過程和每次迭代的評估依據。

g. 更新的開發案例。

h. 初步的使用者手冊。

(3) 建構階段（construction phase）

在建構階段，所有在細化階段之後剩餘的元件和應用程式功能，都應該被實作並整合到產品中，且所有的功能都確實地測試。從某種意義上說，建構階段是一個實現過程，這個過程的重點在於管理資源和控制運作，以便將成本、進度和品質最佳化。

許多專案規模很大，通常需要進行平行建構作業，以便能加速可發布版本的完成，但平行建構作業會增加資源管理和工作流程同步的複雜性。因此，需要考量系統結構和專案時程的平衡。

建構階段的產物是可以交付給最終使用者的產品，可以包括下列項目：

a. 單獨的迭代計畫，包括迭代時間表、預算和人員配置要求。

b. 可發布版本的說明文件。

c. 測試和結果。

d. 部署計劃。

e. 使用者文件，例如操作手冊。

f. 附屬產品，例如培訓計劃和材料、營銷材料等。

建構階段的結束是專案開發第三個重要的里程碑，這個階段所產生的版本通常稱為 Beta 版。

(4) 移轉階段（transition phase）

由開發環境轉換至操作環境的交付階段，是要將軟體產品交付給最終使用者。通常，這個階段由幾次迭代組成，包括可用版、錯誤修復或增強版本的軟體發布。在此階段，執行對客戶的教育訓練或培訓作業、提供大量的使用者文件、技術支援以及處理使用者的回饋等。客戶正式接受該產品，完成對產品的驗收。此階段使用者的回饋應該主要限定在產品調整、配置、安裝和使用問題上，對產品的額外修訂或增強，將被視為產品維護。

RUP 的分析階段與 Rational 公司的產品線緊密結合，既推動了 Rational 產品的持續開發，也被 Rational 的技術團隊用來執行客戶軟體開發，以及測試、使用者介面（UI）設計、資料工程等在內之其他技術的工作。

不過，RUP 為了無所不包，相對使得執行程序相當龐大，非常耗費時間與成本，不論是學習或管理都很困難。再加上 RUP 主要是 Rational 公司為了結合該公司產品而發展出來的系統開發方法，因此，嚴重限制了 RUP 的發展與普及。

3-6 ▶ 極限開發

極限開發（eXtreme Programming，XP）是敏捷開發中相當著名的一種模式。相對於傳統開發方式將重點放在分析與設計的定義內容上，XP 的特徵完全依據敏捷開發方法的以人導向，將重點放在專案的參與者上。

1. 以人為導向的專案開發

多數開發程序比較注重管理層面，為了減少人為影響作業結果的狀況，因此要求各個專案成員必須確實遵循作業規範進行作業。但是，XP 對於專案進行的步驟並沒有詳細規範，只有設定簡單的實踐練習（practice）操作規則。同時也強調，要以各個專案成員

的能力與溝通協調機制來完成專案。也就是說,人才素質與直接溝通的方式,是 XP 程序中非常重要的關鍵。XP 定義系統開發的四種基本活動(activities):傾聽(listening)、設計(design)、撰寫程式碼(coding)、測試(testing)。

　　XP 之所以可以成功,是因為它強調客戶的滿意度。傾聽的重點是傾聽客戶的實際需求,了解商業邏輯(Business Logic)需求背後的故事,持續地在程式設計師與客戶間進行溝通。依據這四個基本活動,可以將 XP 表示為如圖 3-14 所示的活動迭代。

　　實務操作上,XP 還有一特點就是重構(refactoring),對於未來的功能追加或樣式變更的可能性,並不會預留程式碼。所以實際需要追加功能時,到時候再進行設計的作業。也就是說,XP 不會採取固定的設計方式,而是在接收不同變化的需求時,才會展開再設計的活動。

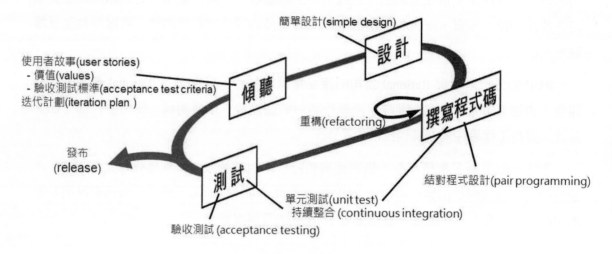

圖 3-14　極限開發基本活動迭代

　　XP 撰寫程式的方式,大多是採用 2 人共用一組設備的方式進行,例如其中一位一邊寫程式,一邊向另一成員說明,而另一成員則協同檢驗程式,以確保品質。由於搭檔可能隨時更換,每個人的角色定位也會隨之改變,所以專案中的每一位成員都較容易藉此了解系統全貌。

2. 單日作業流程

　　如圖 3-15 所示為極限開發中典型的一天活動過程。為求效率,XP 專案會議講求站立開會,所有成員分別表達昨日狀況、今日預定工作、團隊變更事項等,讓成員掌握團隊整體狀況。會議結束,便開始開發作業的鐵三角:先是製作測試程式,接著實作程式,

最後進行重整。重整完後，只對所需範圍進行測試。完成所需範圍的測試後，再進行下一迭代循環。

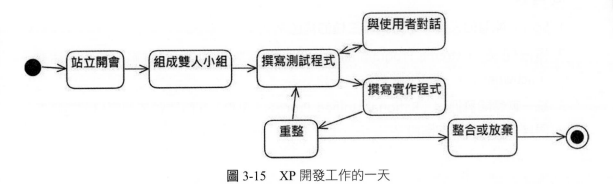

圖 3-15　XP 開發工作的一天

製作測試程式時，通常會向客戶或直接使用者確認功能與規格。使用者若能加入團隊，便能即時回答問題。當單元測試結束後，就會進行整合作業，再請使用者對當日成果進行驗收測試，確認是否符合需求，否則翌日就得重新開始。

XP 以溝通、簡單、回饋、尊重和勇氣五種基本方式改進系統開發的專案。每一個步驟的成功，都加深了對團隊每位成員獨特貢獻的尊重。

XP 對於系統開發有幾點需要注意：

(1) 避免更換成員：XP 重視成員之間面對面的溝通，很多資訊都存在專案成員個人的頭腦內。如果中途撤換專案成員，新加入的成員可能只能透過既有的程式碼來了解系統架構。

(2) 不適合大型系統開發：基於溝通的模式，每次的搭檔與分配的任務經常變動，專案成員必須要完全了解系統全貌。如果開發的是大型資訊系統，每個成員需要知悉的項目就會很多，不僅難以兼顧，也妨礙 2 人小組的程式設計方式。

(3) 需有系統開發經驗：如果專案成員熟悉商業邏輯（Business Logic）的架構設計，便可以一邊規劃架構，一邊進行系統開發。但如果專案團隊缺乏這類的成員，只依賴 XP 簡單的設計與重構程序，一旦多次迭代後需要追加功能，就可能漏洞或問題叢生。

本章習題

問答題

1. Scrum 開發的人員，可分為哪三種的角色？

2. 極限開發（eXtreme Programming，XP）定義系統開發包括哪四種基本活動（activities）？

3. 統一軟體開發過程（Rational Unified Process，RUP）在時間軸依順序分解為哪四個具有特定目標的階段？

Chapter 4

統一塑模語言

4-1　UML 簡介

　　資訊系統分析與設計方法的發展，在 1980 年代可以說是百花齊放，尤其是在物件導向的領域。隨著資訊科技持續地發展與多元化，各種分析與設計的方法也逐漸整併、調整、收斂，或是被淘汰。統一塑模語言（Unified Modeling Language，UML）整合了 Grady Booch、James Rumbaugh 和 Ivar Jacobson 所提出的物件導向符號與圖形，並在此基礎上進一步發展，進化成為系統開發領域所接受的塑模語言。

1.　背景

　　物件導向塑模語言最早出現在 1970 年代中期[1]（原因還是基於當時物件導向程式語言和個人電腦的發展）。從 1989 年到 1994 年之間，物件導向塑模語言數量就從大約 10 種增長到超過 50 種[2]。這些塑模語言具有不同的符號體系，且適用的系統類型也有限，使用者很難找到一個可以滿足各類系統開發的塑模語言。此外，不同使用者之間採用不同的塑模語言，會嚴重地影響設計者、開發者和客戶之間的溝通。因此，需要在各種不同塑模及物件導向程式語言的特徵上，截長補短地建立一個通用且統一的塑模語言。

1　Engels, G., & Groenewegen, L. (2000, May). Object-oriented modeling: a roadmap. In Proceedings of the Conference on the Future of Software Engineering (pp. 103-116).

2　Booch, G., Rumbaugh, J., Rumbaugh, J., Jacobson, I. (1999). The Unified Modeling Language User Guide. Addison-Wesley., p.14.

因此，Grady Booch、James Rumbaugh 和 Ivar Jacobson 開始借鑒彼此的方法。Grady Booch 採用了 James Rumbaugh 和 Ivar Jacobson 的分析技術，James Rumbaugh 的物件塑模技術（Object Modeling Technique，OMT）方法也採用了 Grady Booch 的設計方法。最終誕生了 UML，並逐步統一不同符號體系的混亂。

2. 發展

參見圖 4-1 所示 UML 的發展歷程。

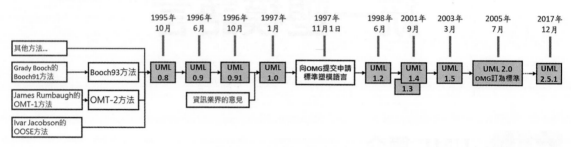

圖 4-1　UML 發展歷史

1994 年 10 月，James Rumbaugh 加入了 Graddy Booch 所服務的 Rational 公司。該公司的 UML 專案整合了 Booch 方法和 OMT 方法，並於 1995 年 10 月公布統一方法（Unified Method，UM）0.8 版。不久之後，物件導向軟體工程（Object-Oriented Software Engineering，OOSE）方法的創始人 Ivar Jacobson[3] 也加入了 Rational 公司，在 UML 專案中導入了 OOSE 方法，之後在 1996 年 6 月，將 UM 改名為 UML，並發布 UML 0.9 版。

至 1996 年，許多軟體公司已經將 UML 作為其商業應用的主要塑模工具，並提議成立 UML 協會，以便能夠更進一步地提升並推動 UML 的相關規範。包括迪吉多（DEC）、HP、IBM、I-Logix、IntelliCorp、微軟（Microsoft）、甲骨文（Oracle）、德儀（Texas Instruments）、優利（Unisis）等著名公司，都加入 Rational 公司的該項工作，制定完成當時定義最完整、涵蓋範圍最廣的 UML 1.0，並於 1997 年 1 月提交給專為物件導向系統建立標準的物件管理組織（Object Management Geroup，OMG），申請成為塑模語言標準。

同年（1997）1 月至 7 月，包括 Andersen Consulting、Ericsson、ObjecTime Limited、Platinum Technology、PTech、Reich Technologies、Softeam、Sterling Software 和 Taskon 等合作夥伴的加入[4]，由 MCI Systemhouse 的 Cris Kobryn 領導，並由 Rational 公司的 Ed Eykholt 管理的語義工作小組成立，以正式化（formalize）UML 的規範，並將 UML 與其

3　Jacobson, I. (1993). Object-oriented software engineering: a use case driven approach. Pearson Education India.

4　Booch, G. (1999). UML in action. Communications of the ACM, 42(10), 26-28.

他標準化的工作整合，於7月發布修訂版 UML 1.1。同年11月17日，OMG 採納了 UML 1.1 作為物件導向技術的塑模語言標準，正式成為資訊系統開發的業界標準規範。

往後，OMG 修訂專案小組（Revision Task Force，RTF）接續發布 UML 1.2、UML 1.3、UML 1.4 和 UML 1.5 等版本，補充並修改了 UML 1.1 的許多問題。2005 年，在對 UML 1.X 進行大幅度的修改後，OMG 發布了 UML 2.0。直至今日，OMG 仍繼續針對軟體技術的發展，不斷地修正 UML。至本書出版時，最新的版本是 2017 年 12 月發布的 2.5.1 版。

4-2 UML 特性

1. 內涵

UML 是用於描述和塑模的標準圖形視覺化語言。之所以稱為 UML，即是強調如圖 4-2 所示，將能夠成功開發資訊系統的技術匯集在一起，用於表達關於該系統之主題的抽象理念，提供在需求和系統的主題上有相互溝通的一致性方法。之所以命名為 UML，就是強調它是統一各家系統分析與設計塑模而制定的規範標準。

圖 4-2　UML 的意義

UML 的內涵包括語意和表示法兩個部分：

(1) 語意（Semantic）

UML 定義許多規則來規範格式良好（well-formed）的模型，一個格式良好的模型必須具備自我一致性（self-consistent）的語法規則。UML 語意規則包括：名稱（Name）、範圍（Scope）、能見度（Visibility）、真確性（Integrity）。

(2) 表示法（Notation）

UML 定義了為資訊系統塑模而設計的圖形與符號，並提供持續和延伸的擴充，為使用者或開發工具在塑模時，提供使用這些圖形符號和文字語法的標準。簡而言之，表示法就是塑模時所用到的圖形符號與規則。

2. 特點

UML 的特點就在於可視化、標準化，表達模型的抽象概念，便於團隊內部或跨領域之間協同合作的溝通。

(1)如圖 4-3 所示，UML 整合了 Booch 方法、OMT 方法、OOSE 方法及其他許多物件導向方法的概念與符號，同時並匯集了許多專家的理論。

(2)UML 雖然已是實用的標準塑模語言，但是 UML 仍舊不斷地持續發展，而且其中仍有一些概念有待驗證。

(3)UML 中的各種符號及規則與物件導向語言（Java、C++、Python）之結構有完整對應。

(4)UML 不只限於物件導向軟體開發，UML 中有些概念、圖形與物件導向並無關係，因此，系統開發時不論是否採用物件導向的設計方法，UML 都可適用。

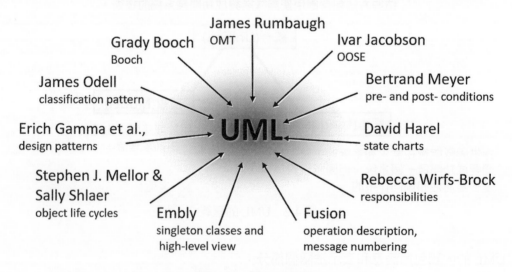

圖 4-3　UML 的組成

3. 功能

UML 具備下列主要的特性：

(1)規格化（Specifying）：UML 強調各種重要的分析、設計和實作決策的規格，能夠以最精確、非模糊且完整地將模型建立出來。

(2)視覺化（Visualizing）：規範圖形符號的繪製標準，透過模型的建立來理解架構和需求。

(3)結構化（Constructing）：UML 是可視化的塑模語言，不是可視化的程式語言，具備明確結構化的規範與圖形意義，使得建立的模型可以直接對應各種程式語言，例如：Java、VB、C#、PHP、Python 等，另外也可以對應資料庫的表格。因此，可以將系統分析的相關視圖（Diagram），正確地反映到程式或資料庫；反之，也能將程式或資料庫反應至對照的視圖。依據 UML 的定義，搭配適當的工具軟體，將繪製的視圖轉換成程式或資料庫宣告，就稱為正向工程；反之，將既有的程式或資料庫，經由工具軟體繪製成 UML 視圖，就稱為逆向工程。

在眾多電腦輔助軟體工程（Computer-Aided Software Engineering，CASE）開發工具中，有許多均能提供正向工程的功能，例如 Rational Software Architect（其前身為 Rational Rose）、Visual Paradigm、Prosa UML Modeller 等，還支援正向與逆向的全向工程。

⊕» 補充說明

» 正向工程（Forward Engineering）：由 UML 模型產生程式的過程。

» 逆向工程（Reverse Engineering）：由程式產生 UML 模型的過程。

» 全向工程（Round-trip Engineering）：能夠實現正向與逆向交互的過程，則稱為全向工程。

---

(4)文件化（Documenting）：資訊系統開發與維護的過程，為軟、硬體，甚至運作環境建立明確、健全的文件是非常重要的。UML 可以提供系統結構與所有運作的細節、流程，例如：需求（Requirements）、架構（Architecture）、設計（Design）、原始程式碼（Source code）、專案計畫（Project planning）、測試（Testing）、系統原型（Prototypes）、發行版本（Releases）等等，建立所需的文件。

4-3 UML 的組成

學習 UML 就像學習外文，先從字元（a，…，z）開始學習，再將字元組成單字、片語和句子一樣。如圖 4-4 所示，UML 的模型基礎由三個部分組成：

(1) 構造區塊（Building Blocks）

包括事物（things）、關係（relationships）和圖示符號（icons & symbols）三種元素，代表資訊系統軟體中的某個事物或彼此之間的關係。事物是 UML 物件導向的基本元素，就如同我們學習外語的語法與詞彙。

(2) 規則（Rules）

其內涵包括名稱（names）、範圍（scope）、能見度（visibility）、真確性（integrity）與執行（execution）。如同學習外語的語義，規則是資訊系統軟體中某些事物應該遵守的約束或規定。

(3) 通用機制（Common Mechanisms）

通用是使 UML 容易學習或適用範圍廣大的主要原因，其通用機制包括：規格（specifications）、修飾（adornments）、通用劃分（common divisions）、擴充機制（extensibility mechanisms）。通用機制是指於資訊系統軟體中每個事物必須遵守的通用規則。

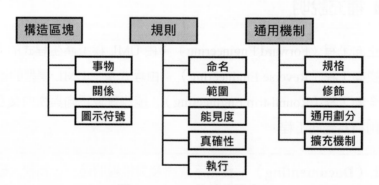

圖 4-4　UML 的組成構造

構造區塊的元素描述事物的基本成分，這些基本成分依照特定的規則關聯在一起並組成圖形，同時，這些基本元素都遵循規則與通用機制。如果只是單純學習 UML 圖形，主要就是掌握構造區塊的各個元素。但如果是要應用在系統分析與設計，就必須熟悉 UML 的規則與通用機制。

1. 元素

UML 模型最基本的單元是元素（element）。元素是正在建模的系統結構或行為特徵的抽象事物（things），並將語義內容添加到模型中，各個相關的元素透過關係，將彼此之間連結起來，而視圖（diagram）則是如圖 4-5 所示，用來將元素的集合進行分組，例如使用案例圖、活動圖…等不同類型的視圖。

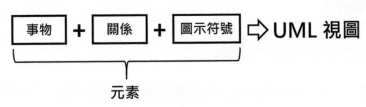

圖 4-5　UML 圖形組成的核心要素

UML 所有模型的元素都具有屬性，包括名稱、型態以及其他特性，例如屬於一個類別的屬性和操作（operation，也就是物件導向程式之類別所具備的「方法」），可以進一步定義一些 UML 模型元素。

⊕» 補充說明

在圖表中，圖表元素（或形狀）以圖形方式表示模型元素。

---

2. 分類器（Classifier）

在 UML 圖形中，分類器這一個名詞是用於對具有相似結構特徵（包括屬性和關聯）和相似行為特徵（包括操作）的一組模型元素進行分類。也就是說，分類器是用於描述一組具有相同特徵、行為或角色的概念名詞。

分類器可以具有獨特的選項、可以具有約束、衍生、造型（stereotype），並且可以具有多個標記值。例如，在 UML 模型中，類別和資料類型會有不同的用途（類別建立的實體是物件、資料類型建立的實體是變數），但因為它們具有相似的結構和行為特徵，所以兩者都是分類器。

根據分類器的種類，區隔分類器之間或分類器內部項目的邊界或分界線的區域，稱為區間（partition，亦有稱為隔間），可以是可視或是隱藏的。建立一個類別時，預設情況下，屬性和操作區間都是可視的，但也可以依需要將之隱藏。

UML 模型的分類器共包括下列 13 種：參與者（Actors）、工件（Artifacts）、類別（Classes）、合作（Collaborations）、元件（Components）、列舉（Enumerations）、資料類型（Data types）、資訊項目（Information items）、介面（Interfaces）、節點（Nodes）、角色（Roles）、通訊訊號（Signals）、使用案例（Use cases）。

4-4　事物

UML 模型使用的事物包括下列四種：

- 結構性事物（Structural things）：用來建立模型的靜態部分，例如參與者（actor）、類別（class）、元件（component）、資訊項目（information item）和節點（node）等分類器（Classifier）。

- 行為性事物（Behavioral things）：對系統的動態部分進行塑模。通常是使用在狀態機圖和互動圖中找到行為模型元素，表達包括活動、決策、訊息、物件和狀態。

- 群組性事物（Grouping Things）：又稱組織性事物，是將模型元素分組成各個邏輯上的集合。

- 註釋性事物（Annotational Things）：提供註解和描述說明。

1.　結構性事物（Structural Things）

定義資訊系統軟體中某個實體的元素，描述事物的靜態特徵。結構性事物使用名詞表示，共分為下列七種：

(1) 類別和物件

類別是對具有相同屬性、相同操作、相同關係的一組物件的共同特徵的抽象。如圖 4-6 所示，類別是物件的藍圖或範本，物件是類別的一個實例（Instance）。

圖 4-6　類別與物件的關係

a. 類別的圖示符號

在 UML 中，類別的圖示是用一個矩形表示的，它包含三個區域，最上面是類別名稱，中間是類別的屬性，最下面是類別的操作。

圖 4-7 描述一個名稱為 People 的類別，該類別具備兩個屬性，分別是一個資料類型為 String，名稱為 name 的屬性，另一個是資料類型為 int，名稱為 age 的屬性。以及一個名稱為 speak( ) 的操作。

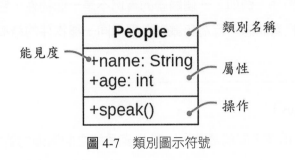

圖 4-7　類別圖示符號

b. 物件的圖示符號

物件的圖示使用如圖 4-8 的矩形表示，在矩形內不寫出屬性和方法，只在矩形框中用「**物件名稱：類別名稱**」，並加上底線表示一個物件。物件與類別名稱之間的冒號絕對要有。如果是無名的物件，則物件名稱可以省略。如果該物件沒有固定的類別，則類別名稱可以省略。

圖 4-8　物件圖示符號

UML 中最常用的實例是類別的實例，也就是物件。當使用物件時，通常將它放在循序圖、互動圖或活動圖中，有時也可以將物件放在類別圖中，以表示物件及其「抽象—類別」之間的關係。在同一個溝通圖或活動圖中的多個物件圖示，同名的物件圖示代表同一個物件，不同名稱的圖示則代表不同的物件。但是，在不同的視圖中，即使物件圖示的名字一樣，仍可能代表不同的物件。

> **補充說明**
>
> 　　物件（Object）代表類別的一個特定實例（Instance）。實例是抽象的具體表示，操作可以作用於實例，實例可以有狀態儲存操作的結果。
>
> 　　資訊系統使用的實例和物件是同義詞（特別強調是「資訊系統」內，請勿與「真實世界」的物件混淆），物件是類別的實例，所有的物件都是實例，但不是所有的實例都是物件。例如，一個關聯的實例不是一個物件，它只是一個實例、一個連接。物件具有狀態、行為和識別名稱，同一種物件的結構和行為定義在它們的類別中。

(2) 介面（Interfaces）

　　介面在軟體中有兩種不同的意義，一是代表系統之間溝通的管道，例如應用程式介面（Application Programming Interface，API），另一是抽象的類別，也就是該類別的方法都只有宣告而沒有任何的實作。這裡所指的介面是指第一種：系統中的類別所建構的物件，提供外部系統或應用程式呼叫執行的管道。介面的圖形符號表示如圖 4-9 所示。

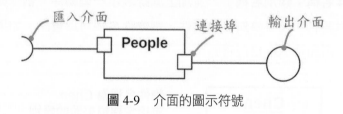

圖 4-9　介面的圖示符號

> **補充說明**
>
> 　　此處所描述軟體內的介面，和使用者介面（User Interface，UI）不同，前者是程式內的單元，而後者則是系統呈現並提供使用者與之互動的畫面。

(3) 使用案例（Use Case）

　　使用案例是在系統內，為了完成某件任務而執行一系列的動作，將這些動作集合起來，定義了角色（參與者）和系統之間的互動關係。參與者以人形符號表示，使用案例的圖示是如圖 4-10 所示的橢圓形，其名稱寫在橢圓內部或橢圓下方。

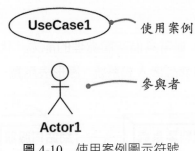

圖 4-10　使用案例圖示符號

(4) 合作（**Collaboration**）

　　合作是指物件之間為了實現目標而進行的互動集合。除了物件之間，合作也可以是類別或其他元素的集合。使用的圖形符號為圖 4-11 所示的虛線橢圓形。

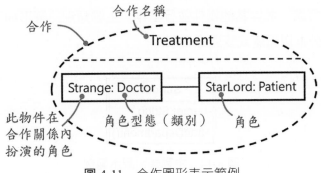

圖 4-11　合作圖形表示範例

(5) 元件（**Component**）

　　元件是系統設計中，實際獨立且可更換的軟體部件，它將功能實踐的部分隱藏在內部，對外宣告需求介面或供給介面。例如執行檔、應用程式常使用的動態連結檔（Dynamic Link Library，DLL）、文件檔案都是元件。如圖 4-12 所示，元件圖形表示為左邊含有兩個小矩形的矩形圖案，或加上匯入介面或輸出介面的介面圖示。

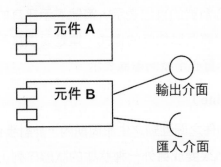

圖 4-12　元件圖示範例

(6) 節點（Node）

節點是系統硬體的部件，通常具備空間處理的能力，代表系統關聯的一項資源，例如一台筆電、一支智慧型手機或是嵌入式系統。圖形表示為一個如圖 4-13 所示的立方體。

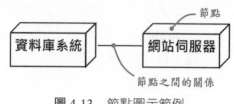

圖 4-13　節點圖示範例

(7) 主動類別（Active Class）

主動類別是指該類別所建構的物件擁有自己的執行緒（Thread）控制，而且該物件可以啟動自己的執行緒，並與其他物件並行工作。主動類別的圖形如圖 4-14 所示，和一般類別相同，但是外框以粗邊或雙邊線表示。

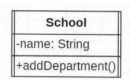

圖 4-14　主動類別圖示範例

2. 行為性事物（Behavioral Things）

表達系統軟體的動態。系統軟體的行為可以藉由模型描述為互動或依序的狀態變化，慣例上使用動詞表示。

(1) 互動（Interaction）

互動是執行某個任務時，物件之間透過訊息發送和接收的相互作用。互動的表示方式主要是使用一條具備實心箭號的直線表示，箭號表示訊息的方向，並且可以在直線上面標示訊息的名稱。不過實際互動線條的樣式，還是要依據不同的圖形而定，例如循序圖回應的訊息就必須使用非實心箭號的虛線表示。

(2) 狀態機（State Machine）

狀態機是指定物件或物件之間互動之生命周期內，針對事件回應所經歷的狀態序列。也就是說，物件從一種狀態改變成另外一種狀態的狀態序列，這些狀態序列構成了狀態

機（一個狀態機是由多個狀態組成）。狀態機使用帶有圓角的矩形，如圖 4-15 示範一個「門」物件生命週期內所經歷的狀態。

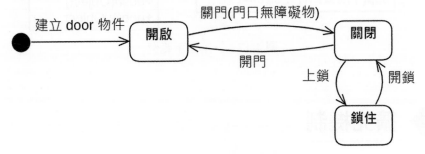

圖 4-15　狀態圖示範例

3.　群組性事物（Grouping Things）

群組性事物是在模型中用來組織相關事物和關係的元素，主要是使用套件（Package）群組相關的圖表、元素。

套件是應用於將元素組織成群組的通用機制。如圖 4-16 所示，套件的圖形表示為卡式的文件夾，外觀和 Windows 作業系統的文件夾圖示很像。當圖表或元素眾多時，將相關的圖表或元素分組到一個套件中，這樣就可以變得不那麼複雜，易於表達理解。

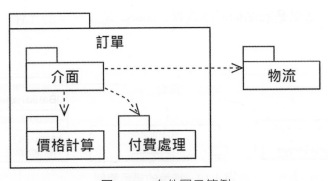

圖 4-16　套件圖示範例

4.　註釋性事物（Annotational Things）

註釋性事物是使用註解（Note）元素，在模型中對於其他元素的解釋。如圖 4-17 所示，註解圖示為一個右上角帶有折角的矩形，以虛線和被解釋的元素連結，註釋的內容就寫在矩形內。

```
┌─────────────────────────────────┐        ┌──────────────────────┐
│ push( ) 後置條件：size+=1      ╲│        │       Queue          │
│ pop( ) 前置條件：size-=1       ╱│- - - - ├──────────────────────┤
└─────────────────────────────────┘        │ -size: int = 0       │
                                            ├──────────────────────┤
                                            │ +push(Object)        │
                                            │ +pop(): Object       │
                                            └──────────────────────┘
```

圖 4-17   註解圖示範例

4-5 擴充機制

為了顧及軟體工程與資訊應用領域不足或例外的原則，UML 提供了：造型、標籤標記與限制三種擴充機制。系統開發時可以使用這些擴充機制，依據系統分析與設計的需求，自訂新的模型元素。

1. 造型（Stereotype）

造型擴充了 UML 的詞彙，可以為特定問題擴充基本模型元素，以產生新元素的能力，讓 UML 只需具備最基本的符號，仍舊可以隨時擴充，以滿足實際的需要。造型標示的方式是將名稱放在「<<」和「>>」之間，並置於模型元素的名稱上方。如果是遇到 UML 不具備的關係時，也可以在關係線條之間以造型標示。如圖 4-18 標示在各元素內的造型。webServer 節點是網站伺服器設備，course 是資料庫的元件，IBankSystem 類別是一個介面。

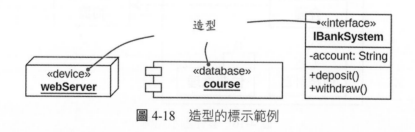

圖 4-18   造型的標示範例

造型不只是用在限制上，造型的主要用途是擴充 UML 的詞彙。UML 定義了五個可以使用在元件的標準造型：

(1)可執行（executable）：表示可以在節點（node）上執行的元件。

(2)程式庫（library）：表示靜態或動態的程式庫。

(3)表格（table）：表示資料庫表格的元件。

(4)檔案（file）：表示該元件是含有原始程式碼或資料的檔案。

(5)文件（document）：表示該元件是一份資料文件檔案。

除了這五個標準造型之外，使用者仍舊可以依據實際需要自行創造。

2. 標籤標記（Tagged values）

標籤標記是用來擴充 UML 模型元素的屬性，提供設計師在模型元素的規格中增加額外的資訊。標籤標記使用的方式是在大括號「{ }」內，依據「名稱 = 值」格式標示擴充的資訊。如圖 4-19 所示，藉由標籤標記説明 Course 類別的版本和負責人員，以及標記 ComponentInstance1 元件已經完成測試。

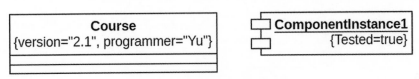

圖 4-19　標籤標記使用範例

3. 限制（Constraints）

限制（或譯為約束）擴充 UML 元素的語意，提供添加新規則或變更既有規則的方式。限制使用的方式是在大括號「{ }」內使用文字説明或邏輯敘述表示規則。例如圖 4-20 所示，銀行帳號 Bank 與帳號資訊 Profile 有關聯，且關聯時，Profile 類別會依據限制的要求，執行安控管理。另外，Bank 銀行帳號類別限制只能是 Corporation 公司類別或是 Person 個人類別才能使用，但是不能又是私人又是公司的。或是以註解方式説明 Bank 分行的負責人 principal 和總行的 headquarter 負責人是相同的。

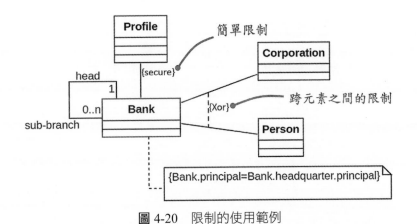

圖 4-20　限制的使用範例

✎ 本章習題

問答題

1. UML 模型使用的事物包括哪四類？

2. 請說明 UML 的統一 (Unified)、塑模 (Model)、語言 (Language) 代表的意義。

Chapter

5

UML 關係

5-1 關係

第四章介紹表示事物的基本元素，本章則是介紹表達事物之間的關係與使用關係的元素。在 UML 中，關係也是一種模型元素，它是透過定義模型元素之間的結構和行為來為模型增加語義，元素之間使用關係來表達彼此之間的連接。UML 的關係主要分為六類：

(1)活動動線（Activity edge）：代表活動之間的流程。

(2)關聯（Association）：表示一個模型元素的實例（instance）連接到另一個模型元素的實例。

(3)依賴（Dependency）：表示當一個模型元素更改，會影響另一個模型元素。

(4)一般化（Generalization）：表示一個模型元素是另一個模型元素的特殊化。一般化就是子類別的上一代類別，因為具備子類別共通的屬性與方法，所以稱為一般化。

(5)實現（Realization）：表示一個模型元素提供了另一個模型元素實現的規範。實現就是子類別的上一代介面，因為透過子類別將抽象方法實作，所以稱為實現。

(6)轉換（Transition）：表示狀態的變化。

不過，在不同的圖形內，還會有不同的增減，例如圖 5-1 表示類別圖使用的關係圖形。完整的關係請參見表 5-1 的說明。

圖 5-1　類別圖使用的關係圖示

表 5-1　關係的種類

關係	說明
抽象 Abstraction	在不同抽象級別或從不同觀點，表示模型元素間相同概念的依賴關係。可以在多種圖形中加入抽象關係，例如使用案例圖、類別圖和元件圖。
聚合 Aggregation	將一個分類器（classifier）描述為另一個分類器的一部分或隸屬。
關聯 Association	兩個模型元素之間的結構關係，表明一個分類器的物件（參與者、使用案例、類別、介面、節點或元件）的連接。在雙向關係中，關聯也會連接兩個分類器，表達主（supplier）和從（client）的關係。
綁定 Binding	較高級的依賴類型，用於綁定造型（stereotype）以建立新的模型元素。
溝通路徑 Communication path	用於部署圖中，節點之間的一種關聯，顯示節點如何交換訊息和信號。
組合 Composition	表達整體與部分之間的聚合關係。組合關係指定部分分類器的生命週期，取決於整個分類器的生命週期。
控制流程 Control flow	表達從一個活動節點到另一個活動節點的控制移動。
依賴 Dependency	依賴關係表示對一個模型元素（主或獨立的模型元素）的更改，可能會導致另一個模型元素（從或依賴的模型元素）發生更改。

（續下頁）

（承上頁）

關係	說明
部署 Deploy	部署關係顯示單一節點的特定元件。在 UML 模型中，部署關係通常出現在部署圖中。
定向關聯 Directed association	是一種只能在單方向導引並且控制從一個分類器流向另一個分類器（例如，從參與者到使用案例）的關聯。
延伸 Extend	使用案例之間的延伸關係，表示一個使用案例，可以延伸應用另一個使用案例。
一般化 Generalization	一般化用來表達繼承關係。一般化關係可以用在類別圖、元件圖和使用案例中。
介面實現 Interface realization	表達分類器和提供的介面之間的一種特殊類型的實現關係。
包含 Include	使用案例之間的包含關係，用來指定一個使用案例必須要應用來自另一個使用案例（被包含的使用案例）的行為。
表現 Manifestation	表現關係顯示哪些模型元素（例如元件或類別）在工件（artifact）中表現出來。
註解附件 Note attachment	註解附件是將註解或文字框連接到連接器或形狀，並標示相關的資訊。
物件流程 Object flow	表達從一個活動節點到另一個活動節點的物件和資料的流程。控制流程與物件流程最大的差別就是在控制流程不可攜帶任何資料或物件給下一個流程，而物件流程可以攜帶資料或物件。
實現 Realization	實現關係用於兩個存在實現關係的模型元素，且其中一個必須實現（realize or implement）時。指定行為的模型元素是主（supplier），實現行為的模型元素則是從（client）。在 UML 2.0 中，這種關係通常用於指定那些實現或實現元件行為的元素。
使用關係 Usage	使用關係是一種依賴關係，其中一個模型元素需要存在另一個模型元素（或一組模型元素）才能完全實現或操作。需要另一個模型元素存在的模型元素是從（client），需要存在的模型元素是主（supplier）。

　　系統開發中，各類型事物很少獨立存在，尤其是類別。多數事物之間都需要彼此相互合作，因此事物之間關係的表達就相對重要。關係是事物之間的連結，UML 具備許多關係的種類，在物件導向塑模中，有四個關係最為重要，分別是關聯（Association）、依賴（Dependence）、一般化（Generalization）和實現（Realization），是物件導向分析與設計相當重要的關鍵，接下來以分節的方式，逐一詳細介紹。

關聯關係表示兩元素之間存在某種語意上的相關,形成結構性的關係。例如人員在公司工作,表示公司與人員之間存在語意上的相關。因此,就可以如圖 5-2 所示,將人員 Person 類別和公司 Company 類別建立關聯的關係。

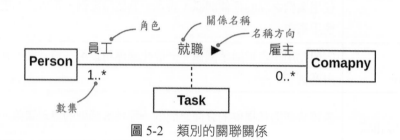

圖 5-2 類別的關聯關係

關聯的線條可以使用下列標記(notations),提供更清楚明確的資訊:

1. 名稱(Name)

關聯名稱或造型名稱(stereotype name)通常使用動詞,用來表達關聯的類型或目的。如果需要,還可以在名稱旁以實心三角形標示名稱方向(order of ends)。

> ### ⊕» 補充說明
>
> starUML 工具軟體繪製關係的名稱方向,並非直接在屬性欄位內設定,需要以滑鼠雙擊關係,於顯示的按鈕選單中,選擇「Order of Ends」按鈕,並選擇 Forward 或 Backward 方向選項。
>
>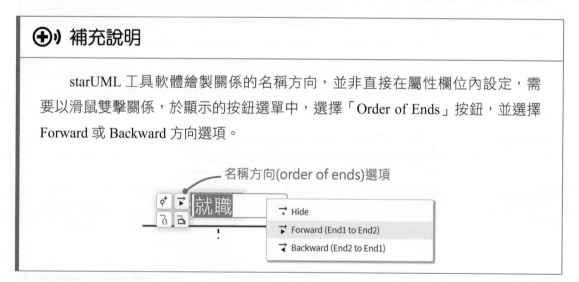

2. 角色(Role)

在結合關係的兩方端點處設置「角色」(role),用來說明該類別以什麼樣的角色來參與這項結合的關係。如圖 5-2 的 Person 類別在這一關係中參與的角色為「員工」,Company 類別的角色為「雇主」。

如果在關聯上沒有標示角色名稱，則表示以該類別名稱來代表其角色。而且，同樣的類別在其他關聯中可以扮演相同的角色，也可以扮演不同的角色。

3. 數集（Multiplicity）

數集表示參與關聯之物件數量的上下限範圍，上下限之間使用「..」或「~」表示，如果數量眾多，可以使用「n」或「*」表示。例如 1..n 表示最少 1 個，最多則無上限。例如 0..5 表示最少 0 個，最多 5 個。

如圖 5-2 中，Person 類別和 Company 類別存在多對多的關係，一個 Person 會就職於 0 到多間公司；而一間公司 Company 會聘用 1 到多位員工 Person。

4. 關聯類別（Association Class）

如果兩個類別的關聯存在自己的特性，如圖 5-2 中，員工 Person 與公司 Company 之間存在員工／雇主關係，而此關係可以透過工作 Task 類別來表示，此時 Task 類別稱為關聯類別（Association Class）。有點類似類別使用屬性描述物件內部的資料，UML 使用關聯類別來描述關聯之間的特性。

關聯類別使用虛線線條連結到關聯的直線上，而且一個關聯類別只能連結一個關聯。

5. 導航（Navigation）

導航，也就是方向性，表示一個元素可以簡單、直接地到達另一端的元素。關聯關係可能是單向也可能是雙向。預設情況下，正常的關聯類型是雙向的，稱為雙向關聯（Bi-directional Association），表示兩個元素之間存在關聯，而且雙方彼此都知道對方的存在。如果該關聯只被單方向使用，則稱為單向關聯（Uni-directional Association）。如圖 5-3 所示，雙向關聯的 UML 圖示符號是一條實心直線，表示彼此雙方都知道對方。單向關聯關係的圖示符號則是一端有箭頭的實線，箭頭方向表示導航的方向。其中，Account 類別與 Password 類別為單向關聯關係，Account 類別為來源，指向目標 Password 類別，表達 Password 類別的物件只能被 Account 類別的物件使用，但 Password 類別的物件自己不能使用 Account 類別的物件。

圖 5-3　雙向與單向關聯關係

6. 能見度（**Visibility**）

如果兩個類別之間存在關聯關係，一個類別的物件就可以看見並導航到另一個類別的物件，除非有所限制，例如單向導航。某些情況下，需要限制關聯外部的物件對於該關聯的能見度（或譯為可視度）。例如圖 5-3 所示範的情況，Account 類別和 Password 類別之間存在單向關聯關係，Account 類別的物件可以使用相對應的 Password 物件。但是，由於 Password 對於 Account 的能見度是私有的，所以 Password 物件是不能直接被外部物件存取。

能見度等同於物件導向程式中對類別宣告的修飾語（modifier）。UML 是在角色名稱附加能見度符號，來表達關聯關係的能見度。如表 5-2 所示，關聯端包含：公共（Public）、私有（Private）、保護（Protected）和套件（Package）4 種能見度。

表 **5-2** 關聯關係之角色的能見度

能見度	符號	說明
公共	+	物件可以被關聯外的物件存取。
私有	-	物件不能被關聯外的任何物件存取。
保護	#	物件只能被關聯另一端的物件及其子物件所存取，而不能被該關聯外的其他任何物件所存取。
套件	~	為了套件而設置的，物件可以被同套件的其他物件所存取。

不過，使用 ~ 表達關聯套件的能見度，也可以直接使用如圖 5-4 所示的套件圖表達更為直覺。

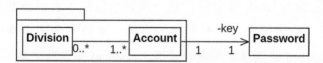

圖 5-4　使用套件圖表示元素的套件能見度

7. 限定詞（**Qualifier**）

關聯關係因為有多對多、一對多的情況，常遇到的問題是一端的元素如何辨識另一端的元素？例如，有多份商品目錄，每份商品目錄又有許多商品介紹，形成如圖 5-5 所示的多對多關係。因此，右方有一商品說明，如何辨識是存在左方的哪一個商品目錄內？容易產生查找（lookup）的困擾。

圖 5-5 多對多的關聯關係容易產生查找問題

限定詞是屬性或屬性清單，關聯關係是透過這些屬性的值與某個元素連結。UML 限定詞的圖示符號是在關聯的來源端元素加上一個相連的小矩形表示，矩形標示限定的屬性。如圖 5-6 所示，使用限定詞的標示方式改變原先圖 5-5 的表達方式，就能清楚表達商品目錄 ProductCatalog 可以透過 itemID 屬性關聯到產品描述 ProductDescription，反之亦然。

圖 5-6 使用限定詞的屬性關聯另一端的元素

⊕》補充說明

　　starUML 工具軟體繪製限定詞的方式，需要以滑鼠雙擊關聯的兩端。例如要在 ProductCatalog 類別加入限定詞，則在靠近 ProductCatalog 類別的關聯線條上，以滑鼠雙擊，在顯示的按鈕選單中，選擇右下的「Add Qualifier」按鈕。

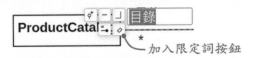

---

8. 介面指示器（Interface Specifier）

　　角色可以包含介面指示器。介面指示器是用來規範元素服務的操作集合，指示相關實例期望關聯物件的行為。

　　介面是一組抽象操作的集合，多個介面可以實作一個類別或元件的服務，而每個類別又可以實現（Realize）多個介面，也就是多元繼承並實作介面的操作。但是如果一個類別需要依據不同需求而實現不同的介面，就適合使用介面指示器來表達。介面指示器的圖示符號為自我連結的實現，表示的語法為：

角色名稱：分類器名稱

如圖 5-7 所示，系所人員 Staff 類別可以是實現老師 ITeacher 介面或是系主任 IChair 介面，老師 Teacher 與系主任 Chair 之間具備有多對一的關聯關係。其中，系主任角色的 Staff 只呈現了 IChair 介面給老師，老師角色的 Staff 也只呈現了 ITeacher 介面給系主任。

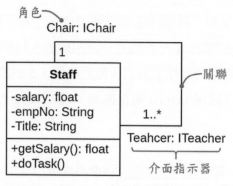

圖 5-7　介面指示器

圖 5-7 中，系主任與老師均為 Staff 類別，因此使用反身關聯（Reflexive Association）表達兩者之間的關係。

9. 聚合與組合（Aggregation & Composition）

聚合與組合關係是一種特殊的關聯關係。表示類別之間的關係與部分的關係，也就是物件導向設計的「擁有」（has a）。

圖示符號如圖 5-8 所示，聚合關係使用帶空心菱形箭頭的線條。組合關係則是帶實心菱形箭頭線條。

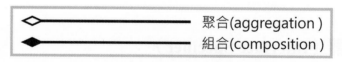

圖 5-8　聚合與組合關係的線條符號

聚合與組合都表達「擁有」的狀況。在聚合關係中，整體與部分的關係並沒有很強的擁有關係，沒有一致的生命週期。組合關係則具備強烈的擁有關係和一致的生命週期。以圖 5-9 為例，學校由行政單位 Administrator 與學院 College 組成，而學院又是由系所 Department 組成，最後系所再由學生 Student 所組成。

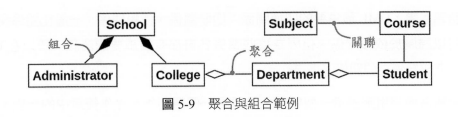

圖 5-9　聚合與組合範例

系所 Department 與學生關係，如果取消系所，學生物件可以結束，也可能併入另一系所。同樣的情況，學院 College 與系所 Department 關係，如果關閉某一學院，可以連帶關閉該系所，但也可以將該系所歸屬另一學院。但是以學校 School 與學院 College 關係，關閉學校，就一定會關閉該學院。

所以，結束上一層的物件不一定會連帶結束下一層的物件時，使用聚合關係。結束上一層的物件會連帶結束下一層的物件，使用組合關係。

5-3 依賴關係

如果一個模型元素的變化會影響另一個模型元素，這兩個模型元素之間就存在依賴（Dependency）關係。依賴關係的 UML 符號使用如圖 5-10 所示帶箭頭的虛線，箭頭指向被依賴的模型元素。例如，有 X 與 Y 兩個元素，如果修改元素 Y 的定義會引起對元素 X 的定義修改，則稱元素 X 依賴於元素 Y。

圖 5-10　依賴關係

在類別中，依賴可以由許多原因引起。例如，一個類別向另一個類別發送訊息（即一個類別的操作呼叫執行另一個類別的操作），又或者一個類別是另一個類別的某個指令引數（argument），就可以說這兩個類別之間存在依賴關係。

⊕⫾ 補充說明

⫾ 引數（argument）：呼叫函數時，傳遞給該函數的資料。

⫾ 參數（parameter）：被呼叫執行的函數所接收的資料。

從語義上講，UML 最主要的四種關係：關聯關係、依賴關係、一般化關係和實現關係，都可以歸屬於依賴關係。但因為這些關係各自都有很重要的語義，所以在 UML 中被分離出來成為獨立的關係。

依賴關係通常用來表示一個類別，使用另一個類別作為操作簽章中的參數。例如圖 5-11 所示的範例，類別 Student 的屬性 dept 的型態為 Department 類別、屬性 course 的型態為 Subject 類別的陣列，這是屬於關聯關係，因此在類別 Student 和類別 Department 之間具備關聯關係。方法 testing( ) 使用了類別 Subject 的物件作為參數，這是屬於依賴關係，類別 Student 和類別 Subject、Date 之間就具備了依賴關係。因此，當被使用的類別 Subject 和類別 Date 改變時，類別 Student 的方法也會受到影響。

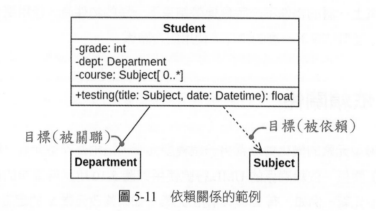

圖 5-11　依賴關係的範例

⊕› 補充說明

簽章（Signature）是指一個操作（Operation，也就是物件導向程式的方法、函數）的簽名或描述，包括操作的名稱、回傳值類型以及參數列表。簽章提供一個操作的概觀，作為該操作的基本特徵描述。

依賴是非常普遍的，降低複雜性就是盡可能地減少依賴。關聯是一種靜態的依賴，具備聚合和組合的進一步關係。關聯與依賴關係可能容易混淆，可以參考下列的 Java 程式範例，區別兩種關係的差異：

⊕》範例

```
/*
關聯 ：X has-a Y（作為成員變數）
依賴 ：X 引用 Z（作為方法參數或回傳的類型）
*/
public class X {
    String name = null //這是一個關聯
    private Y data;    //這是一個關聯
    public void myMethod(Z obj) { //類別 X 依賴類別 Z
        obj.execMethod();
    }
}
```

5-4 一般化關係

　　簡單地講，一般化（Generalization）就是物件導向程式的繼承（Inheritance）關係。在解決複雜性的問題或結構時，通常需要將具有共同特性的類別抽象化成類別，並針對其內涵做進一步分類。例如，大專院校內的學生可以分為大學生、研究生，而大學生還可能再分為日間部學生、夜間部學生，研究生也可能再分為一般生與在職生。

　　如圖 5-12 所示，UML 的一般化關係，使用一帶有空心箭頭的直線，箭頭指向父類別。在物件導向分析與設計中，父類別也稱為一般類別、基礎類別，子類別也稱為特殊類別。

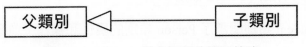

圖 5-12　UML 一般化關係的圖示符號

UML 的一般化關係，有下列三點要求：

(1) 繼承（Inheritance）

　　子類別應與父類別一致。父類別所具備的關聯、屬性和操作，子類別也都繼承擁有。

(2) 特殊化（Specialization）

子類別可以增加父類別沒有的額外特性，例如增加屬性或操作。

(3) 一致性（Consistency）

即子類別應該具有父類別的所有屬性和操作，同時可以擁有自己的額外特性，使得子類別物件可以替換父類別物件，並且在程式中能夠一致使用。也就是説，程式中可以使用父類別的地方，也可以使用子類別的物件。

類別之間的一般化關係表示子類別繼承一個或多個父類別的結構和行為。一般化關係描述類別之間的「一種」（is-a-king-of）關係，用來描述子類別繼承父類別的特性，尤其是屬性與操作。此外，如果具有和父類別相同的操作簽章，但內含不同行為的子類別操作，會覆蓋原先父類別的操作，稱之為覆寫或覆蓋（overwrite）。

⊕)) 補充說明

子類別中新增一個操作，該操作的名稱與接收的參數、回傳型態均與父類別裡的操作相同時，將會**覆寫**父類別中同名的操作。此種覆寫父類別的操作，使得繼承的子類別能夠改變父類別的「行為」，發展更特殊的功能。覆寫父類別的操作時，可以設定更寬鬆的存取等級，不能設定更嚴苛的存取等級，而且子類別不能覆寫父類別已經宣告為 final 的操作。當覆寫的操作是「類別成員」時，則稱為**遮蔽（hide）**。覆寫與遮蔽之間的差異有相當重要的意義。

如圖 5-14 所示，教職員工 Staff 類別和學生 Student 類別是 Person 的子類別，而系主任 Chair 和老師 Teacher 兩個類別又是 Staff 的子類別，所以具有空心箭頭的實線分別從 Staff 類別、Student 類別指向 Person 類別。

Staff 類別和 Student 類別繼承了 Person 類別的屬性和操作，並添加了自己的特殊屬性和操作。Chair 類別和 Teacher 類別也繼承了 Staff 類別的屬性和操作，並添加了自己的特殊屬性和操作。反過來講，Staff 是 Chair 與 Teacher 類別的父類別，Chair 與 Teacher 共同的屬性與操作就會宣告在 Staff 類別。Person 類別是 Staff 與 Student 類別的父類別，Staff 與 Student 共同的屬性與操作就會宣告在 Person 類別。正因為父類別包含子類別共同的結構與行為，這也就是稱為「一般化」的緣由。

如圖 5-13 所示，一般化關係的結構和樹狀結構一樣，一個類別可以有零個到多個子類別。沒有父類別但有一個或多個子類別的類別稱為根類別（root class）或基底類別（base class）。例如圖 5-14 的 Person 類別就是一個根類別。沒有子類別的類別被稱為葉類別（leaf class），例如圖 5-14 的 Chair、Teacher 和 MasterStudent 類別都是葉類別。

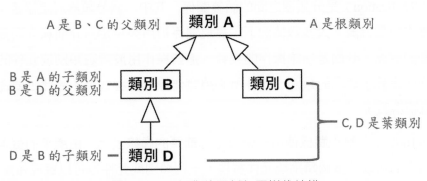

圖 5-13　一般化的關係如同樹狀結構

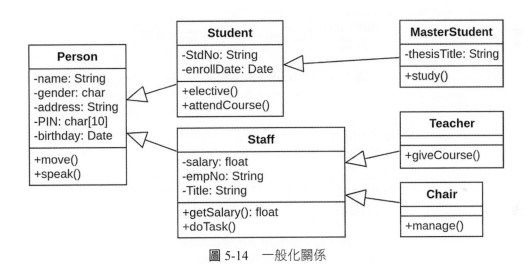

圖 5-14　一般化關係

在一般化關係中，每個類別只有一個父類別，則表示是單一繼承。如果一個類別有多於一個的父類別，則為如圖 5-15 所示的多重繼承。以 Java 程式語言為例，Java 不支援類別的多重繼承，而是透過介面的多重繼承來實現。介面的繼承使用 UML 的實現化關係圖示符號，請參見 5-5 節的介紹。

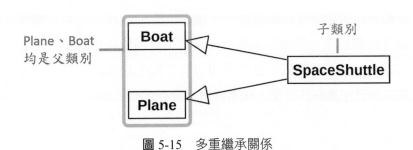

圖 5-15　多重繼承關係

5-5 實現關係

實現（Realization）是分類器之間的語義關係，其中一個分類器規定協議，另一個分類器保證實作這個協議。大多數情況下，實現關係被用來規定對介面和介面實作的類別或元件之間的關係。介面是抽象操作的集合，這些操作用於規定類別或元件的服務，也就是說，介面定義了繼承的類別或元件所必須實作操作的程式碼。因此，要達成這個實作的規範就稱為實現。

如圖 5-16 所示，實現關係使用一帶有空心箭頭的虛線表示，由繼承的實現類別指向介面。一個介面可以被多個類別或元件實現，一個類別或元件也可以實現如圖 5-17 所示的多個介面。

圖 5-16　UML 實現關係的圖示符號

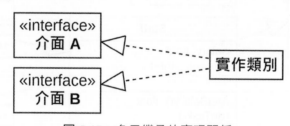

圖 5-17　多元繼承的實現關係

介面的使用將操作的介面和操作的實作分開。當類別或元件要實作一個介面時，就表示類別或元件實現了介面的所有操作（也就是撰寫完成操作的程式碼）。以 Java 程式為例說明，Java 的介面是方法完全宣告為抽象的類別，必須由繼承的類別完成這些方法的實作。為什麼這麼麻煩，直接撰寫類別，完成類別內操作的程式碼不就單純許多？以智慧型手機為例，手機物件基本上都有相機鏡頭、電源開關、音量鍵、螢幕等元件，但不同手機，這些元件的功能或行為都會不一樣。如圖 5-18 所示，可以透過介面的宣告，先確立具備哪些抽象操作，再由實際繼承的類別完成個別操作的實作。如此，不同手機雖然有相同的操作，但執行相同的操作就可以有不同的功能或行為。開發手機軟體的廠商就可以依據這些已定義好的介面，來實作各個操作的程式碼。

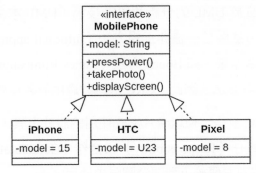

圖 5-18　以手機為例的實現關係

　　如圖 5-19 所示，也可以使用實現來表達一個使用案例和實現此一使用案例之間的合作關係。在這種情況之下，最好是使用這種正規的方式表達使用案例的實現關係。

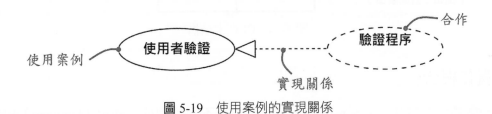

圖 5-19　使用案例的實現關係

⊕) 補充說明

　　圖示符號為虛線橢圓的合作（collaboration）是類別、介面或其他元素所組成的群體，包含靜態和動態方面的概念區塊，指示使用案例和操作的實現。

5-6　CRC 卡

　　類別－責任－合作（Class-Responsibility-Collaborator，CRC）卡用來表達一個類別的責任與合作關係。CRC 卡最早是由 Kent Beck 與 Ward Cunningham 在 1989 年計算機協會（ACM）的年度性會議 OOPSLA 發表名為＜物件導向思維教學實驗室＞（A Laboratory for Teaching Object-Oriented Thinking）的論文，首次提出 CRC 卡[1]。最初 CRC 卡的目的是用於指導程式設計師如何學習物件導向的觀念與程式製作。此後，經過改進，成為軟體分析、設計以及敏捷思考的工具[2]。

1　Beck, K., & Cunningham, W. (1989). A laboratory for teaching object oriented thinking. ACM Sigplan Notices, 24(10), 1-6.

2　Rubin, D. M. (1998). Introduction to CRC cards. Methodologies and Practices, Softstart Research, Inc.

CRC 卡是另一種獨立於 UML 的分析和設計技術，UML 本身並不包括 CRC 卡的概念。CRC 卡的軟體發展方法屬於一種非正規方法（informal approach），但 CRC 卡可做為正規方法的輸入或前端作業，如 Booch 方法、James Rumbaugh 的 OMT、Ivar Jacoson 的 OOSE、Shlaer/Mellor 等方法。因此，CRC 卡能夠適用於各種軟體發展方法上。

如圖 5-20 所示，CRC 卡是一種以卡片形式使用的設計工具，用於發展和記錄軟體設計中的類別（Class）、責任（Responsibility）和合作（Collaborator）。主要用於物件導向的系統分析和設計，特別方便於小型開發團隊中使用。

圖 5-20　CRC 卡結構

1. 責任與合作

一個類別的責任（responsibilities）分成兩種不同的型態：知道（knowing）與執行（doing）。

(1) 知道的責任

這是一個類別的實例必須能夠知道的事情。類別的實例通常知道其屬性的值以及與其他實例之間的關係。

(2) 執行的責任

這一個類別的實例必須能夠執行的事情。在這個情況下，一個類別的實例可以執行其自己的操作，或者它可以請求（request）其所知的另一個實例，代表第一個實例執行其中的某個操作。

結構模型描述了支援使用案例所塑造商業流程（business processes）之模型（簡稱塑模）所需的物件。大多數使用案例包括一組類別，而不是只有一個類別而已。這些類別構成一種合作（collaboration）關係。合作允許分析師從使用者端（client）、服務端（server）及合約（contracts，用於類別操作的描述說明，請參考第 12-8 節的介紹）的角度進行思考。

一個使用者端物件是一個類別的實體，它向另一個類別的實例發送請求以執行要執行的操作。服務端物件是接收請求的實例。一個合約（contract）規範了使用者端與服務端之間的互動關係。

分析師能夠使用類別的責任和「使用者端－服務端－合約」合作的概念，來幫助辨識使用案例中涉及的類別以及屬性、操作、關係。使用 CRC 卡開發結構模型，最簡單的方法之一是透過擬人化（anthropomorphism），假裝這些類別具有人類的特徵。開發團隊可以自己提問，或是由開發團隊的其他成員來發問。通常採用下列形式提出問題：

- 你是誰，或你是什麼？

- 你知道什麼？

- 你能做什麼？

然後，使用問題的回答，將用於為不斷發展的 CRC 卡添加細節。例如：研究生預約討論論文的進度。團隊成員可以假裝他或她是一個論文討論的預約（也就是將「預約」擬人化）。在這種情況下，預約將回答參與預約的指導老師和研究生，並且也會知道預約的日期和時間。此外，預約必須知道如何建構自己、刪除自己以及如何更改其自己不同的方面。在某些情況下，這種方法將發現必須添加到不斷發展的結構模型中的其他物件。

2. CRC 卡要素[3]

一組 CRC 卡包含構建欲探究問題的邏輯結構模型所需的所有資訊，每個 CRC 卡表現並描述一個類別的基本元素。將先前論文討論的預約以如圖 5-21 所示，做成一個 CRC 卡範例。卡片的正面包含類別的名稱、ID、類型、描述、相關使用案例、責任和合作者。類別的名稱應該是名詞（但不是專有名詞，例如特定人或事物的名稱）。就像開發後期階段的使用案例一樣，能夠將設計決策往回追溯到特定需求是非常重要的。可以使用每個類別的 ID 編號來達成結合相關使用案例的列表。描述只是一個簡短的陳述，可以用作該類別的文本定義。類別的責任往往是類別必須包含的操作（也就是執行責任）。

---

3 Dennis, A., Wixom, B., & Tegarden, D. (2015). Systems analysis and design: An object-oriented approach with UML. John Wiley & Sons.

正面

類別名稱：PostGraduate	編號：3	類型：Concrete, Domain
說明：需要或接受論文指導的研究生		相關的使用案例：2

責任	合作者
預約論文討論時間	預約
計算上次討論時間	
修改狀態	
提供論文修改歷史	論文修改紀錄

背面

屬性：

amount (double)

graduate department (text)

關係：

Generalization (a-kind-of):	個人
Aggregation (has-parts):	論文修改歷史
Other Associations:	預約

圖 5-21　CRC 卡範例

CRC 卡的背面包含類別的屬性和關係。類別的屬性代表類別的每個實例必須滿足的已知責任。通常，每個屬性的資料類型與屬性名稱一起列出。例如：amount 數量屬性是 double 類型，graduate department 系所為 text 類型。通常這時候可以描繪出三種類型的關係：一般化（generalization）、聚合（aggregation）和其他關聯（association）關係。參見圖 5-21 所示，PostGraduate 是一個「個人」，並且 PostGraduate 與「預約」有其他關聯關係。

CRC 卡常用於記錄類別的基本屬性。當填好卡片，分析師就可以使用卡片和在角色扮演中的擬人化，藉由執行與使用案例相關的不同情節（scenario）來發現缺失的屬性。角色扮演還可以用來當作測試系統，不斷發展明確性和完整性的展示基礎。

3. 使用案例以 CRC 卡的角色扮演

除了使用的內容分析、腦力激盪、常見物件列表和模式的物件識別方法之外，CRC 卡還可用於角色扮演練習。該練習已被證明，有助於發現其他物件、屬性、關係和操作。

通常，團隊成員扮演與先前依據不同使用案例識別的參與者和物件相關的角色。就技術而言，團隊成員執行與使用案例的特定情節相關的不同步驟。複習一下情節的重點：情節是使用案例的單個、唯一的執行路徑。可以使用活動圖來找出使用案例不同情節。每次決策節點導致使用案例執行路徑分裂時，都會存在不同的情節。此外，還可以從使用案例描述中的替代／例外流程識別出情節來。需考慮增量和迭代的系統設計特性，以及活動圖和使用案例描述應該包含相同的資訊。檢視這兩個重點，以確保不會遺漏相關的情節。

4. 找出使用案例的情節

表 5-3　使用案例範例

使用案例：論文討論時間預約	編號：2	重要等級：低
主要參與者：PostGraduate	使用案例類型：基礎，細節	
利害關係人與利益： PostGraduate: 想要預約、更改或取消論文討論的時間 Adviser: 希望確保及時滿足研究生研究進度與論文品質的需求		
簡要說明：此使用案例描述了指導老師（Adviser）的研究生（PostGraduate）如何為研究論文的撰寫進度進行預約，以及更改或取消。		
觸發因素：研究生聯絡指導老師要求預約或要求更改或取消現有預約。 類型：外部		
關係： 　　關聯（Association）：PostGraduate 　　包含（Include）： 　　延伸（Extend）：更新 PostGraduate 的資訊 　　一般化（Generalization）：管理預約		
事件的正常流程： 1. PostGraduate 聯繫 Adviser 教研室的 TA（Teaching assistant）預約 2. PostGraduate 向 TA 提供學號與姓名 3. PostGraduate 資訊產生變更 　　執行 PostGraduate 資訊變更的使用案例 4. 如果 PostGraduate 的研究進度安排發生變化 　　執行研究進度安排使用案例 5. TA 詢問 PostGraduate 是否願意進行新的預約、取消原有預約、變更原有的約會 　　重新預約：執行 S-1 新增預約子流程 　　取消現有預約：執行 S-2 取消預約子流程		

（續下頁）

（承上頁）

變更現有預約：執行 S-3 更改預約子流程
6. TA 向 PostGradtuate 提供預約結果

子流程：
S-1：新增預約
1. TA 詢問 PostGraduate 希望的預約時間
2. TA 將 PostGraduate 所需的預約時間與 Adviser 可用時間匹配，並安排新的約會
S-2：取消預約
1. TA 詢問 PostGraduate 舊的預約時間。
2. TA 在預約文件中找此 PostGraduate 先前預約並取消。
S-3：更改預約
1. TA 執行 S-2：取消預約子流程。
2. TA 執行 S-1：新增預約子流程。

替代／例外流程：
S-1, 2al：TA 根據可用的時間提出一些替代的預約時間，供 PostGraduate 選擇
S-1, 2a2：PostGraduate 選擇建議的時間之一或決定不預約

(1) 階段 1：審核使用案例

最開始的階段是查看使用案例的描述。這使得團隊可以選擇特定的使用案例，進行角色扮演。儘管嘗試在短時間內完成「盡可能多」的使用案例很吸引人，但團隊不應該先選擇最簡單的使用案例。在系統開發的這個階段，團隊應該是選擇最重要、最複雜或最難理解的使用案例。

(2) 階段 2：識別相關的參與者和物件

每個角色都要與參與者或是物件有相關聯的關係。為了選擇相關物件，團隊會檢視每個 CRC 卡，並挑出與所選擇使用案例相關的卡。例如，在圖 5-21 中，CRC 卡表現了 PostGraduate 研究生類別與 2 號使用案例相關聯。因此，如果團隊成員要對「論文討論時間預約」使用案例進行角色扮演，就會需要包含 PostGraduate 的 CRC 卡。藉由查看使用案例的描述，就可以輕鬆識別 PostGraduate、Adviser 和 TA 參與者的關聯關係。再透過閱讀使用案例描述的事件部分，就可以識別其他內部參與者的角色。確定所有相關角色後，就可以將每個角色分配給團隊中不同的成員。

(3) 階段 3：角色扮演情節

讓團隊成員執行角色扮演每一個使用案例的情節。為此，每個團隊成員必須假裝是分配的角色的一個實例。例如，分配給團隊成員是教學助教 TA（teaching assistant）這個角色，就必須能夠在與 TA 相關的情節中執行不同的步驟。

在更改預約情節的情況下，這將包括「事件正常流程」的步驟 5 和「子流程」的步驟 S-3、S-1、S-2。當這個情節被執行（角色扮演）時，會發現「事件正常流程」的 1、3 和 4 不完整。例如，在步驟 1 中，實際發生了什麼？ PostGraduate 會打電話嗎？如果是這樣，誰接電話。換句話説，使用案例描述中包含的許多資訊只能以隱式（implicit）而非顯式（explicit）的方式識別。

當資訊沒有明確識別時，就有很大的解釋空間，這時需要團隊成員做出假設。比較好的方式是透過明確每個步驟，以避免要做假設的需要。在這種情況下，應修改使用案例「正常事件流程」的步驟 1。將該步驟加入由 TA 接電話後，將再次嘗試該情節。重複此過程，直到該情節可以成功執行為止。一旦情節成功結束，就可以執行下一個情節。重複此過程，直到使用案例的所有情節都可以成功執行。

(4) 階段 4

對其餘使用案例簡單地重複階段 1 到 3 的程序。

隨著軟體開發方法的演進，如 UML 圖形化的塑模語言成為主流。在許多方面，UML 已經取代了 CRC 卡的角色，成為更廣泛應用的軟體塑模語言。雖然 UML 和 CRC 卡有不同的起源和發展，不過在許多情況下，仍然可以相互搭配使用。例如，團隊可能在早期的設計階段使用 CRC 卡來快速取得和探索概念，然後在後續階段使用 UML 進行更詳細的塑模和文件製作。總結來説，UML 和 CRC 卡是兩種不同的工具和方法，在實際應用中，使用這兩種工具的方式，還是取決於團隊的需求和開發方法。

✏ 本章習題

問答題

1. 在 UML 物件導向塑模分析與設計的關係之中，最重要的包括哪四種關係？

2. UML 的關係主要分為哪六類？

3. 請解釋何謂覆寫（overwrite）？

Chapter

6

UML 基礎圖形符號

6-1　參與者與使用案例

　　UML 提供了一個標準的、統一的且視覺化的塑模符號規範，解決了資訊領域不同符號體系的應用所造成的混亂情況。使用 UML 視覺化塑模符號規範為系統建立圖形化的模型，使系統的架構變得直觀、易讀、易懂。UML 圖形符號具有定義嚴謹的語義，不會有含糊不清造成誤解與誤會的情況。本章主要就是對各個塑模元素的 UML 圖形符號逐一介紹。

> ### ⊕⋙ 補充說明
>
> 　　部分圖形符號在第 4-4 節「事物」的介紹已略有提及，但本章針對各個主要元素的圖形符號做更完整的介紹與說明。

1.　參與者

　　參與者（Actor）是一個外部實體（external entity），代表與系統互動的人、硬體設備或另一個系統。雖然在模型中使用參與者，但參與者並不是系統軟體的組成部分，參與者只是存在於系統外部的使用者。由於參與者是屬於系統的外部，如果需要定義，通常是定義在包含系統主體的分類器中。一個參與者可進行下列行為：

　　(1)向系統輸入資訊。

(2)從系統接收資訊。

(3)既向系統輸入資訊,也接收系統的輸出資訊。

　　參與者的 UML 符號為如圖 6-1 所示的人形,可以在該符號下標出參與者名稱。除了人形符號,另外還有用來描述商業模型外部的客戶或合作夥伴的商業參與者(Business Actor),例如顧客、供應商、乘客、銀行等。商業參與者的符號是有條斜線橫過該人形的頭部。

圖 6-1　參與者的圖示符號

⊕) 補充說明

　　商業參與者是統一軟體開發過程(Rational Unified Process,RUP)用來支援商業塑模而導入的圖形。雖然 UML 聲明對商業塑模的支援是其目標之一,但 UML 在最新版的規範仍舊沒有提供特定用於商業需求的符號。所以,如果 UML 工具軟體(例如本書使用的 starUML)沒有提供商業參與者的圖形,也可以如圖 6-1 右 1 使用造型(stereotype)標示的方式表達。

　　參與者和參與者之間也可以存在關係。例如,圖 6-2 表達 Teacher、Student 和 Person 之間存在著一般化關係。

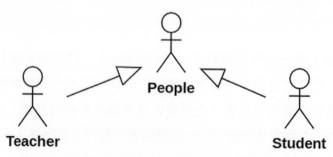

圖 6-2　使用一般化關係表達參與者的繼承歸屬關係

2. 使用案例

圖形單獨存在並沒有意義，也無法表達系統的架構或流程，每個系統都要與使用該系統的參與者產生互動，參與者也應該依據系統可預知的方式運作。在 UML 中，使用案例（Use Case）是用來表示系統或部分系統的行為，描述系統所執行的動作序列集（sequence set），提供使用者一個可供觀察的視覺圖案。因此，使用案例包含下列特點：

(1) 表現使用者互動的目標。

(2) 描述一個主要的事件流程（主要情節）和可能的其他異常流程（替代情節）

(3) 通常由參與者啟動，並提供確切的值給參與者。

(4) 可大可小，但必須能夠完整表達一個具體目標。

如圖 6-3 所示，使用案例的 UML 符號是一個橢圓形，並可在橢圓形內標示使用案例的名稱，在實務中，使用案例的名字通常是用動詞片語命名的。如果需要強調商業性的使用案例（Business User Case），可以在橢圓形右邊加一斜線表示。和商業參與者的情況一樣，UML 在最新版的規範中，仍舊沒有提供特定用於商業需求的符號。

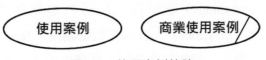

圖 6-3　使用案例符號

使用案例描述了系統具有的行為，但沒有規定如何實現這些行為。使用案例提供開發者、最終使用者和領域專家之間的交流方式。使用案例可以表達整個系統，也可以只用來表達系統的一部分，例如模組、子系統等。大多數情況，因為系統的複雜度，單獨一個使用案例不可能涵蓋整個系統的需求。所以，一個系統通常需要多個使用案例來表達需求，然後再整合這些使用案例，一起定義系統整體的功能。使用案例主要是搭配參與者的符號使用，表達如同圖 6-4 所示的系統功能概觀。

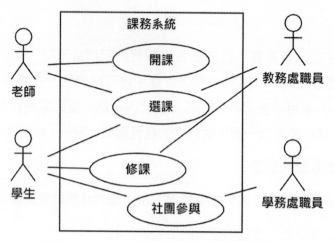

圖 6-4　參與者和使用案例搭配的圖形範例

6-2 ▶ 類別與物件

1. 類別

　　結構性事物（structural things）的類別（class），是物件導向中最基本的組成元素，也是最重要的分類器（classifier）。類別是相關屬性、操作（也就是物件導向程式的方法）、關係和語意的集合。類別就像藍圖，在運作中產生實際使用的個體稱為物件（object）。

⊕) 補充說明

　　類別定義了操作（operation）與屬性（attribute）。操作、方法（method）和行為（behavior）是同義詞，表示類別內部的動作。屬性就是類別內部的資料。類別建構（create，也就是建立產生之意）的就是物件。不過，物件常會使用兩種英文：object 和 instance，通常代表相同的意義，但嚴格上講，其差別為：

◗) object：物件。泛指實際的物品以及類別建構的物件。

◗) instance：實例。專門表示是類別建構的物件。

　　也就是說：程式中，類別產生的物件可以使用 object 或 instance，但現實環境的物品就必須使用 object 而不用 instance。

　　參見圖6-5左方圖形，類別的圖示是劃分成三個格子的矩形，分別是類別名稱、屬性、方法，三者之間的次序不可對調。類別圖示的屬性與操作可以依據需要選擇隱藏或顯示，參見圖 6-6 的說明，starUML 工具軟體內選擇欲設定的類別，點擊滑鼠右鍵，在 Format 選項「Suppress Attributes」或「Suppress Operations」勾選，則表示不顯示屬性或操作。

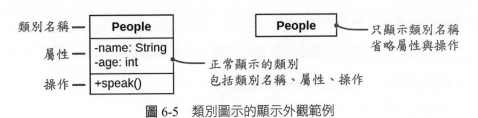

圖 6-5　類別圖示的顯示外觀範例

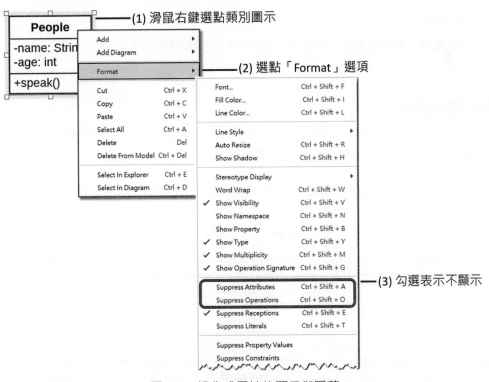

圖 6-6　操作或屬性的顯示與隱藏

2. 屬性

一個類別可以有多個屬性（Attrribute）或是都沒有屬性。屬性描述了同一個類別建構之所有物件具有的資料項目，例如每個人都有姓名、年齡等屬性。屬性需要遵守下列原則：

(1) 屬性用來存放該類別所建構物件的資料，所以屬性必須能區分描述每個特定的物件。如果是某一類別建構之所有物件共有，則屬於靜態（static）屬性。

- 類別的屬性，必須是與系統有關的特徵。
- 系統塑模的目的與功能會影響屬性的設計。

(2) 屬性的宣告依序包括：能見度（visibility）、屬性名稱、資料型態、預設值與限制，語法為：

[能見度] 屬性名稱 [: 類型] [= 預設值] [{ 限制條件 }]

⊕» 補充說明

語法中的方括號表示非必要，可省略的宣告。

能見度，在物件導向程式稱為修飾語（modifier），種類如表 6-1 所示：

表 **6-1** 能見度類型

符號	能見度	說明
+	public	公用
-	private	私用
	friendly	友好
#	protected	保護
~	package	套件
_ （名稱加底線）	static	靜態
名稱斜體字	abstract	抽象
名稱大寫	final	常數（內容值不可修改）
{ }		若有程式語言使用的能見度未定義在 UML 符號中，則可以在宣告後方使用大括號標示

3. 操作

一個類別可以有多個操作（operation）或是都沒有操作。操作歸屬於類別，可以將之視為類別內部的函數（function）。操作的宣告依序包括：能見度、操作名稱、參數、回傳值型態、預設值與限制，語法為：（語法中的方括號表示非必要，可省略的宣告）

[能見度] 操作名稱 [(參數：資料型態，...)] [：回傳值型態] [{ 限制條件 }]

以 Java 為例，參考下列 People 類別的程式碼，其類別的圖示可以繪製如圖 6-7 所示。其中，操作 People( ) 是 Java 類別程式的建構子（Constructor），所以不具備回傳值型態。

```
01 class Person{
02     private String name;
03     private int age;
04
05     public Person(String initName){
06        name = initlName;
07        age = 0;
08     }
09
10     public void setAge(int age){
11        this.age= age;
12     }
13
14     public String getInfo() {
15        return "Name:"+name+", Age:"+Integer.toString(age);
16     }
17 }
```

```
              People
-name: String
-age: int
─────────────────────────
+People(initName: String)
+setAge(age: int): void
+getInfo(): String
```

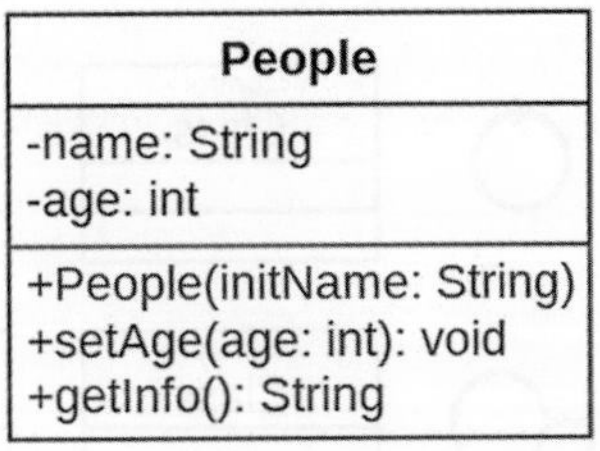

圖 6-7　Java 範例程式的類別圖示

6-3 類別的特定圖示

　　系統分析與設計時，會將相關的類別集合成一群組，這些群組可做為子系統、階層或套件的邏輯架構。一般而言，系統分析與設計會將邏輯架構分成三個群組：展現層（presentation layer）、領域層（domain layer，或稱應用層）、資料存取層（data access layer，專屬負責存取資料庫表格內容資料的相關元件）。依據軟體工程中的架構模式 VCM 模式（View-Controller-Model）簡化而成的 the Entity-Control-Boundary（ECB）樣板，強調要建構一個穩定的系統，需要藉由這三種物件的互動來達成。

　　如圖 6-8 所示為這三個稱之為強健型圖形（robustness diagram）的類別／物件的對應符號，主要使用在使用案例圖和循序圖。

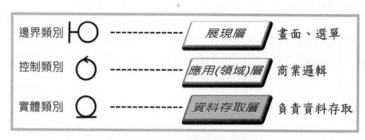

圖 6-8　ECB 對應 VCM 模式

　　分別可表達如圖 6-9 所示的三種圖案型式，第一種是圖示（icon）形式，第二種是標籤（label）形式，第三種是裝飾（decoration）形式。

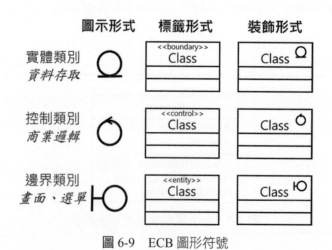

圖 6-9　ECB 圖形符號

> ## ⊕» 補充說明
>
> 圖示形式是沿用 UML 1.X 的表示方式，標籤形式是 UML 2.X 的表示方式，而裝飾形式則是使用 UML 2.X 的表示方式加上 UML 1.X 的圖示。UML 許多元素的圖案均具備圖示、裝飾與標籤形式，例如元件、資料庫的表格等，所代表的意義均相同。使用造型（stereotype）標示的標籤形式，是在工具軟體沒有提供適當圖形時，最方便的繪製方式。

starUML 工具軟體選擇圖示形式的指定方式，請參見圖 6-10 的說明，選擇欲設定的圖示，點擊滑鼠右鍵，顯示的浮動視窗選擇 Format 選項的「Stereotype Display」，再依據需要，選擇所需的圖示形式。

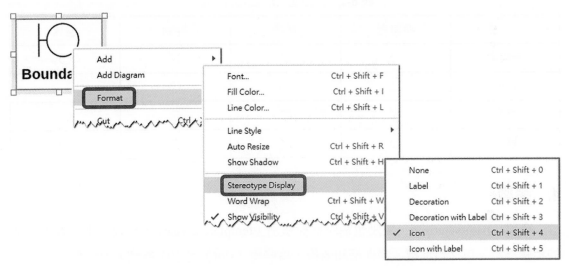

圖 6-10　圖示形式的設定方式

實體類別、控制類別與邊界類別這三個 ECB 樣板的使用分別說明如下：

1. 實體類別（Entity class）

負責處理系統資料的資料存取層，例如資料庫的表格、目錄檔案儲存結構的存取。

2. 控制類別（Control class）

用來表示系統資料處理系統資訊的相關行為，通常來自領域層，是領域層的核心物件。控制類別主要建構負責執行商業邏輯（business logic）運作的物件。

3. 邊界類別（**Boundary class**）

是系統對外交換資訊的媒介，提供系統參與者（例如使用者或外部系統）互動介面，例如：視窗、畫面和選單等使用者介面（User Interface，UI）。

由於考量系統強健性（robustness），ECB 分層的結構模式必須遵循如表 6-2 所示的四個規則：

- 參與者（Actor）只能與邊界關聯。
- 邊界只能與控制和參與者關聯。
- 實體只能與控制對話。
- 控制可以與邊界、實體和其他控制對話，但不能與參與者對話。

表 6-2　強健型類別之間的關聯

	參與者	實體	控制	邊界
參與者	○	×	×	○
實體	×	○	○	×
控制	×	○	○	○
邊界	○	×	○	○

4. 參數

參數（parameterized）類別也稱為樣板類別（template classes)，樣板類別定義了類別的相關群組，包括類別槽、物件槽和值槽，這些槽（slot）可以作為範本的參數。

⊕)) 補充說明

槽：是在塑模中，用來表示實例結構的特徵值，槽等同於類別的屬性。也就是說，屬性是類別的結構化特性的描述（表達類別的內部資訊），槽則是類別屬性的實例。

例如透過樣板類別來定義集合共同行為的 Set 類別，以 C++、Java 語言撰寫的程式碼如下。表達的類別圖則如圖 6-11 所示。

```
01 class Set <T> {
02     void insert (T newElement);
03     void remove (T oldElement);
04     ......
05 }
```

圖 6-11　樣板類別圖形範例

6-4 訊息

　　訊息（message）是物件之間的通訊，其作用除了傳遞要執行動作的資訊，還能用於觸發事件。在物件導向技術中，物件之間的互動是透過物件訊息的傳遞來達成的，稱為訊息驅動（message driven）。一個訊息就會引發事件，因此訊息驅動也被稱為事件驅動（event driven）。

　　在 UML 的動態模型中使用訊息這個概念。如圖 6-12 所示的 Java 範例程式，當一個物件呼叫執行另一個物件的操作時，即達成了一次訊息的傳遞。當操作執行後，也可以回傳執行結果的訊息，並將控制權返回給原呼叫的物件。完成如圖 6-13 所示的訊息傳遞過程。物件透過相互間的通訊（訊息傳遞）進行互動，並在其生命週期中，根據通訊的結果改變自身的狀態。

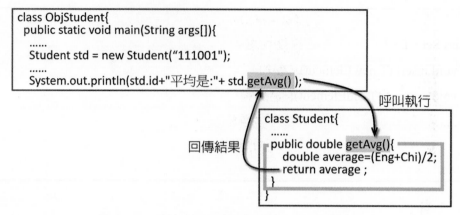

圖 6-12　呼叫執行時傳遞訊息的 Java 程式範例

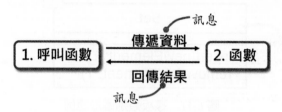

圖 6-13　訊息傳遞過程簡介

如圖 16-14 所示的關係線條，基本的訊息可以分為一般訊息、非同步訊息、回傳訊息三種：

1. 一般訊息

UML 符號是一實心箭頭的實線。一般訊息也就是同步訊息（sync message），強調順序，表示訊息傳遞後，必須等到接收回傳的訊息，系統才可繼續處理下一個程序。

2. 非同步訊息

非同步訊息（Async Message）的 UML 符號是帶有空心箭號的實線。非同步訊息表示訊息傳遞後，不需等到接收回傳的訊息，系統即可繼續處理下一個程序。網站應用程式（web application）的設計中，發送給伺服端的訊息很多都是非同步的呼叫方式。

3. 回傳訊息

回傳訊息（reply message）的 UML 符號是空心箭號的虛線，表達回傳結果的訊息。

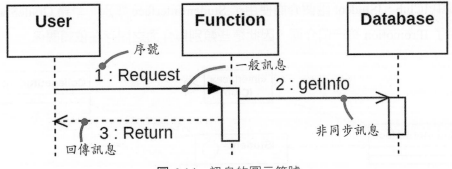

圖 6-14　訊息的圖示符號

　　訊息符號箭號的方向表示訊息傳遞的方向，可以為訊息標註訊息（或是操作、訊號）的名稱、參數值，也可以為訊息標註序號，以表示訊息在整個互動過程中的時間順序。

6-5 介面

　　介面（interface）是用來定義類別或元件服務的操作集合。與類別不同的是，介面沒有實作。簡單地講，介面就是操作均是宣告為抽象的類別。介面可以有名稱，在實務上，介面的名稱慣例是依據用途的名詞或名詞片語，通常會在名稱前加上一個大寫字母 I，表示這是一個介面。

　　介面的 UML 符號，如圖 6-15 所示，有圖示（icon）、標籤（label）、裝飾（decoration）3 種，可以依據使用情況自由採用。使用標籤或裝飾的圖示符號時，可以將屬性、操作之一或兩者隱藏不顯示。

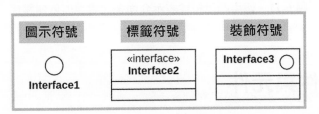

圖 6-15　介面的圖示符號類型

　　介面提供類別多元繼承的方式，也就是一個類別能夠實現多個介面。例如圖 6-16 使用標籤（label）或裝飾（decoration）符號呈現的圖形，大學生 CollegeStudent 類別實現了社團 IClub、學生 IStudent、學籍升級 IPromotion 三個介面，而研究生 GraduateStudent 類別因為沒有社團功能（這只是筆者所在學校的狀況），所以只實現學生 IStudent 與學籍升級 IPromotion 兩個介面。

而其中 IClub、IStudent 兩個介面使用了 StudentInterface 類別，學籍 GradeStatus 類別則是使用了 IPromotion 這一個介面，因此這些類別與介面之間存在依賴關係。

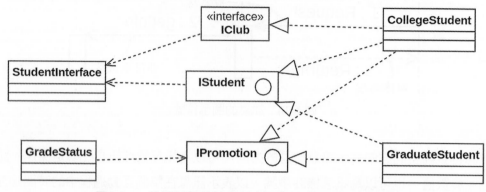

圖 6-16　使用裝飾符號表示介面多元實現與依賴關係

若介面使用圖示（icon）符號表示方式，依賴關係與實現關係線條的呈現就會如圖 6-17 的表現方式。

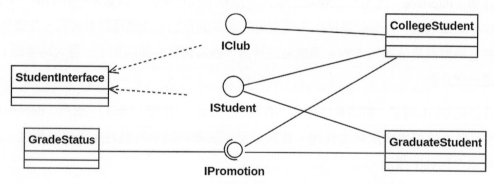

圖 6-17　使用圖示符號表示介面多元實現與依賴關係

6-6 ▶ 套件與元件

1. 套件

套件（package）是一個用來將模型元素分組的通用方式，也就是說，套件的使用目的是群組事物。套件就像資料夾一樣，可以將模型的元素分組隱藏，使得 UML 圖更容易理解。實務上，套件的名稱通常是依據應用的分類，而以名詞或名詞片語命名。

如圖 6-18 所示，套件的 UML 符號也有圖示（icon）、標籤（label）、裝飾（decoration）3 種，可以依據使用情況自由採用，不過基本都是使用標籤符號，圖示與裝飾符號較少見。當圖表或元素多而亂時，將相關的圖表或元素分組到一個套件中，會較簡潔和易於理解。

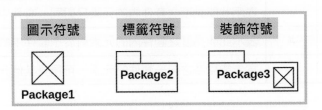

圖 6-18　套件的圖示符號類型

套件可以使用在任何一個 UML 視圖中，但通常是用在使用案例圖和類別圖，當然也可以使用套件專屬的套件圖。套件內可以包含類別、介面、元件、節點、合作、使用案例、圖形或其他的套件等元素。每個元素只能被一個套件所擁有，不允許一個元素存在不同的套件（這也是物件導向程式的基本觀念）。

一個套件界定了一個名稱空間（namespace），表示在同一個套件中，元素必須有不同的名字，不允許存在同名稱的元素。例如，在同一個套件中，不能有名稱都是 Student 的兩個類別，但是可以在套件 Package1 中有一個名稱為 Student 的類別，且套件 Package2 中也有一個名稱為 Student 的類別。在 UML 視圖中使用時，需要以套件名稱作為路徑標示為 Package1: :Student 和 Package2: :Student 來區分不同的類別。

例如 Java 的 java.util 套件內有 Date 類別，java.sql 套件內也有相同名稱的 Date 類別。如果程式中同時匯入（import）這兩個套件，使用時就必須標明是 java.util.Date，還是 java.sql.Date。

2. 能見度

如同類別的屬性和操作之能見度（visibility）一樣，套件中元素的能見度也是可設定的（請注意，能見度是設定套件內的元素，不是套件本身）。套件的能見度僅有公用（public）、私用（privage）、保護（protected）與套件（package）四種，套件中的元素預設為公用（public），表示匯入該套件中的任何元素都是可視的。

表 **6-3** 套件能見度類型

能見度	符號	說明
公用（public）	+	該套件中的任何元素都是可視的。
私用（private）	−	表示此能見度之套件內的元素只對同一套件中的元素是可視的。
保護（protected）	#	表示此能見度之套件內的元素對於子套件中的元素是可視的。
套件（package）	~	宣告能見度之同一套件的元素，可視見其他元素內的套件成員。

3. 匯入與包含（Import and Containment）

一個套件透過匯入（importing）的使用，能夠單向地使用另一個套件中的元素。在 UML 中，匯入關係使用造型 <<import>> 標示的依賴關係符號表示。

如圖 6-19 所示，Package2 套件匯入 Package1 套件，表示 Package2 套件能夠使用 Package1 套件內宣告為公用的元素，但無法使用 Package1 套件內宣告為私用或保護的元素。而 Package3 套件並沒有匯入 Package1 套件，所以 Package 3 套件內的元素都不可以使用 Package1 或 Package2 套件內的元素。

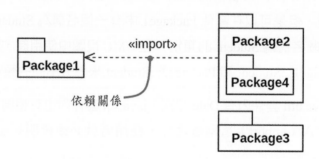

圖 6-19　套件的匯入圖示表示方式

如果一個元素在套件中的能見度是可視的，則對於該套件中包含的所有子套件都是可視的，也就是說，子套件可以看見父套件所能看見的所有元素。Package4 套件是 Package2 套件的子套件，因此 Package4 套件能夠使用 Package2 套件宣告為公用或保護的所有元素，以及 Package2 匯入之 Package1 套件內宣告為公用的元素。

表達套件之子套件，除了使用圖 6-19 直接在 Package2 內包含 Package4 的方式，如果子套件太多，也可以採用如圖 6-20 所示，使用包含（containment）關係的方式描述巢狀關係。

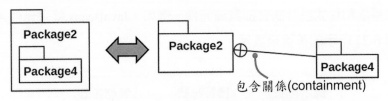

圖 6-20　套件包含子套件的包含關係圖示

　　包含關係使用前端圓形內帶有十字的實線，表示包含可包裝的元素或其他套件。除了包含關係，套件還有先前提到的匯入依賴關係。如圖 6-21 所示，依賴關係使用前端為箭號的虛線表示，並標示 <<import>> 造型，表示匯入其他元素或套件。

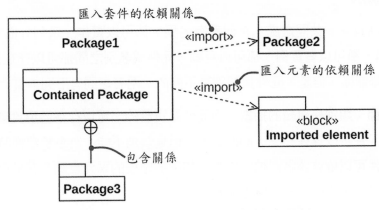

圖 6-21　套件匯入元素或套件的依賴關係

4.　元件

　　描述一個資訊系統時，將系統裡的元素模組化（modularity），就成為一個元件（component）。也就是說，元件代表系統基本構造的軟體模組，系統可以由這些基本構造的軟體模組組成。將元件與元件間的關係做描述時，資訊系統的運作可以比描述類別關係更加簡潔。因此，使用者不僅可以較為清楚了解系統的軟體架構，也能提供軟體功能更為良好的邏輯文件。每個元件封裝的邏輯單元可以是類別、介面、合作等。元件具有下列特點：

- 元件是實際存在的，而不是一個概念。
- 元件是可替代的。可以使用遵循同一個介面的一個元件來代替另一個元件。
- 元件是系統的一部分。元件很少獨立存在，一個元件需要與其他元件互動。
- 元件可以被多個系統重複使用。

許多作業系統和程式設計語言都具備元件。例如，JavaBeans 就是元件。在 UML 中，元件使用如圖 6-22 所示的符號來表示。

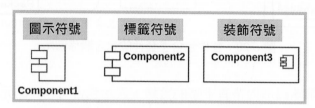

圖 6-22　元件的圖示符號類型

5. 元件與類別

元件與類別有許多共同之處，它們都有名稱，都可以實作一系列介面，都支援巢狀（nested）結構，都可以有實例，都可以互動，元件或類別之間都可以存在依賴關係、一般化關係和關聯關係。但是，元件與類別是不同的，兩者之間有下列本質上的差異：

a. 存在環節：類別是邏輯的抽象，而元件是實體的、可以存在於現實環境的。也就是說，元件可以存在節點（node）上，但是類別不能。為系統塑模時，選用類別還是元件可以依據該區別進行判斷。如果要塑模的單元實際存在於節點上，則可以使用元件，否則就一定使用類別。

b. 關係層次：元件代表了其他邏輯單元的實體封裝，與類別的抽象存在於不同的層次。元件是一系列其他邏輯單元（如類別、合作等）的實體實現。元件與它所實現的類別之間，可以用依賴關係進行描述。不過，通常不需在圖形化的模型中明確表示這種關係，而只是把這種關係作為元件定義規範的一部分。

c. 應用方式：類別本身有屬性和操作。但是，元件的操作通常只能透過介面來存取。元件與類別都可以實作介面，但元件的服務只能透過介面來存取。實務上，將所有實作一個介面的類別包裝為元件，是很常見的做法。如圖 6-23 所示，寵物 Pet 介面無論是實現魚、狗、貓等類別，都將整個封裝成一個元件來描述。

6. 元件與介面

介面是操作的集合，定義了類別或元件的服務。元件的操作通常只能透過介面來存取，因此，元件與介面之間的關係是很重要的。元件之間需要透過介面連接在一起。介面使用的圖示包括下列兩種：

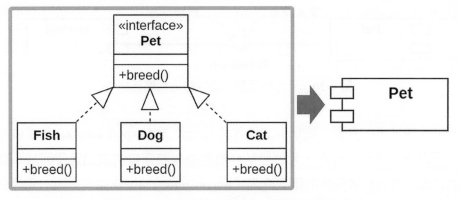

圖 6-23　元件封裝介面與各實現類別的範例

a. 介面使用「標籤」符號的圖形：如圖 6-24 所示，Pet 元件使用 Itreatment 介面，會採用依賴關係線條，而提供介面的元件（也就是 Medical 元件實作了 Itreatment 介面）之間的連結，會採用實現關係的線條。

圖 6-24　元件使用標籤符號的連結關係線條

b. 介面使用「圖示」符號的圖形：組件也可以如同類別表示法一樣列出介面。介面表示組件中的類別與其他系統組件溝通的位置。表示介面的方式是從組件框中展開如圖 6-25 所示的符號。

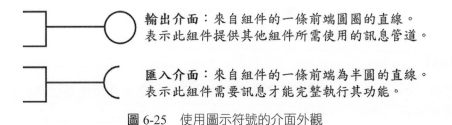

圖 6-25　使用圖示符號的介面外觀

依據圖示符號方式表達介面的方式，圖 6-24 等同於圖 6-26 所示元件之間使用匯入介面與輸出介面符號連結的圖形。

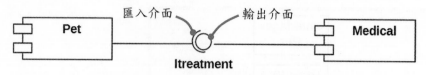

圖 6-26　元件使用圖示符號的連結關係線條

被一個元件實現的介面，被稱為該元件的輸出介面（export interface）或供給介面。一個元件可以有多個輸出介面，元件將該介面作為服務窗口向其他元件開放。被一個元件使用的介面，被稱作該元件的匯入介面（import interface）或需求介面，元件必須遵循由匯入介面定義的服務協定。元件既可以具有匯入介面，也可以有輸出介面。

6-7　狀態

1.　定義

(1)　狀態（State）

狀態（State）描述了物件在生命週期中的一種條件或狀況。例如，物件在滿足某個條件、執行某個動作或等待某個事件。一個狀態只在一個有限的時間區段內存在。如圖 6-27 所示，狀態的 UML 圖形符號是使用圓角矩形，並在其內標示狀態的名稱。

圖 6-27　狀態的圖形符號

(2)　狀態機

狀態機（state machine）描述了物件在生命週期中回應事件所經歷狀態的序列，以及物件對這些事件的回應。狀態機由狀態、移轉（從一個狀態到另一個狀態的流程）、事件（觸發移轉的事物）、活動（移轉的回應）等組成。

2.　組成

狀態的組成，包括下列五個部分：

(1) 名稱

名稱（Name）可以用來區分不同的狀態。狀態也可以是匿名的，表示不具名的狀態。

(2) 起始／結束狀態（Initial/Final State）

起始（initial）狀態表示狀態機執行的開始，結束（final state）狀態表示狀態機的執行結束。開始的圖形符號為一實心圓，結束的圖形符號則是內含一個實心圓的圓圈。

(3) 進入／離開動作

進入（Entry）或離開（exit actions）某一個狀態所執行的個別動作。

(4) 子狀態

如圖 6-28 所示，不含有子狀態（substates）的稱為簡單狀態（simple state），含有子狀態的則稱為組合狀態（composite state）。子狀態是狀態的巢狀結構。子狀態包括互斥子狀態（disjoint substates）和同步子狀態（concurrent substates）。

- 互斥子狀態：又稱為循序主動子狀態（sequential active substates，或簡稱循序子狀態）。

- 同步子狀態：又稱同步活動子狀態（concurrently active substates），是指同步進行的下一層狀態。

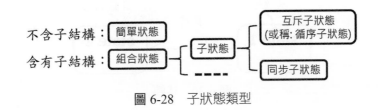

圖 6-28　子狀態類型

如圖 6-29 所示，當控制進入組合狀態時，控制會被分為多個同步的流程。這些流程的子狀態是同步進行的，只有當這些同步子狀態都到達最終狀態時，控制流程才重新合併為一個流程。如果移轉狀態包含條件時，可以使用 UML 符號方框 [ ] 標示的條件判斷，稱之為防衛條件（guard）。

(5) 延遲事件

延遲事件（deferred events）是指某些事件表列並不在狀態內處理，而會延遲並傳入佇列，由另一狀態的物件處理。

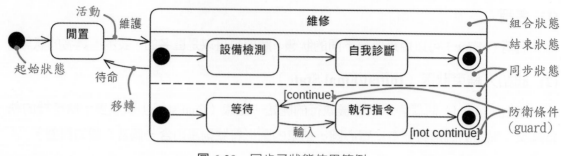

圖 6-29　同步子狀態使用範例

6-8　移轉

移轉（transition）是兩個狀態之間的一種關係，每一個狀態或活動都會產生一個轉換，將其連接到下一個狀態或活動。移轉表示物件在前一個狀態（來源狀態）時執行某些動作。當規定的事件發生或滿足條件時，就會從一種狀態換到下一個狀態（目標狀態）。

移轉的 UML 符號為有箭頭的實線，如圖 6-30 所示，依循箭頭方向表示從活動（或動作）到活動（或動作）的控制流程的傳遞。

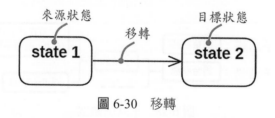

圖 6-30　移轉

移轉的組成，包括下列 5 個部分：

1. 來源狀態

來源狀態（source state）是被移轉前的狀態。如果物件處在來源狀態，當物件收到移轉的觸發事件或滿足條件時，就會產生一個離開的移轉。

2. 目標狀態

目標狀態（target state）是在完成移轉後被啟動的狀態。除了一般由來源狀態移轉到目標狀態之外，移轉還有發生在自身的情況：

(1) 自我移轉

自我移轉（self-transition）的流程會離開狀態和處理退出的活動，移轉時會執行自我移轉的活動，然後重新進入狀態和處理進入的活動。也就是説，移轉的整個過程是先離開現有的狀態，再重新進入現有的狀態。

如圖 6-31 所示的狀態範例，從選課 Lecture 狀態到結束 Close 狀態的移轉，Lecture 狀態的來源狀態因有循環狀態的處理活動，只要滿足 sum <=60 的條件，即會進行自我移轉，當條件滿足 sum>60 時，就會將狀態移轉到 Close 狀態。

(2) 內部移轉

內部移轉（internal transition）完全沒有離開現有狀態。由於沒有離開狀態，所以不需要執行離開和進入動作。

3. 觸發事件

觸發事件（event trigger）是指觸發狀態移轉的發生。觸發事件可以是訊號、呼叫、時間或狀態的變化等。當狀態接收到觸發事件時，只要防衛條件滿足，就會引發移轉的發生。參考圖 6-31 中的 addStudent 就是觸發事件。

移轉也可以是非觸發的，非觸發的移轉（a triggerless transition）也被稱為完成移轉（completion transition）。當來源狀態完成活動時，移轉被隱藏式地觸發，也就是説，完成移轉是由動作的完成自動觸發的，而不是由事件觸發的。

4. 防衛條件

防衛條件（guard condition）是一個布林運算式，進行條件判斷。布林運算式由方括號 [ ] 括著，放在觸發事件後面。當觸發事件發生後，判斷防衛條件內運算式的值，如果值為真（true，也就是條件成立），就會觸發移轉，如果值為假（false，也就是條件不成立），移轉就不會被觸發，如果沒有其他的移轉可以被這個觸發事件觸發，則事件被忽略。例如，圖 6-31 中，自我移轉的 [sum<=60] 和由 Lecture 狀態移轉到 Close 狀態的 [sum>60] 就是防衛條件。

5. 動作

動作（action）是一個可執行的單元運算。動作可以包括方法的呼叫、建構或解構物件，或是給物件發送一個訊號等。例如圖 6-31 中，選課 Lecture 狀態執行的 "sum=sum+1" 就是一個動作。

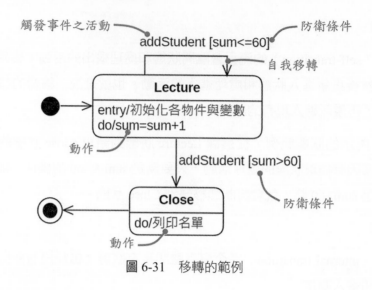

圖 6-31　移轉的範例

6-9 ▶ 動作與活動

　　活動（activity）也稱為活動狀態，是構成流程的一系列動作。對於狀態而言，也是在狀態機中進行的一系列動作組成。

1. 動作狀態

　　動作（action）的圖示符號如圖 6-32 所示，每個動作都是系統狀態，均代表某項動作的執行，而且執行的時間都很短。透過表示式設定屬性值和回傳值，也可以呼叫執行物件的操作、傳送訊號（signal）給某個物件、建構或解構物件等。

圖 6-32　活動的動作圖示

　　動作是無法分割的，所有的動作狀態都是單元狀態，也就是說，動作裡面可以發生事件，但是不可以中斷動作的執行。

2. 活動狀態

　　活動通常表示操作的呼叫執行、商務流程中的一個步驟或整個流程。活動並非是單元狀態，所以活動是可以分割的，內部發生的事件是可以中斷的，而且活動的完成需要

時間。因此要深入了解活動時，可以應用 UML 的活動圖（activity diagram）來表達其細節的流程。

動作與活動的差別：

- 動作是一個整體，所以動作在完成前不會被事件中斷，但是活動則是允許被其他事件打斷。

- 動作是單一一個運算單元，活動是由一系列動作組成。

可以把動作看做特殊的活動，也就是動作是不能再進一步分解的活動。

狀態內容如果有一組完整的狀態序列，可以使用組合狀態（composite state）圖示，將該狀態序列包含在內。如圖 6-33 所示，應用「提款服務」組合狀態圖示包含驗證、交易選擇與交易處理三個完整的狀態序列。

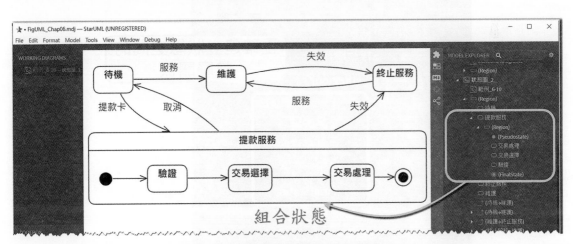

圖 6-33　使用組合狀態包含狀態序列

⊕)) 補充說明

starUML 工具軟體繪製的動作圖形和狀態的圖形一樣，都是圓角矩形。因為，動作是狀態的形式，所以在圖形表示時都以「狀態」的圖形表示。

以圖 6-33 提款機（Automated Teller Machine，ATM）狀態圖範例說明活動的使用時機：假設需要增加「驗證」狀態的活動，而該活動需要搭配活動圖表示：

(1) 主選單 Model 選項 | Add Diagram | Statechart Diagram，新增狀態圖。

(2) 使用左下方工具盒視窗「基本」（Basic）圖示區，逐一加入「待機」、「維護」、「終止服務」等狀態，以及狀態之間的移轉（Transitions）關係。

(3) 左下方工具盒視窗「進階」（Advanced）圖示區，加入「提款服務」組合狀態圖示。

(4) 接下來進行在加入組合狀態圖示內加入「驗證」、「交易選擇」、「交易處理」、狀態起訖等圖示。請特別注意，加入方式並非直接拖拉或直接在組合狀態圖示內加入所需的狀態圖示。而是加入各個狀態圖示後，如圖 6-34 所示，必須在右方塑模瀏覽區視窗內，將各圖示項目拖拉至組合狀態圖示樹狀結構之下的「(Region)」內，成為此組合狀態的子狀態。

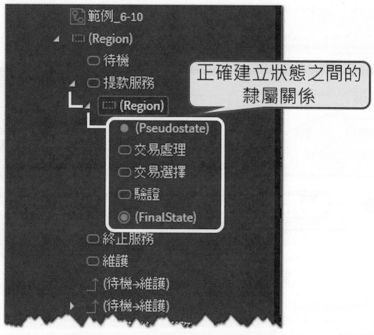

圖 6-34　建立組合狀態內所包含的子狀態

　　狀態內增加活動以及指定該活動的執行流程，使用 starUML 工具軟體的操作步驟如下：

(1) 參考圖 6-35，選點「驗證」狀態，並按下滑鼠右鍵，於浮動視窗選擇「Add」，增加一個「Do Activity」執行活動。執行活動選擇「Activity」。

(2) 完成後，即會在「驗證」狀態之下增加一個預設名稱為 Activity1 的活動。如果需要改名，可在視窗右下方的「Editors」內，更改 Activity1 的名稱。

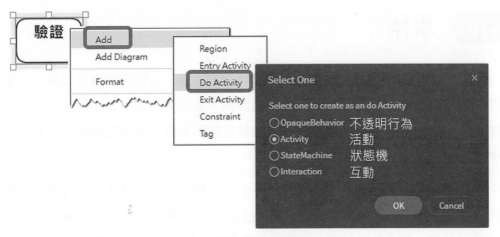

圖 6-35 狀態內設定執行的活動

如果要為此 Activity1 活動產生流程圖，可以依圖 6-36 所示，在 Activity1 圖示點擊滑鼠右鍵，於浮動視窗的「Add Diagram」選項選擇「Activity Diagram」，即會新增並開啟另一新的空白活動圖工作區。

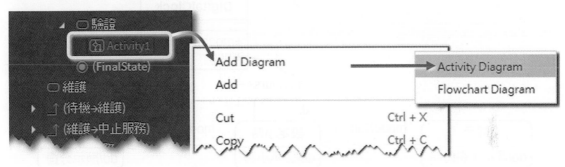

圖 6-36 增加 Activity1 的活動圖

於增加的活動圖內，加入如圖 6-37 表達「驗證」狀態執行活動（do activity）Activity1 的流程。

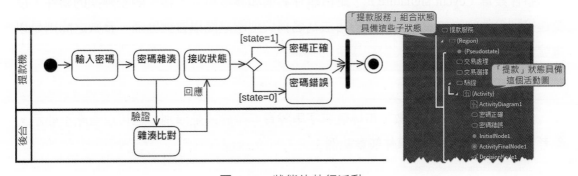

圖 6-37 狀態的執行活動

6-10 事件

事件（event）是發生時會導致某些動作處理的事情。以物件導向程式而言，事件是在特定時間和空間上發生的規格，可以精確識別，並能通知程式發生關鍵的訊號。例如滑鼠左鍵選點一個按鈕，這時會發生如滑鼠移至按鈕上方、滑鼠左鍵按下、滑鼠左鍵釋放等事件。

通常對電腦執行某一個動作，會引發多個事件發生，這時就依設計考量，需要針對哪些事件指派對應的行為或後續動作。也就是說，事件觸發的行為或引發的動作取決於您如何構建系統。當事件和動作之間存在明確的連結時，這稱為因果關係（causality）。

如圖 6-38 所示的時鐘 DigitalClock 類別及其相應的狀態機圖。圖中顯示了狀態機中的事件如何與類別的操作關聯。時鐘具有三種狀態：正常顯示狀態，以及用於設置時鐘的小時和分鐘的兩種狀態。

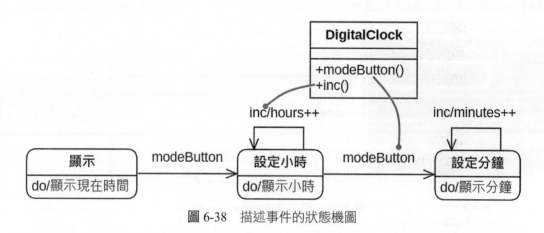

圖 6-38　描述事件的狀態機圖

1. 事件簽章

事件簽章（event signature），是由事件名稱和參數組成，指定觸發轉換的事件，以及連接到事件的附加資料。參數的語法為名稱與型態之間以冒號區隔，參數之間則是以逗號分隔的列表：

> 參數名稱：類型，……

參數的類型是指如整數、布林值或字串等資料型態或是類別，也可以省略不顯示。參考下列一些狀態轉換的事件簽章範例：

draw (f:Figure, c:color)

redraw( )

redraw

paint (invoice)

參考如圖 6-39 所示，以狀態機圖描述升降電梯運作的範例，其中電梯升、降的操作包含參數。

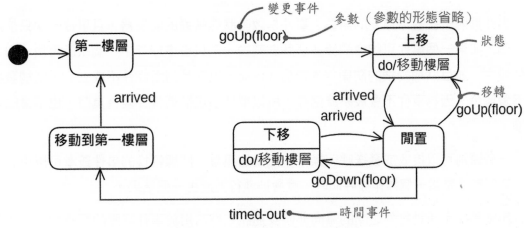

圖 6-39　電梯樓層升降狀態機圖

2. 事件類型

依據事件發生的環境，事件可區分為下列三個類型：

(1)外部事件（external event）：系統與其他參與者之間所發生的事件，例如使用者按下提款機的某一個按鈕。

(2)內部事件（internal event）：也稱為暫時事件（temporal event），是系統內部在指定時間內，各個物件之間所傳遞的事件，例如備份、索引重整、報表等定期執行的作業（housekeeping）。

(3)狀態事件（state event）：系統內部因某一事件觸發引起系統必須處理的事件，通常是由外部事件引發，且與時間無關的事件。例如庫存量過低引發進貨需求，或是系統發生錯誤或例外。

(4)事件與訊號

無論是內部還是外部，UML 事件的種類可以分為四種型態：

- **訊號事件（signal）**：元件之間明確信號的訊息傳遞，例如從另一個類別接收到的訊息。

- **呼叫事件（call events）**：收到呼叫執行操作的訊息。

- **變更事件（change events）**：一個條件變為真。

- **時間事件（time events）**：經過一段指定的時間。

事件具備一些基本重要的語義：事件是啟動狀態轉換的觸發器，且事件一次只能處理一個。如果一個事件可能會觸發多個狀態轉換，則只會處理其中一個狀態轉換。如果事件發生，並且狀態轉換的防衛條件為假（false，也就是判斷條件不成立），則觸發器就不會觸發。因為事件不會被系統儲存，所以縱使事後防衛條件變為真時，也不會觸發轉換。

一個類別可以接收或發送呼叫操作、訊號的訊息。狀態轉換的事件簽章可以用於兩者。呼叫事件是當一個操作被呼叫時，就會被執行並產生一個結果。

訊號是指定活動物件之間的單向非同步通訊，通常用於事件驅動的系統和分散式運算環境中。訊號與訊息（message）類型的差異是：當一個物件接收到訊號時，該物件不需要返回任何資訊，只需按照接收訊號指定的行為執行相對應的操作。而訊息則是包括傳遞與接收回傳的訊息。訊號的名稱用來描述它在系統中的用途。

如圖 6-40 所示，訊號的 UML 圖形符號和類別相同，為一個矩形包含三個部分：第一部分包含關鍵字為 «signal» 的造型和訊號的名稱；第二部分為屬性；第三部分為操作。

圖 6-40　訊號的圖形符號

訊號使用與類別相同的圖示，使用 starUML 工具軟體時，並不是直接以類別來代表訊號。因為訊號屬於事物（參見 4-4 節）之間傳遞的訊號。所以，如圖 6-41 所示加入訊號圖示的方式是：

(1)先加入一個事物，例如加入一個類別，再以滑鼠右鍵點擊該類別，於浮動選單「Add」選擇「Signal」選項。

(2) starUML 工具軟體右方的「塑模瀏覽區」視窗內，會在該類別下方增加一個訊號的符號。

(3) 在「塑模瀏覽區」視窗內，該訊號符號以滑鼠拖拉至中央「設計區」視窗內，即會出現一個如同類別圖示的訊號圖示。

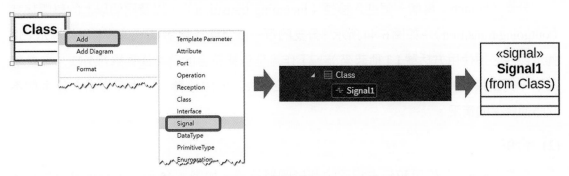

圖 6-41   starUML 繪製訊號圖示的產生步驟

參考圖 6-42 示範描述一個溢位 Overflow 訊號事件，並以 <<send>> 造型來訂定與其送出訊號的堆疊 Stack 類別之間的相依關係。UML 沒有提出如何在程式語言中實現訊號事件的建議。不過，實現訊號的方式相當簡單：將訊號以類別的形式來實現。接收訊號的類別必須有一個相對應的操作，來接收訊號物件作為參數。

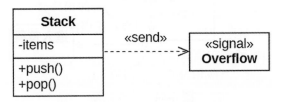

圖 6-42   堆疊引發信號的範例

6-11 ▶ 判斷與同步條

1. 判斷

判斷（decision）流程不會只是循序的單一路徑，通常還會需要依據布林邏輯（boolean logic）選擇不同的路徑，如同程式語言常用的 if 判斷。UML 的判斷條件分為分支與合併，使用如圖 6-43 所示的菱形符號表示，如果需要也可以給判斷名稱。

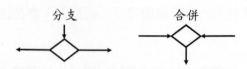

圖 6-43　判斷的分支與合併圖形符號

(1)　分支

分支（branch）具備一個進入移轉（incoming transition），以及兩個以上的離開移轉（outgoing transition）。如圖6-44所示，分支的每一個離開移轉都有一個防衛條件標示（也就是條件必須使用方括號 [ ] 括起來），工作流程依據符合的防衛條件進行分支。多數情況下，判斷只有兩個由布林運算式（true/false）決定離開移轉，但也可以有多於兩個不同防衛條件的情況。

(2)　合併

合併（merge）使用和分支相同的菱形圖形符號。如圖 6-45 所示，合併可以具有多個進入移轉，但只有一個離開移轉。

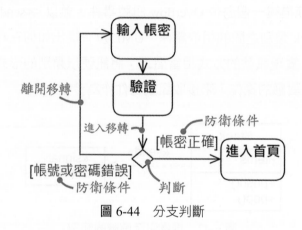

圖 6-44　分支判斷

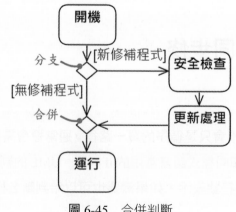

圖 6-45　合併判斷

2. 同步

流程中除了常見的簡單和判斷的循序移轉之外，還會經常遇到同步（synchronization）的流程。UML 使用同步條（synchronization bars）表達分岔和會合的平行流程。如圖 6-46 所示，分岔與會合的圖形符號是一條較厚的水平或垂直實體線。

圖 6-46　流程的分岔與會合圖形符號

starUML 工具軟體繪製同步條時，會依據滑鼠軌跡決定線條是水平還是垂直。如果事後要更改，例如欲將水平線改為垂直線，如圖 6-47 所示，可以以滑鼠左鍵拖拉線條四個斜角調整。

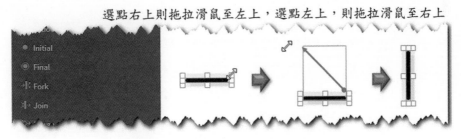

圖 6-47　調整同步條為垂直或水平

- 分岔（fork）是一個控制節點，具備一個進入移轉和兩個以上的離開移轉，表達將一個流程拆分為多個同步流程。
- 會合（join）是多個同步流程合併的控制節點，具備兩個以上的進入移轉和一個離開移轉。

如圖 6-48 所示的訂單出貨流程，示範使用分支和合併的判斷及分岔與會合的同步使用案例。

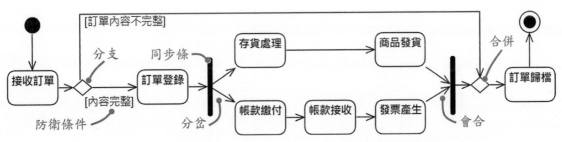

圖 6-48　使用分支和合併的判斷及分岔與會合的同步範例

本章習題

問答題

1. 類別圖基本依序包含哪三個部分？

2. 類別定義了操作與屬性。請分別解釋操作與屬性的意義。

3. 物件常會使用兩種英文：object 和 instance，請說明兩者之異同。

4. 依據軟體工程中的架構模式 VCM 模式（View-Controller-Model）簡化而成的 ECB 樣板，個別代表哪三種類別，請簡述其用途。

5. UML 事件的種類可以分為哪四種型態。

UML 結構塑模視圖

▶ 視圖概觀

1. UML 視圖類型

UML 1.X 定義了 9 種視圖，UML 2.0 增加 4 種，UML 2.4 版之後又再擴充輪廓圖（Profile diagram），總共定義了 14 種視圖。這些視圖區分為如圖 7-1 所示的兩大類型：

(1) 表達靜態的**結構塑模視圖**（Structural Modeling Diagrams）。

(2) 表達動態的**行為塑模視圖**（Behavioral Modeling Diagrams）。

圖 7-1 所示的視圖不止 14 種，只有灰色底圖的才是官方分類標準的 UML 視圖，其餘則是研擬中的視圖。因此，如果不考量研擬中的視圖，可以將上述包含一般化關係的視圖，簡化成圖 7-2 所示的結構圖。

UML 2.5 版為了符合模型驅動架構（Model Driven Architecture，MDA）的需求，做了許多修改，除在圖形基礎上擴充及修正了部分呈現的方式外，還擴增了一些圖形的元件，例如增加由循序圖與互動圖所混合而成的互動概觀圖、強調時間點的時序圖與組合結構圖，此外，也將原先 UML 1.4 的合作圖更名為溝通圖，在循序圖中也加入了互動框（interaction frame）的概念，以及增加了一些運算子（如 sd、 loop、 alt 等），更符合實際軟體工程的程式撰寫需求。同時，為配合 MDA 推動的目標，UML 提供穩定的基礎架構，容許軟體開發工具加入自動化作業。此外，MDA 把大型系統分解成幾個元件模型，並與其他模型保持連接，使得 UML 提供更加精確的塑模效果。

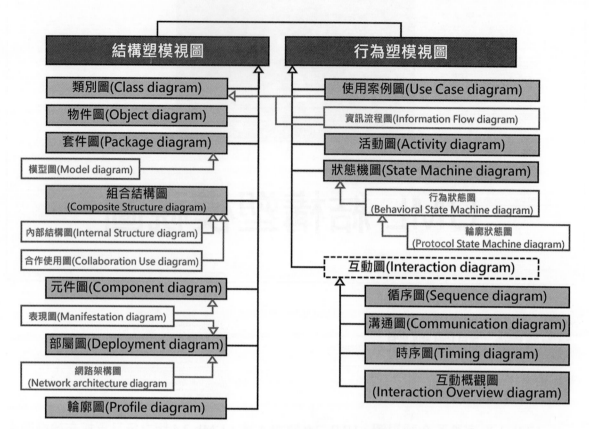

圖 7-1　UML 2.5 規範定義的視圖

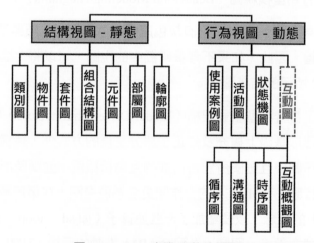

圖 7-2　UML 實際涵蓋的視圖

2. 結構塑模視圖

結構塑模視圖（靜態圖形）主要是用來表示系統中事務的組成及關係。沒有時間相關的概念，也沒有顯示動態行為的細節。但是，它們可以顯示與結構中分類器行為的關係。

表 7-1　結構塑模視圖用途與組成

視圖	用途	使用元素
類別圖 Class diagram	將設計的系統、子系統或組件結構所包含的類別、介面，以及它們的特性、限制等和關聯、一般化、依賴等關係連結的視圖。	類別（Class）、介面（interface）、特性（feature）、限制（constraint）、關聯（association）、一般化（generalization）、依賴（dependency）
物件圖 Object diagram	實例 (Instance) 等級的類別圖。物件圖可以算是廢止了，UML 1.4.2 規格中定義為「物件圖是類別圖的一個實例，用來顯示了系統在某個時刻的詳細狀態的快照」。不過在 UML 2.5 的規格中，並沒有物件圖的定義。	實例規格（instance specification）、物件（object）、屬性（property）、關聯（association）
套件圖 Package diagram	表達套件，以及套件之間的關係。	套件（package）、套件內的元素（packageable element）、依賴（dependency）、元素匯入（element import）、套件匯入（package import）、套件合併（package merge）
模型圖 Model diagram	輔助顯示系統的一些抽像或特定觀點的結構圖形，以描述系統的架構、邏輯或行為方面。	模型（model）、套件（package）、套件的元素（packageable element）、依賴（dependency）
組合結構圖 Composite structure diagram	用於顯示組合結構或部分系統的內部構造。	
內部結構圖 Internal structure diagram	顯示分類器的內部結構 – 將分類器分解為其屬性，部件和關係。	結構化的類別（structured class）、部件（part）、埠（port）、連接器（connector）、使用關係（usage）

（續下頁）

（承上頁）

視圖	用途	使用元素
合作使用圖 Collaboration use diagram	顯示系統中物件之間相互合作以產生系統的某些行為。	合作關係（collaboration）、連接器（connector）、部件（part）、依賴關係（dependency）
元件圖 Component diagram	顯示組件之間的依賴關係。主要使用用於基於組件的開發（Component-Based Development，CBD），以描述具有服務導向的體系架構（Service-Oriented Architecture，SOA）的系統。	組件（component）、介面（interface）、提供的介面（provided interface）、所需的介面（required interface）、類別（class）、埠（port）、連接器（connector）、工件（artifact）、組件實現關係（component realization）、使用關係（usage）
部署圖 Deployment diagram	顯示將軟體產出部署（分發）到目的環境的系統架構。	部署（deployment）、工件（artifact）、產出目標（deployment target）、節點（node）、設備（device）、執行環境（execution environment）、溝通路徑（communication path）、部署規格（deployment specification）
網路架構圖 Network architecture diagram	用來顯示系統的邏輯或實際網路架構的部署圖。此視圖在 UML 2.5 並未正式定義。	節點（node）、交換機（switch）、路由器（router），負載平衡器（load-balancer）、防火牆（firewall）、溝通路徑（communication-path），網段（network-segment）、主幹網路（backbone）
表現圖 Manifestation diagram	彌補元件圖與部署圖缺乏描述到工件（artifact）的表現（實現）和產出的內部結構。	表現（manifestation）、組件（component）、工件（artifact）
輪廓圖 Profile diagram（或譯為剖面圖）	最初是在 UML 2.0 定義，作為 UML 擴充機制的輔助視圖。允許定義客製化的造型（stereotype）、標籤值和限制。	無

3. 行為塑模視圖

行為塑模的視圖（動態圖形），表達執行的時間序列狀態或交互關係。用於顯示系統中物件的動態行為。透過視圖來描述為隨著時間的推移對系統進行的一系列變化。

表 7-2　行為塑模視圖的用途與組成

圖形	用途	使用元素
使用案例圖 Use case diagram	表達了一些系統或主題 (subject) 應該或可以與系統的一個或多個外部使用者（UML 稱為「參與者」）合作執行的一組行動（使用案例），透過綜觀系統全貌，向利害關係人提供一些可觀察到的和有價值的結果。	使用案例（use case）、參與者（actor）、主題（subject）、延伸（extend）、包含（include）、關聯關係（association）
資訊流程圖 Information flow diagram	行為圖顯示了系統中物件的動態行為，可以將其描述為隨著時間的推移對系統進行的一系列變化。透過展示模型尚未指定或較少細節的各個觀點，可以有助於描述通過系統的資訊流。	資訊流（information flow）、資訊項目（information item）、參與者（actor）、類別（class）
活動圖 Activity diagram	顯示執行過程中控制或物件的程序流程和條件狀況。	活動（activity）、分區（partition）、行動（action）、物件（object）、控制（control）、活動動線（activity edge）
狀態機圖 State machine diagram	表現執行程序中物件內部狀態的改變以及各狀態改變的關係與行為。狀態機圖除了表達系統某部分的行為之外，還可以用來表達系統某部分使用的輪廓。 這兩種狀態分別是行為狀態圖和輪廓狀態圖。	
行為狀態圖 Behavioral state machine diagram	通過有限狀態移轉顯示設計系統的部分不連續行為。	行為狀態（behavioral state）、行為移轉（behavioral transition）、虛擬狀態（pseudostate）

（續下頁）

（承上頁）

圖形	用途	使用元素
輪廓狀態圖 Protocol state machine diagram	顯示使用輪廓或某個分類器的生命週期，例如在分類器各個狀態下可以呼叫執行分類器的哪些操作，在哪些特定條件下，以及在分類器轉換到目標狀態後，可以滿足哪些後置條件。	輪廓狀態（protocol state）、輪廓移轉（protocol transition）、虛擬狀態（pseudostate）
互動圖 **Interaction diagram**	互動圖包括下列四種視圖：	
循序圖 Sequence diagram	最常使用的互動圖。著重於生命線之間物件的功能呼叫與訊息交換。	生命線（lifeline）、執行規格（execution specification）、訊息（message）、合併片段（combined fragment）、互動使用（interaction use）、狀態不變式（state invariant）、銷毀（destruction occurrence）
溝通圖 Communication diagram（UML 1.x 原名稱為：合作圖 Collaboration diagram)	聚焦於內部結構生命線之間的互動和訊息傳遞的過程。訊息傳遞的順序是依編號而定。	生命線（lifeline）、訊息（message）
時序圖 Timing diagram	圖型主要目的是作為時間的推斷。時序圖著重於在生命線內和生命線之間變化的條件的時間軸。	生命線（lifeline）、狀態或狀況時間表（state or condition timeline）、銷毀事件（destruction event）、持續限制（duration constraint）、時間限制（time constraint）
互動概觀圖 Interaction overview diagram	活動圖的變樣，用來提升控制流程的整體概觀。生命線和訊息不會使用在此概觀之下。	初始節點（initial node）、流程終結點（flow final node）、活動終結點（activity final node)、決策節點（decision node）、合併結點（merge node）、分岔結點（fork node）、會合節點（join node）、互動（interaction）、互動使用（interaction use）、持續限制（duration constraint）、時間限制（time constraint）

　　UML 2.X 是衡量各個系統開發的環境與需求而規劃，適用於超大型、整合型的系統設計需求。因此，UML 2.X 新增部分對於多數開發的價值和意義並不是很高，以致於在系統開發的社群中有些爭議。在多數實際的開發環境生活中，大多數中小型系統而言，實際上是不太需要使用的。因此，在學習 UML 時，可以先專注在系統分析與設計時，經常使用的基本視圖：

(1) 結構視圖（靜態）視圖

　　類別圖、物件圖、元件圖與部署圖。

⊕» 補充說明

內容章節安排：

» 第 7-2 節 類別圖：展示系統中類別之間的關係，用於理解系統中的主要實體及其屬性。

» 第 7-3 節 物件圖：描述類別實例之間的互動，提供系統中物件的運行的特定的狀態。

» 第 7-4 節 元件圖：表達系統各元件，包括軟體元件和硬體元件之間的合作關係。

» 第 7-5 節 部屬圖：呈現系統的實體部署情況，包括硬體設備和軟體元件的位置關係。

---

(2) 行為塑模（動態）視圖

　　使用案例圖、互動圖（包括循序圖與溝通圖）、活動圖。

⊕» 補充說明

內容章節安排：

» 第 8-1 節 使用案例圖：描繪系統的功能和使用者之間的關係。

» 第 8-2 節 循序圖：依據時間順序，表達系統中物件之間的動態行為和交互流程。

» 第 8-3 節 溝通圖：著重物件之間訊息傳遞的運作關係。

» 第 8-4 節 活動圖：介紹系統功能的運作過程和活動，以及彼此之間的關係。

7-2 ▶ 類別圖

　　類別、物件，以及兩者之間的關係是物件導向技術中最基本的元素。因此，表達類別與類別之間關係的類別圖是 UML 相當重要、使用率也很高的視圖，除了可以用來表達物件導向程式的類別，包括資料庫的表格，也是使用類別圖來表示。使用類別圖的好處：

(1)表達套件中所有實作的類別。

(2)呈現各個類別的結構和行為。

(3)了解類別的繼承關係。

　　類別圖的組成包括：類別、介面、合作（Collaboration）以及它們之間的關係（依賴關係、一般化關係、實現關係、關聯關係等），共 4 個部分。類別圖用來為系統的靜態設計視覺化塑模，並且是其他視圖定義的基礎。

　　如圖 7-3 所示，類別 Class1 與類別 Class2 之間存在著一般化關係，類別 Class1 是類別 Class2 的子類別；類別 Class1 與類 Class3 之間存在著聚合關係，表達類別 Class3 是類別 Class1 的下層元素；類別 Class1 與類別 Class4 之間存在著關聯關係；類別 Class4 實現了介面 Interface1；合作 Collaboration1 則是依賴於類別 Class1。

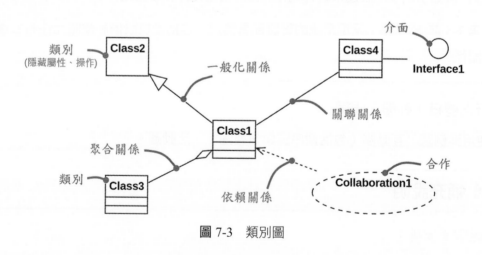

圖 7-3　類別圖

　　類別之間可以標示彼此關係的角色、數集與必備（Cardinality and Modality）關係，也可以如同其他視圖一樣，含有註釋和限制。此外，類別圖中還可以包含套件或子系統，將模型內的元素分組。

　　如圖 7-4 所示學校系所與學生的類別圖範例中，學校 School 與系所 Department 類別之間是組合關係，學校 School 和學生 Student 類別之間是聚合關係。組合關係表示 School 與 Department 之間具有相同生命週期，如果 School 不存在時，則 Department 也會不存在。聚合關係表示 School 與 Student 具備不同生命週期，若 School 不存在時，Student 仍可存在（設計的理念是：如果學校退場了，學生可以轉校，總不能就此刪掉還在學學生的學籍）。數集與必備關係表達一個 School 可以有一個以上（1..*）的 Department；一個 School 也會擁有一個以上的 Student；一個 Department 擁有一個 Office，但反之，一個 Office 可以關係零個以上（0..*）的 Department（設計的理念是：系所一定有一間辦公室，但辦公室可能並不是給系所使用，或是同時提供多個系所共同辦公，視圖的結構沒有一定，完全依據系統分析與設計的結果）。

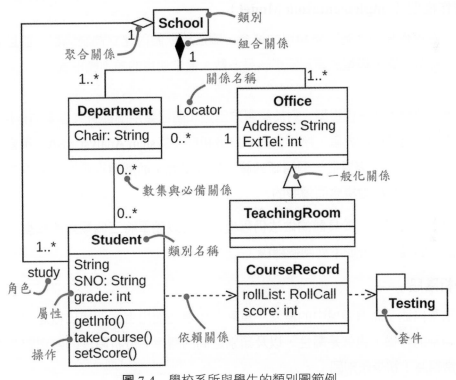

圖 7-4　學校系所與學生的類別圖範例

1. 類別圖的內涵

　　在系統分析與設計的不同階段都可以使用類別圖，不同階段表達的重點不一樣，所以內涵就會不太相同。類別圖的表達可以分成本質、規格與實作 3 個類型導向的模型[1]：

1　Cook, S., & Daniels, J. (1994). Designing object systems (Vol. 135). Englewood Cliffs, NJ: Prentice Hall.

(1) 本質模型（Essential Model）

本質模型的類別圖主要在於描述問題領域中，某些真實或想像情況的概念描述。類別可以從問題領域的概念中得出，但兩者並沒有直接的對應的關係。事實上，一個概念層的模型應獨立於實際使用的軟體和程式語言。

(2) 規格模型（Specification Model）

規格模型屬於在高層級抽象地描述軟體。規格模型的類別圖描述了軟體的介面部分，而沒有描述軟體的實作部分。物件導向的開發方法非常重視區分介面與實作，但是多數物件導向程式語言中類別的概念是將介面與實作整合在一起，因此實際應用中常會忽略這一差異。

(3) 實作模型（Implementation Model）

只有在實作模型才有完整類別的概念，關注於軟體內建立控制流程，並且涵蓋了軟體的實作部分。實現模型的類別圖應該是多數人最常使用的類別圖形式。

雖然，理解上述三種模型，對於繪製類別圖和讀懂類別圖都有其重要的作用。不過，各模型之間沒有清晰的界限，所以多數系統分析師（System Analyst，SA）不會對其加以區分。對塑模而言，需要從一個清晰的層次觀念出發；而解讀視圖時，必須先弄清楚類別圖是依據哪一種模型概念而繪製的。

如果上述描述，對於具體的做法仍舊模糊，可以簡單將三個類型的模型，依據系統分析與設計的程序，分成下列兩個階段：

(1) 分析階段

類別圖描述了問題領域中的概念，重點在於透過使用者案例找出概念類別，並定義出概念類別的特徵，也就是屬性，以及類別之間的關係。分析階段的類別圖並不包含操作，通常稱為「初步類別圖」。

(2) 設計階段

類別圖描述了類別與類別之間的介面，結合內聚（cohesion）與耦合（coupling）的分析，更具體地描述類別。加入操作和標示類別成員的能見度（visibility）、資料型態等，以及類別之間的相依關係。設計階段的類別圖，具備完整系統組成的元件，並能夠提供程式設計師撰寫程式碼的依據，通常稱為「設計類別圖」。

分析階段的初步類別圖與設計階段的設計類別圖差異請參見表 7-3 所列及圖 7-5 所示，理解上述的差異，就可重新調整並繪製設計階段的設計類別圖。

最後，可以使用一般文字描述，或使用虛擬碼（pseudocode）描述每一操作的演算法。

⊕》補充說明

虛擬碼（pseudocode）又稱為偽代碼，不是一種現實存在的程式語言，而是為了將整個演算法執行過程的結構，使用自己熟悉的語言以接近自然語言的形式描述出來。

表 7-3　分析與設計階段之類別圖比較

	初步類別圖	設計類別圖
屬性	只標示屬性名稱。	依據屬性宣告的語法，完整標示屬性，包括能見度與資料型態。
操作	無。	經由系統分析時循序圖的繪製過程，得出類別具備的操作，並加入能見度。
關係	以直線的關聯關係表示類別之間的關係。 強調目的類別與來源類別之間的數集與必備關係。	以具備方向性（directed）帶箭號的關聯關係表示。增加角色名稱、去除關聯名稱、表現目的類別的數集與必備關係、省略來源類別的數集與必備關係。相依關係加上造型（stereotype）標示。

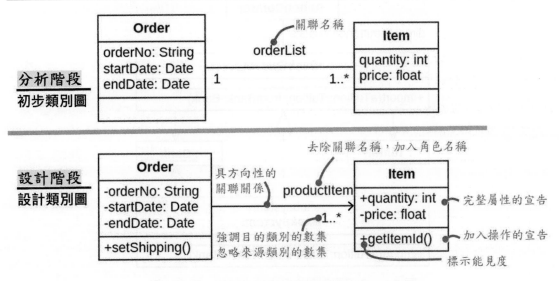

圖 7-5　分析階段與設計階段類別圖內涵的差異

2. 類別圖的應用

類別圖描述了系統靜態的設計觀點，常見的應用可以包含下列 3 項：

(1) 為系統的詞彙表塑模

UML 的詞彙表（glossary）是由：事物、關係和圖形所組成。類別圖可以模擬系統確定哪些抽象是系統的一部分，哪些抽象不在系統的邊界內。透過用類別圖定義這些抽象與其責任（responsibility）。

(2) 為子系統的塑模

類別圖以一次聚焦於一個合作（cooperation）的方式，為構成系統設計觀點的部分元素和關係塑模。合作的塑模應完成的內容包括：

a. 確定要被模擬的部分系統功能和行為，這些功能和行為是由類別、介面等元素互動所產生。

b. 確定參與的類別、介面和其他的子系統，並確定彼此關係。

c. 根據合作的情節，找出是否有模型疏漏部分或語意錯誤。

d. 確定物件的屬性和操作。

如圖 7-6 所示的類別圖僅聚焦於某一校務註冊管理系統與外部銀行系統匯款繳交學費的行為。

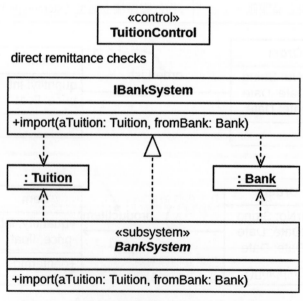

圖 7-6　使用類別圖模擬表達系統的一部分功能

(3) 為資料庫模式塑模

　　資料庫模型是資料庫設計的藍圖。資料庫表格的特徵與類別相似,每一表格的欄位,如同類別屬性,用於儲存資料;而表格的限制(constraint),例如限制欄位資料的長度、數字內容的範圍、輸入的檢查,以及預設值等,如同類別的操作。因此,資料正規化之後,就可以使類別圖來為資料庫塑模,描述如圖 7-7 所示的資料庫模型綱要(schema)。

> **⊕» 補充說明**
>
> 　　料庫綱要:資料庫表格結構,以及表格之間的關聯關係。資料庫綱要描述資料庫模型的整體概觀。

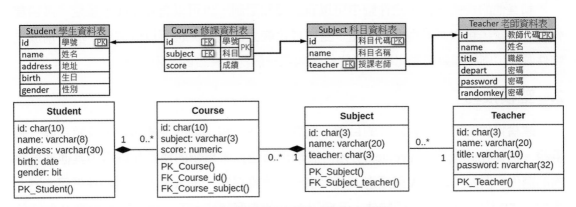

圖 7-7　使用類別圖描述資料庫綱要

7-3　物件圖

　　在物件導向程式語言中,類別定義一件事物的抽象特點,而物件是類別的實例,物件之間的連結(link)是類別之間關聯關係的實例。因此,物件圖(Object Diagram)可以看做是類別圖的一個實例,用來描述類別圖裡面的事務實例。

　　基於物件是類別的實例,所以物件圖通常用來輔助一個複雜的類別圖,透過物件圖反映運作的實例,也能表達物件之間的關係。此外,物件圖也可以用在互動圖中,作為其中一個組成部分,反映一組物件之間的動態合作關係。

1. 定義

物件圖（Object Diagram）用來描述系統在某一時間點的一組物件及物件之間的關係，它是為處在某一時空當下的系統塑模，描繪系統的物件、物件的狀態，以及物件之間的關係。如圖 7-8 所示，物件圖主要用來為物件結構塑模，因此，物件圖主要的元素包括物件和連結（link），每個物件的圖形為矩形，名稱下帶有底線。只要意思清楚，類別或物件的名稱在物件圖內可以被省略。

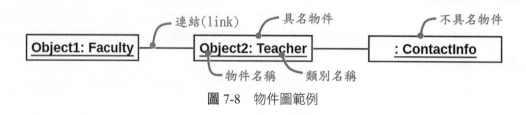

圖 7-8　物件圖範例

和其他的視圖一樣，物件圖中可以有註釋和限制，也可以有套件或子系統。透過套件或子系統，可以將模型元素分組，封裝成比較大的模組。也可以依需要，將類別放在物件圖內，例如需要視覺化地表達物件圖內某一個物件背後的類別結構。

2. 塑模技巧

建構物件圖時，針對設計的目標，擷取系統裡一組相關的抽象事物，並組合成一個群組。然後在此上下文（context）內，展現出這些抽象事物的語意和群組中其他抽象事物的關係。例如，類別 A 與類別 B 之間有一對多關係時，則 A 的某一個物件就可能對上多個 B 的物件，A 的另一個物件，又會對上 B 的數個物件，不同時間點 A 對應 B 的物件數量是不相同的。所以，物件圖就是假設將系統運行暫停在某一個時間點上（或是假設在某一時間點上），類別 A 的物件與相關的類別 B 的物件，在其屬性和狀態機上可能具備的某些特定值。

透過物件圖以視覺化、規格化、結構化和文件化的方式來表達系統內這些物件的狀態與結構，對於呈現複雜系統的資料結構是非常好的方式。不過，因為一個物件圖只能顯示一組物件之間的關係，所以物件圖無法完整訂出系統裡所有物件的結構。塑模時應該要注意下列事項：

(1)確定要塑模的機制（mechanism），機制可以將系統內所要塑模的一部分功能或行為呈現出來。這些功能或行為是由某一組類別、介面或其他事物之間互動所產生的結果。

第2單元

系統視圖標準

(2) 針對每個機制,確定參與合作的類別、介面和其他元素,以及確定事物之間的關係。

(3) 考慮依據這種機制的一個情節,在特定一時間點,呈現出參與該機制的每個物件。

(4) 根據需要呈現出每個此類別之物件的狀態和屬性值,以了解情節。

(5) 呈現這些物件之間的連結,重新定義它們之間的關聯實例。

如圖 7-9 所示為物件結構塑模的物件圖。左下角的 univ 是類別 School 的物件,且與物件 ic、im、csie、cs 等物件連結。其中,ic、im、csie、cs 都是類別 Department 的物件,因此具備相同的屬性,但是各別具有不同的屬性值。

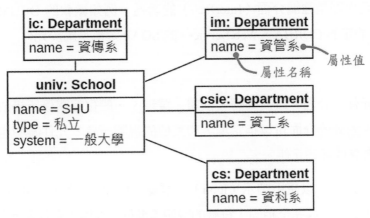

圖 7-9　描述學校與系所關係的物件圖範例

7-4　元件圖

系統分析與設計的過程,先以使用案例圖用來描述系統的功能需求,搭配活動描述作業程序,使用初步類別圖來定義問題領域的關係與屬性,再進一步利用循序圖、溝通圖、狀態機圖用來描述類別和物件如何相互合作以完成所需的行為。最後,將這些邏輯藍圖變為現實世界中實體設計(physical design)的系統。UML 用來為物件導向系統的實體設計塑模,使用的是元件圖(Component diagram)和下一節介紹的部署圖(Deployment Diagram)。

1. 比較

元件圖是用來呈現系統實作的模型，描述了元件及元件之間的組織和依賴關係。可以將元件圖視為系統元件的特殊類別圖。

(1) 元件圖與類件圖差異

類別圖著重於系統的邏輯設計，元件圖則是著重於系統的實體設計及實現。

(2) 元件與物件區別

物件是類別的實例化，必須以個體來看待，例如一個 Student 類別，建構一個班級許多個學生物件，每一個學生物件都是獨立的個體。因此，物件強調的是個別的實例的特徵及行為；而元件則是強調介面（Interface）的溝通，例如微軟的 DCOM 和 .Net、Java 的 EJB、OMG 制定的 CORBA、Web Services 的 SOAP 等都是屬於元件。

2. 構成

元件圖由元件、介面、以及關聯、依賴、實現、一般化等關係所構成。元件內可以包含組件；元件對外的介面可以指定埠，和其他的視圖一樣，元件圖中也可以有註釋和限制，也可以有套件或子元件。

元件圖內的元件可以使用圖示（icon）、標籤（label）與裝飾（decoration）三種符號顯示方式，代表的意義完全相同，符號的說明請參閱 6-6 節「套件與元件」的介紹。

元件與介面之間的關係相當密切，如前所述的 DCOM、EJB、CORBA 等元件都是透過介面與其他元件建立關係。介面定義操作而不實作，而元件中則包含了實作這些介面的具體類別。

3. 外視與內視

UML 2.0 版之後，將元件圖呈現的資訊的形式，分為外視（external view）與內視（internal view）兩種方式表達元件圖：

(1) 外視：元件如同一個黑箱，其主要目的在於塑模介面，包括輸出介面（Export Interface）與匯入介面（Import Interface），並不表達元件內部的組成。

(1) 內視：將元件視為一個白箱，就像圖 7-10 所表達線上商品訂購的元件圖，著重於元件內部的組件或類別，以及它們與介面的關連性的塑模。在元件的內視中使用與相依關係相同的圖形來塑模實作元件介面的類別，也就是說，元件內類別的關係並不是相依而是實作。

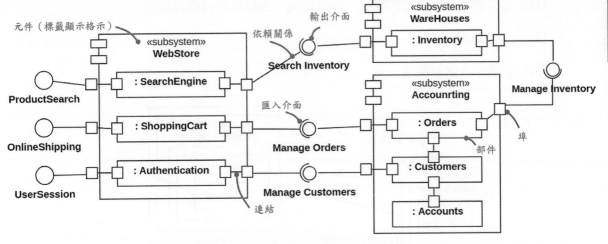

圖 7-10　線上商品訂購之元件圖範例

（資料來源：https://docs.staruml.io/working-with-uml-diagrams/component-diagram)

如圖 7-11 所示內視的元件圖範例，描述 Study 元件內部包含 School 與 Department 類別的關係，元件並具備一個 IAdmission 輸出介面，提供其他元件或類別可以呼叫此介面，執行申請入學的處理；另具備一個 IGraduate 匯入介面，當學生畢業時，用來呼叫其他元件或類別，執行畢業程序的相關作業。

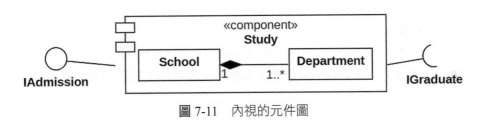

圖 7-11　內視的元件圖

7-5　部署圖

部署圖（Deployment diagram）描述了節點上運行元件的配置，能夠表現系統運作時，實體設備內的軟體與硬體的分布，對於嵌入式、主從式、分散式系統的視覺化塑模相當重要。透過部署圖可以提供評估軟、硬體的建置環境的複雜性與資源的分配狀況。

1. 構成

如圖 7-12 所示，部署圖主要是系統實體環境、設備的描述視圖，其具備的元素包括：

(1) 節點：表示一組運行的資源，例如電腦、周邊設備或儲存設備。

(2) 元件、工件。

(3) 依賴關係、關聯關係。

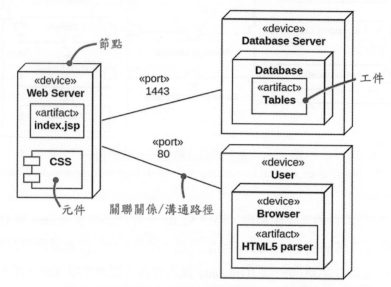

圖 7-12　網站運作的基本環境配置的部署圖範例

⊕» 補充說明

工件（artiface）：係指在 UML 塑模過程中，使用的各種工具和文件。

部署圖中每一個元件必須存在於某一個節點上。和其他視圖一樣，部署圖中也可以有註釋和限制，也可以使用套件或子系統負責將節點分組。

2. 繪製原則

繪製 UML 的部署圖時，需要切記描述的是系統「靜態」的部署觀點，不是表達變動的狀況，因此通常無法只使用一個部署圖就能描述完整的觀點。也就是說，每一個部署圖只代表系統靜態的某一角度觀點，需要將全部的部署圖組合起來才是一個系統整體的靜態部署觀點。

總結上述觀念，一個規劃良好的部署圖，可歸納下列基本原則：

(1) 針對系統靜態部署觀點的某一角度繪製。

(2) 只須包含最基本且可以了解該角度的元素。如圖 7-13 所示，網站領域名稱或資料庫帳號，建議應記錄於管理文件，標示在部署圖內容易造成資訊過多而複雜化。

(3) 提供與其抽象級別一致的細節，只標記對理解必要的符號。

(4) 避免過度簡約，以致容易誤導語意的解讀。如圖 7-14 所示，也不確定 Kiosk 與 Browser 節點是硬體設備還是只是軟體？也不確定是否只是用途不同，但硬體配置相同？

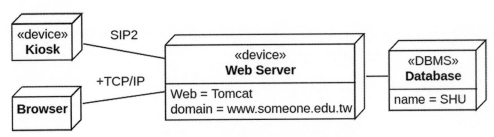

圖 7-13　包含過多資訊的部署圖範例

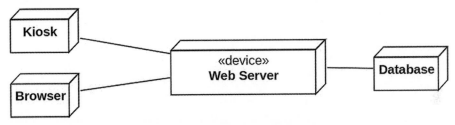

圖 7-14　過於簡化的部署圖範例

繪製一個容易解讀的部署圖，建議遵循下列事項：

(1) 取一個能夠適切表達視圖目的的名稱。
(2) 佈置各個元素以便盡量避免連線的交叉。
(3) 妥善安排元素，使得語意相近的事物可以放在一起。
(4) 使用註解或顏色作為視覺提示，以引起對圖重點之處的注意。
(5) 謹慎使用造型，務必選擇一組常用的圖示供專案或機構使用，並始終如一地使用。

本章習題

問答題

1. UML 的視圖（diagram），區分為哪兩大類？

2. 系統分析與設計階段，使用類別圖的描述的重點為何？

UML 行為塑模視圖

　　UML 包含用於呈現系統靜態的結構塑模視圖（Structural Modeling Diagrams），與表達動態的行為塑模視圖（Behavioral Modeling Diagrams）。靜態的結構塑模視圖，解釋了系統的結構、元素和彼此之間的關係，第七章分別介紹了類別圖、物件圖、元件圖與部署圖；動態的行為塑模視圖則著重於系統運行時的行為，本章介紹 UML 最主要的 4 個行為塑模視圖，包括：使用案例圖、循序圖、溝通圖與活動圖。

8-1　使用案例圖

　　使用案例圖是提供稱為參與者（Actor）之外部使用者了解系統功能的模型圖。使用案例（use case）是系統中的一個功能單元，表示參與者與系統之間的一次互動作用。表達系統功能全貌的最簡單圖形，通常應用在下列三個領域很有用：

(1)決定需求：使用案例圖提供了對系統需求的視覺化表現。其描述了系統功能和角色之間的互動，幫助團隊和利害關係人理解系統的整體目標、功能和使用者需求。

(2)確定範圍：使用案例圖能夠明確定義系統的範圍和邊界。採用標識使用者角色、案例和彼此之間的關係，幫助確定系統需要支援哪些功能和使用行為。有助於團隊在開發過程中集中精力處理系統的核心功能。

(3)客戶溝通：使用案例圖是一種單純與簡單的視覺工具。圖形化的表示方式使得需求和系統的功能可以更直觀地用來解釋系統功能，容易讓利害關係人理解。

(4)測試案例：依據使用案例的情節（Scenario），產生這些情節的測試案例。透過描述不同情節的使用案例，描述使用者與系統的互動，有助於開發團隊理解使用者的使用時機、期望、目標和需求。

⊕) 補充說明

設計時，可以參考下列基本原則，決定有哪些參與者：

)) 誰是系統主要使用者？

)) 誰從系統獲得資訊或功能服務？

)) 誰向系統提供訊息或功能服務？

)) 誰支援、維護、管理系統？

)) 系統需要與其他哪些系統互動？

)) 系統需要運作哪些硬體？

)) 系統自動化執行哪些作業？

)) 系統使用的資訊是從哪裡獲得？

)) 不同使用者的角色是否相同？

)) 同一使用者是否有多種角色？

使用案例圖包含 6 個元素，分別是參與者（Actor），使用案例（Use Case），關聯關係（Association），包含關係（Include），延伸關係（Extend）以及一般化關係（Generalization）。參考圖 8-1 所示，使用案例圖繪製的重點：

1. 使用案例

案例使用橢圓形表示，並以方形外框、框（Frame）或以套件（package）方式表達系統邊界（system boundary），或稱使用案例主題（use case subject）。

2. 參與者

參與者表示操作人員、使用者或外部系統，置於系統邊界之外。對系統而言，參與

者代表角色，通常以人形表示，但外部系統可以使用人形或改用物件表達，並搭配造型標示其代表的意義。一般慣例，在系統邊界左方表示主要參與者（primary actors），也就是直接使用者，俗稱主角，通常是指前台的使用者，或下游系統；在系統右方表示是次要參與者（supporting actors），也就是後台的參與者，俗稱配角，通常是管理者或上游系統。

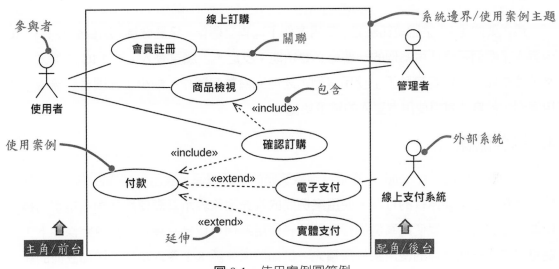

圖 8-1　使用案例圖範例

基於分割子系統的考量，會有如圖 8-2 所示的包含（include）與延伸（extend）兩種擴充關係。

3. 包含關係

如果多個使用案例都具有一些相同的功能，就可以將這些共用的功能放在獨立的一個使用案例中，其他使用案例就可以透過包含（include）關係使用此功能。

使用 <<include>> 造型及虛線箭頭的依賴關係表示。使用案例之間的包含關係表示使用案例的完整功能必須包含另一個使用案例的行為。被包含的使用案例是不能獨立存在的，只是作為包含它的使用案例之一部分。

如圖 8-2 所示，「帳號資訊驗證」使用案例是「網頁登入」、「IC 卡登入」兩個使用案例共同行為，都需要藉由「帳號資訊驗證」使用案例判斷帳號、密碼是否存在、正確、以及是否過期，並記錄這次登入的相關資訊等。

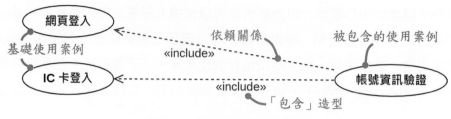

圖 8-2　使用案例的包含關係

最重要的是：「帳號資訊驗證」使用案例不能獨立運作，只是做為「網頁登入」、「IC卡登入」兩個基礎使用案例的一部分必要功能；反之，「網頁登入」、「IC 卡登入」也必須要依賴「帳號資訊驗證」使用案例，才能完備整個運作，缺少「帳號資訊驗證」使用案例，就無法實現使用者登入的驗證功能。

4. 延伸關係

延伸關係使用 <<extend>> 造型及虛線箭頭的依賴關係，表示可選擇性的功能，只在特定條件下才需要運行的行為。使用案例間的擴充關係表示基礎使用案例在指定的擴充點隱性地包含另一個使用案例的行為。基礎使用案例可以獨立運行，在特定條件下，行為可以被另一個延伸的使用案例所擴充。例如將原先圖 8-2 登入功能，增加註冊的新增帳號功能與忘記密碼的處理作業，擴充成圖 8-3 的使用案例圖。

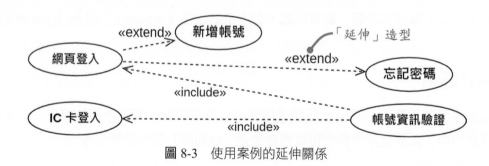

圖 8-3　使用案例的延伸關係

延伸關係用來描述特定情況的使用案例部分，該使用案例部分被視為選擇性的系統行為，這樣就將選擇性行為（延伸：需要時才使用）與義務行為（包含：必要的共用功能）區分開來。例如圖 8-3 透過網頁登入，可以透過延伸關係，依需要擴充使用「建立新帳號」或「忘記密碼」的使用案例。

要特別注意的是，包含的依賴關係符號箭頭是由被包含的使用案例指向基礎使用案例；延伸的依賴關係符號箭頭則是由基礎使用案例指向被延伸的使用案例。參見圖 8-4：

(1) 使用 <<include>> 標示 A 包含 B 的關係時，表示 A 不能獨立執行，必須借助 B 的功能才能實現。包含關係使用虛線箭頭，方向指向包含的其他使用案例。

(2) 使用 <<extend>> 標示 A 延伸 B 的關係時，表示 A 為需求案例，自己可執行，但可增加 B 擴增新的功能。延伸關係使用虛線箭頭，方向由延伸案例指向需求案例。

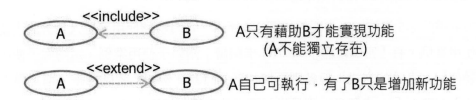

圖 8-4　使用案例包含與延伸的差異與表示方式

使用案例之間除了以直線表達的關聯（association）關係，還可以存在著繼承的一般化（generalization）關係、包含（include）關係和擴充（extend）關係。

5.　關聯關係

使用者、使用案例之間的關係以直線表示關聯的結合關係。

6.　一般化關係

和類別之間的一般化關係表達繼承的概念相同，使用案例間的一般化關係也是為了抽取出共通行為而表達的繼承概念。也就是說，子使用案例繼承父使用案例的行為，並新增或覆蓋父使用案例的行為。

當多個參與者、使用案例擁有共通的結構和行為時，可以將它們的共通性抽象成上一代。如圖 8-5 所示，以一般化（generalization，也就是物件導向程式的繼承）的關係表示。

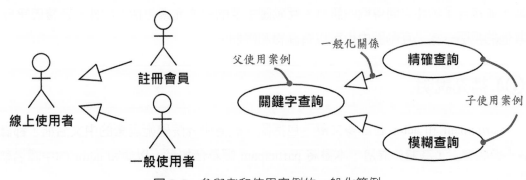

圖 8-5　參與者和使用案例的一般化範例

一個實體也可以扮演多種角色（參與者），例如，一個老師可以是授課教師，也可以臨時擔任學務處人員。在確定實體的參與者身份時，應考慮其所扮演的角色，而不是實體的頭銜或名稱。

使用案例之間一般化關係的表示與類別之間一般化關係的表示符號相同，使用一帶空心箭頭的實線表示，箭頭方向由子使用案例指向父使用案例。

例如依據圖 8-5 增加一般化關係的圖 8-6 所示，負責檢驗使用者登入身分的「使用者驗證」使用案例，有「密碼驗證」和「IC 卡驗證」兩個子使用案例，這兩個子使用案例都是檢驗使用者身分的方式，但各別再增加新的行為。例如「密碼驗證」增加隱碼方式的鍵盤輸入密碼；「IC 卡驗證」則是增加讀卡機感應並讀取卡片內部資訊的行為。

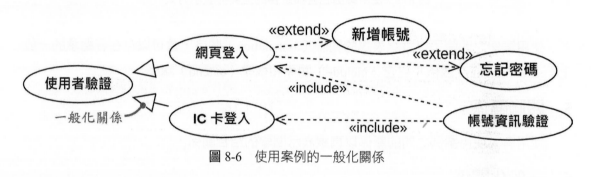

圖 8-6　使用案例的一般化關係

8-2　循序圖

循序圖（Sequence diagram）和溝通圖（Communication diagram），加上 UML 2.5 新增的時序圖（Timing diagram）、互動概觀圖（Interaction Overview diagram），總稱為**互動圖（Interaction diagram）**，這些視圖為系統的動態塑模。互動圖描述了參加者（participant）之間交互的互動作用，參加者由參與者（actor）、物件、物件之間的關係組成，並包含了物件之間傳遞的訊息。互動圖主要的組成元素包括：物件、連接與訊息。和其他的視圖一樣，互動圖中也可以有註釋和限制。

> ⊕）補充說明
>
> 　　participant 和 actor 在許多文獻，包括國家教育研究院學術詞彙的中文名稱，都譯為「參與者」，為避免混淆，本書將 participant 譯為參加者，以便和 actor 的中譯名稱區隔。

循序圖強調了訊息的時間順序，適合於描述即時系統和複雜的情節；溝通圖則是著重物件之間運作的關係。循序圖和溝通圖以不同的方式表達了類似的資訊，具備相同的語意，是一體兩面的視圖，可以相互轉換而不會漏失資訊。

循序圖具備兩個軸：水平表示不同的物件；垂直表示時間。循序圖中的物件用一個帶有垂直虛線的矩形框表示。依據物件的圖形規範，可以只標物件名稱或只標示類別名稱，也可以都標出。垂直虛線是物件的生命線（Lifeline），用於表示在某段時間內物件的存在。物件之間使用生命線間的訊息來溝通。

1. 使用時機

循序圖通常有兩種使用時機，分別是系統分析時的**系統循序圖**；系統設計時的**循序圖**。

(1)系統循序圖：主要強調整個系統運作，強調外部環境與系統的關係描述，因此只僅於外部環境與系統的互動部分，不含系統內部物件之間互動的描述。

(2)循序圖：用來表示系統內部物件之間如何互動以完成工作。這些互動的訊息是以物件的操作表現出來。

2. 繪製順序與規則

繪製循序圖時可參考下列順序與規則：

(1)先繪製一框架（Frame）代表循序圖的邊界範圍，並可以做為循序圖的名稱。如果是系統循序圖，通常可以省略框架。也就是圖 8-7 中最外圍左上角的五角形方框，並在其內標示名稱。

⊕ 補充說明

框架的 "sd" 最初是 sequence diagram 的縮寫。不過框架也可以使用在任何視圖內，因為它充當「範圍」的容器，未來可能會避免誤解而取消 "sd" 一詞[1]。

---

(2)將參與互動的參加者（可以是代表人或外部系統的參與者，或是某一物件）依 X 軸放在圖的頂端，並將最先啟動互動的物件放在左邊，從屬的物件逐一放在右邊。如果是系統循序圖，最左方的一定是代表人或外部系統的參與者（actor）。

1　Duc, B. M. (Ed.). (2007). Real-time object uniform design methodology with UML. Springer. p.176.

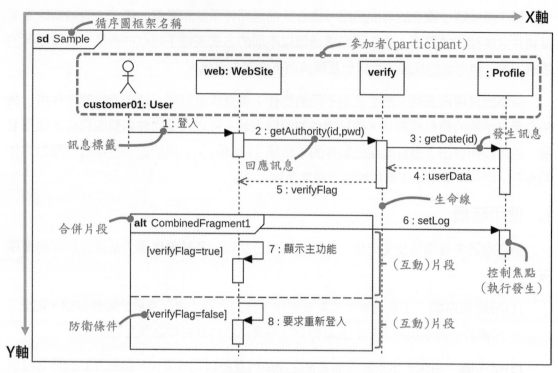

圖 8-7　循序圖範例

(3) 將這些物件發送和接收的訊息按照時間增加的順序沿著 Y 軸由上而下放置。訊息的線條符號必須遵守如圖 8-8 所示的使用時機。

圖 8-8　循序圖訊息圖示類型

如圖 8-9 所示，物件 2 建構物件 3，訊息使用的是虛線箭頭，並使用 <<create>> 造型標示。很重要的是，被建構的物件 3 位置一定要低於來源物件 2。解構物件時，訊息使用一般訊息的實線箭頭，並使用 <<destory>> 造型標示，被解構的物件會在生命線末端標示 X。

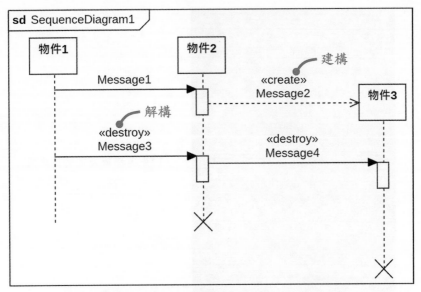

圖 8-9　循序圖建構及解構物件的圖形

循序圖中的訊息可以是訊號（signal）、呼叫執行的操作。當接收物件收到訊息時，就會啟動物件執行活動，稱為執行發生（Execution Occurrence），以物件生命線上的一個細長矩形框表示啟動的執行發生。

如果來源或目標有一方是參與者（actor），訊息是以描述執行的簡要文句當標籤。當訊息的來源和目標為物件或類別時，標籤就是回應訊息時所呼叫執行的操作名稱；回應訊息通常是執行操作的回傳值，如果沒有特別明確的作用，通常會省略回應訊息。

訊息標籤可以標示序號，但通常也會省略，因為實線箭頭的位置已經表明了相對的時間順序。如圖 8-10 所示，使用 starUML 工具軟體繪製循序圖時，請先於右上方「塑模瀏覽區」視窗，選擇該循訊圖。其下方的「編輯區」視窗，如果 showSequenceNumber 屬性沒有勾選，表示不顯示序號。

循序圖的左邊可以有說明資訊，用於說明訊息發送的時刻，描述動作的執行情況以及限制等。例如，可以用說明資訊來定義兩個訊息之間的時間限制。

(4) 依據執行流程所需的條件、並存、迴圈等需求，加入控制的合併片段（combined fragment）。

(1)先選擇欲設定的循序圖

(2)勾選表示顯示序號

(3)設定序號自動
產生或人工給號

圖 8-10　starUML 工具軟體訊息編號的設定方式

3. 合併片段

　　循序圖的合併片段是依據定義的互動運算子（interaction operator）表達執行的互動片段（interaction fragment，簡稱片段）模式，也就是互動的操作區域。合併片段使用一矩形表示區域，互動的運算子在循序圖中用帶有切角的矩形區域來表示，標記文字則表示該運算子運作的類型。互動運算子在 UML 2.4 之前原本也稱為防衛條件（guard），在 UML 2.4 之後則是判斷條件才稱為 guard。如表 8-1 所示，合併片段的互動運算子共有 12 種類型。

表 8-1　合併片段的互動運算子類型

運算子	全稱	作用
alt	alternatives	替代。如同 if... else 或 switch 的作用。
opt	option	可選。如同 if 的作用。要嘛執行，要嘛不執行。
loop	iteration	迴圈。
break	break	中斷。標示流程中斷時該執行的片段。

（續下頁）

（承上頁）

運算子	全稱	作用
par	parallel	平行處理。
strict	strict sequencing	強順序。每個片段必須依指定的順序執行。
seq	weak sequencing	弱順序。有兩個或更多片段。涉及同一生命線的訊息必須依片段的順序發生。如果訊息涉及的生命線不同，來自不同片段的訊息允許並行交錯執行。
critical	critical region	關鍵。執行此片段期間，不允許混雜執行其他訊息。
ignore	ignore{m1,m2...}	依據指定忽略 m1,m2,... 片段的執行。
consider	consider{m1,m2...}	除執行指定的 m1, m2... 外，忽略其他片段的執行。
assert	assertion	宣告。指定的序列是唯一有效的延續（必須通過正確的系統設計來滿足）。通常用在 consider 或 ignore 的片段中。
neg	negative	否定。標示出不合法、被否定的互動片段。通常用在 consider 或 ignore 的片段中。

使用 starUML 工具增加合併片段與內部之互動片段的方式，首先先在工具軟體左下方的 Toolbox 選擇要加入的 combined，置放在循序圖中的適當位置後。如圖 8-11 所示：

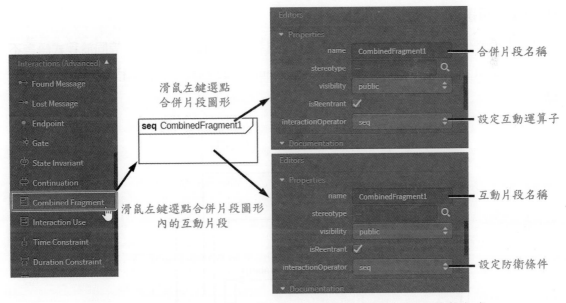

圖 8-11　starUML 工具軟體設定合併片段的運算子類型及防衛條件方式

(1) 滑鼠左鍵選點合併片段圖形，可於工具軟體右下方的 Editors 編輯區設定此合併
片段的互動運算子類型；

(2) 若互動運算子類型具備允許多個互動片段，則滑鼠左鍵雙擊合併片段名稱處，如
圖 8-12 所示，選點「add Operand」增加互動片段。

(3) 滑鼠左鍵選點合併片段圖形內的互動片段，可於工具軟體右下方的 Editors 編輯
區設定此互動片段的防衛條件。

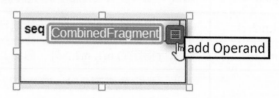

圖 8-12　starUML 工具軟體增加合併片段之互動片段設定方式

4. 互動運算子

前一節介紹合併片段互動運算子的 12 種類型，本節將其中最常用的 alt、opt、
loop、par 四種類型，藉由防衛條件（guard）的布林運算式（Boolean Expression) 判斷而
執行對應的互動片段，做詳細的說明：

(1)　opt：可選執行（Optional Execution）

當防衛條件成立（判斷為 " 真 "）時，可選執行的片段才被執行，等同於程式語言不
具備 else 的 if 判斷。如圖 8-14 所示，當 payment = true 為真時，就執行 loop 迴圈內的活
動。

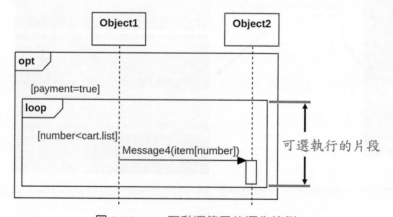

圖 8-13　opt 互動運算子的運作範例

(2) alt：條件執行（Alternative Execution）

如圖 8-14 所示，條件執行部分由水準的虛線分割為多個子區域，稱為互動片段（interaction fragment），每個互動片段都有一個防衛條件，代表一個條件的分支。只有當防衛條件成立時，相應的互動片段才被執行，且每次最多只能有一個條件分支被執行。如果沒有任何成立，就沒有條件分支被執行。

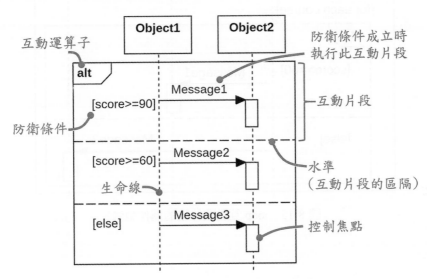

圖 8-14　alt 互動運算子的運作範例

(3) loop：迴圈執行（Loop/Iterative Execution）

在每次迴圈之前，若防衛條件成立，被重複執行迴圈內的片段；若不成立時，就結束迴圈的執行。如圖 8-15 所示結合 loop 與 alt 的範例。loop 的防衛條件為處理每一課程（for each course），表示每一課程都會執行其互動片段內的 alt 片段。在 alt 片段內再依據 alt 的防衛條件判斷執行對應的活動。

(4) par：平行執行（Parallel Execution）

平行執行也由水準的虛線分割為多個子區域，每個子區域代表一個平行分支。平行執行的所有分支是同步執行的（同步不代表同時，而是分支的執行沒有一定的順序，各個分支的執行順序是任意的）。這些分支之間是互相獨立的，彼此間沒有交互作用。當所有的分支都執行完後，即結束平行執行片段的執行。

如圖 8-16 所示的分散式檢索範例，在主畫面的 Object1 物件輸入查詢的關鍵字，系統經由 Object 2 平行向各搜尋引擎進行檢索。

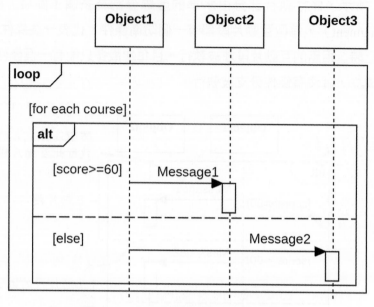

圖 8-15　loop 互動運算子的運作範例

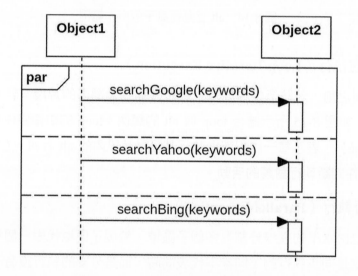

圖 8-16　par 互動運算子的運作範例

8-3 溝通圖

溝通圖（Communication diagram），原稱為合作圖（Collaboration diagram），UML 2.0 版之後更名為溝通圖。強調物件之間參與互動的關係。如圖 8-17 所示，繪製溝通圖時，首先將參與互動的物件放在圖中，然後連接這些物件，並用物件發送和接收的訊息來說明這些連接。溝通圖沒有時間維度，所以訊息先後的時間順序必須使用序號表示。

溝通圖的描述提供兩種資訊：

(1)上下文（context）：對物件之間互動的靜態結構描述，包括相關物件的關係、屬性和操作；

(2)互動（interaction）：為完成工作，而在物件間交換訊息的時間順序描述。

物件是類別的實例，物件連接的關係等於是類別圖中類別之間關係的實例，透過物件之間的連接標記訊息來表達物件之間的訊息傳遞，即描述了物件之間的互動。溝通圖和循序圖比較，有下列區別：

1. 溝通圖的特點

(1) 具備路徑（path）

為了表示一個物件與另一個物件如何連接，可以在被連接的目的端加上一個路徑的造型，常用的為 <<local>>、<<parameter>>、<<global>> 以及 <<self>> 等路徑造型。

(2) 擁有序號（sequence number）

為了表示訊息的時間順序，可以在訊息前方標註（從 1 起始的）序號，新的控制流程則依序遞增序號。如果需要表示巢狀訊息，可以用細分的編號方式（"1" 表示第 1 個訊息，"1.1" 表示訊息 "1" 巢狀內的第 1 個訊息，"1.2" 表示訊息 "1" 中巢狀的第 2 個訊息，餘此類推），且巢狀的深度沒有限制。在同一個連線上，可以有多個訊息，但每個訊息只有一個唯一性的序號。

> ⊕» **補充說明**
>
> starUML 工具軟體預設會自動給序號，如果需要使用細分編號，請取消圖 8-10 框架的 showSequenceNumber 屬性的勾選，並自行在各訊息的 sequenceNumber 屬性欄位內自行輸入序號。

循序圖中，訊息從上到下的排序已經表明了訊息的順序，所以序號可以省略不顯示。

2. 循序圖的特點

(1) 物件具備生命線（lifeline）

物件生命線是垂直的虛線，代表了物件存在一段時間。出現在互動圖中的大部分物件都在整個互動期間存在，所以將這些物件排列在圖的頂端，並將物件的生命線從圖的頂端畫到圖的底端。物件也可以在互動的過程中被建構和解構。

(2) 生命線擁有控制焦點（focus of control）

控制焦點是細長的矩形，它表示物件透過訊息執行一個動作的時間範圍。

如圖 8-17 所示，溝通圖中，使用直線的連接符號表示物件間的各種關係；訊息的箭頭指示訊息的流動方向；訊息字串包括訊息的序號、要發送的訊息、訊息傳遞的參數與訊息的回傳值等資訊。圖 8-18 是與圖 8-17 完全相同語意的循序圖，可以兩相對照，了解溝通圖與循序圖表達物件在系統運行中的關係。

⊕)) 補充說明

雖然循序圖與溝通圖具備相同的語意，是一體兩面的圖，不過 starUML 工具軟體並未提供兩圖互轉的功能。

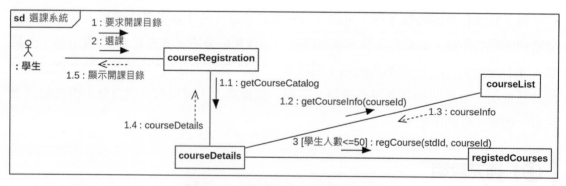

圖 8-17　以選課為例的溝通圖範例

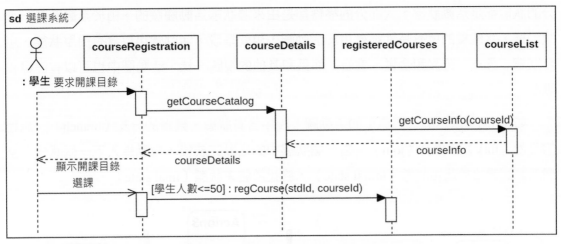

圖 8-18　以選課為例的循序圖範例

8-4　活動圖

　　活動圖（Activity diagram）是 UML 為系統動態方面建模的 7 個視圖之一，非常適合用來表達「商業流程」（Buisness Process）或「工作流程」（Workflow）等活動程序的觀點。活動圖如同於傳統的流程圖，但不僅描述從活動到活動之間的流程，還針對物件導向與事件驅動的特性，增加許多傳統流程圖無法表達的流程。

1.　比較

　　活動圖是根據物件狀態的變化來確定動作和動作的結果，用來描述物件在控制流程不同節點上、從一個狀態轉移到另一個狀態時的物件。

(1)活動圖與互動圖比較：活動圖強調從活動到活動的控制流程，著重於物件活動之控制流程的傳遞；而互動圖則是強調從物件到物件的控制流程，著重於物件活動的訊息傳遞。

(2) 活動圖與狀態機圖比較：活動圖中，一個活動結束後將自動進入下一個活動；而在狀態機圖中，狀態的改變可能需要事件的觸發。

2.　內容

　　活動圖可以單獨使用，也可以將包括名稱和視圖內容等一般性質，投射到模型中的其他視圖內，與其他視圖分享。活動圖實際是一種特殊的狀態機，在該狀態機中，大部

分的狀態都是活動狀態，大部分的移轉都是由來源狀態活動觸發的。由於活動圖是一種狀態機，狀態機的所有特性都適用於活動圖，也就是説，活動圖可以含有簡單狀態、組合狀態、分支、分叉和合併、會合。而且和其他的視圖一樣，活動圖中也可以有註釋和限制。

如圖 8-19 所示的一個典型的活動圖，圖中含有狀態、判斷的分支（branch）、流程的分岔（fork）和會合（join）。當一個狀態中的活動完成後，自動進入下一個狀態。整個活動圖起始於起始狀態（initial state），終止於結束狀態（final state）。

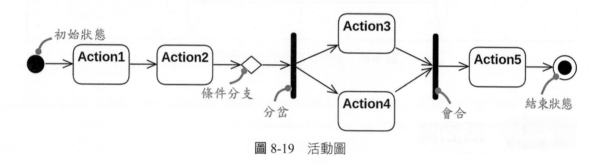

圖 8-19　活動圖

3. 應用

活動圖可以用來為系統的動態塑模，包括系統中任意一種抽象（包括類別、介面、元件、節點）的活動。活動圖的上下文（context）可以是系統、子系統、操作或類別，此外，活動圖還可以用來描述使用案例的手稿（script）。通常可將活動圖用於以下兩種情況：

(1) 工作流程塑模

工作流程描述了系統的商業程序（business processes）。塑模時，應完成如下內容：

a. 確定工作流程的關鍵點。因為對於複雜的系統，不太可能使用活動圖能夠描述所有重要的工作流程。

b. 選擇與工作流程有關的商業物件，並為每一個重要的物件創建一個泳道（Swimlane，參見下一節介紹）。

c. 確認工作流程初始狀態的前置條件和結束狀態的後置條件，以便確定工作流程的邊界。

d. 從初始狀態開始，確定過程的每一個活動和動作，並將它們以活動狀態或動作狀態置於圖中。

e. 對於複雜的動作或多次出現的動作集合，將它們合併為一個活動狀態，再用另一個活動圖來表達此合併的活動狀態細部流程。

f. 用移轉連接活動狀態和動作狀態，並考慮分支、分叉和合併、會合。

g. 如果在工作流程中涉及重要的物件，則將物件放在圖中，必要時描述物件屬性值和狀態的變化。

(2) 操作塑模

為操作建立模型的情況下，活動圖等於流程圖。塑模時，應完成下列內容：

a. 收集與操作有關的抽象，包括操作的參數、回傳值類型、操作所在類別的屬性等。

b. 識別工作流程初始狀態的前置條件和結束狀態的後置條件。

c. 從初始狀態開始，確定過程的每一個活動和動作，並將它們以活動狀態或動作狀態置於圖中。

d. 必要時使用條件的分支或合併、流程的分岔或會合。

理論上，可以用活動圖來描述每個操作的流程，但實際上並不推薦，因為通常用程式語言來表現操作反而比較直接。只有當操作的行為很複雜，很難通過閱讀程式碼來理解時，才考慮用活動圖來為操作建模。例如圖 8-20 示範一段 Java 程式碼，使用活動圖表達 handleThread（int state）方法執行流程的示範，可以很明顯感受到，使用活動圖表達操作流程的細節，容易適得其反。

```java
void handleThread(int state){
  for(int i=0; i<ctrl.length; i++){
    if (stat==game.START){
      if (ctrl[i] instanceof gameControls)
        ((gameControls) ctrl[i]).start();
    }else if (state==game.STOP){
      if (ctrl[i] instanceof gameControls)
        ((gameControls) ctrl[i]).stop();
    }
  }
}
```

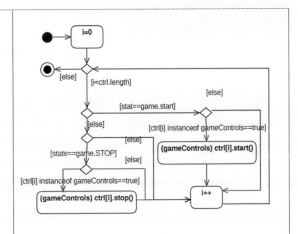

圖 8-20　使用活動圖表達操作流程的細節

解時，才考慮用活動圖來為操作建模。例如圖 8-20 示範一段 Java 程式碼，使用活動圖表達 handleThread（int state）方法執行流程的示範，可以很明顯感受到，使用活動圖表達操作流程的細節，容易適得其反。

4. 泳道（Swimlane）

活動圖中，圖形的元素包括：動作狀態、活動狀態、控制流程、分支與合併、分岔與會合、泳道和物件流等。其中，動作狀態、活動狀態（參見第 6-9 節）、分支與合併、分岔與會合（參見第 6-12 節）已於第六章詳細介紹。

泳道是 UML 活動圖中用來將一部分的活動和其他物件劃分為一群的空間。泳道用大長條方形、一端加上標籤欄位，表示一條泳道。如圖 8-21 所示，活動圖加入泳道的使用方式，是在 starUML 工具軟體左下方「工具盒」視窗，進階「Activities(Advanced)」選單內，可以是直式或是橫式。

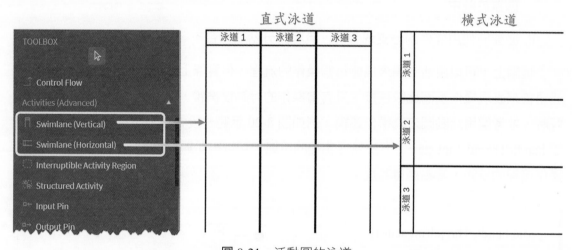

圖 8-21　活動圖的泳道

標籤名稱通常是參與者或物件名稱，表示該泳道包含的活動和一位參與者或物件有關。如果泳道用來代表一段執行緒，則可省略標籤名稱。

活動圖可以分解成許多泳道，決定哪些物件負責哪些活動，每一個活動都可以有一個單獨的轉移連接其他活動。如圖 8-22 所示的活動圖，包含客戶、ATM 提款機和銀行三個直式的泳道。

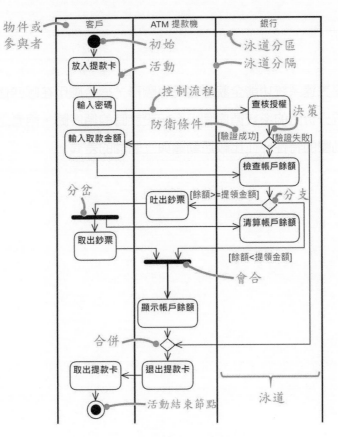

圖 8-22　具備泳道的活動圖範例

本章習題

問答題

1. 使用案例是表達系統功能全貌的最簡單圖形，適合應用在哪四個領域？

2. 請說明系統分析時的系統循序圖與系統設計時的循序圖，兩者之差異。

3. 請說明活動圖的特性，並比較活動圖與互動圖的差異。

Chapter 9

專案管理

9-1 專案管理知識體系

1. 概述

專案（Project），又稱為計畫、項目（本書使用項目表示 item 一詞，而非專案）。依據美國專案管理學會（Project Management Institute，PMI）出版的專案管理知識體系（Project Management Body of Knowledge，PMBOK）指南，對專案的定義是：為創造某一獨特的產品、服務、成果，而實施的暫時性工作 [1]。定義中最重要的關鍵，在於專案是否和過往業務有所不同的「獨特性」，以及代表專案起始與結束是否有明確時程的「暫時性」。商業上，許多專案經理認為收益（benefit）也應是專案的關鍵，只是並未出現在 PMBOK 指南的索引中。

基於專案應具備「獨特性」與「暫時性」的特性，如表 9-1，可以和許多事務性工作做為區別。

(1) 季節性事務：只在一年中的特定季節或特定期間才可能有的工作，而且執行的內涵與過往沒有明顯差異，例如：擔任夏令營輔導員、扮作商場的聖誕老人、廟會擺攤、年終大掃除。

---

[1]　PMI. (2008). A guide to the project management body of knowledge (PMBOK® guide) (4th ed.). Newtown Square, PA: Project Management Institute.

表 **9-1**　事務的分類

		獨特性 (是否不同於以往的工作)	
		有	無
暫時性 (是否有明確起訖日期)	有	專案	季節性事務
	無	發明、創作	例行性事務

(2)例行性事務：慣常或固定執行的實施程序，使用既定的工具、遵循規定的步驟、依照固定的設計，完成作業或組裝、例如工廠裡的生產作業、出納台的收銀工作、填寫工作表單。

(3)發明、創作：利用自然法則，表現在事物或方法上之技術思想的創新或改進，例如修正程式的演算法、調整使用者介面的呈現效果、創新經營績效評估方式。

(4)專案：系統開發、房屋的建築、畢業專題的製作、年終尾牙的活動。

　　幫助團隊在專案中組織、追蹤並執行工作，將具有獨特性的專案，在既定的時間內成功完成，所進行的活動就是專案管理。在專案管理中，會利用各種知識、技能來分配、協調、管理作業的項目、步驟、時程、經費、成員等眾多相關的事項，因此，非常需要具備豐富的專案經驗與知識。

　　如圖 9-1 所示，針對許多專案所做的調查與研究執行成功與否的關鍵要素，發掘其共通點，並加以系統化，所獲得的結果，就是所謂的「專案管理知識體系」。

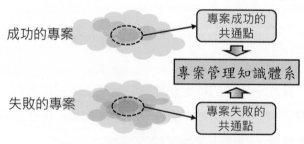

圖 9-1　專案管理知識體系的產生

　　世界上有很多專案管理知識體系，有些是由企業自行建立，僅用於內部使用，也有的是公開給大眾使用，公開使用較為普遍的是 PMI 的 PMBOK，以及國際專案管理協會

（International Project Management Association，IPMA）的專案管理知識體系（IPMABOK）兩大體系。其中，又以 PMBOK 最為普及於企業的專案管理。

PMBOK 在第六版，主要包含如圖 9-2 所示的十大知識領域，但在 2021 年 11 月推出的第七版，將傳統以流程為主的架構，改以基於原則的標準。也就是説，PMBOK 第六版強調知識領域；第七版則是著重於績效領域。因此，第七版並非取代第六版，而是更高一層的觀點。

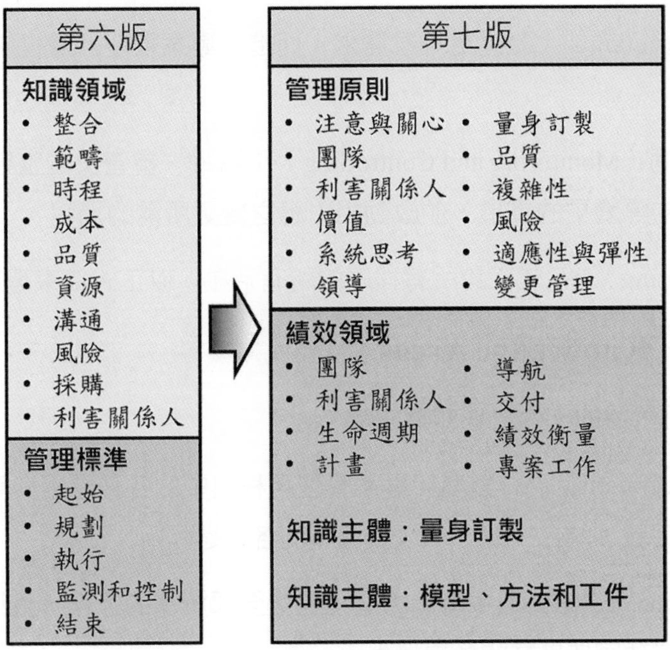

第六版	第七版
知識領域 • 整合 • 範疇 • 時程 • 成本 • 品質 • 資源 • 溝通 • 風險 • 採購 • 利害關係人	**管理原則** • 注意與關心　• 量身訂製 • 團隊　　　　• 品質 • 利害關係人　• 複雜性 • 價值　　　　• 風險 • 系統思考　　• 適應性與彈性 • 領導　　　　• 變更管理
管理標準 • 起始 • 規劃 • 執行 • 監測和控制 • 結束	**績效領域** • 團隊　　　　• 導航 • 利害關係人　• 交付 • 生命週期　　• 績效衡量 • 計畫　　　　• 專案工作 **知識主體：量身訂製** **知識主體：模型、方法和工件**

圖 9-2　PMBOK 第六版與第七版的變化

⊕› 補充說明

基本名詞：

› 專案：為創造某一獨特的產品、服務、成果，而實施的暫時性工作。

› 任務：專案排程的工作項目。

› 資源：執行專案需要的相關人、事、地、物。

› 活動：專案中安排時程與進行管制之耗用時間與資源的最小單位。

2. 程序組（**Process Groups**）

專案執行的管理標準主要經過五大程序組的階段：

(1) 起始（Initiating）：藉由獲得授權以啟動專案或階段，用以定義新專案或既有專案新階段的過程。

(2) 規劃（Planning）：為建立專案範疇、優化專案目標及實現專案目標而定義行動方針的過程。

(3) 執行（Executing）：為滿足專案需求，而進行專案管理計畫書中所定義之工作的過程。

(4) 監測和控制（Monitoring and Controlling）：追蹤、審查及調整專案進度與績效，辨識計畫中需變更的事項，並啟動相對應之變更所需的過程。

(5) 結束（Closing）：完成橫跨所有程序的所有活動，以正式結束專案或階段的過程。

3. 知識領域（**Knowledge Areas**）

用於專案執行所需的十大管理知識領域：

(1) 整合（Integration）：針對屬於專案管理過程組中的各種過程與專案管理活動進行辨識、定義、結合、統一，以及協調的各項過程。

(2) 範疇（Scope）：確保專案所需的過程包括全部所需的工作，且只能包括所需的工作，以成功完成專案的各項過程。

(3) 時程（Schedule）：管理專案完成時程所需的過程。在專案管理知識體系指南第 6 版之前，這被稱為「專案時間管理」。

(4) 成本（Cost）：為確保專案能在獲准的預算內完成，對成本進行規劃、估算、編列預算、融資、籌資、管理，以及管制的過程。

(5) 品質（Quality）：執行組織決定的品質政策、目標與責任的過程與活動，以使專案能夠滿足所擔保的需求。

(6) 資源（Resource）：組織、管理和領導專案團隊的過程。在專案管理知識體系指南的第 6 版之前稱為「專案人力資源管理」。

(7) 溝通（Communications）：確保專案資訊的及時和適當規劃、蒐集、建立、發布、儲存、檢索、管制，監視和最終處置所需的過程。

(8) 風險（Risk）：對專案進行風險管理規劃、辨識、分析、規劃之回應及管制風險的過程。

(9) 採購（Procurement）：購買或獲得專案團隊以外所需的產品，服務或結果所需的過程。這過程包括採購規劃、徵求企畫書，詢價、來源選擇、契約管理和契約結束的過程。

(10) 利害關係人（Stakeholder）：辨識專案所影響的人員或組織，分析利害關係人的期望及對專案的影響，以及製定適當的管理策略，以有效地讓利害關係人參與專案決策和執行。

4. 管理原則（**Management Principles**）

PMBOK 第七版，將五大程序組調整成 12 項原則構成專案管理標準，提供執行專案績效領域工作時的行為指引。這些原則是「指導和領導思想和行動的陳述、真理或規則」。原則不具強制性，只適用於指導行動，但不詳述如何做事。為確保專案交付的預期結果，專案團隊成員應遵循以下原則：

(1) 注意與關心（Pay Attention/Care）：做一個勤奮、尊重和關懷他人的總管。在遵守內部和外部準則的同時，以正直、謹慎和守信的方式開展活動。對他們支持專案的財務、社會和環境影響表現出負責任的承諾。

(2) 團隊（Team）：打造協同合作的專案團隊。協同工作的專案團隊可以比單獨工作的個人更有效率和較高效能地實現共同目標。

(3) 利害關係人（Stakeholders）：讓利害關係人參與，了解他們的興趣和需求。專案團隊在整個專案生命週期中，辨識、分析及積極主動地與利害關係人互動，促進專案成功與滿足利害關係人需求。

(4) 價值（Value）：專注於價值。價值是專案成功的最終指標與驅動力，為了透過專案實現價值，專案團隊應將焦點由交付標的轉移至預期成果，並持續評估與調整專案，將預期價值最大化。

(5) 系統思考（System thinking）：識別、評估及回應系統間的交互作用。專案是由相互依存與相互作用的活動領域所組成的系統，團隊應以全方位的觀點識別、評估及回應專案內部與外部的動態環境，以正面影響專案的成效。

(6)領導（Leadership）：展現領導行為。領導力：激勵、影響、培訓和學習。專案可能承擔更多外來影響與衝突，與常態型事務工作比較，有效的領導更顯重要。展示誠實、正直和道德行為領域的領導行為，並根據情況調整領導風格。

(7)量身訂製（Tailoring）：依執行的脈絡調整方法。每個專案都是獨特的，故依據個別專案的脈絡、目標、利害關係人、管理，以及環境來設計最適合的專案開發手法，採用適應性是使用迭代方法（iterative approach）的關鍵。

(8)品質（Quality）：將品質納入過程和結果。保持對品質的關注，以產出滿足專案目標，以及符合相關利害關係人提出的需求、使用和驗收要求的可交付成果。

(9)複雜性（Complexity）：使用知識、經驗和學習來解決複雜性。複雜性是由於人類行為、系統行為、不確定性與模糊性，以及技術創新等因素，而造成專案或其環境難以掌握的一種特性。持續評估和駕馭專案的複雜性，使得方法和計劃能夠讓團隊成功駕馭專案的生命週期。

(10)（風險）機會與威脅（Opportunities and threats）：最佳化機會與威脅的風險回應。最大限度地提高對專案及其成果的積極影響，及降低負面的衝擊。

(11)適應性與彈性（Adaptability and resilience:）：在組織與專案團隊使用的方法裡加入根據脈絡採用的適應性和彈性，以幫助專案適應變化，並從挫折中恢復並推進專案的工作。

(12)變更管理（Change management）：啟用變更以實現預期的未來狀態。在整個專案期間和利害關係人共同合作，使獲得對於變更的認同。透過結構化的變更手法，協助成員、群體及組織從當前狀態過渡至預期的未來狀態。

5. 績效領域（Performance Domains）

PMBOK 第七版提出 8 點管理專案必須關注的知識領域。不過，這些領域在彼此之間相互作用和結合的方式，在每個專案中通常是不同的。

(1)團隊（Team）：培養高績效團隊。

(2)利害關係人（Stakeholders）：與利害關係人建立良好的關係。

(3)生命週期（Life Cycle）：為專案制定適當的階段和方法。

(4)計劃（Planning）：在每個精確的時刻進行充分的計劃。

(5) 導航（Navigating）：在不確定性和模糊性之間導航。分析專案環境以預測風險並抓住機遇。

(6) 交付（Delivery）：合乎比例的價值。

(7) 績效衡量（Performance Measure）：追蹤以確保結果能夠達成。

(8) 專案工作（Project Work）：確保活動以促進團隊結果的交付。

6. 知識主體：量身訂製（Tailoring）

PMBOK 第七版的整個部分對之前的內容進行了顯著改進，即為每個專案的方法調整（量身訂製）一個框架和標準。使用慣用的串聯式（cascading）專案管理方法，很難滿足專案中快速變化的需求。這也是敏捷方式和方法出現的原因，尤其是在資訊技術（IT）和軟體產業。根據每個專案的特點、特定產業、利害關係人的要求，組織、專案經理必須應用不同的方法來管理專案。這些方法必須是可預測、敏捷、混合，或是具備串聯的。

有時可能會被流行迷惑，似乎所有專案都必須使用敏捷方法。PMBOK 第七版的專案管理標準是中立，不偏袒任何一種方法，只為如何實施這種「量身訂製」的方法提供如圖 9-3 所示的指引。

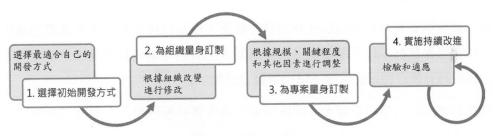

圖 9-3 量身訂製程序

7. 知識主體：模型、方法和工件（Models, Methods and Artifacts）

此系列可用於或實施以管理專案的一組過程、方法和工件。允許的程序，則是完全相同於專案管理標準執行的五大程序組。

9-2 ▶ 角色與責任

專案的形式非常多元,因此專案組成的成員會隨專案的性質不同而有很大的差異。無論成員的專業領域、角色種類、人數多寡,從專案管理的角度,最主要的關鍵角色是專案經理(Project Manager,PM)、產品經理(Product Manager,縮寫也是 PM)與利害關係人(Stakeholder)。

1. 專案經理

實踐專案管理,將專案導向成功,是專案管理的最主要任務。專案經理的權責是結合領域知識(Domain knowledge)、經驗與專案管理知識體系,進行專案的作業內容、時程、人力、預算等資源的規劃與控管。使得專案的所有成員,都能有效率地依據計畫的步驟進行作業。

基於專案性質的多元與獨特性,加上資源變動,例如,人事異動、設備故障、經費不足、技術瓶頸等因素,導致作業無法順利進行。因此,專案經理必須適當地確認作業能否依據計畫進行,並適時採用變更作業,或重新檢討計畫。如圖 9-4 所示,主要責任包括:

(1) 任務追蹤(Task tracking)

專案經理需要負責追蹤個別任務的執行狀況,以及每位成員對專案進度的產出。必須仔細審視專案排程,以及團隊成員在任務層次上針對每個任務提供的更新資訊。若在判斷之後認為有錯過期限的風險,就必須擬定變動計畫。

有些專案的任務量極為龐大,因此追蹤任務會需要團隊投入心力及開放溝通。適當的導入專案管理工具,提供所有專案執行的資訊來源,也是相當重要。如此一來,整個團隊就能根據相同的來源資訊執行工作,並瞭解任務有哪些,由誰、於何時執行。專案經理也能隨時獲知進度狀況、成員的工作負荷、任務相依的關聯影響等最新狀況。

(2) 處理文件(Process documentation)

專案管理涉及大量文書工作,專案經理需要具備產出流程文件、計畫表單、訪談溝通,以及會議紀錄的能力。若是將此任務交由其他成員執行,專案經理若缺乏處理文件的能力,則容易導致無法做好品質控管的責任。此外,除了文件的撰寫,專案經理還要熟悉分類、歸檔、分享、儲存、更新等文書管理作業。

(3) 資源管理（Resource management）

為完成專案目標，其過程所使用的資源，可以區分為「有形資源」與「無形資源」。「有形資源」包含人、軟硬體、場地設施等；「無形資源」則包括時間、預算、知識、專業技能等。

專案經理除了就專案需求配置資源，並合理分配支援的運用階段，還需要負責追蹤預算的開支，並監控團隊的資源管理計畫，以確保不超出並最佳化地使用預算。若在專案推展進度期間，注意到開支過度，必須採取行動並決定要調整專案計畫的哪個部分，以減少開支。

(4) 會議經營（Meeting administrator）

會議是專案工作流程的必備環節。定期召開會議可促進成員協同作業的溝通、交流，確保團隊角色之間有開放的溝通與共識。除了擬定安排會議與會議主題目標，會議中還必須針對先前會議待議或決議事項作進一步的執行說明。每次會議結束後，必須產出並發送會議紀錄和行動項目，確保所有成員都能獲知。

(5) 溝通協調（Communication and coordination）

溝通與協調包括專注於同時規劃和執行多項專案和計劃任務的各種能力，以及運用關注細節的技能，同時考慮更小的細節如何適應更大的專案。

專案管理的資源，包括參與計畫的成員、使用的場地與設備等協同作業，有時也需要取得跨部門之間的共識、妥協或支援。因此，溝通能力就成了專案經理必需要具備的能力，掌握「在對的時間，將對的資訊傳達給對的人」的技巧。

任務追蹤	確保計畫按時完成
處理文件	編寫和組織專案文件
資源管理	控制在預算範圍內
會議經營	安排和執行會議
溝通協調	達成利害關係人的共識

圖 9-4　專案經理主要責任

2. 產品經理

專案經理工作內容是以專案導向，主要任務是，領導產品研發專案的行程、控管產品開發流程，確保產品可以如期完工，屬於管理職務。而產品經理（Product Manager，

PM）的工作則是「從無到有，生出一個產品的過程」。產品經理需要從消費者需求的角度出發，為其創造價值。因此，訂定產品的設計、功能、售價、目標客群（Target Audience，TA）等，並保持對於市場的洞察，包含競品與使用者需求，致力讓產品達到使用者需求的滿足，同時契合企業的商業目標。此外，產品上市後的銷售、維護、下市，只要是與產品相關的一切，也都是產品經理規劃的範疇，屬於技術職務。

在許多的專案，會依據團隊成員對於技術與市場經驗的熟習程度，專案經理可能同時擔任產品經理；或是產品經理兼負系統分析師的角色。在許多專案情況，專案經理與產品經理兩者需具備的技能是相互重疊的，但產品經理需要更著重在：

(1) **研究分析**：任何關於產品的決策以及優先序排定，都建構在詳盡且完備的實務與研究基礎上。為了精準切中使用者的需求，產品經理會更著重於分析技巧。

(2) **商業趨勢**：為了使產品成功，達成獲利的目標，提升企業的競爭力。產品經理需要具備市場動向的敏銳洞察力。

(3) **策略思考**：結合研究分析與商業趨勢的掌握能力，依據專案團隊的資源、競品動向、功能需求等變因後，產品經理必須能夠策略思考分析利弊、擬定最佳化的決策，達到產品的成功。

3. 利害關係人

專案是由多位成員分擔權責（有此一說，只一人執行暫時性的獨特性產品創造，應稱為獨案，而非專案），來進行專案任務的作業。小型專案可以是從數位至數十位；大型或國家級的專案則可能多達數千，甚至上萬人。

除了專案團隊成員之外，還存在其他不執行專案作業，但會給予專案各種影響，或是受專案影響的人員。也就是說，對專案交付預期結果和維持其產品和服務的可行性感興趣的個人或團體，所有這些和專案有關係的人，統稱為利害關係人（Stakeholder）。

利害關係人的核心目標就是取得共識，也就是達成聯盟（Alignment）。聯盟是組成一個高效合作團隊，以及實現共同目標的關鍵。專案經理必須實現各個利害關係人聯盟的 3 個主要關鍵：

(1) 願景（Vision）

願景與任務（Mission）都與公司或組織的宗旨相關，通常以某種書面形式傳達。願景用來聲明、回答有關結果的價值，以及能夠成就的目標。願景除了傳達了專案存在的理由，也在於強調如何為其主要利害關係人服務。

(2) 產出（Outputs）

產出是指專案交付的實際成果、產品或服務，可能包括產品的特性、功能、效能，或者服務的品質和效能。針對產品最後開發完成的實際功能、介面外觀和可以實現的功能或解決的問題，必須要和各個利害關係人達成期望和滿意度的共識。

(3) 結果（Outcomes）

專案結果是透過創建產品或服務而產生的成果，對組織或業務的實際影響。必須確保大家對於這項產品給潛在使用者、以及使用者的感受和使用情境是相同的。例如，簡化作業負荷、提升使用者人數，或是擴大營運獲利等。

利害關係人對專案任務和願景的重要性，因此，專案經理必須滿足利害關係人的期許，並對其負責。未達成聯盟的利害關係人，會使執行策略、專案目標和願景的達成變得更加困難，這是專案經理必須考慮利害關係人的利益、需求和偏好的主要原因。

9-3 專案計畫

1. 工作分解結構

依據專案範疇，也就是實現專案目標所應獲得的成果和必要的作業，執行將作業細分成小單位的工作分解結構（Work Breakdown Structure，WBS），以方便管理。選擇基於可交付成果或基於階段的 WBS 後，除了可以使用工作分解結構列表清單表示，也可以使用工作分解結構樹狀圖，或是甘特圖。

(1) WBS 樹狀圖

WBS 是將成果和所需作業細部分解後產生小單位的一種結構，而成果和所需作業還能再更進一步的細分成更小的單位。這些細分的小單位稱為活動（Activity），對專案執行就是每一個工作項目。如圖 9-5 所示，WBS 分解的細部結構層次分為三個層級：

a. 第一層：上層任務

第一個層級是專案中最簡單的形式，也是各個專案管理階段中的第一步，主要用於表示專案的基礎目標。通常第一層的任務與專案目標一致，完成此目標所需的工作內容則是出現在第二和第三層級中。例如，改進網站設計的專案，WBS 的第一層可能會是：新版網站設計

b. 第二層：控制帳戶

WBS 第二層級包含第一層的子任務，也就是上層任務的相依任務，稱之為控制帳戶（Control accounts）。例如新版網站設計的相依任務，包括：版面設計、統計報表、會員管理、安控管理、響應設計、推廣行銷等。雖然比第一層級更細分，但第二層仍然是完成專案目標所需相依的高層觀點。

c. 第三層：工作套件

在工作細分結構的第三個層級中，需要將這些相依的任務進一步分解為更方便管理的細項，稱之為子任務，這些任務的集合即稱為工作套件（Work package）。此層級屬於專案生命週期最低層次的階段中，需要定義出最詳細的任務。這些可行動任務能夠簡化完成所有所需交付項目的路徑。例如前述第二層的版面設計，其第三層任務可以包括：選擇色彩風格、圖案設計與製作、文字樣式編輯、網頁體驗調查、版面審核、導航儀表板等。

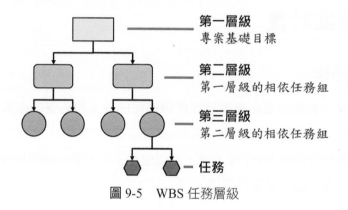

圖 9-5　WBS 任務層級

(2) 甘特圖

甘特圖（Gantt chart）是一種條狀圖，於 1910-1915 年間，由亨利·甘特 (Henry Gantt) 設計，並以其名字命名[2]。甘特圖用於說明專案進度，以及活動與當前進度狀態之間的依賴關係的圖形。圖形表示法：橫軸代表各個活動，也就是要執行的任務，縱軸代表時間，活動之起訖時程以水平條表示。圖中水平條的寬度顯示了每個活動的持續時間。以微軟（Microsoft）Project 工具軟體為例，呈現的甘特圖如圖 9-6 所示，左方表列各個任務、工期、起訖時程。右側圖形依據各個任務的時程，繪製該任務的條狀圖，並使用箭頭連結表達任務之間先後的關係。

2　Clark, W. (1922). The Gantt chart: A working tool of management. Ronald Press Company.

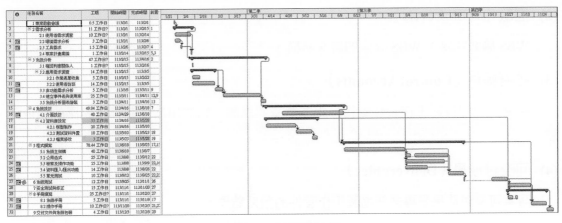

圖 9-6　甘特圖範例

2. 分解結構描述

　　WBS 工作分解的結構本質上是依據階層式結構組織的專案計畫，其包含成功的專案所應具有的一切內容。典型的專案工作分解結構由幾個關鍵元素組成。各個元素的組成或描述的內涵可能會有重置，因此可依專業特性自行調整：

(1) WBS 字典（WBS Dictionary）

　　組建新的專案架構時，編寫工作分解結構字典是推薦的一個做法。好的工作分解結構所繪製的 WBS 任務層級圖形具備視覺化的性質而不需做詳細的解釋，因此需要藉由工作分解結構字典，更詳細地描述每一項任務，提供專案團隊成員可以輕鬆地找到任務的相關細節。

　　字典應具備的欄位，建議應該包含：

a. 任務名稱：使用清楚簡潔的名詞。

b. 描述：較為詳細的說明，但儘量精簡，避免冗餘的字詞。

c. 驗收標準：滿足客戶或其他利害關係人要求的標準。

d. 可交付成果：具體而明確地說明應完成的產出結果。

e. 預算：預計的費用，包括費用多寡、用於何處以及何時會用到。

f. 里程碑：專案時間軸上完成一批任務的關鍵時刻。

g. 階段：專案的各個階段。例如，在網站設計專案中，基於階段的 WBS 將圍繞發現、設計和發布等事物構建，而不是特定的可交付成果。

h. 核准：是否有任何任務需要核准與核准者為誰。

(2) 層級（WBS Levels）

WBS 層級決定了 WBS 元素的層次結構。

(3) 控制帳戶（Control Accounts）

控制帳戶用於對工作套件進行分組並衡量其狀態。它們用於控制專案範圍的相依任務。

(4) 可交付成果（Deliverables）

專案可交付成果是專案任務和工作套件的預期結果。

(5) 工作套件（Work Packages）

根據專案管理協會（PMI）在專案管理知識體系（PMBOK）的定義，工作套件是「WBS 的最低層級」。這是因為工作套件是一組相關的任務，這些任務小到可以分配給團隊成員或部門。專案經理，需要估算這些工作套件的成本和執行時程，這是相當重要的 WBS 元素。

(6) 任務（Tasks）

任務構成了工作套件，因此也構成了專案的範圍。使用 WBS 定義每個任務的要求、狀態、描述、任務所有者、依賴關係和持續時間：

a. 任務描述：WBS 的任務描述可以同時包含任務名稱與目標的簡短描述。

b. 任務所有者：由出於權責理由和溝通需要，記載指派的任務所有者也是非常重要。問題越輕鬆得到解答，任務就能越快完成。雖然專案經理通常就是任務所有者，但依據任務類型，部門主管和特定團隊成員也可以是所有者。

c. 任務預算：需要較多預算的專案應謹慎追蹤。分配特定任務預算上限，有助於輕鬆追蹤所分配預算的剩餘額度。若不追蹤預算，可能會導致支出超出預期，進而影響專案成果的利潤。因此，除了追蹤總預算，也務必追蹤單一任務的成本。

d. 完成日期：追蹤目標完成日期是一個相當重要的細節。此外，也要為完成日期的變更做好準備，這一點非常重要。雖然管理多個超過指定時間軸的專案可能很困難，但有時是無法避免。要正確追蹤進度，必須在時間軸或其他專案管理工具中分解每一個任務。如此便可即時發現時間軸中的延遲事項，並且採取行動預防導致錯失原始完成日期的截止時間問題堆積。

e. 任務狀態：除了追蹤時間軸，記錄任務狀態對於快速檢查進度也同樣重要。有多種不同的記錄方式，例如百分比，但也可以使用如「待定」、「進行中」和「完成」等術語。

這些資訊不僅有助於追蹤進度，而且也能提供團隊生產力的高階概觀。例如，如果有某種特定團隊無法完成任務，則可能存在潛在問題。這樣專案經理就可以在團隊工作負荷、執行能力、溝通問題惡化前，採取行動進行處理。

3. 時程規劃

一項專案有許多任務要做，任務之間有依存關係，每項任務的活動有需要花費的時間。這個專案需要多少時間才可以完成？哪些任務是關鍵性的任務，絕對不可以延誤？各活動之間可能存在一些固定的順序，形成關聯性；也可能是平行作業，彼此之間沒有嚴格的先後執行順序。解決上述問題，制定各活動與活動之間的時程關係，主要使用的方法為要徑法與計畫評核術。

(1) 要徑法

要徑法（Critical Path Method，CPM，直譯為關鍵路徑法）屬於一種數學型態之專案管理時程的控制方法。最初是由美國杜邦（DuPont）公司的 James E. Kelley、Morgan R. Walker，與史培里蘭德（Sperry Rand）公司的 John S. Sayer 於 1956 年發展而成[3]，用以規劃與控制化學工廠的建造與保養工程。由於企業的發展非常重視成本，因此，CPM 主要重點在於如何以最少「費用」（資源重新分配）而使「時程」縮短，也就是藉著定義每個任務所需時間及任務之間的相關性，而辨識是「要徑」上的任務。「要徑」分為單一要徑與多重要徑兩種不同的要徑產生策略。

(2) 計畫評核術

計畫評核術（Program Evaluation and Review Technique，PERT）起源於 1958 年美國海軍為有效控制潛艇發射的北極星火箭系統計畫而開發。PERT 方法重點在於「時程」的控制，而比較不計成本，適用於不確定性較高的工作項目。計算方式主要是採取「不確定三點」預估每個任務所需時間，再以統計的方法（例如：β 分布）計算出時程的期望值。

軟體工程領域將兩者合併使用，成為目前應用的 CPM/PERT（網路圖）。圖形表示方式可以有下列兩種（圖示外觀的形狀並無固定，完全取決於繪圖工具的形式）：

---

3 T Kelley, J., and Walker, M. R. (1989). "The origins of CPM: A personal history." pm network, 3(2), 7-22.

(1) 工作標示在箭號上

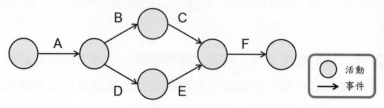

圖 9-7　工作標示與事件上的網路圖

(2) 工作標示在節點內

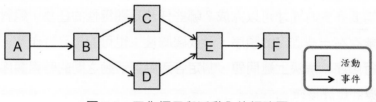

圖 9-8　工作標示與活動內的網路圖

網路圖的活動（Activity）與事件圖示的符號標示為：

(1) 假活動

以虛線表示，只表示時間之關係。

(2) 活動

　　ES：最早開始時間（Earliest Start）

　　EF：最早完成時間（Earliest Finished）

　　LS：最遲開始時間（Latest Start）

　　LF：最遲完成時間（Latest Finished）

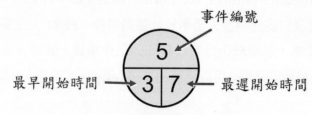

圖 9-9　活動的圖示標示意義

時間的估計並非直接使用一個估計的時間點，而是使用三個時間計算的估值來代表對某一時間點的估計：樂觀時間（optimistic time）、最可能的時間（most-likely time）、悲觀時間（pessimistic time）。然後，再將三者依據下列公式計算出估計的時間：

$$時間 = \frac{最樂觀的時間估計值 + (4 \times 最可能的時間估計值) + 悲觀的時間估計值}{6}$$

(3) 事件

TE：最早時間（Time Earliest）

TL：最遲時間（Time Latest）

⊕» 補充說明

» 第一事件的 TE = 0

» 某一活動的 ES = 先行事件的 TE

» 某一活動的 EF = ES + 工作期限

» 某一事件的 TE = 所有先行活動中 EF 的最大值

» 專案總期限 = 最後事件的 TE

如圖 9-10 所示，依據「計算最早完成時間」（以每個工作預計花費時間方式分析）所表示的網路圖範例：

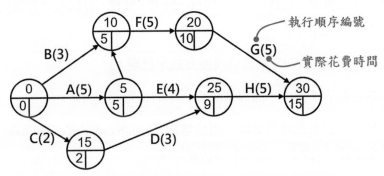

圖 9-10　依「計算最早完成時間」標示的網路圖範例

若是以依據「計算最遲完成時間」（以預計每個工作最遲必須完成時間方式分析）所表示的網路圖範例，可表示如圖 9-11 所示：

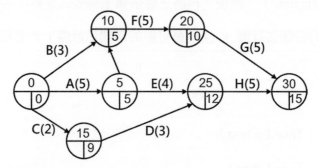

圖 9-11　依「計算最遲完成時間」的網路圖範例

專案中有些特別重要的事件，當事件提早或延誤，會直接影響其他事件的時程，稱為里程碑（milestone）。里程碑是專案檢討的焦點，依據網路圖中 ES 和 LS 相等所連出之主要事件之路徑，以雙線表示。

4. 成本估算

每個專案都有成本的限制。將專案執行的成本控制在預算內，是很重要的管理要素。在規劃專案的時程與預算等資料時，必須進行成本估算（Estimate costs）。成本估算，必須注意下列各種要素：

(1) 在特定的時間點，就已知資訊進行成本預測。

(2) 確認及考量有關起始及完成專案之成本選擇方案，並注意風險。

(3) 估算需投入的資源，包括：人工、物資、設備、服務、設施及特殊類別（通膨津貼、融資成本、應變成本）。

(4) 成本估計值可能以 WBS 層級或摘要方式來呈現。

(5) 專案成本估算的準確度，隨專案生命週期的進行而提升。

(6) 專案起始階段通常為粗估等級。粗估等級（rough order of magnitude，ROM）是以寬鬆的範圍（-25% ～ +75%）預估成本。

(7) 精準估算（definitive estimates）是以較嚴格的範圍（-5% ～ +10%）估算所需的成本。

進行成本估算的方法時，通常包括下列方法[4]：

(1) 類比估算（Analogous estimating）

參考過去類似的專案成本，進行估算。估算時通常基於許多不同的因素，而對之前的成本進行調整：例如，金錢的時間價值、品質等級、材料類型、環境條件、勞動力可用性等。

類比估算應該是第一個嘗試的方法。成本最低、速度最快的，但準確度相對較低。

(2) 由上而下估算（Top-down estimating）

先估計出各項活動的成本，再計算出總成本。

(3) 參數估算（Parametric estimating）

這是一種簡單的方法，使用以下公式：

$$活動成本 = \frac{活動的工作單位}{資源的生產率}$$

通常，這些參數值會在各行業中發布或在許多專案中的慣常費用決定的。要正確估算新的專案成本，必須決定該專案是高於還是低於參數值，以及高多少。因此，可以參考類比估計中有助於調整的因素，並決定對每個因素進行調整的範圍。

此方法雖然簡單，但也有下列缺點：

a. 除非有足夠的經驗，否則不會有既存的模型參考。基於僅具有模糊可比性的活動進行估計，會產生非常不準確的估算值。

b. 實體參數，例如：磚塊數、砍伐樹木面積，或資料建檔數量、程式碼行數，會比非實體參數更有意義。但在軟體系統的開發，卻有難以衡量的困難。

(4) 三點估算（Three Point Estimating）

有時使用樂觀（Optimistic）和悲觀（Pessimistic）的估算值比較直觀。無論是在最高還是最低，一項任務都不可能超過某個費用。依據樂觀與悲觀的費用，加上最可能的實際費用，則可以依據三角分布（Triangular Distribution）公式計算平均成本：

$$估算值 = \frac{樂觀費用 + 最有可能的費用 + 悲觀費用}{3}$$

---

4 Team, F. M. E. (2014). Project Cost Management. https://online-pmo.com/wp-content/Education/Project Cost Management.pdf

如果希望將估算收緊到較可能的值，可以使用 β 分布：

$$估算值 = \frac{樂觀費用 + (4 \times 最有可能的費用) + 悲觀費用}{6}$$

三點估算方法在估計專案一些比較特別的活動成本時最有用，尤其是在有很多未知數的研發。

此外，成本估算可以再包括應急儲備（contingency reserves），或稱應急費用（contingency allowances），以說明成本的不確定性。應急儲備可以是估計成本的一個百分比，一個固定的數額，也可以採用定量分析的方法來決定。當專案可以掌握更明確的狀況時，就可以減少或取消應急儲備。

5. 專案計畫書

專案企畫書是專案尚未成立之前的計畫文件，如同說帖一般，強調願景與適切性；而專案計畫書則是專案成立後，所擬定的執行計畫。不過，許多情況沒有嚴格區分兩者，實際還是必須依據專案的發生背景或需求來源判斷。

專案計畫書撰寫的原則，是將討論過、明確的事項以計畫書的形式記錄下來。包括：

(1) 專案目的和成功基準；

(2) 專案需求事項，以及滿足需求事項所需的成果和作業範圍；

(3) 成果的製作及作業的實施，所需活動及實施的時程；

(4) 成本預算；

(5) 利害關係人，以及溝通方式；

(6) 專案限制與前提；

(7) 專案體制；

(8) 專案成果與作業實施的採購費用；

(9) 品質標準與實現方法；

(10) 風險評估；

(11) 團隊成員的組成。

製作專案計畫書,有下列 3 項主要目的:

(1)擬訂可行的程序方案;

(2)與利害關係人達成共識;

(3)做為推動專案執行時的使用文件。

為了達成這 3 個目的,製作專案計畫書時,必須要注意下列 3 個事項:

(1) 精煉而明快

分量適中,內容清楚明白。避免艱澀或過多的內容,導致團隊成員無法理解。

(2) 不斷宣達

通常專案經理最清楚與關心專案的整體執行狀況,多數團隊成員只關心自己負責的作業。但專案成員彼此之間在不理解專案整體的情況下,就可能造成很大的偏差。因此,要藉由會議不斷提及與強調專案計畫書的內容,使得團隊所有成員都能非常清楚整體內容。

(3) 定期檢討

專案經常發生預料之外的狀況,實際情形往往和專案計畫書的規劃有所差異。因此,需要定期檢討修正計畫書。

9-4 專案執行

1. 專案啟動會議

開始進行專案作業最初,集合團隊成員,說明專案目的、基準、作業程序、時程、任務分配等溝通,稱之為專案啟動會議(Kick-Off Meeting)。

溝通是專案成功的關鍵因素。因此,專案啟動會議的目的包括:

(1)公開宣布專案的開始;

(2)說明專案的目的與目標;

(3)介紹團隊成員彼此;

(4)表達專案應獲得的結果與好處;

(5)讓所有影響專案結果的人都做出承諾；

(6)分配團隊間彼此的工作關係與任務；

(7)討論專案運作時的溝通方式與管理辦法。

專案啟動會議的目的不是一個形式，或是讓專案經理取得授權，主要是藉此凝聚共識，讓團隊成員擁有共同的專案目標與成功基準，了解自身角色與任務，也可以減輕團隊成員的一些執行上的疑惑。很多專案上的失誤就是因為認知落差，在專案運作時，有些專案經理可能認為團隊成員都已知道，所以也沒必要特別召集。實際上，並非每個團隊成員都清楚專案的目標、甚至不知道專案經理是誰、自己又要負責哪些工作。

2. 專案採購

除了內部資源的到位，有時需要由外部提供產品、設備、服務或是部分作業的委外，稱為採購（Procurement）。專案的採購是為了要達到專案目的、基準，而使用專案所有者提供的經費。決定採購對象和採購金額等之前，如果沒有嚴謹的調查和比較，就無法獲得專案所有者和利害關係人的認同。如果事後，採購的成果或作業出了問題，還會被追究採購相關的程序是否恰當，以及判斷能力是否足夠。採購進行的步驟：

(1) 確認採購項目

進行採購時需要先確定採購的標的物，如 9-3 節專案計畫所述 WBS 活動，無法於專案中製作的事項，就是採購的項目，一般的說法稱為外包或委外。

(2) 擬定採購評選標準

第二步是調查、評估能夠提供這些專案所需項目的採購對象，同時準備比較評選多個採購對象的標準。如果沒有評選標準，容易導致未在合理的情況下決定採購對象。

(3) 採購對象提出需求提案

採購對象的調查結束，也制定好評選標準，第三步便是請各個採購候選對象提案和估價。採購候選對象依據採購需求，提出記載需求事項和各種處理方案、條件、估價的文件稱為需求建議書（Proposal）。也就說，採購單位提出需求書邀請書（Request For Proposal，RFP），提供標的物的採購對象回覆 Proposal。

(4) 決定採購對象

在採購候選對象提案後，利用評估標準進行個別評選比較，來決定採購對象。

3. 品質管理

無論專案大小，都必須確保品質。一個專案只有在能夠滿足所有利害關係人利益、客戶要求和使用者需求時，才被認為是成功的。專案品質管理包括專案的管理和交付成果。但品質的意義是什麼？簡單的說，品質是結果對所提供目標的準確性。

(1) 執行目標

在專案管理方面，品質管理通常使用以下術語定義其執行的目標：

a. 確認性（Validation）：保證產品、服務或系統滿足客戶和其他已識別的利害關係人的需求。

b. 驗證性（Verification）：滿足專案要求規定、需求、規格或其他附加條件的要求。

c. 精密度（Precision）：將可重複的措施放在緊密的群組中。

d. 準確性（Accuracy）：測量值與實際值的接近程度。

e. 容忍度（Tolerance）：可接受結果的範圍。

(2) 執行優勢

透過專案品質的管理，可以達成下列優勢：

a. 一致性：品質管理幫助公司提高產品的可靠性、耐用性和功能性。

b. 提高效率：品質管理不僅僅確保專案產出的品質。在 ISO 9001 等標準下，還可確保專案團隊遵循明確的溝通結構、跨部門的任務和職責。進而提高團隊成員的績效和效率。

c. 提高客戶滿意度：適切的品質管理將確保最終交付物滿足客戶要求。較高的客戶滿意度將帶來更高的收益，進而使產品從市場中脫穎而出。

d. 控制成本：除了品質管理，許多專案還實施全面品質管理（Total Quality Management，TQM）。強調改掉靠經驗、勇氣的工作模式，而將員工的工作智慧加以標準化、書面化。一致且系統地實施 TQM 可降低成本支出並提高利潤。

e. 降低風險：良好的品質管理，降低偷工減料的可能性。因此，產品故障的風險大大降低，從而使得降低長期維運的財務損失。

f. 減少額外維護：由於所有任務和活動的品質都受到持續監控，並且更加強調其品質因素，因此因保修索賠而產生的臨時任務勢必會大幅減少。有助於後續其他專案按時交付最佳品質的產品。

(3) 執行項目

專案品質管理是由各種輸入、工具和技術以及輸出組成，而程序則先有管理計畫，再依據計畫進行管理，最後達成品質的控制：

a. **品質管理計畫**：品質管理計畫是專案品質管理過程的第一步。此步驟通常先是確認專案所需的品質及其最終可交付成果，接續是記錄您的專案將如何滿足相關會議記錄的要求。規劃品質管理流程可提供整個生命週期內維護和驗證專案品質，提供正確的路徑和指引。

表 **9-2** 品質管理計畫項目一覽表

輸入	工具和技術	輸出
1. 專案章程	1. 專家判斷	1. 品質管理計畫
2. 專案管理計畫	2. 資料收集	2. 品質指標
需求管理計畫	評比（Benchmark）	3. 專案管理計畫更新
風險管理計畫	腦力激盪	經驗教訓註冊
利害關係人參與計畫	訪談	需求追蹤矩陣
範圍基準	3. 資料分析	風險登錄冊
3. 專案文件	成本效益分析	利害關係人登錄冊
假設日誌	品質成本	
需求文件	4. 決策	
需求可追溯性矩陣	多標準決策分析	
風險登記冊	5. 圖形化	
利害關係人名冊	流程圖	
4. 企業環境因素	邏輯資料模型	
5. 組織程序資產	矩陣圖	
	心智圖	
	6. 測試和檢驗計畫	
	7. 會議	

b. **管理品質**：專案品質管理的第二步是管理品質。在此過程中，品質管理計畫以可執行的形式實施。這些品質活動將組織的各種品質政策和標準納入專案。此過程在整個專案管理生命週期中執行，並確保執行的過程將滿足專案所需的品質。

表 **9-3**　管理品質項目一覽表

輸入	工具和技術	輸出
1. 專案管理計畫 　品質管理計畫 2. 專案文件 　經驗教訓登錄 　品質控制測量 　品質指標 　風險報告 3. 組織程序資產	1. 資料收集 　清單 2. 資料分析 　備選方案分析 　文件分析 　過程分析 　根本原因分析 3. 決策 　多標準決策分析 4. 資料表示 　親和圖 　因果圖 　流程圖 　直方圖 　矩陣圖 　散點圖 5. 審計 6. 優質設計（DFX，簡稱 X 設計） 7. 解決問題 8. 品質改進方法	1. 品質報告 2. 測試和評估文件 3. 變更請求 4. 專案管理計畫更新 　品質管理計畫 　範圍基準 　進度基準 　成本基準 5. 專案文件更新 　問題記錄冊 　經驗教訓登錄註冊 　風險登錄冊

c. **專案品質控制**：這是專案品質管理的最後一個步驟，持續監控和記錄各種品質管理活動的執行結果，同時確保完全符合組織標準和法規、客戶要求和規範，並能作為專案績效的評估。從而確保其最終可交付成果的完整，並滿足客戶與利害關係人的要求。

表 9-4　專案品質控制項目一覽表

輸入	工具和技術	輸出
1. 專案管理計畫 　　品質管理計畫 2. 專案文件 　　經驗教訓登錄 　　品質指標 　　測試和評估文件 3. 批准的變更請求 4. 可交付成果 5. 工作績效資料 6. 企業環境因素 7. 組織程序資產	1. 資料收集 　　清單 　　檢查表 　　統計抽樣 　　問卷調查 2. 資料分析 　　績效評估 　　根本原因分析 3. 檢查 4. 測試 / 產品評估 5. 資料表示 　　因果圖 　　控製圖 　　直方圖 　　散點圖 6. 會議	1. 品質控制測量 2. 已驗證的可交付成果 3. 工作績效資訊 4. 變更請求 5. 專案管理計畫更新 　　品質管理計畫 6. 專案文件更新 　　問題記錄冊 　　經驗教訓登錄註冊 　　測試與評估文件

4. 風險管理

風險與問題之間的差異，在於風險的影響不會立刻出現。當風險成為現實，專案就會受到各種影響。因此，專案不僅需要注意問題，也需要妥善的處理風險。一般處理風險的方法有以下四種：

(1) 迴避：為了避免風險的影響，而採取避免風險和去除風險發生原因，變更專案進化的處理方式。

(2) 轉嫁：將風險造成的負面影響，轉移給第三者處理的方式。

(3) 減輕：將風險的發生機率及影響程度，減少到能夠承受的程度。

(4) 承受：不進行減輕風險和迴避風險的處理方式。通常是風險難以去除，或是沒有恰當的風險處理對策時，所採取的消極方案。

5. 團隊管理

專案團隊成員組成的人力，進行必要的訓練、編組、支援、建立動機、執行交付的任務、達成預定的成果，這些作業都屬於專案管理應進行的工作。而這些作業很有可能因團隊成員的狀況，而發生無法提交成果的風險。這些團隊成員的狀況，通常發生原因包括：

(1) 團隊的任務

任務不明確、團隊之間的任務重疊或是溝通不良，就無法獲得期待的成果。

(2) 團隊的主管

團隊主管要具備的能力不同於團隊成員，過去擔任的經驗，不代表可以勝任現在的團隊主管。必須依照團隊的任務、人數、成員組成、專長性質，來決定團隊的主管人選和管理方式。

(3) 團隊的成員

將具備卓越能力的人員聚在一起，未必能組成一個最強的團隊。團隊成果的達成，需要各個成員都能認識自己在團隊內的角色，並能互相協調合作。因此，選定團隊成員時，必須考量評估成員適合分配的團隊。

(4) 團隊的形成階段

就算已經考慮上述 1 至 3 點，團隊也未必能從一開始就發揮預期的作用。團隊的養成通常需要經過如圖 9- 12 所示的階段，採取各種讓團隊能夠早點進入彼此熟悉且有默契的完成期階段，是專案經理與團隊主管的職責。

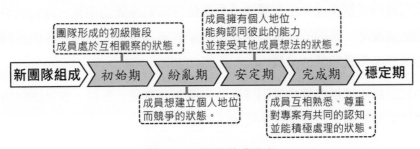

圖 9-12　團隊養成階段

9-5 專案控管與完成

1. 專案控管

專案管理中的品質控管是確保專案交付的成果符合預期品質標準的過程。執行品質控管的目的是識別、評估和監控專案中的品質問題，並採取適當的措施來解決這些問題，以確保專案的產出滿足預定的需求和客戶的期望。

要做好專案管理的品質控管，可以依據下列步驟和注意事項：

(1) 明確品質目標

在專案啟動階段，明確定義專案的品質目標和標準。這些目標應該符合客戶的需求和期望，並且可以量化和可衡量。

(2) 制定品質計畫

在專案啟動階段，品質控管的第一步是制定品質計畫。品質計畫包含專案的品質目標、標準和相關的監控和驗證活動。根據品質目標，驗證活動則包含以及確定測試策略、品質測量指標、審核和驗證方法等。確保計畫中包含了對關鍵品質屬性的規定和相應的測試和驗證方法。

(3) 建立品質文化

建立品質文化是將品質意識和價值觀融入整個專案團隊中，使每個團隊成員都對品質負責並致力於提供優質的產出。品質文化通常包含下列一些關鍵步驟：

a. 傳達重要性：專案管理人員應該清晰地傳達品質的重要性和價值，並與團隊共享這一願景。解釋為什麼品質是關鍵成功因素，以及如何對專案的成功和客戶滿意度產生影響。

b. 設定明確的期望：確保所有團隊成員明確理解對品質的期望。這包括明確定義產出的品質標準、預期的品質水平和可接受的錯誤率等。透過清晰的目標和指標，使團隊能夠衡量和評估品質。

c. 培訓和訓練：提供相關的培訓課程、指導和分享最佳實踐，幫助團隊成員獲得必要的技能和知識，以提供高品質的工作成果。

d. 激勵和獎勵：創造一個環境，鼓勵和激勵團隊成員達到品質目標。這可以通過公開表揚、獎勵和認可來實現。重視團隊成員的貢獻，讓他們感受到他們在品質方面的重要作用。

e. 持續改進：建立一個持續改進的文化，鼓勵團隊成員不斷尋找和實施改進措施，以提高品質。這可以通過定期回顧和反思專案中的品質表現，尋找潛在的改進機會。

f. 合作與溝通：建立一個開放的溝通和合作的環境，讓團隊成員能夠分享品質相關的問題、觀點和建議。促進跨專業背景之間的協同作業，以確保品質控管的有效執行。鼓勵團隊成員共同參與品質審查、測試和驗證活動，並共同解決品質問題。定期召開會議或透過工作坊的方式，促進團隊之間的知識共享和經驗分享。

藉由以上步驟，可以建立一個強調品質的文化，使每個專案團隊成員都意識到他們在確保產出品質上的重要性，並致力於持續提高品質水平。品質文化的建立需要時間和持續努力，但將對專案的成功和結果產生積極的影響。

(4) 執行品質監控

在專案執行過程中，持續監控產出的品質。這包括定期收集和分析資料，進行測試和驗證活動，並確保產出符合預定的品質標準。

(5) 實施品質審查

品質審查是對專案產出進行系統性的審查和評估，審查的目的是確定產出是否符合品質要求，並提供改進建議。這一部分包括定期進行品質審查，對專案交付成果進行評估。這可以通過內部審查、專家審查或與利害關係人的合作來進行對專案交付成果的評估。

(6) 進行測試和驗證

根據品質計畫中的策略和方法，進行測試和驗證活動，以確保產出符合預期的品質標準。測試可以包括功能測試與非功能測試。功能測試是依據系統設計所規劃的功能，驗證是否滿足。非功能性的測試則是包括性能測試、安全測試等，確保產出是否符合預期需求和標準。

(7) 問題解決和改進

如果在品質監控、審查或測試過程中發現品質問題，及時解決並採取適當的改進措施。這可能涉及識別問題的根本原因、制定對策、重新分配資源等。

(8) 測試和驗證

這包括功能測試、性能測試、安全測試等。驗證活動則用於確定專案交付成果是否符合預期需求和標準。

2. 專案完成

專案如果順利執行到最後，完成系統的交付與上線運行，並正式宣告結束時，還有許多結尾的工作需要執行，包括下列作業：

(1) 專案回顧

進行專案回顧與檢討，評估專案的績效、達成的目標和經歷的教訓與經驗。這些回顧與檢討可以幫助團隊確定成功的因素、改進的項目以及未來專案執行的建議。

(2) 客戶滿意度評估

與客戶進行溝通，或於一段期間之後對終端使用者進行使用調查，評估他們對專案的滿意度和對交付成果的評價。這可以幫助了解客戶的回饋和建議，並提供改進和提高客戶滿意度的機會。

(3) 專案交接

開發團隊完成的專案，依據系統不同性質的屬性，通常會移轉至其他部門或是直接移交給客戶進行後續的維運。因此，還需要進行專案的交接工作，以確保所有必要的文件、資源和知識，都能傳遞給後續的團隊或利害關係人。

(4) 總結和報告

撰寫專案結束報告，總結專案的成果、困難、挑戰和解決方案。該報告應該包括對專案目標的達成情況、預算和時間的執行情況，以及相關的統計資料和圖表。

(5) 資源釋放

釋放專案所使用的資源，包括人力、財務和物資。進行必要的結算、結算供應商帳戶、釋放專案所使用的設備和設施等。

(6) 專案成果管理

確保專案交付成果的存檔和管理。妥善保存所有專案相關的文件、報告、設計規格、程式碼,以及提供給客戶的使用手冊、維護手冊、系統手冊等原始資料,以便於未來的參考和使用。

(7) 經驗教訓紀錄

將從專案中獲得的經驗教訓記錄下來,以供日後專案管理的參考。這包括成功的做法、困難和挑戰、解決方案以及改進建議。

(8) 團隊評估和表揚

對團隊成員進行評估和表揚,肯定他們在專案中的貢獻和努力,與團隊成員進行個別會議,回顧他們在專案中的表現,提供具體的回饋和建議。同時,也可以向團隊成員和相關利害關係人展示專案的成果和成功。透過評估與激勵的作為,可以幫助建立團隊成員的成就感,促進專案成員經歷專案執行過程的成長,也能增進成員對專案經理領導的認同,以作為接續專案執行的士氣和向心力。

(9) 知識管理

確保專案執行過程中產生的知識,能夠得到有效管理和記錄。整理和儲存專案相關的知識文件、模式、工具和資源,以便將來在類似的專案中重複使用,甚至傳承給後續其他成員。建立知識庫或共享平台,使團隊成員和其他相關人員可以方便地存取和共享專案相關的知識和經驗。

(10) 專案結算

完成專案的結算工作,計算專案執行的實際成本。包括檢查和總結專案預算的執行情況、處理專案相關的財務事項,包括專案的收入、經常門與資本門的支出與損耗等。確保所有的財務資料和文件得到妥善管理和記錄。

(11) 專案後續事務

確定專案結束後需要提供的支援和維護工作。可能包括為客戶提供技術支援、解決問題、教育訓練、技術移轉或提供後續的系統擴充、維護。確保專案交付成果的順利運作並滿足客戶長久維運的需求。

9-6 範例：數位典藏系統－專案規劃

數位典藏網站是一種非營利性的網路平台。建置的目的是在保存、展示和分享數位資源，這些數位資源可以是歷史檔案、文化遺產、學術研究成果、藝術作品、自然環境等，通過數位媒體，例如：數位圖片、文字、影音等媒體，搭配資訊技術進行典藏，讓使用者可以在網路上方便地存取、瀏覽和檢索這些資源。本範例模擬某機構進行數位典藏建置的專案規劃。首先是依據該機構預定建置網站的目的，擬定初步的工作分解結構。需注意的是，這只是一個假想的範例，工作分解結構，實際的項目可能需要根據具體需求進行調整和擴充。

1. WBS

專案負責人召集相關專業人士、技術人員，進行專案初步的任務規劃。參考相關單位執行早期報紙的新聞典藏網站建置的計畫書，經過腦力激盪，擬定的數位典藏系統開發專案的初步 WBS 如下：

第一層	基礎目標：針對學術研究與歷史傳承，完成新聞數位典藏網站開發。	
第二層－基礎任務	第三層	第四層
1 需求分析與規劃		
2 資料庫設計與建立	2.1 確定資料庫需求與結構 2.2 設計資料庫架構 2.3 建立資料庫表格與關聯	2.1.1 確定資料項目與屬性 2.1.2 系統管理日誌表格 2.2.2 設計資料儲存與查詢策略 2.2.3 建立反正規化表格 2.3.1 建立主鍵、外來鍵與索引
3 使用者介面設計與開發	3.1 介面設計 3.2 前端程式開發 3.3 使用者經驗測試與優化	3.1.1 設計使用者介面元素 3.1.2 建立導航結構 3.1.3 規劃響應式設計
4 後端管理系統開發	4.1 選擇適合的後端技術 4.2 設計後端架構與 API 4.3 實作後端功能與邏輯 4.4 整合資料庫存取 4.5 執行後端測試	4.2.1 資料匯入 4.2.2 關鍵字萃取與斷詞功能 4.2.3 開發 API 端點 4.2.4 資訊隱碼與雜湊 4.3.1 上稿功能 4.3.2 資料編輯功能 4.3.3 權限管理與監控服務 4.3.4 使用者驗證與授權

（續下頁）

（承上頁）

第一層	基礎目標：針對學術研究與歷史傳承，完成新聞數位典藏網站開發。	
第二層－基礎任務	第三層	第四層
5 前端應用介面開發	5.1 選擇適合的前端框架或技術 5.2 設計各頁面的版面與互動元件 5.3 實作前端介面 5.4 開發檢索功能 5.4 前端測試與瀏覽器相容性測試	5.2.1 實作各個頁面的畫面邏輯 5.2.2 處理使用者輸入與互動 5.2.3 整合後端 API 呼叫 5.3.1 會員管理 5.3.2 資料選粹服務 5.3.3 歷史上的今天與活動通報 5.4.1 索引點搜尋功能 5.4.2 搜尋結果表列與後設資料呈現
6 功能整合與測試	6.1 整合前後端功能 6.2 執行系統整體測試 6.3 修復並驗證問題 6.4 優化性能與使用者經驗	6.2.1 擬定測試計畫 6.2.2 測試各個功能模組的整合 6.2.3 進行使用者驗證測試 6.2.4 執行系統全面測試和除錯

2. 甘特圖

本單元模擬的的專案範例，依據機構相關人事、預算與上級單位要求在 2024 年年底上線的時程考量，對照 WBS 的任務，規劃的甘特圖如下：

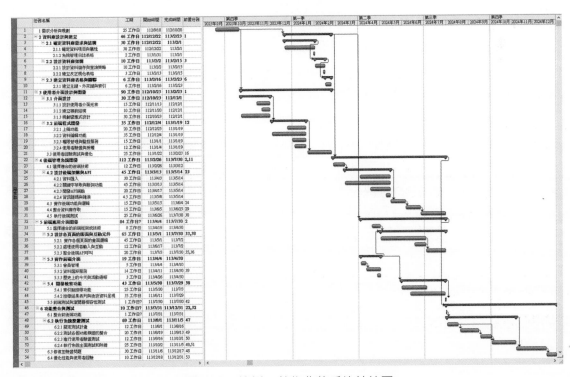

圖 9-13　範例：數位典藏系統甘特圖

本章習題

問答題

1. PMBOK 第六版與第七版的主要強調的重點差異為何？

2. 專案執行的管理標準主要經過哪五大程序組的階段？

3. 專案經理主要負責哪項工作？

4. 一般處理風險的方法有哪四種，請簡述之。

5. 專案管理中的品質控管，可以包含哪些步驟？

Chapter

10

專案確認與組織

　　本章描述專案的起始。針對新擬定並評估目標與期望。這階段將會確定專案的範圍、期限、成本、交付項目。在確定目標，下一個步驟是建立團隊成員，確定每個人的角色和責任。這包括確定溝通管道、決策程序和風險管理方法，以確保所有人都明確了解他們的職責和如何將工作整合到整個專案計畫中。接下來，建立詳細的專案計畫和時程表，並將這些與利害關係人進行溝通和協商，以確定專案的成功標準和驗收方式。最後，要確定有效的專案監控和控制機制，以確保專案按時、按預算和品質要求交付，同時監測和處理任何風險或問題。

10-1　專案成立的過程

　　新系統通常源起於某種企業需要或機會，例如：業務需要、客戶價值、規模擴大、競爭優勢。新系統的許多觀念或現有系統的改進，科技可能是新系統的驅動力，但理解企業的目標比了解科技更為重要。

　　許多專案開始時，可能並不清楚系統如何改善企業。在資訊系統領域，存在許多專業名詞、時髦字眼和流行趨勢，例如：雲端運算（Cloud Computing）、客戶關係管理（Customer Relationship Management，CRM）、大數據（Big Data，或譯為巨量資料）、人工智慧（Artificial Intelligence，AI）等。這些創新可能很吸引人，導致許多組織投入專案，即使不清楚新技術所帶來的價值。研究報告顯示，有許多專案在開始前就被放棄。問題的根源在於無法確認對企業的價值和專案所伴隨的風險。

　　然而，這並不是新系統的開發要避免採用新技術。事實上，最理想的情況是，技術人員（如系統專家）與業務人員（如業務專家）密切合作，找出支援企業所需的技術方法。這樣，專案可以基於真正的企業目標，如增加銷售、改進客戶服務和降低營運開銷等。

　　一個系統開發的專案是一組有起點和終點的活動，用來建立一個能為企業提升價值的系統。如圖 10-1 所示，當公司內有人或部門（稱為「專案發起人」，專案發起人通常不會是專案成立後，負責執行的專案經理）確定資訊技術能帶來企業價值時，專案起始（project initiation）階段就展開。提案將描述專案的系統需求，然後提交高層管理的決策者進一步考慮。決策者將審核需求，並根據所提供的資料決定是否進行進一步的研究。如果需要，接下來進行可行性分析。

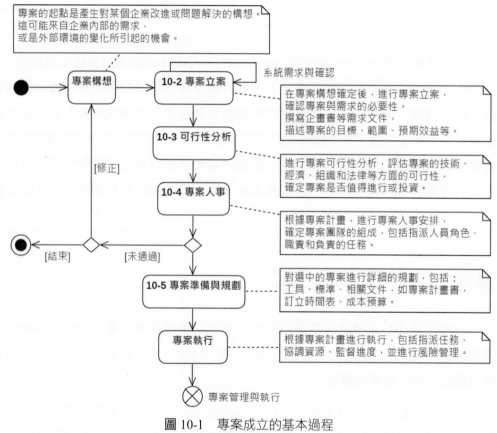

圖 10-1　專案成立的基本過程

　　可行性分析在決定是否進行一個資訊系統開發專案方面扮演著重要的角色。它檢視系統開發的技術面、經濟面和組織面的正反意見，並描述組織投資此系統的優點和可能遇到的障礙。通常，專案發起人與相關專業人員分析師（或分析小組）一起合作研擬可行性分析。

可行性分析完成後，將與修訂後的系統需求一起提交給高層管理的決策者。決策者將決定是否批准、放棄或擱置專案，直到獲取補充資料。通過權衡風險與報酬，做出組織層次的取捨來選擇最理想的專案。

10-2 專案立案

在專案構想確定後，進行專案立案，確認專案與需求的必要性，並撰寫需求文件，描述專案的目標、範圍、預期效益等。

1. 專案的確認

當組織內有人體認到企業上的需要（business need），需要建立新資訊系統或替換既有系統時，專案便被確認。這可能由資訊技術（IT）或業務部門提出，或由負責確認企業機會的單位或外部顧問建議。企業需要的例子包括支援新的行銷活動、導入管理方法、開發新客戶，或增加與供應商的互動等。有時，需要來自組織內某種「痛點」，例如：市占率降低、客戶服務品質不佳或想要增加競爭力。另一方面，提出新的企業計畫與策略也可能需要一個新系統來實現。

企業需要也可能是因為組織認為，唯有使用 IT 才能擁有有效且具競爭力的方法。許多組織很在意新興技術，但這些技術通常還在發展中，不夠成熟用於廣泛的業務。例如：公司如果在最早期即導入 Web、物聯網（Internet of Things）或虛擬的元宇宙（Metaverse）技術，就可能發展出很好的企業策略，善用這些科技的優勢並引入市場，成為市場的先行者（first mover）。然而，企業必須謹慎且理性地衡量新技術的風險和潛在回報。

專案發起人是認識到強烈企業需要的人，他們急於看到系統的成功，並全程參與系統開發生命周期（SDLC），確保專案從企業的觀點正確推進。專案發起人通常來自業務單位，如行銷、會計或財務部門，但 IT 部門的成員也獨自或共同發起一個專案。

資訊系統的大小或範圍決定所需要之發起人的類型。小型的、部門層面的系統可能只需要一位基層主管發起；而大型的組織層面計畫可能需要來自所有高階主管甚至是公司最高領導階層的執行長（Chief Executive Officer，CEO）的支持。若專案涉及純技術面（如改進 IT 基礎架構、研究新興技術可行性），那麼來自 IT 部門的發起是適當的。若專案對企業至關重要且技術複雜，則比較適合要業務部門與 IT 部門的聯合發起。

　　企業需求推動了系統的高層次企業需求（business requirement），這些需求以較高層次的描述方式來呈現系統將包含的功能和特色，以讓決策者和專案小組了解業務單位對最終產品的期望。企業需求是系統必須納入的特色與能力，例如：線上收集使用者訂單或供應鏈管理的報價與下單，以及完成銷售後供應商能夠取得庫存資訊等。

　　專案發起人也應該認識到系統所帶來的企業價值（business value），包括有形和無形價值。有形價值可以量化和衡量，例如：降低 2% 的人事成本；無形價值則來自對系統提供重要但難以衡量的效益，例如：改善客戶服務、提高競爭優勢等。

　　當專案發起人找到能滿足重要的企業需求、並能確認系統的企業需求與價值，專案便可正式起始。在大部分組織中，專案起始於一個稱為系統需求的文件。在這個階段，專案發起人的角色至關重要。他們不僅負責確定企業需求和價值，還要對專案的整個過程提供持續的指導和支持。此外，專案發起人還要確保專案與企業目標保持一致，並積極參與決策過程，以確保專案順利推進。

　　專案的確認階段是非常重要的，它確保了專案的基礎穩固且符合企業需求。專案發起人在這階段扮演關鍵角色，確保專案的成功和有效性。在專案起始時做好這些步驟，有助於提高專案的成功機會並降低後續開發過程中的風險。

2. 系統需求的確認

　　系統需求是一份文件，其中說明了建立系統的動機以及預期系統帶來的價值。這份文件通常由專案發起人填寫，作為系統專案正式選擇程序的必要參考文件。一般而言，系統需求包含五個項目：專案發起人、企業需要、企業需求、企業價值和特殊議題。

(1)專案發起人是專案的主要聯絡人。

(2)企業需要說明推動專案的原因。

(3)企業需求指明該系統應具備的企業功能。

(4)企業價值描述了預期獲得的效益。

(5)特殊議題用來提醒其他專案評估時應該考慮到的事項。例如：專案可能需要在特定期限前完成。

　　專案小組必須注意到任何可能影響系統結果的特殊情況。如表 10-1 示範一份公司需要開發知識管理的系統需求範例。

表 10-1　系統需求範例

項目	作用	範例
專案發起人	提出專案並且作為專案的主要連絡人	業務部門主管和系統維護部負責人
企業需要	列舉推動對企業的必要理由	・提高知識分享和溝通的效率，確保公司內部知識的共享和流動。 ・將公司內部的專業知識和經驗整合起來，以便在全公司範圍內利用。 ・提供一個中央知識庫，用於儲存、組織和查找相關的知識內容。 ・支援公司內部的學習和持續專業發展。 ・加強員工之間的合作和團隊合作能力，促進知識交流和共享。
企業需求	系統將提供的企業功能	・使用者登錄和身份驗證：以角色為基礎的存取控制，確保只有授權的員工可以存取系統，且職務調動能連動可獲取的知識範圍。 ・知識庫管理：能夠將各種類型的知識內容（文件、文章、會議、合約、討論區等）組織和儲存在一個集中的知識庫中。 ・查詢功能：提供快速和有效的搜尋功能，讓員工能夠輕鬆找到所需的知識內容。 ・知識共享和協作：支持員工之間的知識共享和合作，例如評論、討論和分享意見。 ・學習和培訓功能：提供在線培訓和學習資源，支援員工的專業發展和學習需求。 ・分類和標籤：允許員工為知識內容進行分類和標籤，便於查詢和瀏覽。 ・個性化設置：讓員工能夠自行定義其知識管理介面和內容設置，以符合個人需求。
企業價值	預期企業可獲得的效益	・提高知識的共享和運用，增進公司部門與員工之間的合作和效率。 ・減少知識重複建立，節省時間和成本。 ・避免過去失敗經驗，精簡成本花費 5%。 ・促進公司內部的學習和知識傳承，提高員工的專業能力和競爭力。 ・改進決策過程，使決策更具根據和準確性。 ・建立良好的知識分享文化，提高員工滿意度和忠誠度。
特殊議題	專案決策的議題，或是後續系統實作的相關議題	・系統必須能夠支援大量同時使用的需求，確保高效和穩定的系統性能。 ・系統應該有明確的資料備份和恢復策略，以保護重要的知識內容。 ・系統能夠處理動態且多元的文件格式。 ・系統能夠依任務主動提供員工應具備的知識，並分析員工使用的成效。 ・可延伸作為公司內部的檔案

完成後，系統需求被提交給決策者考慮。這個決策者可能是公司內定期討論資訊系統決策的成員，也可能是掌控組織資源的高階主管或者負責企業投資決策的決策機構。決策者將審查系統需求，根據所得到的資訊做出初步決定，確定是否深入研議計畫書。如果需要進一步研究，接下來的步驟就是進行可行性分析。

10-3　可行性分析

可行性分析指引公司判斷是否繼續推進一個專案，同時確認專案核准後所面臨的主要風險。每個企業對可行性分析都有自己的程序和格式，但通常包含三個方面的可行性分析：技術、經濟、與組織。這些方面的分析合在一起，形成可行性研究的成果，然後在「專案起始」結束後提交給審查委員會。

值得注意的是，雖然我們在「專案起始」階段討論可行性分析，但大多數專案會在整個系統開發生命週期（SDLC）的各個階段修訂可行性研究，並在專案的不同檢查點再次檢視其內容。在任何檢查點上，如果專案的風險和限制超過了帶來的效益，專案小組可以決定取消專案或進行必要的改進。

1. 技術可行性

專案的技術可行性（technical feasibility）分析是評估系統是否能夠由 IT 部門成功地設計、開發和安裝的能力。它主要是對技術層面的風險進行分析，以確定專案是否可以順利實施並達成目標。這種可行性評估基於技術的成熟度、可用性、適合性和可靠性等因素來進行判斷。簡單來說，這個分析回答了一個問題：「我們是否有能力實現這個專案？」

有許多風險可能影響專案的進展。其中最重要的是，使用者和分析師對應用程式技術或商業模式不熟悉。如果分析師不了解商業模式的範圍，可能會誤解使用者的需求，錯過改善的機會。同樣，如果使用者對應用程式技術本身不太熟悉，開發的風險將大大增加，穩定性也堪慮。例如：因應「超短鏈物流」的趨勢，公司需要開發一個支援零售店商的線上支付系統。但如果技術部門無法掌握物流與線上支付的相關技術與商業模式，應用程式不熟悉，就會有極大的失敗風險。

另一個技術風險的重要來源是技術的熟悉度。當系統使用之前未在組織內使用的技術時，問題發生的可能性也會增加，並且因為要學習新技術，可能會延遲專案進度。如果技術本身是全新的，因為會有許多無法掌握的不確定因素，風險將大幅增加。

專案的規模也是重要的考慮因素，可以從專案團隊的人數、專案完成時間或系統功能數量來衡量。較大型的專案風險較高，不僅管理複雜，而且可能會忽略或誤解一些重要的系統需求。如果專案與其他系統（通常是大型系統）高度整合，也可能會產生問題，因為要讓多個系統協同工作，複雜度將大幅增加。

最後，需要考慮新系統與公司現有技術的相容性，因為企業通常已經擁有許多不同的系統。新技術必須能夠與現有系統整合，包括與現有資料的對接、與其他應用程式的資料交換，以及使用公司現有的通訊架構。例如，開發新的 CRM 系統，若不使用來自企業現有銷售、行銷和客戶服務系統等處所的客戶資料，該系統將無法正常發揮應有的價值。

評估專案的技術可行性並不是一個簡單的任務，因為在很多情況下，需要解釋一些基本條件，例如專案規模大小能達到多大，才能判斷是否可行。一種方法是將考慮中的專案與先前已完成的類似專案進行比較。另一種方法是諮詢有經驗的 IT 專業人士或外部顧問，他們能從技術角度評估專案的可行性。

2. 經濟可行性

經濟可行性（economic feasibility），這個分析也稱為成本效益分析（cost-benefit analysis），執行的目的是確認財務成本與專案的效益，確保專案在經濟層面上是合理的、可持續的，並能夠產生預期的經濟效益。最基本的判斷是依據預期收益與投資成本相比較的投資報酬率（Return on Investment，ROI）或依據現金流入與流出比較的淨現值（Net Present Value，NPV），來衡量專案是否值得投資的程度。如圖 10-2 所示，可行性分析的執行步驟包括：

(1) 識別成本和收益

首先，識別專案的成本和收益項目。成本包括開發成本、實施成本、設備購置成本、人力資源成本等等。收益項目可能是通過減少成本、提高收入、增加市場份額等方式實現。

(2) 估算現金流（Cash Flow）

對於每個成本和收益項目，進行現金流估算和評估。現金流是指在特定時間段內，一個企業或專案所產生的現金收入和支出。反映企業或專案的金錢流動狀況，包括營收、成本、稅收和投資等。現金流是評估企業或專案的財務健康狀況和經營效率的重要指標。對於專案，現金流可以分為三個主要部分：初期投資（initial investment），每年的現金

流入（cash inflows），以及每年的現金流出（cash outflows）。每年的現金流入和現金流出可以是正數或負數，取決於收入和支出的情況。

(3) 計算投資報酬率（ROI）

將預期收益與投資成本進行比較，計算投資回報率。衡量專案的預期回報與投入之間的比例，提供了評估專案是否值得投資的重要財務資訊，也可以做為不同專案的潛在回報比較和風險預估，從而做出最佳決策。

$$計算公式：ROI = \frac{預期數益 - 投資成本}{投資成本} \times 100\%$$

其中，預期收益是專案在預設時間內所預計產生的淨收益，投資成本是實施專案所需的成本（包括開發成本、設備購置成本、人力資源成本等）。以百分比形式表示的 ROI 值，如果是正數，表示預期回報大於投入，專案是有經濟效益的；如果是負數，表示預期回報不足以覆蓋投入，專案的收益可能不是有價值的。ROI 值越高，表示專案的投資回報越好。

(4) 計算淨現值（Net Present Value，NPV）

計算淨現值是評估專案經濟可行性的另一個重要指標。它通過比較預期現金流入和現金流出的現值，來判斷專案是否帶來正向經濟效益。淨現值是用來評估專案或投資的經濟可行性的方法。將預期的現金流量折現至現在，以計算專案的投資的回報情況。如果 NPV 為正，則表明專案的預期現金流量高於投資成本，是一個有價值的專案；如果 NPV 為負，則表明預期現金流量低於投資成本，可能不是一個經濟可行的專案。淨現值的計算是通過將每個時間段的現金流量折現至現在，然後將所有現金流量加總得到。折現的目的是考慮時間價值，即未來的現金流量比現在的現金流量價值較低。使用折現率（Discount Rate）來折現，折現率可以是企業的資本成本或投資機會成本。若淨現值為正，則表明專案的預期現金流量高於投資成本，是一個有價值的專案；若淨現值為負，則表明預期現金流量低於投資成本，可能不是一個經濟可行的專案。

$$計算公式：NPV = \sum \frac{CF_t}{(1+r)^2}$$，其中 CF_t 是第 t 年的現金流量，r 是折現數，t 是年數。

(5) 考慮投資風險

考慮專案的投資風險，包括市場風險、技術風險、競爭風險等。這有助於評估專案的可持續性和長期影響。

(6) 進行敏感性分析

對於重要的參數，例如：市場需求、成本變動、銷售價格、投資成本、折現率等關鍵參數，增加或減少一定比例的變化值。比較不同參數值下的經濟指標變化，觀察這些變化對專案的影響。這將幫助確定哪些參數對專案的經濟可行性影響最大，哪些因素對專案的風險和回報水平具有關鍵影響。

(7) 做出決策

根據經濟可行性分析的結果，做出是否進行或投資專案的決策。如果專案的經濟收益達到預期並且投資風險可控，則專案可能被視為可行。

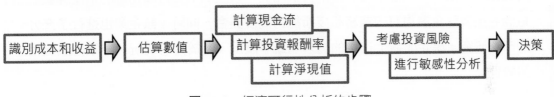

圖 10-2　經濟可行性分析的步驟

3. 組織可行性

組織可行性（organizational feasibility）是評估系統最後如何被使用者所接受，以及如何納入組織的正常運作。許多組織的因素會對專案產生衝擊，例如：組織內存在各種利害關係人，彼此間可能有不同的意見和目標；專案也可能帶來變革，這對組織文化與接受能力可能會具有挑戰性。甚至包括專案經理的領導能力、組織結構等因素，使得組織可行性可能很難評估。評估專案的組織可行性，可以採取下列分析的方式：

(1) 策略契合（strategic alignment）

策略契合是指專案與企業策略的吻合程度。企業策略包括能力與目標兩個層面。策略能力是指「以組織的無形資產創造價值的能力」；策略目標是「為了實現企業的使命和願景，而設定的具體目標」。策略目標的達成，有賴組織成員的協同合作能力和其他各項策略能力，以產生契合效應（alignment effect）與協同效應（synergy effect）[1]。契合效應是指多個因素之間的相互作用，其結果比單獨作用更大；協同效應則是指組織中的各個部分在實現共同目標時的一致性。契合與協同的程度愈好，表示專案目標與企業策略保持一致，專案的整體效能也能獲得提升，專案的風險就愈低。

1　Bratianu, C. (Ed.). (2015). Organizational knowledge dynamics: Managing knowledge creation, acquisition, sharing, and transformation: Managing knowledge creation, acquisition, sharing, and transformation. IGI Global.

⊕» 補充說明

假設一家專營零售的企業，規劃進行一個新的線上銷售平台的開發專案。該企業以往專注於傳統實體店鋪營銷的資訊系統，而現在希望擴展到線上市場，以滿足使用者線上消費的需求。這個專案的目標是提供一個方便、易用且安全的電子商務平台。

情境 1：策略契合程度高，專案風險低

在這個情境下，該企業已經有一定的數位化基礎與營銷專業知識，包括內部的資訊科技團隊，熟悉網站和應用程式開發，以及線上支付和物流的相關經驗。這個專案與該企業現有的業務和技術能力高度契合。同時，該企業也進行了充分的市場研究，確定了線上市場的需求和競爭狀況。基於這些情況，專案的風險相對較低。

情境 2：策略契合程度低，專案風險高

在這個情境下，該企業對於數位化轉型缺乏經驗，並且內部缺乏相關的技術團隊和資源。專案的目標是建立一個高度複雜的線上平台，但是該企業並沒有相應的技術能力，包括數位金流與線上交易的安控機制。此外，該企業在市場研究方面也做得不充分，並沒有全面了解線上市場的需求和競爭情況。在這種情況下，專案的風險會相對較高，可能面臨開發延期、功能缺陷、成本超支等問題。

(2) 利害關係人（stakeholder）

利害關係人是任何會影響新系統（或被影響）的人、單位或組織。新系統導入時最重要的利害關係人，通常是專案擁護者、系統使用者與組織的管理階層，或是 IT 部門，因 IT 工作或角色可能在系統實作之後有很大的改變。識別並評估專案的主要利害關係人，包括內部和外部。確定他們對專案的支持度和影響力，以及對專案執行可能帶來的潛在影響。

(3) 資源可行性（resource feasibility）

評估組織是否有足夠的資源（例如預算、技術、人力等）來支持專案的實施。這包括評估資源的可用性、可行性和分配情況。

(4) 組織文化（organizational culture）

研究組織的文化和價值觀，並評估專案是否與組織文化相容。組織文化是指組織內部所共享的價值觀、信念、行為模式和社交慣例，它形成了組織成員的心態和行為方式。這種文化在很大程度上影響著組織的運作、決策和對變革的接受程度。在評估專案的組織可行性時，進行組織文化分析的目的是確定專案是否與組織的文化相容，以及專案是否能夠被組織成員接受和支持。

(5) 時間框架（time frame）

時間框架是指專案或計畫完成所需的時間範圍或時間限制，用來規劃和安排專案的活動和里程碑。考慮組織人力安排與資源的調配，以及專案執行可能涉及的風險和不確定性。合理的時間框架和計畫，以及適當的資源分配和風險管理，將有助於確保專案按時交付，並符合組織的時間限制。如果時間可行性分析顯示專案的時間目標難以實現，則可能需要調整專案計畫、增加資源或重新評估專案的可行性。

可行性分析有助於組織做出更明智的資訊系統專案抉擇，因為它迫使專案小組考慮技術、經濟和組織層面的影響因素。透過讓業務單位了解決策的過程，並知道他們在決策中扮演的領導角色，IT 專業人員也能避免受到批評。在專案小組做出關於系統的重要決策（例如，在設計開始之前）期間，可行性研究可能會多次進行修訂。這項分析在整個 SDLC 期間支持並解釋所做的關鍵決策。

10-4　專案人事

1. 人事編制

人事編制包括專案需要多少成員、專案的特性需要哪些專業人才。決定人事編制的第一步驟是平均人力。依據工作量的總人月除以最佳時程的計算結果求得平均人力，

$$平均人力 = \frac{總人月}{預估時程}$$

例如：規劃在 12 個月內完成 72 人月的專案，參與的人力平均需要 6 位專職成員。另外再考慮人員技能、任務交叉和重疊，以及考慮可能任務延遲或新增任務等情況的變動風險。

考慮增加人力來縮短專案的工作時程並不一定是明智的做法。增加人員數量不一定會帶來相應的增加生產力，因為人員數量與生產力之間沒有相對的比例關係。團隊規模增加，協調會變得更加困難。舉例來說，在一個兩人的專案小組中工作是相對容易的，因為團隊成員之間只需共享一條溝通線。增加越多的人就會增加越多的溝通線，增加溝通的複雜性。數量可以使用公式 C_2^n 計算，如圖 10-3 所示，專案團隊增加到 6 人時，就會達到 $C_2^6 = 15$ 條溝通線。

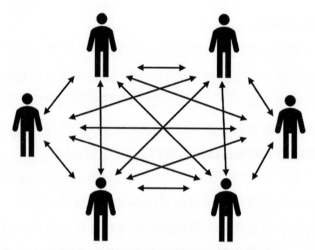

圖 10-3　團隊規模越大越不容易溝通

為減少團隊效率損失，需要意識到人數增加所帶來的複雜性，並建立回報機制以緩和其影響。藉由限制團隊規模，專案管理可以更有效地處理溝通和協調，有助於確保專案的順利執行和成果達成。經驗法則是，團隊規模建議應該保持在 8 到 10 人之間；若需要更多人手，則可以考慮建立子團隊。這樣，專案經理可以在小團隊內保持有效率的溝通，然後進一步與專案上層溝通。

專案經理在了解所需人力後，接下來的工作是制定一個人員編制計畫，明確列出專案所需的各個角色和成員之間的關係。專案小組的搭配方式有多種，如圖 10-4 所示，專案團隊通常由一位專案經理（PM）或計畫主持人作為整個開發進度的監督者，並包括功能性，例如：系統分析師的小組，以及包括程式設計師、使用者經驗（UX）或介面設計師等人員組成的技術小組，團隊的核心成員，再視任務搭配行政、客服等小組。根據需要，還可以配置市場經理作為功能領導人（functional leader），來管理系統分析師的工作，或配置技術領導人（technical leader）來監督程式設計師和其他技術人員的進度。

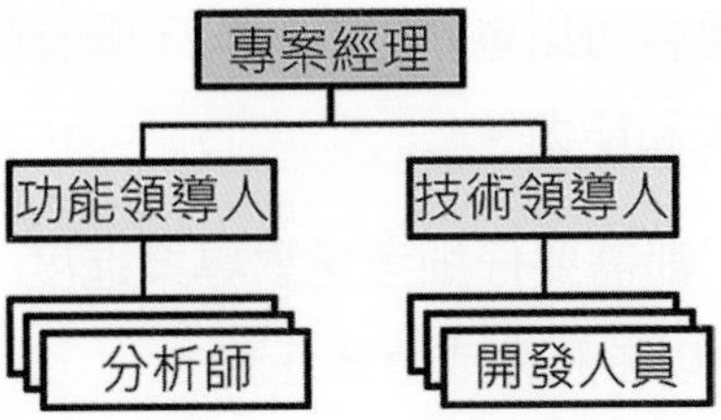

圖 10-4　專案組織

　　指派人員角色是專案中重要的一環，人事結構定義之後，PM 需要仔細考慮每個人的技能和能力來確定適合的角色。通常，一個人可能會在專案小組中擔任多重角色。

　　在指派任務時，擁有專業的技術技能（technical skill）與人際溝通技能（interpersonal skill），對專案而言是相同地重要：

(1) 技術技能在處理技術性任務（例如撰寫程式、美工設計）和理解特定專案中技術所扮演的角色（例如根據使用者點閱率調整網頁的版面）方面非常重要。

(2) 人際溝通技能，能夠應對企業使用者、高階主管和其他專案成員之間的溝通。

　　許多專案可能涉及到技術上的複雜性，同時也可能注重與利害關係人的溝通與合作。因此，每個專案都需要具備應對相應挑戰的技能和能力。在指派人員角色時，必須考慮專案的需求和特點，確保每個角色都由具有相應技能和能力的人員擔任，以確保專案順利進行並取得成功。

　　理想上，專案的每個角色都能指定適當的成員擔任。然而，有時候可能會找不到合適人選，或成員所擁有的技能不符合實際需要時。專案經理有幾個改善這種處境的選擇方案：

(1) 增加培訓和發展：如果專案比較沒有急迫性，可以考慮在團隊內部先進行培訓。提供必要的學習機會，使現有團隊成員能夠獲得所需技能。

(2) 尋求內部支援：考慮借調其他專案的成員，使得資源可以彼此相互支援。不過，從組織的角度來看，這可能是有爭議的作法，因為可能會影響到其他專案的進展。

(3) 委由外部處理：例如聘請顧問或外包給第三方（third-party）。這樣的做法可以補充專案現有缺失的技能，並且不會對公司內部其他專案造成干擾。

(4) 增加招聘人才：尋找適合人選的招聘，包括尋找有相關經驗的專業人士或有潛力成長的新人。

(5) 改變角色需求：評估是否可以重新設計專案，調整特定角色的需求，以更好地符合現有團隊成員的技能和能力。

無論選擇哪種解決方案，都需要仔細考慮對專案進度、品質和成本的影響，也較注意專案成員之間合作的默契，以順利完成專案任務。

2. 激勵

激勵是一個影響人們表現和投入的重要因素。對於專案經理來說，激勵團隊成員是實現成功專案的關鍵。選擇適當的激勵方式可以激發團隊的積極性、動力和合作意願，但同時也需要謹慎考慮，避免不良後果。如表 10-2 所示，建議的激勵方式與應該避免的激勵方式。

表 10-2　激勵方式

	激勵方式	說明
建議的激勵方式	肯定和讚揚	給予成員公開或私下的讚揚和肯定，肯定他們的工作表現和貢獻，這能提升成員的自信心和工作動力。
	提供成長機會	提供成員發展技能和知識的機會，例如參加培訓課程或獲得專業認證，這會增加他們的價值感和投入。
	授予更多責任	給予成員更高的職責和挑戰，讓他們感受到被信任和重視，並能夠在企業組織內發揮更大的影響力。
	建立良好的團隊文化	創建支持、合作和積極的團隊文化，使成員願意共同努力，共享成功。
不建議的激勵方式	單純的金錢獎勵	過度依賴金錢獎勵可能會導致成員僅追求獎勵而不是真正投入專案。
	過度競爭	過度競爭可能導致內部分裂和合作減少，影響團隊的凝聚力和效率。
	虛偽的讚揚	虛偽的讚揚會讓成員失去對經理的信任，並降低團隊的士氣和合作意願。
	威脅和壓力	使用威脅或壓力來激勵成員會引起壓力和焦慮，對工作品質和效率造成負面影響。

好的激勵方式應該是多元化的，專案經理應該了解團隊成員的需求和動機，並針對個別成員的特點和個性來應用不同的激勵方式，以實現專案成功和團隊的共同成長。

3. 處理衝突

在進行專案人員安排時,同時需要謹慎處理潛在的衝突情況。在專案中,團隊的凝聚力對於整體生產力的貢獻,遠超出個別成員的能力和經驗。但是如果人事安排不妥當,例如:成員的角色定義不清、權力和職位爭奪、工作分配不均,或是成員來自不同的專業背景和文化背景,可能導致理解和處事方式的差異,進而引發衝突。

參考表 10-3,為了減少衝突可能帶來的影響,明確定義每個人的角色和職責,確保每個成員的角色和責任都清晰明確,避免重疊和混淆。並且建立開放和透明的溝通氛圍,讓成員能夠坦誠地表達意見和問題,及時解決可能的衝突。有些專案經理會制定專案章程,明確列出專案的規範和遊戲規則,例如工作時間、會議頻率和工作進度等,確保所有成員對專案運作有一致的理解。

這些技巧可以幫助專案經理降低人事安排時的衝突,營造良好的工作環境和團隊氛圍,有助於專案的順利進行和成功完成。

表 10-3 降低專案人事安排時衝突的技巧

方式	說明
清晰的角色定義	確保每個成員的角色和責任都清晰明確,避免重疊和混淆。
開放和透明的溝通	建立開放和透明的溝通氛圍,讓成員能夠坦誠地表達意見和問題,及時解決可能的衝突。
建立良好的團隊文化	促進合作和共享,建立良好的團隊文化,讓成員感受到團隊的凝聚力和支持。
公平的工作分配	確保工作分配是公平的,根據成員的能力和興趣來分配適合的任務。
專案章程的建立	制定專案章程,明確列出專案的規範和遊戲規則,例如工作時間、會議頻率和工作進度等,確保所有成員對專案運作有一致的理解。
解決衝突的機制	建立有效的解決衝突機制,鼓勵成員在發生衝突時能夠妥善處理和解決問題。
促進團隊合作	組織團隊合作活動,增進成員之間的相互了解和信任,促進合作關係的形成。

10-5 專案準備與規劃

專案如果獲得通過，進入專案管理的執行階段，協調專案活動的動作在整個專案開發過程中，會不斷地進行。包括投入有效率的開發方法以及轉移風險，這些活動出現在整個 SDLC 的過程中。但也是在專案成立的過程的準備階段，包括選擇 CASE 工具、制定標準、撰寫說明文件和管理風險，必須把這些事情擬定妥當。

1. CASE 工具

CASE（Computer-Aided Software Engineering）工具是一類輔助開發流程軟體的自動化工具軟體，可以幫助專案團隊更有效地進行軟體開發和管理。在專案啟動前，需要仔細評估專案的需求和特點，然後選擇適合的 CASE 工具。例如，專案可能需要需求管理工具、專案排程工具、版本控制工具等，根據專案的需求選擇合適的 CASE 工具，以提升開發效率和品質。

2. 標準

確定每個人都在同一陣線的方法之一，是採用相同的方法執行任務並依循同樣的步驟程序，也就是建立專案小組都要遵守的標準。標準的制定範圍，這些標準包括如表 10-4 所列的文件表單格式填寫的標準、版本控制標準，以及程式設計的指導原則等。

當一個團隊建立了標準，然後加以遵循時，可以確保專案成員之間的一致性和協調，減少後續的整合和衝突問題。專案因為任務協調將變得比較簡潔，可能完成得更快。

在擬定專案需要遵循的標準時，需要注意以下幾點：

(1) 明確和具體：每個標準項目都應該明確和具體，避免模糊不清或含糊不清的表達，以免引起不必要的歧義。

(2) 可行和可執行：確保標準是實際可行和可執行的，符合專案的實際需求和可行性。

(3) 適應專案特點：標準應該是在不同專案之間有共通的一致性，但是如果專案有其特殊需求，標準應該能夠適應專案的特殊需求，而不是僅僅套用一般性的樣板。

(4) 經過審核和批准：擬定專案標準時，應該經過相關人員的審核和批准，確保標準的內容合理和有效。

(5) 不斷更新和改進：專案標準應該是持續改進的過程，根據專案的實際執行和經驗，不斷進行修訂和更新。

表 10-4　專案擬定遵循標準的範例

標準	項目	說明
文件標準	・專案計畫書 ・需求規格文件 ・設計文件 ・使用者手冊 ・專案報告和進度更新	・計畫書文件應包含：專案的目標、範圍、時間表、預算、資源分配等計畫內容。 ・需求書文件應包含：詳細描述專案的功能需求和系統特性。 ・設計書文件應包含：包括系統架構、模塊設計、資料庫設計等技術設計內容。
表單	・變更請求表單 ・問題追蹤表 ・缺陷報告表單 ・審查和審核表單 ・進度追蹤表單	・文件格式：統一規範專案中各種文件的格式等。 ・文件命名：定義文件命名的規則，確保文件命名清晰且易於識別。 ・文件版本控制：確定文件版本控制的方法，以便管理和追蹤文件的更新和變更。
程式	・程式撰寫風格指南 ・命名規範 ・註解和文件說明要求 ・程式碼版本控制和管理規範 ・軟體建構審查和批准流程說明	・程式撰寫風格：定義程式碼編寫的風格，例如縮格的間距與時機、命名規則、註解方式等。 ・程式重複使用：鼓勵成員適當地重複使用現有的程式庫，提高程式碼的重用性。
測試	・測試計畫書 ・測試規範和流程 ・測試案例編寫指南 ・測試資料和環境準備規範 ・測試報告和缺陷追蹤規範	・測試計畫：定義測試計畫的編寫方式和內容，確保全面覆蓋測試。 ・測試使用案例：統一規範測試案例的撰寫和結果報告方式。

　　有些標準（例如：設計文件，命名規範等）適用於整個 SDLC 階段，有些標準（例如：程式撰寫風格、測試規範）則適用於某些任務。在專案正式開始後，隨著團隊不斷向前推進，可能會需要增加新的標準，例如針對專案不同階段或新型資安漏洞，制定相應的安全控管規範。

3. 說明文件

　　在規劃階段，專案小組要準備一份「說明文件」，內容包括專案 SDLC 各任務的詳細資訊。傳統文件說明都以活頁夾（binder）的形式存放於說明文件的檔案夾內，但現代多是透過檔案管理或知識管理系統，進行有效的管理。專案說明文件包含了所有交付成果與所有內部溝通的資料，也就是專案的歷史。

(1) 專案前的說明文件內容重點

專案起始前的說明文件，內容可以只是專案的簡介，可以將其視為提供給利害關係人和跨部門參與成員的快速摘要。專案簡介建議包含以下七個要素：專案目標、成功指標、專案關係人與角色、預算、里程碑與交付項目、時間軸與排程、專案溝通計畫。簡介主要是傳達專案的需求。

(2) 專案執行中的說明文件內容重點

在專案 SDLC 各任務執行過程中，不斷產生各類的文件，包括技術文件與溝通文件。技術文件如：需求規格、設計文件、程式碼文件、測試計畫、專案排成、資源分配、管理計畫等；溝通文件如：會議記錄、報告文件（進度報告、狀態報告、風險報告等）、內部培訓材料、問題追蹤文件等。

這些專案歷史文件，會議記錄和報告文件，可以作為決策的依據和證據，有助於解決爭議和紛擾。專案執行過程中，也可提供於高層管理者和利害關係人對專案的監督和審查、問題追蹤和改進、促進團隊成員之間有效溝通。保存的設計文件、程式碼文件和培訓材料，使新成員能夠快速適應和參與專案，也方便後續的知識傳承和學習。

4. 管理風險

專案風險（project risk）不是專案問題（project issues）。如圖 10-5 所示，專案問題是指在專案執行過程中出現任何不符合預期、不利於順利完成專案目標的情況或障礙。這些問題可能包括技術問題、人員問題、資源問題、溝通問題、進度延誤等。專案問題是一個廣泛的概念，可以涵蓋各種專案執行中可能遇到的困難和挑戰。解決專案問題是專案管理中非常重要的一環，需要針對不同的問題制定適當的解決方案，以確保專案能夠順利進行並達成預期目標。

專案風險
是指任何可能影響專案成功的因素

專案問題
是指已經影響專案成功的任何事情

圖 10-5　專案風險 v.s 專案問題

專案風險是指在專案執行過程中可能發生的不確定性，這些不確定性可能對專案的目標和成果產生負面影響。專案風險可以是內部風險，例如：預算超支、人員能力不足或離職，也可以是外部風險，例如：通貨膨脹、法規改變、設備延遲等。

(1) 風險管理步驟

當進行任何專案時，無論其大小和複雜程度如何，都存在著潛在的風險。風險管理（risk management）是確保順利完成專案的關鍵部分，它可以幫助專案管理團隊在整個專案進程中識別潛在風險、評估風險的嚴重性和發生概率、制定應對策略以及持續監控和調整風險。

通過有效的風險管理，專案管理團隊可以在專案進行期間降低風險對專案成功的影響。風險管理通常包括以下步驟：

a. 識別風險

對專案中可能出現的風險進行識別，包括確定風險的來源、風險產生的條件、描述其風險特徵和確定哪些風險事件有可能影響專案。識別潛在的風險需要與團隊成員和利害關係人進行討論，分析專案的內部和外部環境，以及專案涉及的技術、人員、供應商、法規等因素。透過腦力激盪、問卷調查、專家評估等方法，確定可能出現的風險。

b. 評估風險

在識別風險後，建立一份風險評估，也就是追蹤潛在風險的文件。內容包括評估風險的嚴重性、發生概率等，幫助團隊了解哪些風險最具威脅性，處理優先等級等。通常，風險評估採用質化（Qualitative）與量化（Quantitative）方法，質化評估是根據主觀意見和經驗進行評估，量化評估則是基於數據資料的統計分析來估算風險。

c. 應對風險

一旦風險被確認並建立評估，下一步是制定應對策略。應對風險的策略通常分為四種：避免（avoid）、降低（reduce）、轉移（transfer）和接受（retain）。

- 避免風險：採取措施防止風險發生，或停止從事產生風險之活動來避免風險。

- 降低風險：實施控制措施來減少風險的嚴重性或發生概率；

- 轉移風險：將風險轉移給其他利害關係人或外部機構；

- 接受風險：如果風險的後果相對較輕微或其影響不可避免時，選擇不進行特殊處理而承受風險。

d. 監控風險

風險管理不是一個一次性的過程,而是一個持續的過程。專案團隊需要持續監控風險的狀況,確保應對措施的有效性,並及時調整策略以應對新出現的風險。

(2) 風險管理要素

在專案風險管理中,不僅需要關注技術和經濟方面的風險,還需要關注人員、文化、法規等方面的風險。運用科學的方法和有效的工具來管理專案風險,可以大大提高專案的成功機率和順利進行。一些好的專案風險管理的要素包括:

a. 建立風險管理計畫

在專案初期,制定一個詳細的風險管理計畫是非常重要的。這個計畫應該明確規定風險管理的目標、策略、方法、負責人以及相關時間表。這能夠確保風險管理在整個專案進行中得到妥善執行。

b. 定期審查和更新

專案風險是一個不斷變化的過程,新的風險可能隨時出現,而已識別的風險也可能因為專案進展而發生變化。因此,定期審查風險並更新風險管理計畫以反映專案環境和進度的變化。

c. 溝通和透明度

溝通是有效風險管理的關鍵。專案團隊應該定期與利害關係人進行溝通,分享專案風險的情況,並尋求他們的意見和支持。透明度能夠增加利害關係人對專案的信心,並協助解決可能出現的問題。

d. 風險評估工具

使用適當的風險評估工具來評估風險的嚴重性和發生機率。這些工具可以幫助專案團隊對風險進行量化分析,並確定應該優先處理的風險。常見的風險評估工具包括:

• 機率與影響矩陣(Probability and Impact Matrix):這是一種簡單且常用的工具,用於評估風險的可能性和影響程度。通常,風險評估的結果會在一個矩陣中呈現,其中可能性和影響分別以不同的等級評分。專案團隊可以根據這個矩陣來定義哪些風險是高、中、低等級,以便進一步制定應對策略。

- 強弱危機分析（SWOT Analysis）：SWOT 分析是評估專案內外部環境的競爭力工具（參見 11-8 節的介紹）。其中 SWOT 代表 Strengths（優勢）、Weaknesses（劣勢）、Opportunities（機會）和 Threats（威脅）。在進行風險評估時，SWOT 分析可以幫助團隊識別專案內部優勢和劣勢，以及外部機會和威脅，進而找出可能的風險和應對方案。

- 事件樹（Event Tree）：事件樹是用於模擬可能的風險發生和對應後果的圖形表示方法。它通常用於評估複雜的風險情境，透過樹狀結構展示不同事件和其後果的關聯性。事件樹有助於了解可能的風險順序和潛在結果，幫助專案團隊制定更全面的風險應對策略。

- 敏感度分析（Sensitivity Analysis）：敏感度分析是一種用於評估專案風險的量化方法。通常用於測試特定變數的變化對專案結果的影響。透過敏感度分析，專案團隊可以確定哪些關鍵因素對專案成功的影響最大，並針對這些因素制定應對措施。

- 應急計畫（Contingency Planning）：俗稱 B 計畫，是一種針對可能風險的預先準備方案。專案團隊在風險評估的基礎上制定應急計畫，明確指定當特定風險發生時應採取的措施，以最大限度地減少風險的影響。

e. 風險管理文件

建立專案的風險管理文件來記錄所有的風險管理活動，包括識別的風險、評估結果、應對策略、實施情況等。這些文件可以成為專案經驗的寶貴資源，供未來類似專案參考和借鑒。

專案風險管理是專案成功的關鍵要素之一。有效的風險管理可以降低不確定性帶來的影響，保證專案能夠按計畫順利執行，並最大限度地實現預期的成果。透過持續地監控、審查和改進，專案團隊可以更好地應對挑戰，並迎接變化。風險管理並不是一個單一的步驟，而是一個動態的過程，需要持續關注和努力，以確保專案的成功。

10-6　範例：數位典藏系統－系統需求與專案組織

1. 系統需求

　　為了提供專案選擇時的評估基準的重要參考文件，專案發起人需擬定系統需求，撰寫說明了建立系統的動機、明確方向及預期系統帶來的價值。以下模擬建立報紙數位典藏網站的範例，撰寫系統的說明如下：

表 10-5　系統需求範例

項目	作用	範例
專案發起人	專案發起人是這個專案的主要聯絡人和負責人	・業務部門主管：提供項目的方向、目標和優先事項。負責確保項目能夠按照計畫順利執行，並在需要時提供必要的資源和支援。 ・系統維護部負責人。
企業需要	列舉推動對企業的必要理由	・提供一個中央化的平台，將報紙的印刷版轉換為數位格式，以確保新聞資源的長期保存和可存取性。 ・滿足目標客群的數位閱讀需求，提供使用者友善的瀏覽介面和檢索功能。 ・保護報紙歷史記錄和文化遺產，確保它們不會因為時間的流逝而損失。
企業需求	系統將提供的功能	・使用者登錄和身份驗證：以角色為基礎的存取控制，確保只有授權的員工可以存取後台系統。 ・使用以角色為基準（role-based）的權限管理方式，例如訪客、註冊使用者、管理者等，具有不同的權限和功能。 ・資料處理：數位化檔案的上傳和儲存功能，包括圖像、後設資料和格式定義。支援多種分享與獲取之後設資料的協定。 ・提供一個中央化的平台，將報紙的印刷版轉換為數位格式，以確保新聞資源的長期保存和可及性。 ・支援多種數位典藏檔案格式，如 PDF、JPEG 等；後設資料支援如 DC、NITS、NewsML 等。 ・數位資源的版本控制，以確保資源的歷史可追溯性。 ・資源的詳細關聯資訊，例如分類、版面等。 ・內容的社群分享功能，使用者能夠方便地分享有價值的資源。 ・個性化設置：讓使用者能夠自行定義其專屬使用介面和內容設置，以符合個人化需求。

（續下頁）

（承上頁）

項目	作用	範例
企業價值	預期企業可獲得的效益	· 保存與傳承：確保報紙的歷史記錄和文化遺產得以保存，並將其傳承給未來的世代。 · 知識共享：提供一個方便的平台，讓使用者可以自由存取並分享報紙資源，促進知識和文化的共享。 · 技術實務：掌握數位典藏、知識管理、後設資料建置、線上資料分享與獲取、數位化流程、資料檢索功能等設計與開發能力。 · 增加價值：將印刷報紙轉換為數位格式，增加其價值，並使其更容易存取、檢索和分析。 · 學術研究和創新：典藏的內容涵蓋了相關領域的知識，對學者和研究人員來說，這是一個重要的資源庫，能夠啟發新的研究領域和創新想法。 · 增值服務：可以將這些數位典藏資源轉化為增值服務，例如付費訂閱、銷售、事件脈絡分析等，提供額外的收費來源。
特殊議題	專案決策的議題，或是後續系統實作的相關議題	· 時間限制：需要在特定期限內完成專案，以確保系統能夠在合適的時間內推出，以滿足用戶需求。

2. 專案組織

在專案中建立適當的人員組織是極其重要的，這有助於確保專案的有效執行調和管理。針對本範例數位典藏網站的發起現況，因為專案尚未通過選擇的階段，所以無法具體決定參與成員的名單，只能先針對專案的性質擬定參與的角色。依據專案性質，配置專案經理負責整理組織與資源的管理；配置專案主持人、協同主持人工作，負責系統開發的相關技術指揮；因專案性質涉及新聞的領域知識（Domain Knowledge），額外增加一名顧問。執行團隊則分成系統開發與品質管制兩個小組，系統開發負責前台、後台與系統設計等工作；品質管制負責文件製作、培訓與測試等工作。此外，尚未獲得公司會通過的實際經費，以及系統範圍仍需經由後續的需求分析確定，所以此範例未列明各個角色的配置人數：

表 10-6　專案成員的角色與負責任務

職稱	任務項目
專案經理	・負責整體專案計畫、進度追蹤和會議管理。 ・調配專案編組人員或公司內部資源。 ・協調團隊成員、解決問題遂行任務並進行風險管理。 ・客戶溝通協調。
專案主持人與協同專案主持人	・參與決策系統及設備發展方向和技術諮詢。 ・確定系統架構及開發實施整體規劃。 ・協助內部成員與客戶各種技術諮詢。 ・支援專案經理執行相關業務。
顧問	・負責提供報紙典藏與新聞專業諮詢與指導。
專案助理	・協助專案經理進行文件管理、會議籌備和行政支援。 ・資料彙整、處理及移轉作業。
前台開發團隊	・前台開發負責設計和實作使用者介面互動程式。 ・由多名程式設計師組成。
後台開發團隊	・後台開發負責伺服器端功能的實作和資料庫管理。 ・由多名後台開發、系統工程師和資料庫專家組成。
設計師團隊	・設計師負責網站的整體視覺設計與規劃、使用者介面（UI）和使用者經驗（UX）優化。 ・由平面設計師和 UX 設計師組成。
專案文件與培訓團隊	・負責編寫系統文件、操作手冊和培訓材料。 ・協助使用者培訓和支援。
測試團隊	・測試團隊負責進行不同階段的測試，包括功能、性能和使用者驗證測試。 ・由測試工程師組成。 ・至少一名具備資安 ISO 27001 主導稽核員資格之人員，負責系統資安的檢測。

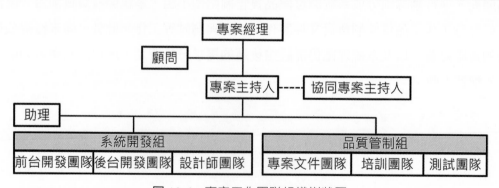

圖 10-6　專案工作團隊組織樹狀圖

✎ 本章習題

問答題

1. 可行性分析可包含哪些方向的可行性？

2. 風險管理通常包括哪四項步驟？

Chapter 11

系統需求調查

　　系統分析與設計階段的一個重要任務是進行系統需求的調查。這是因為系統需求的調查是確定和理解系統開發專案的需求和目標的關鍵基礎。

11-1 ▶ 需求

　　系統分析實際上就是執行「系統需求分析」，最開始也是最重要的是掌握「系統需求發展」。當要開發一個系統時，系統分析師（System Analyst，SA）需要瞭解客戶或使用者的需求，掌握需求、描述需求。需求收集（requirement gathering）就是找出現實中的問題，並考慮如何使用軟體來解決的階段。

　　需求描述從構思、設計、實作到維運的系統所需功能與特徵。需求的內容包括性能、時程、成本和其他特徵（例如生命週期）。需求通常按層次來組織，最高層次應是專注於實現什麼，而不是如何實現。目的在從整體系統到每個硬體、軟體元件都能夠正確建立。

　　需求可劃分下列 5 種需求級別（level of requirements）：

(1)商業需求（Business Requirements，或稱業務需求）。

(2)利害關係人需求（Stakeholder Requirements）。

(3)功能需求（Functional Requirements）。

(4)非功能需求（Non Functional Requirements）。

(5)過渡需求（Transition Requirements）。

1. 需求標準

需求並非專案負責人或專案成員主觀認定而獲取的需要，實際有其國際相關標準，可以做為需求收集的參考：

(1)NASA/SP-2007-6105[1]：

* Section 4.2 －技術性需求定義（Technical Requirements Definition）
* Section 6.2 －需求管理（Requirements Management）
* Appendix C －如何撰寫良好的需求（How to write a good Requirement）
* Appendix D －需求驗證矩陣（Requirements Verification Matrix，RVM）

(2)系統工程國際委員會（International Council of Systems Engineering，INCOSE）的系統工程手冊（Systems Engineering Handbook）[2]。

(3)ISO/IEC 15288: 2008 系統和軟體工程－系統生命週期程序（Systems and software engineering - System life cycle processes）。

* 6.4.1 利害關係人需求定義程序（Stakeholder Requirements Definition Process）

2. 需求收集意義

需求收集是塑模和分析的基礎，盡可能發現使用者真正的需要和期望，避免各種錯誤的假設情況發生。使用者意見是需求收集的基本來源方式，市場趨勢、技術或標準更新、政策或法規約束等都是軟、硬體與執行環境需求的可能來源。

將收集來的需求，使用 UML 的使用案例圖表示使用者的需求，透過使用案例可以對外部的角色以及所需要的系統功能進行塑模，不僅要對軟體系統，對商業流程也要進行需求分析。如圖 11-1 所示，依據獲取各級別需求的流程，分別可以產生專案與執行範圍、使用案例圖、系統軟硬體與環境規格等各個層面的文件。

將需求收集結果的分析焦點放在系統目標的描述上。開發人員、客戶或使用者共同標識出問題領域，再接著定義、了解這些問題領域。針對解答問題領域，以及包含軟、

---

1 NASA Systems Engineering Handbook. https://www.nasa.gov/seh/index.html

2 D. D. Walden, G. J. Roedler, K. J. Forsberg, R. D. Hamelin, and T. M. Shortell. (2015). INCOSE Systems Engineering Handbook: A Guide for System Life Cycle Processes and Activities, 4th Edition. Hoboken, US-NJ: Wiley.

硬體、環境需求的定義文件，就稱為系統需求規格（System Requirements Specification，SRS）。

> ⊕) **補充說明**
>
> 系統需求規格的撰寫請參見 12-9 節的介紹。

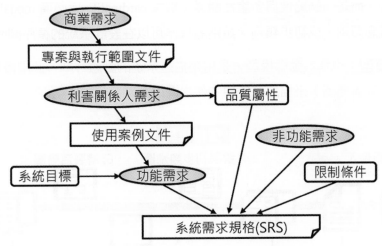

圖 11-1 需求級別與產生的文件層次

11-2 分析模型

如圖 11-2 所示，需求分析階段就是進一步將需求收集階段的文件，轉化成電腦軟體能夠實現的需求，並撰寫成系統需求規格（SRS）。因此，可以單純地將需求分析視為系統分析。

1. 需求分析模型

建構需求分析的模型有下列三種作用：

(1) 可以用來確認問題的需求；

(2) 為使用者和開發人員提供明確的需求；

(3) 提供使用者和開發人員之間協商的基礎，作為後續設計和實作的框架。

需求分析階段主要考慮所要解決的問題，採用物件導向分析時，進行如圖 11-2 所示的分析過程，依據不同的觀點會產出下列 3 種需求分析模型：

(1)功能模型：把使用者的功能性需求轉化為開發人員和使用者都能理解的一種表達方式，其結果為產出使用案例模型（使用案例文件與視圖）。

(2)邏輯模型：也稱為物件模型，屬於系統的靜態模型。透過對使用案例模型的分析，把系統分解成互動的類別。此階段產出的文件，是較為簡單的類別圖，通常不包含操作，而是強調屬性與多重性關係（數集 cardinality 與必備 modality），所以又稱概念類別，或初步類別。類別的操作可以在設計系統的循序圖時確定。

(3)程序模型：也稱為動態模型，是用來描述系統的動態行為。此階段產出系統循序圖（或溝通圖）來描述系統中物件之間的互動關係。

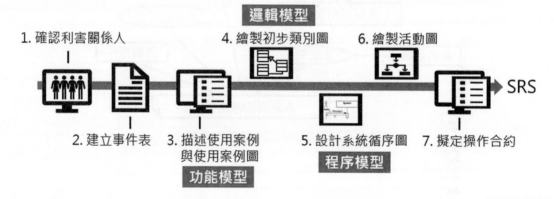

圖 11-2 需求分析基本程序

（建立事件表請參見 12-1 節；使用案例請參見 12-3 節；初步類別圖請參見 12-5 節；系統循序圖請參見 12-7 節；操作合約請參見 12-8 節）

只有結合靜態模型和動態模型，才能夠真正地將一個系統描述清楚。靜態模型和動態模型對後續撰寫程式具有重要的意義。靜態模型提供類別宣告的參考，包括類別名稱、屬性；而動態模型主要提供類別方法實作的參考。

2. RUP 架構之需求分析模型

統一軟體開發過程（Rational Unified Process，RUP）建議使用「以架構為中心」的 UML 描述方法。也就是說，一個確定的基本系統架構是非常重要的，並且在過程的早期就要建立這個架構。系統架構是由不同模型的一組觀點表達的，產生的文件則稱軟體架

構文件（Software Architecture Document，SAD）。如圖 11-3 所示，RUP 架構一般包括：邏輯觀點、實作觀點、程序觀點和部署觀點，透過使用案例觀點將這 4 種觀點聯繫在一起。

(1)使用案例觀點（Use Case View）：包括參與者、使用案例、使用案例圖、時序圖或溝通圖。這是需求分析最主要也是第一個要產生的視圖。此觀點不在意如何具體實作，而是著重於系統的整體目標。

(2)邏輯觀點（Logical View）：邏輯觀點包括需要的特定類別、類別圖 和狀態圖。邏輯觀點著重於實現使用案例圖中的具體功能，和元件之間的關聯，定義系統物件導向的設計模型。

(3)實作觀點（Implementation View）：從開發人員的角度定義系統，著重於軟體模組的組織，例如子系統、程式庫、框架等。可以使用不同的 UML 圖，例如組件圖或套件圖來描述系統組件。

(4)程序觀點（Process View）：透過描述商業流程（business flow）和支援這些流程的組件來表達設計的並行（concurrency）和同步（synchronization）。例如系統涵蓋平行處理、分散式，或整合式的需求。此觀點可以使用活動圖、循序圖（或溝通圖）表達。

(5)部署觀點（Deployment View）：依據系統實際配置的需求，描述軟體組件在設備上的結構以及這些組件之間的連接。此觀點可以使用部署圖表達。

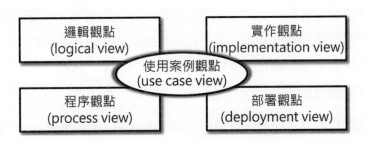

圖 11-3　RUP 架構的需求分析模型

（圖形來源：Feggins, R. (2001). Designing component-based architectures with Rational Rose RealTime. Rational Software White Paper.）

11-3 需求收集的困難點

需求收集是後續系統分析和塑模的基礎。主要任務是弄清楚客戶想要透過系統達到的目標，總結客戶提出的各種問題和要求。在專案的開發過程中，需求變更貫穿軟體專案的整個生命週期，從專案建立之初、構思、設計、開發到維護，客戶內各類型使用者的經驗增加、對使用軟體的感受與熟悉度變化、以及整個業務範圍的新動態、因應系統的發展而產生組織再造的變革，都會對開發的軟體系統不斷地修正功能、優化性能、提高親和力。因此需求收集的過程，隨時需要面對需求變更與取得困難的狀況。

1. 需求收集的困難

在軟體開發的專案管理過程中，專案經理經常面臨客戶的需求變更。如果不能有效處理這些需求變更，專案計畫就會一再調整，軟體交付日期一再拖延，從而導致項目開發的成本增加、品質下降及交付時程延後等情況。因此，獲取有效的需求是很重要的關鍵。

需求收集的過程是一項確定和了解客戶的各種不同類型使用者需要和限制的過程。可能會有下列狀況：

(1) 不同類型的使用者對於同一功能的要求並不一致，例如使用者與供應商之間需求的衝突。筆者也曾遇過因為不同部門人員之間的嫌隙，總是推翻其他部門所提出的功能需求。

(2) 需求經常變動。客戶本身的需求經常變動，因此要盡可能地釐清哪些是穩定的需求，哪些可能是易變的需求。以便在進行系統設計時，將軟體的核心建構在穩定的需求上，並考量參數化的彈性來設計易變的需求。其次，在合約中儘量載明清楚做與不做的項目。

(3) 客戶認為開發者應該已經掌握領域知識（domain knowledge）。一般系統開發人員都會認為使用者會對產品很感興趣，因為該產品會解決使用者的問題。但通常客戶希望開發人員已經知道或不願意耗費時間提供完整的資訊。

(4) 客戶描述不清需求。有些客戶對需求只有模糊且主觀的感覺，或是長期照表操課，只知其然而不知其所以然，以致無法具體清楚地表達需求。也有情況是客戶內的使用者對資訊系統的運作邏輯並不清楚，很難站在系統的角度描述需求。

(5) 使用者與需求訪談人員之間溝通的誤解。尤其專業的隔閡，需求訪談人員自認完

全了解使用者的需求，但實際有許多關鍵作業有相當差異。而當取得的需求在描述上沒有統一描述的方法，系統分析與設計時又會產生更多的差異，最終開發出來的系統，就完全無法符合客戶的期待。如圖 11-4 所示，很貼切的表達這種情況。

(6) 需求未獲驗證。分析人員寫好系統需求規格書（SRS）後，一定要請客戶各層級或部門的使用者代表確認。如果問題很複雜，雙方都不太明白，就有必要請開發人員快速建構雛型，雙方再次驗證需求是否正確。

(7) 需求偏離實作的可能。由於客戶大多不懂程式，可能會提出一些無法實現的需求。有時也會因為需求訪談人員或系統人員的經驗不足，對於複雜的需求（尤其是現今資訊系統環境交互運作與平台環境越來越複雜）誤認可以達成，但實際開發才發現窒礙難行而無法完成需求。

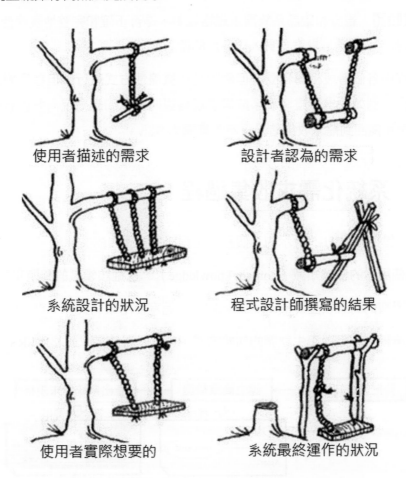

圖 11-4　開發者與使用者之間對需求認知的差異

（圖片來源：What is Software Development Life Cycle (or SDLC)？ http://sahet.net/htm/swdev21.html）

2. 需求工程流程

需求的過程，稱為需求工程（Requirements Engineering，RE），大致可以分為下列 4 個階段：

(1)需求收集：確定和收集與系統相關、不同來源的需求資訊。

(2)需求分析：對獲得的需求資訊進行分析和整合，即提煉、研判和審查已收集到的需求資訊，並找出其中的錯誤、矛盾、遺漏或其他不足的地方，以獲得使用者對系統的真正需求，建立系統正確的模型。

(3)需求描述：使用適當的描述語言，按標準的格式描述系統的需求，並產生系統需求規格（SRS）以及相關的說明文件。

(4)需求驗證：審查和確認系統需求規格說明，是否正確和完整地表達使用者對系統的需求。並通過專案負責人與客戶的確認。

需求工程中各個階段相對獨立，但原則是依據線性方式執行。但在實施過程中也存在反覆的情況，例如需求驗證發現系統需求規格說明中有問題，就需要重新執行需求分析階段，甚至可能回到需求收集階段重新收集需求資訊。

11-4 系統化需求收集過程

需求收集包括如圖 11-5 所示的 3 個基本過程與主要產出的文件：

(1) 發現使用者的領域知識（domain knowledge），挖掘該領域的問題和要求。

(2) 建立現有的商業模型（business model），編寫使用案例文件、畫出使用案例圖。

(3) 在商業模型基礎上產生軟體的初始需求，也就是系統需求規格（SRS）。

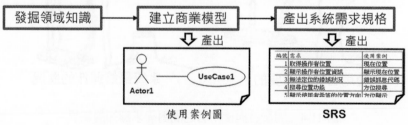

圖 11-5　需求收集的系統化過程與產出

1. 使用案例的塑模過程

　　系統開發最終完成的產品是提供使用者運行的軟體。從使用者角度觀察需求，確保最終開發的產品不僅能符合使用者要求的服務，也能滿足使者者操作的便利性。使用案例模型主要用來描述系統和系統外部環境的關係，直接影響著後續其他模型的建立。使用案例還可以協助使用者理解未來是如何使用系統。

　　使用案例是一組系統使用**情節（Scenario）**的集合，每個情節又是由一些**事件（Event）**序列構成的，發起這個事件的使用者就是系統使用的**參與者（Actor）**，每一參與者有其扮演的**角色（Role）**，表達使用系統來作什麼事情。需求中描述的角色和使用案例，在實作階段就成了類別／物件和介面。

　　需求取得過程的使用案例，比較不關心細節的情況下，只求快速搜集系統需求，形成總體樣式。使用案例塑模分析步驟如下：

(1) 確定將要設計的系統範圍和邊界。

(2) 確定系統外的參與者。

(3) 從參與者（使用者）和系統對話的角度找出雙方的特徵：

　　a. 參與者如何使用系統。

　　b. 系統向參與者提供什麼功能。

(4) 將最接近使用者（介面）的使用案例作為最上層使用案例。

(5) 對複雜的使用案例進一步分解，並確定下層使用案例以及使用案例之間的關係。

(6) 對每一使用案例作進一步改善的細化（refine）。

(7) 列出每一個使用案例執行的前置條件和執行後對系統產生的結果。

(8) 提出每一個使用案例在正常條件下的執行過程。

(9) 提出每一個使用案例在非正常條件下的執行過程。

(10) 編寫使用案例的說明文件。

(11) 繪製使用案例圖。

2. 找出角色

在使用案例中,參與者是操作某些類型或特定作業的使用者,也可能是外部的系統,這些使用者需要執行使用案例內與其相關的特定服務。也就是說,參與者擔任特定的角色時,會執行特定的作業,例如老師執行開課;學生執行選課。所有參與者必須根據假定的角色命名,因此必須找出使用案例的角色。可藉由回答下列問題,幫助系統分析師確認有哪些角色:

(1) 誰是使用系統主要功能或服務的人(starting role,主要角色)?

(2) 誰需要借助系統完成日常作業?

(3) 誰來維護、管理系統(supporting role,次要角色),以保證系統正常工作?

(4) 系統使用的硬體設備與互通的其他系統有哪些?

其他系統包括電腦系統,也包括該系統使用的應用軟體,可以區分成兩類:一類是啟動該系統活動的系統,另一類是該系統所使用的系統。

(5) 哪些人或事對系統產生的結果有興趣或受影響?

在尋找使用者時,不要只聚焦在使用電腦的人員,直接或間接地與系統互動或從系統中獲取資訊的任何人、事都是使用者。

3. 找出使用案例

在完成了角色識別工作之後,即可從角色的角度出發,考慮角色需要系統完成什麼樣的功能,從而建立角色需要的使用案例。對於找出的角色,可以透過回答下列問題的方式來找出使用案例:

(1) 角色需要從系統中獲得哪種功能?角色需要做什麼?

(2) 角色需要讀取、產生、刪除、修改或儲存系統中的某種資訊嗎?

(3) 系統中發生的事件需要通知角色嗎?或者角色需要通知系統某件事嗎? 這些事件功能是什麼?

(4) 如果用系統的功能是處理角色的日常工作,重點是簡化作業?還是提高效率?

(5) 是否還有一些與當前角色可能無關,但能幫助系統分析師發現使用案例?例如:

系統需要的輸入 / 輸出是什麼資訊？這些輸入 / 輸出資訊來源與目的地？開發的系統是要解決什麼問題，是擴充作業範圍？流程調整？還是用自動化取代人工作業？

11-5 利害關係人

找出使用案例的過程中，除了找出各個使用者的角色之外，還有兩個很重要的元素必須找出：一是利害關係人（Stakeholder）；另一是事件（Event，請參見 12-1 節的介紹）。

利害關係人在第九章「專案管理」與第十章「專案確認與組織」多次提到其對專案的重要性。之所以稱為「利害關係人」，是因為他們將直接或間接地受到系統完成與否與績效好壞的影響。如圖 11-6 所示，在需求訪談之前，必須先確認這一個系統的利害關係人。系統如果沒有滿足利害關係人的目標或利益，就可能導致系統的失敗。

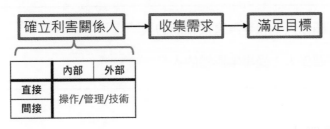

圖 11-6　利害關係人對需求與目標達成與否的重要性

1. 利害關係人類型

如圖 11-7 所示，利害關係人可分為內部（internal）與外部（external），並可再細分為操作、管理與技術三種類型。或是依據能影響專案和被專案影響的人，分類為直接與間接利害關係人。

	操作	管理	技術
內部	業務	部門主管 高階主管	專案負責人 專案團隊成員
外部	使用者 供應商	事業夥伴 合作廠商 政府機構 股東	軟硬體設備來源的技術人員

圖 11-7　利害關係人分類的範例

(1) 內部利害關係人

內部利害關係人是指那些直接參與企業的運營，且會直接受到企業績效影響的人。例如：專案負責人、專案團隊成員（如業務經理、系統分析師、程式設計師、介面設計等）、委託開發的客戶、部門或高階主管等。

內部利害關係人通常對公司的運作方式有很大的影響。例如，公司的經營者將參與重要的商業決策。許多情況會將客戶也視為內部利害關係人，是因為多數系統是客戶出資委由開發團隊開發，系統的運作是否能夠滿足他們的需求，有很直接的利害關係。

(2) 外部利害關係人

外部利害關係人是指不受系統完成與否與績效好壞直接影響，而只有間接影響的個人、團體和組織。包括使用者、事業夥伴或合作廠商、股東、潛在投資者等。

> ⊕» **補充說明**
>
> 內部利害關係人：和專案直接相關的人
>
> 外部利害關係人：受專案影響的人

2. 確認利害關係人

不同組織的利害關係人有相當的差異，在確定需求前必須針對系統開發的專案特性，先確立利害關係人。系統開發最開始，尚未進入需求分析的階段，通常並不確定利害關係人包括哪些對象。以委外的專案為例，客戶的負責窗口並不會明確告知誰是這個系統的利害關係人，所以系統分析師要善於引導、溝通與觀察，主動訪談客戶相關的主管及作業人員，並提出各種可能解決方案與風險問題，再進一步瞭解系統可能帶來的效益與風險，和客戶共同歸納並確認利害關係人。確認完成利害關係人後，再進行需求收集程序，並對照需求的達成是否能滿足各類型利害關係人期望的目標與利益。

因為利害關係人可以是一個個人或團體，專案的任何地方都可能找到某一類型的利害關係人。找出具體利害關係人的方法可以參考如下的程序：

(1)分析專案文件：尋找受專案影響的人員、單位、部門、客戶和專案團隊成員。

如果沒有可參考的文件，就直接轉到下一步驟。

(2)腦力激盪：將專案團隊成員召集在一起，就文件未包含之其他受影響範圍，進行討論。

(3)客戶分析：訪談客戶或目標對象，搜集直接或間接影響的個人或團體。

(4)製作表單：列出依據先前程序所獲得的利害關係人表單，並說明是如何受專案影響的。另外，還可以考慮在表單中包含「註釋」一欄，以追蹤與利害關係人溝通的有效方式或其他提醒。

另外，可以使用在專案管理用於權責關係的 RACI 責任分配矩陣[3]。透過 RACI 參與的成員中，找出關鍵利害關係人。RACI 分別代表：

(1)責任者（Responsible）：實際執行工作的人。

(2)當責者（Accountable）：最終負責正確完成可交付成果，並將工作委託給責任者的人。此人還批准（簽署）可交付成果或任務。實務上只能為每個任務或可交付成果指定一個當責者。

(3)事先諮詢者（Consulted）：尋求意見的對象，通常是領域專家或題材（subject matter）專家。溝通方式通常為雙向。

(4)事後告知者（Informed）：需要隨時了解最新進展的人。溝通通常是單向。

11-6 ▶ 目標受眾

好比知己知彼，百戰百勝。熟悉開發專案團隊的能力與專業，目標受眾（Target Audience，TA，亦譯為目標客群、目標對象），代表最主要購買特定產品或服務的使用者族群。TA 分析通常採用 STP （Segmentation、Targeting、Positioning）理論，協助專案團隊了解和達到特定目標市場的需求和期望。執行分析的結果，有助於了解使用者對象、滿足使用需求、並獲得競爭優勢。

3　Kupersmith, K., Mulvey, P., & McGoey, K. (2013). Business Analysis For Dummies. John Wiley & Sons. p.41.

⊕» 補充說明

除了目標受眾（TA）與潛在受眾（Potential audience， PA），依據不同資訊系統應用的範圍，考慮的使用者也可能會有下類類型：

- 現有客戶（Existing Customers）：已經有交易或使用過產品或服務的人群。他們已經對品牌有一定的認識和經驗，可能需要進一步的維護、關懷和交叉銷售。

- 新客戶（New Customers）：尚未有交易完成或使用過產品、服務的潛在客戶。他們可能對品牌還不太熟悉，需要進一步的推廣和引導，以提高轉換率並轉變為現有客戶。

- 訪客（Visitors）：這些是訪問網站、應用程序或其他線上平台但尚未進行任何具體行動的人群。他們可能是通過搜尋引擎、社交媒體或其他管道進入的，需要進一步的引導。

- 影響者（Influencers）：或稱為關鍵意見領袖（Key Opinion Leader，KOL），是在特定領域或社群中具有影響力和聲譽的人物。他們擁有一定的追隨者和粉絲，可以通過他們的意見、分享和推薦影響其他人的決策。

- 外部利害關係人（External Stakeholders）：這些是與企業 / 組織有相關利益或關係的人群，包括供應商、合作夥伴、媒體、政府機構等外部的利害關係人。他們的看法和行動可能對組織的業務運營和聲譽產生重要影響。這些不同類型的使用者都具有不同的需求、動機和行為模式，在分析階段，都需要有針對性地制定策略和方案。

1. Segmenting – 市場區隔

市場區隔是將廣泛的市場分為具有共同需求和特徵的小型市場區段的過程。通過將市場細分為不同的區段，企業可以更好地理解不同區段的需求、偏好和行為，以便針對性地開展市場活動。常用的區隔包括地理位置、人口統計學、行為特徵、興趣和價值觀等。

表 11-1　市場區隔類型

類型	說明	分隔項目
人口統計學	根據人口統計學特徵,將市場細分為不同的區隔。目的是用於分析不同社群的行為和需求。	年齡、性別、收入、教育水平、職業等。
地理區隔	按照地理位置將市場分割為不同的區域。這種區隔標準通常用於對地區性需求和文化差異進行分析。	國家、地區、城市、鄉村等。
行為區隔	根據使用者的行為模式和使用習慣,將市場分為不同的區隔。	使用 / 購買頻率、品牌忠誠度、使用習慣等。
心理區隔	根據消費者的價值觀、態度、興趣、人格特質等,將市場細分為不同的區隔。這種區隔標準有助於理解不同消費者群體的情感和動機。	人格特質、產品偏好、價值觀、態度、興趣、愛好、使用或購買等。
產品利益	根據消費者對產品或服務的需求和利益,將市場細分為不同的區隔。	若是電子商業類型的系統,將使用者區分為價格敏感型、品質追求型;或是將企業使用者區分為小型企業、大型企業。
使用場景	根據消費者在不同場景下使用產品或服務的需求,將市場細分為不同的區隔。	例如將消費者區分為室內運動愛好者和戶外運動愛好者,以便針對不同的運動場景提供相應的產品;或是企業使用者區分為內部使用、客戶支援服務等。

2. Targeting – 目標市場選擇

　　目標市場選擇是指從不同的市場區段中選擇一個或多個最具吸引力的目標市場。在目標市場選擇過程中,企業會評估每個市場區段的潛在利潤、成長潛力和競爭環境等因素。通過專注於目標市場,企業可以更有效地配置資源和設計市場策略,以滿足該市場的使用者需求並實現競爭優勢。

3. Positioning – 產品定位

　　產品定位是指在目標市場中確定企業、品牌或產品相對於競爭對手的獨特價值和位置。其涉及塑造企業的品牌形象、定義產品特點、傳達價值主張以及建立與目標市場的連結。透過有效的市場定位,在目標市場中建立差異化並吸引目標受眾,從而實現經營利潤的增長和品牌的成功。

4. 人物誌

在系統需求搜集階段，需要了解 TA，專案團隊才能夠針對使用者行為，整理出完備的需求。如果使用者眾多，一千個使用者就可能會有一千種形象，考量每個使用者需求的面向，容易出現失焦的情況。實務上，使用人物誌（Persona）收斂有用的資訊，分析及了解各個社群的使用者，提供後續系統設計的策略。

人物誌是對同一特質社群的具體形象描述。可以是不同想法、生活型態的使用者、組織內部員工或任何與專案有關的社群。專案團隊需運用同理心（Empathy），透過了解該社群的市場區隔資料、想法、喜好、個性、目標等，將不同族群描繪為數個具有代表性、易於辨別的人物原型，以此增加團隊對目標客群的真實感，並喚起成員對目標客群的共鳴，以便聚焦目標客群的特質。

(1) 人物誌常見的內容

人物誌是對使用者分群後，依據最大共同特徵製做的虛擬人物，以深入了解他們的需求、行為和特定背景。適用於使用者對象較多的專案，描述的內容可以因目的而異，但通常包括以下一些常見項目：

a. 姓名、照片

如圖 11-8 所示，為了建立真實感，引起團隊的共鳴及同理心，設定可反映使用者背景和行為的虛構名字和照片。

b. 人口資料

為使團隊能夠對使用者的背景有更深刻認識，依據研究情境做基本資料的設定，例如：年齡、性別、職業、學歷、家庭、居住地理位置等。

c. 簡介

包含自傳與個性的介紹，可以針對生活、喜好、經歷等等做陳述。內容要與系統目標的服務相關，可根據研究的情境做調整。

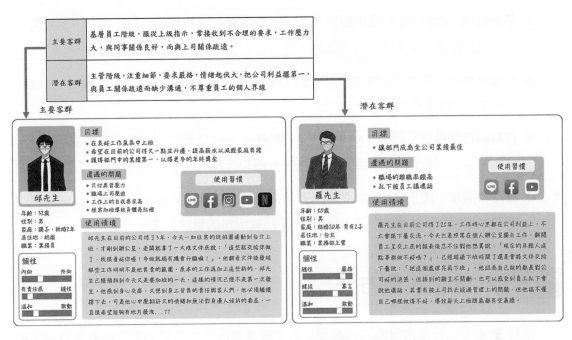

圖 11-8　人物誌範例

（資料來源：111 學年度世新大學資傳系畢業專題「茶水間」專題小組企畫書）

d. 目標與困難

了解使用者對此服務的目標及達成此目標可能遇到的困難，發掘潛在的機會與缺失，提供後續方案的修正。

e. 使用偏好

例如慣用的平台、偏好的品牌等。列出組織的競爭者與互補項目，同時更清晰地分辨出該社群的需求。

f. 獲得消息的管道

描寫接觸點，即專案可以行銷或執行傳遞訊息給使用者的管道。

(2) 人物誌製作注意事項

使用人物誌的目的是重點幫助專案成員深入了解 TA 的背景、需求和行為，以便更好地設計產品或服務，並確保符合 TA 的期望。因此，在製作人物誌時，除了人口資料等特徵說明之外，還需要注意下列重點：

a. **使用情境**：瞭解 TA 的環境和情境，包括使用產品或服務的地點、時間、設備等，以及可能影響 TA 使用行為的因素。

b. **目標與目的**：確定 TA 的目標和目的，使用產品或服務的主要原因和期望，便於理解 TA 的需求和動機。

c. **行為和行動模式**：觀察 TA 的行為和行動模式，包括習慣、偏好、挑選過程、意見領袖等，以預測 TA 對產品或服務的反應和行為。

d. **痛點和需求**：識別 TA 的痛點、挑戰和需求，也就是 TA 在特定情境下可能遇到的問題和期望解決的需求，有助於設計產品或服務的解決方案。

11-7 需求收集方法

依據 STP 理論擬定市場區隔的類型，對企業內部而言，主要的調查的對象為利害關係人，採用的調查方法為質化（qualitative）的訪談為主；對外部而言，主要的調查的對象為終端使用者，採用的調查方法為量化（quantitative）的問卷調查為主。

表 11-2　調查方法

質化	
方法	說明
訪談	它通過直接與受訪者進行對話，以了解其觀點、經驗和見解。訪談可以是結構化的（固定問題順序）或半結構化的（開放性問題），具體取決於調查的目的和問題。
觀察	焦點團體是一種集體討論的形式，由一組相關的受訪者一起參與。在焦點團體中，調查者引導參與者討論特定主題或問題，以收集不同觀點和意見。
文件分析	觀察是通過直接觀察人們的行為、互動和環境來獲取資料的方法。觀察可以是參與觀察，即調查者參與並觀察對象的行為；也可以是非參與觀察，調查者僅觀察而不參與。
焦點團體討論	特定個體、組織或事件的方法。調查者會詳細調查特定的個案，並收集和分析相關資料。個案研究通常結合多種資料來源，如訪談、文件分析和觀察。
個案研究	個案研究是一種深入特定個體、組織或事件的方法。調查者會詳細調查特定的個案，並收集和分析相關資料。個案研究通常結合多種資料來源，如訪談、文件分析和觀察。

量化	
方法	說明
調查	適合需要大樣本的方式。通常是向一群受者發放問卷，或經由面對面、電話訪談、網路問卷、訪問員訪問填寫等資料收集方式，也有需多時透過系統運作產生的日誌（Log）取得所需的資料進行分析。
相關	利用調查所獲得的樣本去推論母體的特性。常應用於分析多個變相之間的關聯性。例如評估使用者對現有企業資訊系統的滿意度與業務範圍、系統使用的關聯性；調查探討資訊系統中資料品質與經營決策的相關性；或是分析系統回應時間、穩定性、安全性等方面的性能指標，與使用者滿意度和產能之間的相關性。
實驗	依據自變相（因）與依變相（果）的假定，透過實際實驗或調查，找出依變相改變的來源與自變相對依變相波動的程度。例如分析多個網頁介面的設計，實際提供使用者操作後取得相關回饋資料，應用卡方（Chi-square）、變異數分析等統計方法評估適合的網頁。

以下簡介一些常用的方式：

1. 現場調查

現場調查的形式主要有訪談、觀察、錄音、攝影等。訪談是最早開始用來取得客戶各個業務範圍使用者需求的方法。也是最普遍使用、最主要的需求分析技術。訪談可以分為正式與非正式訪談 2 種方式。採取的方式可以是一對一，或是多人群組的焦點團體討論等方式。

正式的訪談中，系統分析師會提出一些事先準備好的具體問題，依據如圖 11-9 所示的 5W 原則，提出如下的問題：

(1) When

這是和軟體使用時間相關的環境資訊，常見的時間資訊如下。

- 時期資訊：使用系統的季節，例如如春、夏、秋、冬，又例如學校的選課系統，會在開學初或是期末的特定期間。
- 日期資訊：例如節日、假日等。
- 作息事件：例如資料的拋轉、備份、重整和系統內部定期處理作業（Housekeeping），通常都會執行在離峰和非上班期間。

(2) Where

系統運作和地點相關的環境資訊：

- 國家、地區：除了語文，不同的國家和地區有不同喜好的操作介面、文化、風俗、制度、習慣等。
- 室內、室外、街道，尤其現今行動裝置的普及，必須考量移動式的執行環境。

(3) Who

系統相關的參與者（Actor）。常見的參與者包括：

- 管理者、維護者：如後台的工作人員。
- 監督者、評估者：如政府單位、監管、稽核機構等。
- 使用者、操作者：如前台的使用客戶、訪客。
- 其他系統。

(4) What

使用者執行系統的目的，也就是操作功能的最終輸出結果。例如：鍵入資料、產生文件、統計報表、提供資訊等。通常這是針對系統各個功能執行最基本的需求。

(5) Why

使用者操作系統的主要原因為何？使用者在什麼情況下需要操作什麼功能。若是不具備此項功能，會導致什麼問題、困難，或是阻礙等，這也是挖掘使用者需求的主因。

圖 11-9　需求訪談的問題基本原則

2. 文件分析

如果是開發新的系統取代舊的系統，常用的收集方式就是先分析原有系統。確保資料的移轉、並行作業的時機、原有系統作業流程與執行方式涵蓋範圍等。若是新開發的系統是要替代原有人工作業，則可從過去累積的紙本文件、表單進行收集。

(1) 歷史資料

分析過去的資料、表單、文件。例如交易記錄、使用模式等,以了解系統的性能和使用情況。

(2) 系統日誌

檢視既有系統產生的日誌,了解原有系統的運作情況、問題和使用模式。

(3) 文獻回顧

文獻回顧的資料收集範圍,除了分析原有系統的系統規格書、使用手冊、流程等內部文件,還應包括作業規範、產品規格、產業趨勢、市場分析、法規等外部資料,甚至包括備援、資訊安全管理制度(Information Security Management System,ISMS)等需求。

(4) 網路搜尋

相關需求,也可以採用網路調查方式,透過搜尋引擎等網路工具搜尋相關需求。

3. 需求創意

一般而言,系統開發的專案大多是基於客戶提出的需求書或企畫書,進而擬定建議書,再實際進行需求的收集。不過有時是組織基於市場競爭、擴充既有市場範圍,或是創意發想而進行的系統開發。建議可以參考下列方式,尋求創意來源與構思系統功能:

(1)參考相關軟體案例,例如小組成員使用過的軟體產品經驗。

(2)閱讀科技新聞及相關電腦雜誌,關切相關軟體新的發展與應用趨勢。

(3)因應數位匯流(digital convergence)的趨勢,思考跨領域應用的結合。

(4)熟悉軟體程式的技巧,掌握程式語言的功能特點,並善用該程式語言相關的開放套件。

(5)廣泛閱讀各類資訊專書,尤其書中介紹的開發技巧或秘技。

(6)加入相關論壇、參加各類研討會,激發創意。

11-8 競爭力分析

競爭力分析是在資訊系統分析前一個重要的步驟，包括自身與競品的分析。透過分析比較的過程，有助於了解市場上已存在的競爭對手，或類似產品的優劣。幫助專案團隊評估內部的優勢和劣勢，有助於團隊了解自身的核心能力和弱點，並制定相應的策略。

1. 重要性

(1) 了解市場

競爭力分析可以幫助專案團隊了解目標市場的現狀和趨勢。透過分析競爭對手的產品、定位和行銷策略，可以獲得對市場需求、目標受眾和競爭環境的深入了解。

(2) 創新和差異化

競爭力分析可以協助發現市場上的空缺和機會，以便設計出更具創新性和差異化的資訊系統。了解競爭對手的優點和缺點，可以為後續需求分析與系統設計提供啟發和改進的方向。

(3) 避免重複和失敗

通過競爭力的競品分析，提供獲得已存在的類似解決方案，避免浪費資源。同時，了解競爭對手的失敗經驗，可以避免犯同樣的錯誤。

2. 注意事項

(1) 選擇適當的競爭對手

確保選擇與資訊系統設計有直接或間接競爭關係的競爭產品進行分析。不僅要關注同類型的產品或服務，還要考慮替代方案或類似需求的解決方案。

(2) 收集全面的資訊

競品分析需要收集各種資訊，包括產品特性、價格、市場份額、使用者評價等。確保收集到的資訊具有可靠性和客觀性，可以通過市場調查、使用者訪談和線上資源等來獲取資料。

(3) 分析和評估

除了收集資訊，還需要對競爭對手的產品和策略進行分析和評估。這包括比較特性、功能、價值主張、市場定位等，以了解己方與對方的優勢和劣勢。

(4) 尋找差異化機會

在分析過程中，要聚焦競爭對手未涵蓋的需求、市場空白或改進的機會。將有助於專案團隊能夠設計出在市場上突出並滿足利害關係人的資訊系統。

3. 分析工具

(1) SWOT

用於分析企業自身的優勢與劣勢，以及企業身處競爭對手環伺之下所面臨的機會與威脅。SWOT 理論的定義清楚，「優勢與劣勢」同屬企業／組織內部的策略考量；而「機會與威脅」則是企業／組織因應外在環境，需要調整的措施。

(2) 平衡計分卡（Balanced Scorecard Card，BSC）

將抽象的經營策略，轉化為明確的績效指標，用以衡量、管理策略的執行狀況。計分卡執行的 3 個關鍵：

a. 畫出策略地圖（Strategy Map）：透過一連串的因果關係來描述策略，讓專案成員了解自己的行動如何互相影響、導致最終成果。

b. 找出與策略連結的關鍵績效指標（KPI，Key Performance Indicator），並設定目標值。

c. 找出行動方案，結合預算與獎賞制度，並定期回饋。確保組織有足夠的動機與資源，來達成策略目標，並定期檢討策略的假設是否正確、切實可行。

表 11-3　SWOT 分析矩陣

	企業／組織內部	外部環境
有利	**Strengths 優勢** 超越競爭者的能力、條件。 例如：公司內部的基礎設施、品牌知名度、員工素質、市占等要素，取代性較低。	**Opportunities 機會** 有利於組織／團隊發展的因素。 例如：競爭者、合作者的動向、跨界合作機會多寡、市場仍未飽和等。
不利	**Weaknesses 劣勢** 缺乏或落後競爭者的能力、條件。 例如：財務狀況、商品成本、市場競業多、良率等各式狀況等。	**Threats 威脅** 不利組織／團隊發展的因素。 例如：成長放緩市占滑落、政策景氣影響買氣、競業結盟等。

優點：長處；弱點：課題；機會：順勢；威脅：逆勢。將優點＋機會、優點＋威脅、弱點＋機會、弱點＋威脅，分別思考該採取什麼樣的措施。再依弱點、威脅擬定因應對策與解決方案。

表 11-4　平衡計分卡矩陣

	財務 在財務上取得成功，應向股東 展示什麼	
顧客 要實現組織願景，應向顧客展 示什麼	遠景 策略	流程 為滿足顧客與股東的需求，應 該在哪些業務中領先
	學習與成長 為實現願景，應該要取得怎樣 的進步來適應變革與發展	

(3) PEST 分析

屬於外分析。以政治（Politics）、經濟（Economics）、社會（Society）、科技（Technology）四個面向去分析組織 / 團隊所處的外在環境。

表 11-5　PEST 分析矩陣

Politics 政治	Economics 經濟
例如：防災 & 社福經費增加、法規鬆綁、地方自治。	例如：黑天鵝發酵、匯率升貶、景氣動向、進出口增減。
Society 社會	Technology 科技
例如：高齡社會、少子化、失業率上升、資安危害事件增加、教育改革。	例如：AI 創新、電動車推廣、天然能源、行動支付。

(4) 波特五力分析（Porter five forces analysis，5P）

屬於外部分析。四個外力─來自顧客的議價能力（Bargaining power of customers）、來自供應商的議價能力（Bargaining power of suppliers）、來自潛在進入者的威脅（Threat of new entrants）、來自替代品的威脅（Threat of substitutes）一共同組合而演變出影響公司的第五種力量：來自現有競爭者的威脅（Competitive rivalry）。

表 **11-6** 波特五力分析矩陣

	潛在進入者	
供應商	銷售者之間的競爭來自企業 / 組織爭奪有利市場地位和競爭 優勢	**顧客**
	替代品	

(5) VRIO 模型

屬於內部分析。依據：經濟價值（Value）、稀有性（Rarity）、模仿困難度（Inimitability）、組織（Organization）四個面向進行評估，分析企業 / 組織擁有的經營資源及其運用能力。

表 **11-7** VRIO 分析矩陣

經濟價值（Value）	應用哪些資源可以掌握機會 應用哪些資源能夠消除威脅
稀有性（Rarity）	擁有、充分利用資源的企業 / 組織是否稀少 資源控制在少數企業 / 組織
模仿困難度（Inimitability）	取得資源花費成本多寡 持有資源，成本是否居於劣勢
組織（Organization）	是否有利用資源的機制和規則 企業 / 組織是否建置完備，且能有效利用資源

(6) 7S 模型

也稱為麥肯錫 7S 框架，由麥肯錫（McKinsey）顧問公司提出。屬於內部分析。以策略（Strategy）、組織結構（Structure）、系統 / 制度（System）、價值觀 / 共同願景（Shared Value）、能力（Skill）、人員（Staff）、文化 / 作風（Style）的觀點進行研究。從多面向去分析優勢和劣勢，對思考要發展哪一塊讓它具有競爭優勢是不可或缺的作業。

表 11-8　7S 分析矩陣

	組織結構（Structure）	
策略（Strategy）	價值觀 / 共同願景 （Shared Value）	系統 / 制度（System）
能力（Skill）		文化 / 作風（Style）
	人員（Staff）	

(7) BCG 矩陣（BCG Matrix）

又稱波士頓矩陣，美國波士頓顧問團（Boston Consulting Group）提出，以四個象限執行的內部分析。

象限 1 - 問號商品（Question Mark）－高成長率、低市占率

象限 2 - 明星商品（Stars）－高成長率、高市占率

象限 3 - 金牛商品（Cash Cows）－低成長率、高市占率

象限 4 - 老狗商品（Dogs）－低成長率、低市占率

表 11-9　BCG 矩陣分析表

市場成長率		市場占有率	
高	**明星商品** 企業未來成長引擎，需要資金投入維持高競爭力，有機會成為金牛商品	**問號商品** 此商品需要更多推廣，以便增加市占率，有機會成為明星商品	
低	**金牛商品** 撐起企業運轉的重要商品，帶來穩定的現金流	**老狗商品** 無法帶來獲利，甚至造成企業損失，應考慮放棄業務停損	
	低	高	
	市場占有率		

11-9 ▶ 範例：數位典藏系統－需求調查

在進行需求前，預先蒐集一些市場現況，包括競品分析、聲量調查、問卷調查。（範例模擬之資料來源為 111 學年度世新大學資傳系畢業專題「OHANA」專題小組協助編製）

1. 競品分析

為擬定本範例的專案定位，透過了解市場上其他平台所提供的服務，將市場上的相關競品特徵整合，從中觀察並調整專案的發展方向。

競品名稱 比較項目		XX 報業典藏	OO 報紙網	## 新聞網
功能面	資料庫	○	○	×
	響應式網頁	○	○	○
	資料視覺化	• 事件分布地圖	• 新聞事件時間表 • 事件分布區域圖	• 宣導成效分析
經營面	單位性質	• 學術單位	• 非營利組織	• 報紙業者，經營包含紙本媒體
	網站風格	• 一頁一新聞 • 提供整版瀏覽，輔佐豐富的圖片與影音	• 網站簡潔 • 利用大量視覺畫圖示展示新聞事件與串聯相關訊息	• 主要聚焦在時事新聞 • 網站分類明確，色彩豐富
	獲利來源	×	• 志工與捐款	• 廣告投放 • 置入式新聞
其他	特性	• 分類明確且操作簡單 • 開放協作的平台	• 提供相同事件的各種新聞來源的內容 • 能綜覽新聞的後續新聞內容	• 聚焦在時事的及時新聞，定位明確
	缺點	• 無法瞭解新聞事件的後續發展狀況 • 檢索結果精確率不高	• 使用上不直觀 • 無分類檢索 • 資料載入速度慢	• 網站內有錯字 • 頁面導流複雜

2. 輿情分析

為瞭解網友普遍關心的新聞議題及常接觸的管道，利用文字探勘進行輿情分析，並透過分析結果，擬定未來專案行銷方向及社群內容。

輿情分析來源：線上網路聲量分析工具

分析期間：2024/03/01～2024/05/30

關鍵字設定：（新聞 | 事件）&（台灣 | 頭條 | 政治 | 焦點新聞 | 經濟 | 時事 | 生活 | 體育 | 影視 | 廣告 | 國際 | 娛樂 | 時論 | 海峽 | 時論 | 消費）

說明：聲量統計值為當天主文＋回文提及新聞關鍵字之次數

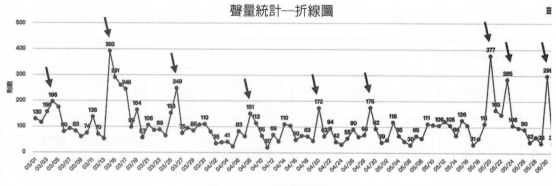

圖 11-10　網路聲量統計

透過聲量分析，收集各類型新聞內容中，引起最多聲量的新聞事件議題，作為擬訂新聞典藏網站資訊檢索結果的權重分配參考。

3. 問卷調查

為了制定專案發展方向與內容，透過了解使用者對於「新聞典藏」及「入口網站」的觀點，擬定本問卷作為後續專案規劃的參考。針對新聞數位典藏網站的想像與新聞事件保存觀點，在問卷調查之前，從使用者的角度思考需要什麼，繪製圖 11-11 的同理心地圖（Empathy Map）。依據地圖提供設計人員，更務實地理解使用者的需求、想法、情感和行為，做為近使用者期望的網站設計決策依據。

同理心地圖

想到
1. 不同時期有哪些重複的新聞事件
2. 歷史上的今天發生什麼事
3. 新聞有沒有後續的發展
4. 希望能夠找到相關時期的新聞來支持他們的研究
5. 老師要求繳交作業

看到
1. 有關當兵入伍的新聞
2. 相關新聞網站的廣告太多
3. 網站內容分類混亂
4. 內容看不到紙本報紙的樣子

聽到
1. 同事那裡聽到有個網站可以幫助獲取各類新聞資料
2. 某人提出的經濟政策對產業沒有幫助
3. 今年的房價已經開始泡沫化

說或做到
1. 整理某一事件的前因後果
2. 新聞事件陳述正面或反面態度的原因
3. 提升自己的新聞素養

有什麼痛苦？
1. 新聞真假難以區分
2. 不知什麼管道可以取得不同時期的新聞
3. 網站強迫收看廣告或加入會員

想獲得什麼？
1. 正確且完整的資料
2. 系統操作簡單且反應快速
3. 內容豐富且提供原始紙本來源

圖 11-11　同理心地圖

　　為了制定專案發展方向與內容，透過了解使用者對於「新聞典藏」及「入口網站」的觀點，擬定本問卷作為後續專案規劃的參考。施測時間為 2024 年 4 月 1 日至 4 月 10 日，依據母體固定（N > 1,000,000）的樣本數 S = 384，執行回收 400 份有效問卷。分別統計：區域、年齡、最近使用頻率、意識、興趣、使用意願等面向進行分析。歸納後，繪製出圖 11-12 與圖 11-13 兩個代表性的人物誌。

喜歡閱讀的女老師 美美

年齡：27歲
性別：女
職業：教師
家庭：未婚
居住地：台北市

個性

內向 ───────── 外向

理性 ───────── 感性

溫和 ───────── 激動

目標
- 讓學生重視社會關注議題。
- 倡導媒體素養能力。

挑戰
- 新聞價值觀和社會分歧，導致選擇偏見。
- 數大型媒體公司主導新聞市場，造成資訊壟斷和多樣性減少。
- 假新聞過多造成一些人質疑新聞的可信度，減低新聞的影響力和公眾參與意願。

常使用的網路平台

G Google

▶ YouTube

關鍵評論網

教育部全球資訊網

簡介
美美老師是一位27歲的中學女老師。剛踏入校園的她充滿著熱忱，期許自己能成為教學卓越的楷模，指導學生成為品學兼優的好老師。此外，她更重視學生能夠掌握明辨是非的技巧，尤其對於現在各種管道氾濫的資訊來源。
美美老師平日喜歡閱讀一些新聞網，關切各類時事與議題的新聞內容，也常和社群軟體上志同道合的網友討論及分享意見。
因為虛假訊息的氾濫，美美老師常會在課堂教育新聞識讀技巧，鼓勵學生提出問題、挑戰觀點，培養批判性思維，不盲從地接受新聞內容。計畫能夠安排學生至報社、媒體工作坊等參訪活動，讓他們親身體驗新聞產業的運作。

圖 11-12　人物誌－1

熱心的男大學生 哲哲

年齡：20歲
性別：男
職業：學生
家庭：獨子、未婚
居住地：新北市

個性

內向 ───────── 外向

理性 ───────── 感性

溫和 ───────── 激動

目標
- 完成專題作業報告。
- 了解過去政策推動立法過程。

挑戰
- 網路資料零散，內容超載，不易整理。
- 新聞網站有商業利益靠攏的趨勢，對新聞報導的獨立性和客觀性造成威脅。

常使用的網路平台

G Google

▶ YouTube

聯合新聞網

簡介
哲哲是一位20歲的新聞系大學生，立志能成為一位優秀的新聞工作者，為群眾知的權益盡一份心力。
哲哲從小就好奇什麼樣的消息會成為一則好新聞？因為對事實的追求、影響力的渴望以及對多樣性的工作環境的吸引，而不斷探索新聞表達的方式。
哲哲是一位認真積極協學習的人，擅長將複雜的事件轉化為易於理解的內容。面對學校的作業與報告，都會認真查詢許多相關資料，並且確保來源的正確，班上老師與同學對他都非常信任。

圖 11-13　人物誌－2

4. 利害關係人

在網站開發的過程中，涉及到多位利害關係人。這些利害關係人在專案中扮演不同的角色，其參與程度將直接影響專案的成功與否。以下是新聞數位典藏網站範例擬定的利害關係人：

	利害關係人	性質
內部	專案發起人	• 提出並支持建立數位典藏網站的想法，通常是項目的主要支持者和推動者。
	管理團隊	• 部門主管。 • 負責專案的整體規劃、執行和控制，確保專案達到預期目標。
	技術團隊	• 負責系統開發、設計和實施，確保系統的技術性能和功能性滿足需求。
	數位化人員	• 負責資料庫的設計、管理和維護。 • 執行新聞數位化後設資料與數位物件的建置作業。
	內部使用者	• 公司內部的員工、編輯人員、管理人員等。
外部	客戶和使用者	• 數位典藏網站的最終使用者，他們希望輕鬆地存取和瀏覽新聞資源。
	學者和研究人員	• 需要使用數位典藏網站的資源進行學術研究和分析。
	學術界和文化界	• 關注文化保存和歷史記憶傳承的專業人士和組織。
	政府機構	• 可能對於文化保護和歷史記錄有一定的關注，希望維護國家發展紀錄。
	媒體界	• 對於報紙資源的保存和展示有興趣的媒體機構。
	供應商和承包商	• 參與系統委外的開發、設計、維護等方面的廠商。 • 數位化設備，例如掃描器、OCR 的供應廠商。
	數位典藏專家	• 提供有關數位化、保存和典藏的專業知識。

5. SWOT 分析

以下是新聞數位典藏網站開發的 SWOT 分析示範：

維度	內容
優勢 (Strengths)	• 豐富的內容：公司具備豐富完整的紙本報紙收藏，作為典藏內容數位化的來源。 • 知識傳承： 網站有助於保存和傳承報紙歷史和文化記憶，提供一個重要的資源庫。 • 創新技術：利用最新的數位技術，如 OCR 辨識、自然語言數位化、搜索功能等，提升使用者體驗。 • 多角色支持： 不同使用者角色（讀者、研究者、管理人員等）的需求都能得到滿足。 • 知名度提升： 透過媒體報導和社交媒體推廣，能夠提升網站的知名度。
劣勢 (Weaknesses)	• 技術挑戰： 數位化和典藏技術的專業知識和資源的門檻較高。 • 版權問題： 紙本報紙數位化，因為載體形式的改變，涉及版權問題可能需要複雜的處理。 • 使用者需求多樣性： 不同使用者對於介面、功能和內容的需求可能有所不同，難以完全滿足。
機會 (Opportunities)	• 數位典藏趨勢： 越來越多的機構和個人尋求將實體資源數位化，為公司提供了網站技術的後續市場發展。 • 學術研究需求： 研究人員對於報紙歷史資料的需求不斷增加，提供了有價值的機會。 • 跨國交流： 數位典藏網站能夠促進不同地區文化的交流和理解。 • 數位技術創新：不斷進步的數位技術可以帶來更多創新的功能和體驗。
威脅 (Threats)	• 競爭對手： 可能有其他數位典藏網站或平台競爭相同的受眾。 • 資源限制： 開發和運營數位典藏網站需要資金、技術和人力等資源。 • 安全和隱私問題： 數位資料的安全和隱私問題需要嚴格控制。 • 法律法規： 涉及版權、資料保護等法律法規需要嚴格遵守。

SWOT 分析是競爭力評估的一項關鍵方法，其核心理念在於深入了解自身優勢和劣勢，同時洞悉外部機會和威脅。在進行 SWOT 分析時，特別重要的是制定因應策略，尤其是劣勢和威脅。這樣的策略制定有助於減輕潛在影響，甚至有可能轉化為機會的局面。

(1) 劣勢的因應之道

• 技術挑戰：若技術難度較高，可考慮聘請具有相關專業知識的技術團隊或外部供應商。也可以進行內部培訓，提升團隊的技術能力。

- 版權問題：需要仔細研究和處理報紙資源的版權問題，可能需要徵詢法律專家的意見，確保合法性。

- 使用者需求多樣性：透過使用者研究和反饋，了解不同使用者的需求，然後進行個人化介面和功能的設計，以滿足多樣性需求。

(2) 改善劣勢的方法

- 技術挑戰：持續跟蹤和採用最新的數位化技術，並進行研發和測試，以確保系統能夠適應技術的發展。

- 版權問題：積極與新聞媒體版權擁有者協商，可能通過合作協議獲得授權。同時，建立一個明確的版權聲明，確保使用者理解資源的使用規則。

- 使用者需求多樣性：通過使用者回饋、測試和系統使用日誌（transaction log）的分析，不斷優化網站的功能和介面，確保使用者能夠方便地使用並找到所需資源。

(3) 威脅的因應之道

- 競爭對手：加強網站的專屬設計，提供獨特的功能、內容或體驗，以吸引使用者。同時，監控競爭對手的動向，不斷調整和改進策略。

- 資源限制：制定明確的專案計畫和預算，有效分配資源，優化開發流程，部分透過委外來節省成本。

- 安全和隱私問題：導入資訊安全措施，包括加密、存取控制、資料監控和資料隱碼的方式，以確保使用者資料的安全性。

- 法律法規：建立法律法規專門小組，持續監測和遵循相關法律法規的變化，確保網站的合法運作。

(4) 改善威脅的方法

- 競爭對手：持續創新，提供價值和獨特性，建立品牌忠誠度，聯合產官學形成服務鏈，與使用者建立穩固的關係。

- 資源限制：尋找資金來源，考慮合作夥伴或投資者的支持，優化資源分配，確保最大限度地發揮效益。

- 安全和隱私問題：投資於資訊安全技術和專業，定期進行安全測試和風險評估。

- 法律法規：與法律專家合作，制定和遵循合適的政策和指導方針，確保網站合法運營。

本章習題

問答題

1. 需求可劃分哪五種需求級別（level of requirements）？

2. 採用物件導向分析，進行需求分析的過程，依據不同的觀點會產出哪三種需求分析模型？

3. 統一軟體開發過程（Rational Unified Process，RUP）的系統架構含哪五種觀點？

4. 需求工程（Requirements Engineering，RE），可以分為哪四個階段？

5. RACI 責任分配矩陣，分別代表專案哪四種類型的成員？

Chapter

12

系統需求分析

如圖 12-1 所示，使用案例（User Case）是一組系統使用情節（Scenario）集合的描述說明，每個情節又是由一些事件（Event）序列構成的，發起這個事件的使用者就是系統使用的參與者（Actor），每一參與者有其扮演的角色（Role），表達使用系統來作什麼事情。需求中描述的角色和使用案例，在實作階段就成了類別／物件和介面。

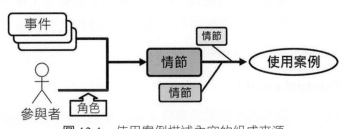

圖 12-1　使用案例描述內容的組成來源

12-1　事件

參考前一章節的介紹，需求收集第一個活動是確定專案範圍和目標，並進行利害關係人的分析。在這一階段，團隊通常會明確了解到底是什麼需求，誰是影響或受影響的利害關係人，以及專案的整體目標和範圍是什麼。

需求收集第二個活動就是建立事件表並定義使用案例。早期的系統分析強調系統的資料流程觀念，通常以圖 12-2 所示的資料流程圖（Data Flow Diagram，DFD）表示。先尋找確認由外部進入系統的資料，再描述系統如何操作、儲存這些資料，最後產生或輸出什麼資料。

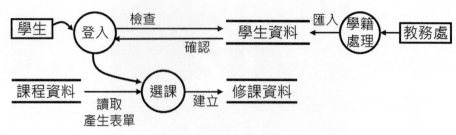

圖 12-2　資料流程圖範例

但是需求取得時，較難透過使用者定義資料和處理流程，而是以使用者每天處理的作業來說明較為容易表達。例如詢問使用者系統需要「做什麼事情」，只要使用者能夠回答希望系統能夠處理哪些事件，讓需求比較直接且清楚。

1. 事件的類型

事件（event）是指在特定時間或地點發生，可以描述且值得注意的特定事情。事件和系統需求的關係是：什麼事件發生時需要系統做出回應，能列出所有這樣的事件，就可以明確地知道使用者對系統的需求。資訊系統的所有處理過程都是由事件驅動或觸發的，因此當定義系統需求時，將所有事件羅列出來，並加以分析是非常重要的。

通常使用者並不清楚電腦作業的邏輯，但較能清楚表達這些工作的作業，只是難免不能完全表達所有事件。所以，需求取得時，需要協助使用者完成發掘事件的工作。如圖 12-3 所示，事件可以分為下列 3 種類型：

(1) 外部事件（External event）

發生在系統外部，由參與者所啟動的事件。通常是基於參與者需要系統幫助處理特定的作業，例如查詢資料、異動資料、執行職務內的工作。

(2) 暫時事件（Temporal event）

又稱內部事件，是在某些特定時間，不需外部參與者的操作，系統自動處理的事件。例如系統的日常作業（housekeeping），如定期資料備份、統計報表列印等。

(3) 狀態事件（State event）

發生在系統內部引發系統必須處理的事，通常由外部事件或某些特殊狀況所引發，但與時間無關。例如安全庫存量檢查、資料異常發生等。所有外部事件和暫時事件都要考慮是否會引發狀態事件。狀態事件是不定期發生，需要考量系統運作過程有哪些可能的狀況。

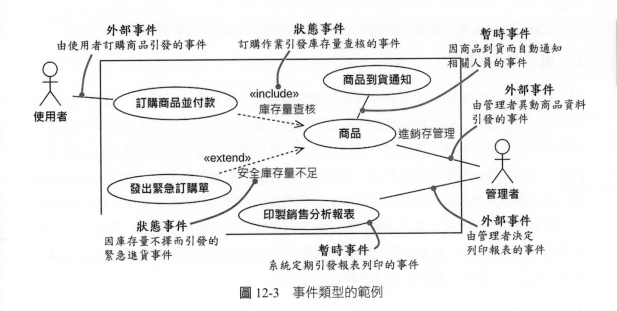

圖 12-3　事件類型的範例

2.　事件尋找的方式

(1)　依類型尋找

將系統所要處理的事件分為外部事件、暫時事件和狀態事件，然後再去分析可能的事件是什麼。

(2)　依目標尋找

從利害關係人的目標表中的每一個目標，去對應可能所需要的事件。從利害關係人目標表中，尋找系統所需要的事件較為直接，例如倉庫管理人員的目標為「能夠依商品類型動態調整及監控安全庫存量，並能自動產生進貨作業」，那麼所對應的事件則為「能夠隨動態調整各類商品的安全庫存量，商品出售時，若庫存量低於該類商品的警告值，就會自動執行緊急進貨作業並通知相關管理人員」。但是依目標尋找事件的缺點，是利害關係人的目標表通常不會包含基本的作業內容（例如，客戶基本資料、產品規格紀錄等），所以使用這種方式有可能會遺漏某些基本作業。

(3)　依服務尋找

從所有參與者需要的服務過程中尋找事件。先選擇某一個參與者，檢視其每天的工作有哪一些，較可避免有遺漏事件的情形。例如銷售人員要處理每天進貨、銷貨、退貨、清點銷貨數量、結帳的作業，對應的事件為「能夠處理進貨入庫上架」、「能夠依顧客訂貨資訊於倉庫取得相關商品，依最佳化方式裝箱出貨、結帳並記錄交易」、「進行退貨處理並回沖庫存和執行退款作業」等等。

上述三種可以混合使用，並交互比對，以便確實找出系統所有需要的事件。

3. 事件的分辨

尋找事件的過程中，如果事件含有幾個連續動作，發生的時間都是同時間，或是都是固定接續的動作，則這些連續動作其實可以視為單一事件，且特別細節的事件在系統分析階段會忽略。例如，顧客的一個訂單成立，倉庫管理人員須依據訂購商品的類型、數量，至指定的架位取出商品包裝，系統檢查庫存量，計算包裝方式，處理出貨物流作業。這些動作其實都是「商品出貨作業」，不需要分成好幾件事件。另外，如果動作發生的時間獨立，但因為作業的性質相近，則可以將這些事件合併。例如，商品基本資料的新增、刪除、修改，都屬於資料異動的作業，可以考慮合併在同一個「商品資料維護」事件。如此在撰寫使用案例時，也會較為簡潔清楚。

4. 事件表

當找出系統所需要處理的事件後，接著就是尋找其相對應的使用案例。一般是一個事件對應一個使用案例，但有時候也可以將多個相關或接續的事件放在同一個使用案例中。追蹤交易處理的生命週期過程中，可以得到一系列事件，將這些事件編列成如圖12-4 所示的表格，就是事件表（event table）。事件表可以包含事件的觸發者（trigger）、來源（source）、回應（response）、目的地（destination）等說明，對事件的陳述較為清楚，不過也較為繁瑣，在尋找事件的過程中因為需要一再地修改，所以也可以只表列如圖 12-5 所示的簡單形式即可，僅敘述事件最基本的訊息。

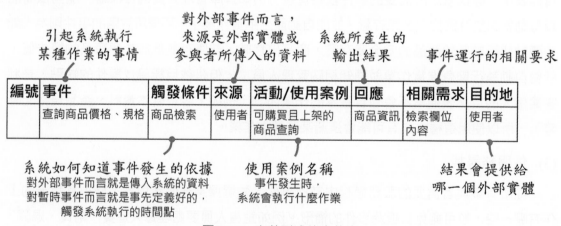

編號	事件	觸發條件	來源	活動/使用案例	回應	相關需求	目的地
	查詢商品價格、規格	商品檢索	使用者	可購買且上架的商品查詢	商品資訊	檢索欄位內容	使用者

圖 12-4　完整形式的事件表

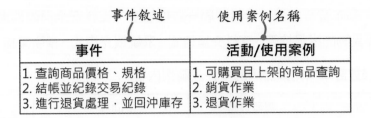

圖 12-5　簡單形式的事件表

5. 事件與使用案例名稱的描述

(1) 事件名稱，是描述參與者在某個時間或地點需要處理某個單一事情，所以建議描述的方式是「觸發狀態（動詞）＋處理的作業（名詞）」。例如，由使用者「查詢」商品資訊，觸發事件執行商品資訊，並將搜尋結果之價格、規格等內容顯示，因此可將該事件名稱描述為「查詢商品價格、規格」。

(2) 使用案例名稱，建議描述的方式是「事情（名詞）＋處理方式（動詞）」。例如「查詢商品價格、規格」事件，就可以將使用案例寫成「商品查詢作業」即可。但如果需要強調查詢的商品只限於已上架的商品，則可再加上對象的範圍，而描述為「查詢可購買且上架的商品」。不過以上都僅是原則，主要是以最清楚、明白的方式表達即可。

6. 確認事件表

事件表的目的是要找出系統作業的各個使用案例，找到使用案例後，建議執行確認下列事項的檢查：

(1) 哪些事件有重複？哪些事件可以合併？哪些事件應分開？

(2) 一個事件對應一個使用案例？或者多個事件可以合併在同一個使用案例之中？

(3) 事件表中所列出的事件是否能達成所有利害關係人的目標？

(4) 所有事件是否涵蓋了整體系統的功能？

(5) 所有使用案例是否包含了整體系統的功能？

(6) 是否有些功能有所遺漏？

有些系統必要的功能，不一定能夠從使用者需求訪談、現有資料、文件回顧，甚至利害關係人的分析中獲得，尤其是系統管理框架所需的功能，必須有賴系統分析師依經

驗考量。例如：基本資料維護、資料關聯一致性檢查、資料安全與隱碼處理、系統日誌涵蓋範圍、人事異動的權限控管、資料交換格式、系統擴充模式、索引架構、回溯作業等。

參考下列描述訂單增刪與查詢的事件表範例內容：

編號	事件描述	觸發條件	回應	相關需求
001	使用者登錄系統	使用者輸入有效的帳號和密碼	系統驗證使用者帳號名和密碼，並執行登錄作業	安全需求、使用者驗證需求
002	使用者查詢訂單資訊	使用者輸入訂單編號	系統依訂單編號讀取訂單資訊並顯示結果	資訊檢索需求、使用者經驗需求
003	系統產生訂單	使用者提交訂單確認資訊	系統驗證訂單資訊，產生訂單並顯示訂單編號	庫存管理需求、性能需求
004	系統發送訂單確認郵件	系統產生訂單	系統向使用者發送訂單確認郵件	通知需求、使用者經驗需求
005	使用者取消訂單	使用者選擇訂單並提交取消請求	系統驗證取消請求，取消訂單並發送確認郵件	功能需求、使用者經驗需求

此一事件表範例中，每個事件都有一個獨一無二的事件編號和事件描述。事件描述提供了對事件的說明，包括觸發事件的條件，系統的回應以及相關的需求。觸發事件的條件指定了什麼情況下會觸發該事件，系統的回應描述了當該事件發生時系統應該如何回應，相關需求則指定了與該事件相關的各種需求，例如功能需求、性能需求、安全需求、使用者經驗（UX）需求等。

通過使用事件表，系統分析師可以更好地了解系統中各種事件的特性和需求，從而更好地設計和開發系統，以滿足使用者和業務的需求。

12-2 使用案例設計原則

使用案例 (Use Case) 是對系統行為的動態描述，它可以增進系統設計人員、開發人員與使用者的溝通，以及清楚地了解系統需求。此外，使用案例還可以分隔系統與外部實體的界限。使用案例是系統設計時，巨觀系統環境和內部元件的來源，提供後續視圖的設計。

軟體發展過程中通常使用情節（Scenario）來理解系統的需求和系統的作業。使用案例就是正式化、形式化獲取情節的技術，大部分使用案例可以在需求分析階段產生，但

隨著工作的深入會發現更多的使用案例，屆時需要及時將新發現的使用案例加入到既有的使用案例集中。因此，使用案例集中的每個用案例都是一個潛在的需求。

⊕ᴵ 補充說明

　　情節（Scenario）：對系統需求細部化的過程，需要用互動圖（Interaction diagram）或活動圖（Activity diagram）來描述這些流程，因為只用一個循序圖來描述使用案例，通常是不夠的。例如，學生繳交學費的需求，在學務系統中，會有「繳費」使用案例。但是繳費可以用現金付帳，也可以用信用卡、轉帳、匯款的方式付帳，每一種方式執行的流程有很大的不同，因此需要使用不同的循序圖來描述。

　　一個使用案例實際是描述了一個序列集（sequence set）。序列集中的每一個序列描述了一個流程，這個流程代表了使用案例的一個延伸，每一個這樣的序列就被稱為一個情節。就像是拍攝劇情影片事前所準備的腳本一樣，情節是系統行為的一個特定動作序列。一個複雜系統通常使用多個使用案例來表達系統的行為，而每個使用案例可以使用多個循序圖、活動圖來詳細描述各個事件流程的情節。

　　使用案例是利用純文字，以敘述性的方式來描述參與者使用系統的互動操作過程，及滿足參與者使用系統的目的。在使用文字描述使用案例之前，可以搭配使用案例圖來表達參與者使用系統的目的、界定系統邊界（system boundary）的範圍、找出系統參與者，以及系統所需擔負的責任。

1. 找出參與者

　　如何找出系統的參與者，可以透過回答下述問題來幫助識別使用案例：

(1) 每個參與者的任務是什麼？

(2) 有參與者要建構、存儲、改變、刪除或讀取系統中的資訊嗎？

(3) 什麼使用案例會建構、存儲、改變、刪除或讀取這個資訊？

(4) 參與者需要通知系統外部的突然變化嗎？

(5) 需要通知參與者系統中正在發生的事情嗎？

(6) 什麼使用案例將支援和維護系統？

(7) 所有的功能需求都能被使用案例實現嗎？

2. 釐清系統問題

還有一些針對整個系統的問題。

(1) 資訊需求：系統需要何種輸入輸出資訊？輸入資訊從何處來？輸出資訊到何處？

(2) 現有問題：當前運行系統（也許只是一些人工作業，而不是電腦系統）的主要問題？

(3) 互動和流程：描述使用案例中使用者如何與系統互動，系統如何回應，以及可能的異常情況。

(4) 性能需求：釐清對性能的要求，包括回應時間、同時上線人數（concurrency）、資料處理速度等。

(5) 安全性：系統的安全性需求，包括對機敏資訊的保護、使用者身份驗證、隱碼等。

不同的設計者、不同的使用規模，設計使用案例的細微程度也會不同。要避免使用案例數目過多或過少，確定適當的使用案例數量實在是系統分析師的經驗累積。無論如何，好的使用案例應該遵循：「**每個使用案例能夠從頭至尾地描述一個完整的功能，且與參與者互動**」的基本原則。

例如圖 12-6 所示的教學系統範例。其中，學生首先必須選課，然後註冊到所選擇的課程中，最後學生再依據選課付學分費。由於這 3 個過程是 1 個完整行為的 3 個部分，所以就適合一個「註冊課程」使用案例來描述。

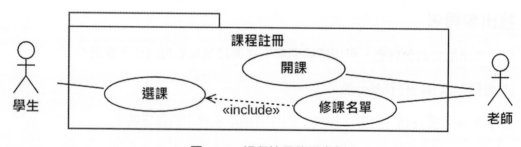

圖 12-6　課程註冊使用案例

又例如教務人員依據老師開課狀況，可以增加、修改或刪除課程。這種情況也是最好使用 1 個使用案例，如圖 12-7 所示的「課程維護」。因為課程增、刪、改這 3 個功能過程都是由 1 個參與者「教務人員」執行，並且只涉及系統中的同一實體「課程」。

如果需要綁定彼此密切相關但不同的功能，例如圖 12-7 左方參與者的教務人員負責處理老師的開課、維護課程資料、建立各級授課清單，也要負責學生的相關就學資訊，就可以依據各功能分別建立圖 12-7 所示的 4 個使用案例。

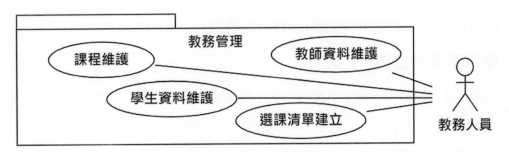

圖 12-7　教務管理使用案例

2. 描述原則

使用案例描述了系統做什麼，不過並沒有規範怎麼做，只是表達參與者與使用案例間具有關係。因此在系統設計時，需要為使用案例圖加上結構化敘述的文字說明。或是，利用 UML 一些視圖代替文字說明來表達不同的情節，例如的互動圖和活動圖，不過視圖並不能完全取代文字說明。

(1)清晰明瞭：描述過程應該清晰且易於理解。使用清晰的用語和結構，確保所有利害關係人都能夠理解使用案例的內容。

(2)具體而實用：描述要避免過於抽象，應該具體並著重於實際的情節或功能，使得描述對系統開發實務有實質的幫助。

(3)使用案例分離：將不同的使用案例分開描述，不要混淆不同的情節或功能，以助於瞭解各個使用案例的獨立性和互動性。

(4)需求對應：描述應該直接對應系統的需求。每個使用案例都應該是一個功能完整的單元，能夠滿足一定的系統需求。

3. 參與者的描述

針對參與者的描述，可以包括下列項目：

(1)姓名：與使用案例圖上顯示完全相同的參與者名稱，名稱的第一個字母大寫。

(2)別名：可以在應用程式中使用此參與者的其他名稱，主要是方便理解。

(3)輸入資料：此參與者輸入的資料列表。

(4)輸出資料：此參與者接收系統輸出的資料列表。

(5)描述：簡要描述此參與者的一般目的或角色。

(6)註解：任何有助於理解此參與者的補充資訊。

4. 使用案例的描述

描述時可以針對每一個使用案例給予一個編號，方便管理。完整方式可以具備下列項目[1]：

(1)名稱：使用案例的名稱

(2)描述：簡要說明此使用案例的用途。

(3)主要參與者：與系統互動的外部人員、單位或外部系統。

(4)次要參與者：列出對使用案例後端的其他人員或單位或外部系統。

(5)利害關係人與目標：與使用案例相關的利害關係人與所要達成的目標。

(6)前置條件（Pre-conditions）：使用案例執行前的條件。

(7)後置條件（Post-conditions）：使用案例執行後達成的利益，例如傳遞給參與者的資訊。

(8)觸發（trigger）：是情節的第一步，指定啟動使用案例的事件。例如：「使用者插入提款卡」、「客戶來電投訴」。請勿將此與前置條件混淆，前置條件是觸發事件之前參與者及其系統狀態的條件。

(9)正常情節（normal scenario）：使用案例的每條執行路徑，也就是事件流程，都被定義為一個情節。正常情景為使用者最有可能遵循的路徑。

(10)延伸（extensions）：包括失敗、異常等例外狀況，或實現正常情景的替代作業。

(11)其他需求：補充說明，例如規則、設備等其他需要的事項。

5. 使用案例的事件流程

需求分析時，可以採用事件（請參見第 12-1 節的介紹）流程來定義每一個使用案例

---

1 Use Case Description. https://www.cs.fsu.edu/~baker/swe1/restricted/templates/UseCaseDescriptionInstructions.html

的行為。使用案例的事件流程描述了完成使用案例之行為所需要的事件。在描述事件流程時，應該包括下列內容：

(1) 使用案例什麼時候開始、如何開始。

(2) 使用案例什麼時候結束、如何結束。

(3) 使用案例和參與者之間有什麼樣的互動關係。

(4) 使用案例需要什麼資料。

(5) 使用案例的主要事件順序是什麼。

(6) 替代或例外事件流程如何描述。

建立事件流程的文字說明，開始只是對執行使用案例主要流程所需事件的簡略描述（例如，使用案例提供什麼功能），隨著分析的深入，逐步添加更多的細節，最後再將例外流程的描述也加進來。

在描述使用案例的事件流程時，可以用正式的結構化文字，也可以用非正式的結構化文字描述，或是使用虛擬碼（pseudocode）。

在描述使用案例時，可以為軟體專案自訂一個描述的範本，提供爾後系統分析設計時的遵循標準。描述時，可以先採用如圖 12-8 所示簡略或非正式的方式先描述使用案例，直到細部化後再採取完整方式描述。

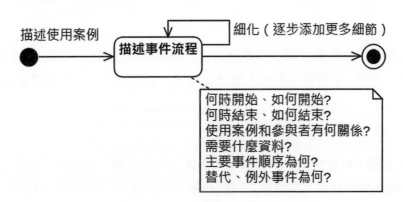

圖 12-8　描述使用案例的過程示意圖

6. 使用案例事件流程的編號方式

事件流程的文件通常在迭代過程的細化階段建立。最初僅包含部分使用案例的描述，或對執行使用案例所需事件的簡要說明。隨著分析的深入，逐步增加更多細節，最終還

包括延伸的例外流程的描述。針對使用案例的每一個事件流程描述時，建議事先規範每個說明的項目編號方式，可以參考下列使用案例事件流程的編號範例，再依據專案特性自行斟酌刪改：

```
X.    使用案例名稱的事件
X.1  前置條件
X.2  後置條件
X.3  擴充點
X.4  事件流程
X.4.1        基本流程
X.4.2        子流程
X.4.3        替代流程
```

其中，X 代表從 1 開始的使用案例序號，然後依次編寫該使用案例的前置條件、後置條件、擴充點（extenstion points）、事件流程。事件流程又分包括基本流程（basic flow）、子流程（subflows）和替代流程（alternative flows），子流程是非必備的，是依據需要才需編寫的項目。

實現目標可能有多種事件流程，例如：流程可能會依據參與者的特定輸入或選擇而有所不同。並且，流程也會存在無法實現目標的情況，例如：遠端資料庫連結失敗、資料處理超時。因此，每個用使用案例的事件具備多個流程，包括一個基本流程和多個替代流程。

(1)擴充點：是針對執行時，在某些情況下需要被對應到相對處理的使用者案例。例如登入功能，正常程序是輸入帳號與密碼，進行驗證。若驗證發生帳號不存在、密碼錯誤、帳號被凍結，可能需要設計擴充點，進行帳號註冊、忘記密碼的重設服務、帳號凍結原因與說明等作業。

(2)基本流程：在理想情況下參與者和系統之間的互動。此流程一切都按計畫進行，並且參與者的目標（可觀察的價值結果）得到滿足。基本流程代表此使用案例提供的主要功能。

(3)子流程：使用案例中進一步分解為較小步驟或情節的部分，以提供更細緻的計畫和進度追蹤。

(4)替代流程：是原本作為使用案例「延伸」的描述，在事件描述時做為更細化的細節。

綜合上述的解釋，可以將基本流程視為正常流程；子流程用來更細化地描述基本流程；替代流程則是發生例外狀況時的運作流程。

以圖 12-6 的範例，課程註冊之使用案例描述可以如表 12-1 的內容（內容的編號，僅為模擬文件製作時給予的編號，只是示範作用，並無實際意義）：

表 **12-1**　「課程註冊」使用案例的事件流程描述範例

1. 課程註冊：

　　　　基於老師開課課程，提供學生在限定學分數內選擇修課課程。

1.1. 前置條件

　　　　在使用案例「課程註冊」開始之前，使用案例「課程開課」子流程「建立開課課程」與「填寫課程大綱」必須完成。

1.2 後置條件

　　　　使用案例完成時，學生修課課表新增或變更。若課程有實習設備，自動產生繳費單。

1.3 擴充點：

　　　　無。

1.4 事件流程

1.4.1 基本流程

　　　　當學生輸入帳號、密碼成功登錄到選課作業系統（E-1）時，使用案例「課程註冊」開始，提示學期相關資訊，並依據該學生的條件狀況，顯示這位學生可選修的課程清單。系統提供可選課的動作：加選（ADD）、退選（DELETE）、查看（REVIEW）、「列印（PRINT）、離開（EXIT）。

　　　　選擇的活動是 ADD，執行子流程 S-1：增加所選課程。

　　　　選擇的活動是 DELETE，執行子流程 S-2：刪除所選課程。

　　　　選擇的活動是 REVIEW，執行子流程 S-3：查看所選課程資訊。

　　　　選擇的活動是 PRINT，執行子流程 S-4：列印已選課程。

　　　　選擇的活動是 QUIT，使用案例結束並離開。

1.4.2 子流程

　　S-1：增加所選課程：學生輸入希望選修的課程名稱和代碼資訊（A-3），系統顯示選課結果資訊（A-4），並建立這位學生與該課程關聯（A-5）。使用案例重新開始 1.4.1。

　　S-2：刪除所選課程：系統輸入已選課程名稱和代號的資訊（A-3），系統刪除這位學生與課程的關聯（A-6）。使用案例重新開始 1.4.1。

　　S-3：查看所選課程資訊：系統檢索（A-7）並顯示出學生所選課程的資訊，包括課程名稱、代碼、簡介、大綱、上課時間、地點、授課教師、學生上限、扣考限制等。當學生選擇確認（OK）表示 看完畢，使用案例重新開始。

　　S-4：列印已選課程：查看並列印所有已選擇之課程，系統列印出學生所選的課程資訊（A-8）。使用案例重新開始。

1.4.3 替代流程

A-1：如果輸入的密碼無效，使用者可以重新輸入密碼或結束使用案例。

A-3：如果輸入的課程名稱或代碼無效，學生可以重新輸人課程名稱和代碼的部分或結束使用案例。原因的說明資訊。A-4：如果所要求的課程不可以選修，系統會顯示該課程目前無法選修使用案例重新開始。

A-5：如果學生與課程間的關聯不能建立，資訊會被紀錄於系統日誌，並在固定的時間間隔後，再次建立關聯。使用案例繼續。

A-6：如果學生與課程間的關聯不能刪除，資訊會被紀錄於系統日誌，並在固定的時間間隔後，再次刪除關聯。使用案例繼續。

A-7：如果系統不能檢索課程選修資訊，那麼使用案例重新開始。

A-8：如果系統不能列印課程選課資訊，學生會得無法無法使用的說明資訊。使用案例重新開始。

12-3 撰寫使用案例

結構化方法使用資料流程圖（Data Flow Diagram，DFD）和實體關係模型（Entity-Relationship Model）來表達系統規格與資料流程。不過使用 DFD 的結構化方法對於一般使用者並不容易瞭解，且無法描述物件導向的觀念。Ivar Jacobson 於 1986 年提出使用案例，利用文字來描述系統的需求。物件導向發展方法將這個工具納入成為描述系統需求最主要的工具。也就是說，物件導向系統設計相關的工作，是在使用案例的描述後才能展開。

1. 使用案例描述的關鍵元素

UML 並沒有對使用案例的描述方式做出規範，歸納相關系統分析的方法論，可以整理出如圖 12-9 所示的使用案例描述知識地圖。

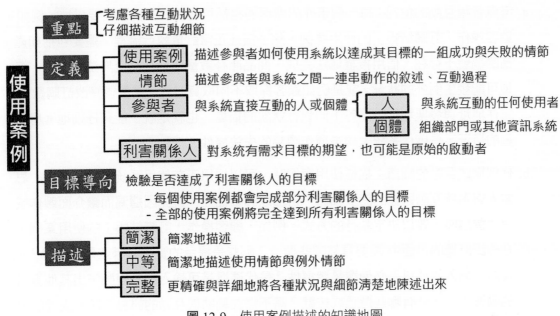

圖 12-9　使用案例描述的知識地圖

其中關鍵元素包括：

(1) 使用案例（use case）

　　就是描述參與者如何與系統互動而達成其目標的一組成功與失敗情節（scenario）。透過這些簡單、直接的方式，描述參與者與系統互動過程，著重在使用者操作的層次上盡可能地詳細，而不需要描述到系統如何處理資料的細節。藉由詳細描述使用者的操作，方便後續程式設計師可以依此撰寫程式。但是對於程式如何開啟檔案、讀取欄位、比對、修改和儲存的細節就不需要詳加敘述，程式設計師可以自行依據程式設計的方式處理這些動作。

(2) 參與者（actor）

　　雖然在前章節多次針對參與者的意義作詳細說明，但還是要再強調。參與者是指與系統直接互動的人或個體。人可以是櫃檯人員、顧客、倉管人員或是與系統互動的任何使用者；個體則可以是組織部門或其他資訊系統。參與者和利害關係人不同，利害關係人是對系統有需求目標的期望，系統如果沒有滿足利害關係人的目標或利益，就可能導致系統的失敗。

(3) 情節（scenario）

　　是參與者與系統之間一連串動作的敘述，這是使用案例描述非常核心的關鍵。情節描述參與者與系統的互動過程有兩個重點：

a. 考慮各種互動的情況：每一個事件的處理過程都可能有許多情況需要描述，例如，顧客操作「訂購結帳」的使用案例，除了描述正常訂單執行流程，還要包括如產品的編號不存在、信用授權無法完成、商品庫存數量不足、物流無法處理等，各種可能發生例外的狀況，或是例如顧客採取不同取貨方式、交易後修改訂購數量、寄件地址與發票地址分開等不同執行狀態的描述。也就是說，能夠仔細地考慮各種的情況，是確保系統上線後運作順暢的先決條件。

b. 仔細描述互動的細節：描述使用案例時，可以採用正在使用系統的假想方式，思索人與系統互動過程的諸多細節，再加以詳細描述。避免因遺漏而讓介面製作或程式撰寫時，難以決定執行的方式。例如，顧客操作「訂購結帳」的使用案例，在確認訂單的畫面中 需要具備哪些欄位？哪些是提示的資訊？哪些是必要輸入的資訊？輸入的資料是必備還是選擇性？是代碼還是可輸入部分連動帶出其他資料的動態方式？會有哪些選項或按鍵？需不需要輔助或互動的訊息？防呆處理的方式如何？有沒有錯誤的提示訊息等等。

2. 案例描述技巧

撰寫使用案例的描述，可以參考一些經驗原則：

(1) 識別所有系統參與者並為每個參與者建立對應的使用案例描述，包括與系統互動之使用者所扮演的每個角色。

(2) 選擇一個參與者，並定義參與者的目標，或是希望透過系統來完成什麼？這些目標都應該表示成為一個使用案例。

(3) 描述每個使用案例採取的過程，以達到 (2) 所訂的目標。

(4) 考慮事件的每個可替代的過程（可採取不同的過程來達到目標）和延伸的使用案例。

(5) 確定過程中的共通性，以描述共用的使用案例。

此外，撰寫使用案例的內容，還可考量下列幾個基本原則：

(1) 考量系統預定要達成的任務。

(2) 不須考量使用者介面，專注於參與者使用系統的企圖，以及想達到的結果。

(3)內容的描述儘量簡潔明白。

(4)以系統為黑箱（未知系統內部的作業細節）的角度撰寫使用案例。

(5)從參與者與參與者目標出發，聚焦在參與者目標與其想要得到的結果。

3. 使用案例描述形式

使用案例包括如圖 12-10 所示的簡略（brief）、中等（medium）、詳細（detail）三種描述的形式。通常在專案初期會以簡略或中等的方式描述使用案例，而需求收集後就需要採取完整方式描述使用案例。

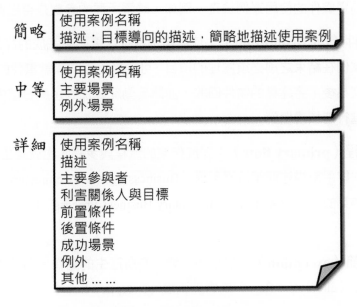

圖 12-10　使用案例描述的形式

雖然 UML 並沒有規範使用案例的描述方式與內涵，但是詳細描述是最正式也是最完整的使用案例描述形式，內容可以包含下列元素：

(1)使用案例名稱：描述使用案例的名稱，必須與事件表的使用案例名稱一致，並搭配編號方便尋找與整理。

(2)描述：簡要說明使用案例的內容，適切地表達執行的用途。

(3)主要參與者：與系統互動的使用者、部門或其他系統。包括啟動使用案例執行的主要參與者（primary actor），以及接受使用案例回傳訊息或後台管理的支援參與者（supporting actor）。

(4)利害關係人與目標：說明與使用案例相關的利害關係人與所要達成的目標。可以利用這些目標檢視使用案例的情節及後置條件是否達成此目標，或是依據這些目標制定使用案例需要完成的工作。

(5)假設（assumption）：當某些行為必須由另一個使用案例處理，才能允許參與者執行此使用案例時，必須將這些條件指定為假設。例如，驗證使用者是否有權限執行此功能。

(6)前置條件（pre-condition）：使用案例執行前須滿足的條件，只有當這些條件為真，使用案例才能開始執行。和透過其他使用案例處理的假設不同，前置條件由包含前置條件的使用案例檢查。例如，驗證所需的參數是否已傳遞並且有效。

(7)後置條件（post-condition）：使用案例執行之後必須完成的條件。後置條件表示使用案例在結束之前必須處理的項目，可能是正常或異常事件的一部分。例如，在完成交易後，將建構的物件回收，並將異動紀錄加到系統日誌中，以便後續可以對其進行稽核或撤銷。

(8)主要流程（primary flow）：完成作業的流程與步驟，也就是主要成功的情節。建議可採取用來描述商業流程架構（Business Process Architecture，BPA）抽象表達細部作業的基本商業流程（Elementary Business Process，EBP）來描述這些細部動作。

(9)例外情節（exception）：描述例外發生時所產生的動作。例外通常會引發執行替代流程（alternative flow）或例外流程（exception flow）。

a. 替代流程描述了使用案例完成其目標的基本流程以外的情節。通常被認為是一個選擇性的流程，表示例外發生時，使用者可以選擇系統的替代路徑。

b. 例外流程是通過系統的例外路徑，通常是由於型態不符、資料缺漏或系統問題造成例外發生，系統仍應正常運作，並向使用者提供一些有用資訊的方式作出反應。

(10) 其他需求：描述這個使用案例的其他需求，例如法規、政策或設備等。

4. 撰寫原則與步驟

使用案例是以一系列簡單的步驟描述，從參與者的目標開始，到該目標實現時結束。就如同程式循序執行的方式，一步一步地將參與者使用系統的過程敘述出來。因此，內

容的敘述就如同程式語言具備的循序（sequence）、條件（condition）與重複（repetition）三個基本流程方式一樣。如圖 12-11 所示，Kenworthy E. 在 1997 年提出了以易於理解的敘述方式編寫使用案例的步驟[2]：

(1) 確定誰將直接使用該系統。這些都是參與者。

(2) 選擇其中一位參與者，定義參與者希望系統做什麼。這一個參與者做的每一件事都是一個使用案例。

(3) 對於每一個使用案例，決定參與者使用系統時最常的事件過程。這是基礎流程。

(4) 在使用案例中描述該基礎流程。使用獨立於現實的術語（implementation-independent terms）描述參與者做什麼，而系統又回應了什麼。描述基本流程時，考慮事件的替代流程並為其添加延伸的使用案例。

(5) 識別使用過程中的所有共通性，以建立通用過程的使用案例。

(6) 對其他參與者重複 (2) ~(5) 的步驟。

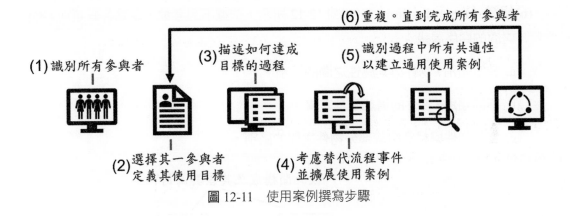

圖 12-11　使用案例撰寫步驟

12-4　RUP 需求分析方法

　　雖然統一軟體開發過程（Rational Unified Process，RUP）的複雜性，使得在軟體開發中不如其他方法論流行，但 RUP 在某些組織和專案中仍有其應用參考價值。RUP 的需求分析方法是在系統開發前，進行了需求調查與資料收集以後，依據物件導向的思維來分析問題。

2　Still, B., & Crane, K. (2017). Fundamentals of user-centered design: A practical approach. CRC press.

1. 處理問題的原則

用物件導向方法對需求收集結果進行分析處理時，一般依據以下幾項原則：

(1)抽象（abstraction）：為了某一分析目的而專注研究物件的某一性質，而忽略其他與此目的無關的部分。

(2)封裝（encapsulation）：在確定系統的某一部分內容時，應考慮到其他部分的資訊及聯繫都在它的內部進行，與外部之間的資訊聯繫應盡可能少。

(3)繼承（inheritance）：不必重複定義，可直接獲得既有事物的性質和特徵，並再據以擴充其性質與特徵。透過需求分析過程，找出事物之間的共同資訊（屬性）和行為（操作），規劃為類別 / 物件，然後擴充這些屬性及操作為特定的類別 / 物件，減少系統實作過程中的重複作業、降低系統複雜度、提高系統的穩定性。

(4)關聯（association）：將某一時刻或相同環境下發生的事物聯繫在一起。

(5)溝通（communication）：在類別 / 物件之間資訊（訊息和資料）的傳遞方式。

(6)組織（organization）：如圖 12-12 所示，依據下列考量，定義各個類別 / 物件之間的關係層級：

a. 特定類別 / 物件與其屬性之間的區別。

b. 不同類別 / 物件的構成及其差異。

c. 整體物件與相應組成部分物件之間的區別。

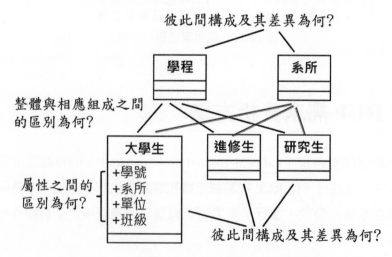

圖 12-12　分析類別 / 物件內部與彼此間的關係

(7) 比例（scale）：運用整體與部分原則輔助處理複雜問題的方法。

(8) 行為類型（categories of behavior）：針對被分析的事物，常見的行為包括下列三種類型：

a. 基於直接因果關係。

b. 發展歷史（隨時間變化）的相似性。

c. 功能的相似性。

2. 基本步驟

RUP 物件導向方法具體分析一個事物時，如圖 12-13 所示，除了最主要的使用案例描述需求之外，大致會進行確定系統的邏輯與程序模型兩個步驟：

(1) 確定系統的邏輯模型（logical model）

需求分析邏輯模型主要的元件為類別／物件，以及系統結構。

a. 確定類別和物件：類別是物件的屬性和方法集合的描述，以及如何建構一個新物件的描述。物件是指資料及其處理方式的抽象，其反映了系統保存和處理現實世界中某些事物資訊的能力。

b. 確定結構：結構是指問題領域的複雜性和連接關係。類別成員的結構反映了一般化與特殊化的關係；整體 - 部分結構反映了整體和局部之間的關係。

(2) 確定系統的程序模型（process model）

依據 RUP 程序的觀點，繪製活動圖、循序圖或溝通圖等視圖。

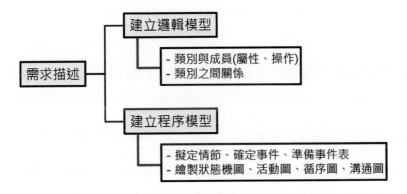

圖 12-13　RUP 物件導向系統分析的基本步驟

12-5 建立邏輯模型的類別

1. 類別的塑模

類別的塑模分析步驟如下：

(1)尋找出需求中的名詞（候選概念類別）。

(2)合併含意相同的名詞，排除範圍以外的名詞，並尋找隱含的名詞。

(3)去掉只能作為類別屬性的名詞。

(4)剩下的名詞就是要找的分析類別（候選概念類別）。

(5)根據常識、問題領域、系統責任確定該類別有哪些屬性。

(6)補充該類別的動態屬性，如狀態、物件之間的關係（如聚合、關聯）等屬性。

(7)撰寫每個類別的分析文件與繪製（初步）類別圖。

2. 類別的識別

識別概念類別（或稱初步類別）有許多方式，包括腦力激盪法、經驗法、使用既有模型加以修改、依據概念類別列舉法等，通常都只有原則，沒有標準。比較可靠的是採用名詞片語法。

名詞片語法依據由文字描述的需求說明文件內容，是由名詞、動詞、形容詞等規則組合而成，名詞一般會被識別為類別或屬性，形容詞一般被識別為屬性，動詞則一般會被識別為操作。一個名詞應該被識別為類別還是屬性，與該功能的作業有很大的關係。通常，如果一個名詞有另外的名詞作為附屬，或有包含一個以上的動詞，那麼該名詞就是類別。

例如透過表 12-2 使用案例中描述的名詞片語，找出如表 12-3 所述的概念類別與屬性。

表 12-2　使用案例

主要成功情節：
1. 當學年度的學期開學之前，老師要決定開課的科目，並提供學生選課。
2. 老師會操作系統，提交科目名單並各別建立課程大綱。
3. 學生上網選課程時會輸入學號與密碼，學號與密碼檢驗正確後，進入修課課程選擇主畫面。
4. 系統於修課課程選擇主畫面讀取該學生的基本資料，並顯示在畫面，包括學號、姓名、系所、年級。並依據所屬系所讀取有開課的課程名單，預設必修課程自動選擇修課。其餘選修課程則可由學生自行選擇是否修課。必修與選修學分數必須符合學校規定的上限。
5. 選點修改按鍵可進行修改或刪除選修之課程，並顯示修課明細。修改後選點存檔，或刪除時選點刪除按鍵，系統提示確認訊息後完成作業回到修課課程選擇主畫面。
6. 修課課程選擇主畫面選點確認按鍵後，系統將此登入學生選課清單的所有必、選修課程分別寫入修課檔案內。

表 12-3　概念類別與屬性列表

名詞	識別說明	結果（是否為概念類別）
學期	基本背景資料。控管學生、老師、課程及相關活動的特定時間區間。	是。可作為學年度的下層類別。
老師	負責開課與授課的主要實例。重要。	是
科目	開課科目紀錄。重要。	是
課程大綱	課程的屬性，具備多個內容的陣列特性	否
學生	學生個體。重要。	是
學號	學生屬性。	否
密碼	學生屬性。	否
姓名	學生屬性。	否
系所	學生屬性。	否
年級	學生屬性，可由學號判斷，但須考慮休學後復學、降轉的學號，因此需作為獨立存在之屬性。	否
開課的課程名單	選課作業依據系所開課科目動態產生的明細資料。	否
必修課程	科目屬性。	否
選修課程	科目屬性。可與必修合併以代碼表示	否

（續下頁）

（承上頁）

名詞	識別說明	結果 （是否為概念類別）
學分	科目屬性。	否
學分上限	學生科目屬性。	否
選課清名單	學生確定選擇修習的各科目紀錄。	是

如圖 12-14 所示，需求分析階段概念模型定義使用案例的類別，並將設計細節加入，包括屬性或操作（如果產出是初步類別圖，則可忽略操作，而專注在類別的屬性與多重性關係）。以作為後續系統設計時產生設計類別圖，並提供互動圖的定義與確認。

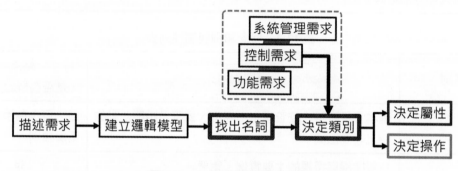

圖 12-14　物件導向需求分析

類別是物件導向程式設計最基本的單元，類別與物件之間的關係，與類別包含的成員如圖 12-15 所示。

圖 12-15　物件導向類別與物件之成員

物件導向設計中，先定義類別，後續的實做才能將類別建構成物件。類別與成員的判斷方法如下：

3. 類別的判斷方法

接續前一節類別的識別原則，決定概念類別之後，可以再加上下列一些協助類別的檢核判斷：

(1) 如果存在需要儲存、分析或處理的資訊，那麼該資訊可能就是一個類別，這裡講的資訊可以是概念，或是發生在某一時間點的事件或事務。

(2) 如果有外部系統，則可以將該系統視為一個類別，然後再近一步判斷該類別是本系統所包含的類別，還是與本系統互動的類別。

(3) 如果有樣板、程式庫、元件等，可以將其作為類別。

(4) 與系統相連的任何設備都要有對應的類別，包括連結使用的中介元件都應視為類別，再透過這些類別連結設備。

(5) 在資訊系統中使用的團體、單位或組織等機構，通常作為類別。

(6) 系統中的角色，例如顧客、管理員、系統操作員等，通常也是作為類別。

4. 屬性的判斷方法

尋找出來待確定類別經過反覆整理、篩選，最後確認系統作業所需的類別。類別的屬性是類別內部的資料，源自需求中的名詞或形容詞，代表類別不能再分解的一個描述特徵，且不會單獨存在應用領域中。如果需求分析時，類別有些屬性不確定是否必要時，如果該類別缺少了某一個屬性，便不能保持類別語義的完整性，就是判斷類別是否應該具備該屬性的依據。尋找屬性時，可以參考下列的考量原則：

(1) 依常識判斷這個物件有哪些屬性？

(2) 在當前問題領域，該物件應具備哪些屬性？

(3) 根據系統的作用，此物件應擁有哪些屬性？

(4) 為了實現某些功能，或解決什麼問題，物件需要涵蓋哪些屬性？

(5) 物件有哪些區別的狀態？

(6) 決定哪些屬性是屬於物件的整體還是部分？

5. 操作的判斷方式

類別的操作，也就是類別內部的方法（method）、函數（function），用來處理屬性或進行其他動作。操作的簽章包括修飾語（modifier，例如公用、私用、抽象的宣告）、回傳值型態、名稱、參數。決定操作也要從類別的實例，也就是物件的角度判斷：

(1) 從需求中的功能尋找物件的操作。

(2)屬於系統行為層面的功能，可以到設計階段再做考量。

(3)根據系統責任，決定此物件應該有哪些操作。

(4)依據分析物件的狀態轉換，來尋找所需的操作。

至於，類別本身要使用哪些操作來存取私用的資訊，在需求分析階段可以先暫不考慮。

12-6 建立程序模型

軟體程序是整個軟體生命週期中，一系列依序的軟體生產活動流程。為了能有效率地開發一個高品質的軟體系統，通常把軟體生命週期中各項開發活動的流程用一個合理的框架來規範描述，這就是程序模型（process model）。如圖 12-16 所示，建立程序模型是從一個特定的角度，將系統劃分成各個階段的執行順序，並採用直觀的視圖表達系統的過程。

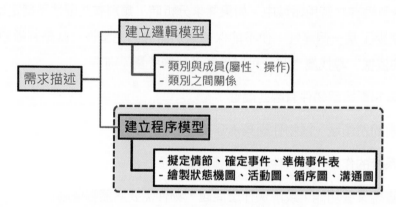

圖 12-16　建立程序模型的主要執行項目

程序模型執行的項目包括：

(1)擬定情節（scenario）：使用案例是抽象的功能需求，具體到實際運行中的使用案例則表現為情節形式。動態分析從尋找情節的事件開始，然後確定各物件可能的事件順序。執行的細節與演算法設計模型的一部分，在分析階段可以先不考慮。

(2)確定事件（event）：確定所有外部事件。事件包括所有來自或發往使用者的資訊、外部設備的信號、輸入、轉換和動作，可以發現正常事件，必須不能遺漏條件和異常事件。

(3) 準備事件表（event table）。把情節表示成一個事件表，也就是不同物件之間的事件排序表，給每個物件分配一個獨立的欄位（column）。

(4) 可考量進一步繪製狀態機圖、活動圖、循序圖、溝通圖。

1. 狀態機圖塑模的分析步驟

模型中的每一個物件都一定擁有狀態，狀態機圖可以表示物件生命週期中，不同時間點的狀態改變。如果物件是狀態控制物件（state controlled object），表示物件接收訊息後，會因不同狀態產生不同行為。狀態機圖塑模的分析步驟建議如下：

(1) 確定系統狀態控制物件。

(2) 確定物件的起始狀態和結束狀態。

(3) 在物件的整個生命週期尋找有意義的控制狀態。

(4) 尋找狀態之間的轉換。

(5) 補充引起轉換的事件。

(6) 繪製狀態機圖，並依需要撰寫說明文件。

2. 活動圖塑模的分析步驟

活動圖塑模的分析步驟建議如下：

(1) 在收集的原始需求中找出重點流程。

(2) 確認設計的活動圖是針對商業流程還是使用案例。

(3) 設計活動過程的起點和終點。

(4) 找出活動圖的所有執行物件。

(5) 確認活動的節點，並根據執行物件進行活動分組：

    a. 如果對使用案例，則把角色所發出的每一個動作視為活動節點。

    b. 如果對商業流程，則把每一個流程步驟（或片段）視為活動節點。

(6) 確定活動節點之間的轉移。

(7) 考慮活動節點之間的分支和合併。

(8) 考慮活動節點之間的分岔和會合。

(9) 繪製活動圖，並依需要撰寫說明文件。

3. 循序圖塑模的分析步驟

循序圖塑模的分析步驟建議如下：

(1)先完成使用案例圖的細部分析。

(2)對每一個使用案例，識別出參與基本事件流程的物件（包括介面、子系統、角色等）。

(3)識別這些物件是主動物件還是被動物件。

(4)識別這些物件發出的是同步訊息還是非同步訊息。

(5)從主動物件開始向接收物件發送訊息。

(6)接收物件執行自己的服務並回傳結果。

(7)如果接收物件需要呼叫執行其他物件的服務，則需要向其他物件再發送訊息。

(8)最後回傳給主動物件有意義的結果。

(9)繪製循序圖，並依需要撰寫說明文件。

4. 溝通圖塑模的分析步驟

循序圖和溝通圖是一體兩面的視圖。循序圖強調生命線之間物件的功能呼叫與訊息交換；溝通圖則是聚焦於內部結構生命線之間的互動和訊息傳遞的過程。因此溝通圖的分析步驟相同於循序圖。

12-7 系統循序圖

系統循序圖（System Sequence Diagram，SSD）描述的是在系統整體或是特定使用案例情節的外部參與者、內部系統、以及雙方的事件訊息傳遞。系統循序圖用來表現與系統互動的外部參與者以及參與者引發的系統事件。系統循序圖中，將系統的應用都看作黑箱，不關心其內部的細節，只關心從參與者到系統之間跨越系統邊界的事件。

系統循序圖描述系統成功或者一些複雜的情節，而使用案例是使用者利用系統實現特定目標的一系列成功或失敗情節的文字敘述。因此，系統循序圖是基於使用案例建立起來的，可以將其視為使用案例的延伸。

1. 主要要素

UML 沒有直接定義系統循序圖，系統循序圖就是一種把系統應用當做黑箱的一個循序圖，主要包括如圖 12-17 所示的四項元素：

(1) 參與者：人形符號表示利用此系統並引發系統事件的外部參與者。

(2) 系統物件：一般是與使用案例相關的邊界類別、類別的實例等。標示時不須標明物件名稱，只須標示類別名稱為「:System」的無名物件（名稱前具備冒號，表達為類別）。

(3) 生命線：用一條向下的虛線表示物件的存在時間。

(4) 框架：一個矩形框，表示整體系統動作的循環。

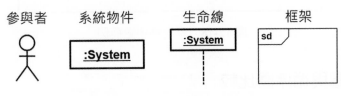

圖 12-17　系統循序圖主要元素

在系統循序圖中，一般描述的是系統在主要成功情節下的訊息傳遞，且時間順序是自上而下的，事件的順序必須遵循時間在使用案例情節中的順序。如圖 12-18 所示的範例，繪製系統循序圖的原則和循序圖的規範相同，特別要注意三個基本原則：

(1) 系統操作名稱不要使用中文命名：命名慣例是動詞＋名詞，第一個單字全部小寫，第二之後的單字字母大寫，單字若太長，就善用通俗的簡寫（也就是避免只用自己知道的簡寫）。例如：getDate( )、makeOrder( )、setUserInfo( )。

(2) 系統操作的參數：在分析初期很不容易確定操作需要傳入哪些參數，但是系統分析師仍應盡可能考量可能的參數，這樣可以加強規格文件的完整性，並提供後續類別圖的繪製。

(3) 回覆訊息：回覆訊息是執行操作後的回傳值，不是操作執行的輸出資料。

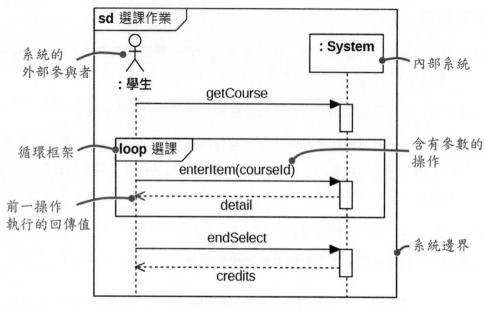

圖 12-18　系統循序圖範例

2. 系統循序圖與循序圖比較

雖然系統循序圖源自於循序圖，兩者在圖形繪製上有很多類似之處，但是在表達的目的上仍有許多差異：

(1) 系統循序圖是使用案例的可視化；而循序圖則是物件方法的可視化。

(2) 系統循序圖的物件是參與者以及系統；而循序圖是系統內的物件。

(3) 系統循序圖傳遞的訊息是參與者與系統之間的操作，可以是一個具體網路要求的方法呼叫，也可以是抽象的行為；而循序圖的傳遞的訊息，是具體執行的操作（所以物件必須包含訊息表示的操作）。

(4) 系統循序圖是使用案例的延伸，用於幫助分析使用案例中參與者與系統的互動行為；而循序圖則是類別的延伸，用於幫助分析某個類別中的具體操作。

12-8 ▶ 操作合約

操作合約（Contract）主要是依據先前發展的概念模型，將文字敘述的使用案例說明轉換成系統循序圖及類別的操作。

⊕» **補充說明**

» 操作合約可以視為針對後續類別方法的描述說明。

早期描述系統規格時，使用數學前置條件（pre-conditions）與後置條件（post-conditions）的概念，描述程式的啟動與結束狀況。Eiffel 物件導向程式語言的發明人 Bertrand Meyer 將其稱為合約設計（Design by Contract，DBC）[3]。操作合約即是應用前置與後置條件的描述，表達某一個操作會達到什麼目的的文件。如圖 12-19 所示，操作合約是強調將發生什麼事情，而不是如何完成事情。一個操作合約是以前置與後置條件的狀況改變來表示，可以運用在整個系統的高階系統操作，也可以是某個獨立類別的操作。

圖 12-19　操作合約強調將發生什麼事情

1. 操作合約的組成

通常操作合約的格式是宣告式的描述，內容可以包括下列部分（section）。實際使用的部分，系統分析師可依據實際需求而自行增減：

(1) 名稱（name）：操作的名字，以及傳入的參數。

(2) 責任（responsibilities）：使用非正式的文句描述此操作必須完成的責任。

(3) 類型（type）：操作的類型，例如概念、程式類別、介面等。

(4) 交互參照（cross references）：使用案例的名稱，或是操作發生的地方。

(5) 註解（notes）：設計的註解、演算法的說明等。

(6) 例外（exceptions）：例外的狀況。

(7) 輸出（output）：非人機介面的輸出，例如傳送到系統外部的訊息或資料。

3　Meyer, B. (1997). Object-oriented software construction (Vol. 2, pp. 331-410). Englewood Cliffs: Prentice hall.

(8) 前置條件（pre-conditions）：執行此操作前，系統應該處於哪種狀態。

(9) 後置條件（post-conditions）：執行完成此操作後的系統狀態。

2. 如何找出操作合約

為每個使用案例建立操作合約，可以參考下列建議的次序：

(1) 從系統循序圖確認出系統操作。

(2) 為每個系統操作建立一個合約。

(3) 先從合約的責任部分開始，非正式地描述此操作的目的。

(4) 接續撰寫後置條件，明確地描述在概念模型中的物件，完成操作後，會有哪些狀況改變。

(5) 使用下列分類方式，描述後置條件：

　　a. 物件的建構與解構。

　　b. 屬性的變動。

　　c. 關聯的形成與移除。

3. 操作合約與其他文件的關係

如圖 12-20 所示，操作合約與其他文件的關係。使用案例提示了系統事件與系統循序圖，透過系統循序圖可以確認出系統操作。依據這些系統的操作對系統的作用，便可將其描述於操作合約中。

12-9 系統需求規格的撰寫

系統需求規格（Software Requirements Specification，簡稱 SRS）是一技術性的文件，包含詳細描述和規範軟體系統的需求。SRS 依據確定系統的需求，提供對系統功能、性能和介面等方面的明確描述。這有助於溝通、協同、設計和驗證系統，確保專案成員和利害相關人對系統需求有共同的理解。同時，SRS 還提供了需求變更管理的基礎，以確保變更的可控和一致性。能夠提供如圖 12-21 所示的基本用途，是系統分析最重要的產出文件，也是做為接續系統設計的基礎。

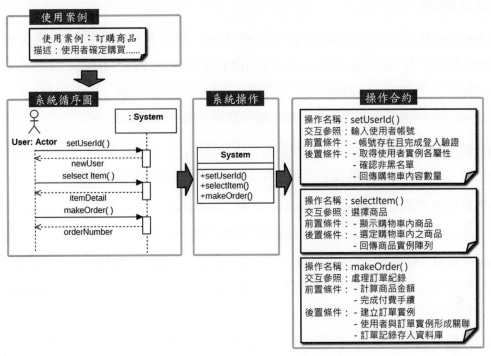

圖 12-20　合約與其他文件之間的關係

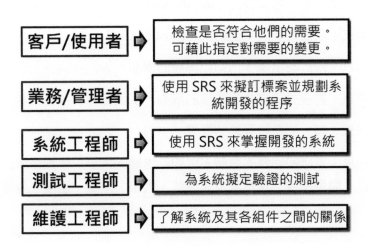

圖 12-21　系統需求規格書的基本用途

1. 需求內涵

SRS 分為功能需求與非功能需求兩個部分。實務上，可將需求對應由惠普公司 Robert Grady 及 Caswell 提出，之後由 IBM 擴充的 FURPS+ 模式，分別代表功能（Function）、易用性（Usability）、可靠度（Reliability）、效能（Performance）、可支援性（Supportability），加號表示其他，用來強調各種不同的屬性[4]。

(1) 功能：能力（capability，功能集的大小和通用性）、可重用性（reusability，兼容性、互通性、可移植性）、安全性（security）和利用度（exploitability）。

(2) 易用性：人因（human factors）、美學（aesthetics）、一致性（consistency）、文件（documentation）、回應速度（responsiveness）。

(3) 可靠度：可用性（availability，包括故障頻率、強健性、耐用性）、故障範圍和復原時間（MTTF）、可預測性（predictability，穩定性）、準確性（accuracy，包括錯誤發生的頻率與嚴重性）。

(4) 效能：速度、效率、資源消耗（包括電力、記憶體、快取等）、流通量（throughput）、容量（capacity）、可擴展性（scalability）。

(5) 支援性：可測試性（testability）、彈性（flexibility，包括修改性、配置性、適應性、擴展性、模組化）、可安裝性（installability）、在地化（localizability）。

(6) 其他：加號可以指定下列 4 種約束（constraint）：

　　a. 設計約束：設計的限制，例如記憶體的限制。

　　b. 實作約束：對程式碼或執行環境的限制，例如標準、平台或程式語言的限制。

　　c. 介面約束：與外部系統互通的要求。

　　d. 實例約束：系統的硬體的限制，例如記憶體的大小、作業系統的種類限制；程式語言、開發平台；實體環境如形狀、大小、重量、溫度、溼度等。

2. 格式

撰寫 SRS 時，格式並沒有一定的規範，主要是必須涵蓋功能與非功能需求的描述，且遵循一定的格式，確保用語的一致，專有名詞附上原文名稱或縮寫，儘量避免口語化的表述，在最後可以附上訪談的紀錄，並說明處理方式。常見的格式，包括下列章節，但因專案型態的不同，分析師可以依實際需要而調整：

4　Wikipedia. (2021, 10). FURPS. Retrieved 4 Jan, 2022, from https://en.wikipedia.org/wiki/FURPS

(1) 背景說明：概述系統開發的緣起與背景。

(2) 系統目標：表列系統主要的開發目的與執行目標。

(3) 執行範圍概述：可以分為執行開發專案的範圍，與系統運作的執行範圍兩部分。

    a. 專案範圍：包括投入人力、開發時程、資料移轉、上線程序、教育訓練等需求。

    b. 系統運作的執行範圍：包括軟、硬體設備的規格或版本、平台的種類，例如採用應用程式還是網站形式，使用者介面是視窗，還是包含網頁及手機、平板等手持式設備的 App。

(4) 系統架構：描述軟、硬體的環境架構。可以使用部署圖或傳統的系統關係圖（System Context Diagram，或稱為環境圖）表達系統內子系統以及與其他外部系統之關係。

(5) 使用者需求：依據需求調查所取得的資訊，定義不同利害關係人個別的需求。

(6) 系統規格：也就是功能需求與非功能需求的規格描述，可以採取使用案例與建構領域模型來描述系統規格。

此外，有時還會加上效能需求，例如同時上線的壓力需求，或是資源、成本分析等。最後附上專有名詞解釋、命名規則等說明，以及需求調查的資料整理，就完成 SRS 撰寫的階段。

如圖 12-22 所示，SRS 完成後，就進入系統分析最後的活動：擬定可行性方案與專案管理者（project manager，PM，亦稱為專案經理）確認。可行性方案：包括系統發展的優先次序、自行開發或委外的建置方式、軟硬體租賃還是採購的方案等等。專案管理者依據人力、設備等資源的配置、時程的安排、成本利潤等因素，甚至依據需求識別潛在風險，這些都必須交由專案管理者綜合考量其效益，做出最後的決策。

有關 SRS 的撰寫，可以參考專案管理教育訓練及顧問服務公司－ Kris 專案管理學院提供免費的參考範本，網址為：https://www.krispmschool.com/blog/swdev/software-srs/。

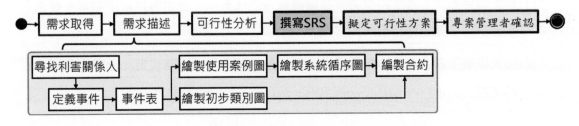

圖 12-22　需求分析作業內涵

12-10 系統需求規格內容建議項目

1. 產品路線圖

如圖 12-23 所示，產品路線圖本質上是用來提供策略規劃，無論是生產線的產品，還是系統開發的分析與設計。

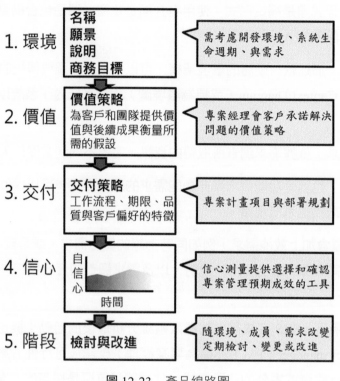

圖 12-23　產品線路圖

就資訊系統開發的角度：

(1) 對於客戶而言，產品路線圖就是開發管理的代名詞，提供客戶提出需求，並由系統分析師依據目標規劃解決方案。

(2) 對於專案而言，產品線路圖提供專案成員明確的目標認清現實、分享問題以及相互學習。

依據產品路線圖的策略，以及本單元各節所介紹的需求分析方法、內涵，非常適合借重產品路線圖的特徵，作為撰寫系統需求規格書的參考。

2. 需求規格文件建議項目

回顧本章系統需求分析主要執行的程序，進行 SRS 的編寫作業。建議 SRS 的章節，可以參考下列項目，再依據系統目標特性、執行開發的方式的差別，增減調整章節的項目。並搭配第 12-9 節所提之需求內涵與格式進行撰寫：

壹、說明

　　一、目的

　　二、文件規範：例如各類字型意義、術語等

　　三、預期的讀者和閱讀建議

　　四、產品的範圍

　　五、專案成員

貳、整體描述

　　一、產品目標。

　　二、產品功能。

　　三、使用者類型和特徵。

　　四、運行環境。例如主機、雲端、備份、負載平衡等。

　　五、限制。例如設計、設備和實作的限制。

　　六、軟體品質屬性。

　　七、假設和依賴。

參、外部介面需求

　　一、使用者介面。

　　二、硬體介面。

　　三、軟體介面。

　　四、通訊介面。

肆、系統特性

　　一、系統說明和優先權。

　　二、觸發與回應順序。

　　三、功能需求。

伍、非功能需求
  一、性能需求。
  二、安全設施需求。
  三、資訊安全需求。
  四、軟體品質需求。
  五、商務運行規則。
  六、服務水準。
  七、風險規劃。
陸、其他需求柒、附錄
  一、詞彙表
  二、分析模型
  三、待釐清問題列表
  四、參考文獻

12-11 範例：數位典藏系統－系統分析

系統分析是軟體開發生命週期中，深入了解系統需求的重要階段，為後續的系統設計和實作提供基礎。在這個階段經過第十一章系統需求調查，專案團隊與利害關係人合作，收集並分析使用者需求，確定系統的範圍、目標、功能和特性。接續的作業是依需求的事件擬定事件表；撰寫使用案例，可搭配使用案例圖或活動圖；決定類別、可搭配繪製初步類別圖；撰寫操作合約。最後撰寫 SRS，提供管理與技術主管擬訂可行方案，並經專案管理者／專案經理確認，就完成需求分析的階段。

1. 擬定事件表

「檢索」是具備大量資料的系統非常重要的基本功能，範例模擬建置報紙數位典藏網站，本單元示範針對其中查詢作業的資料檢索功能使用案例，擬定所屬的事件表（表12-4）：

使用者輸入作為查詢的字串，需要進行斷詞處理。英文字串，可依據單字之間的空格斷字，再將複數名詞還原成單數，或是變化詞還原成原形動詞；中文詞句沒有空格斷字，需要依據自然語言規則進行斷字，例如使用者輸入查詢的字串為「股價漲跌」，斷詞成為：股價、漲跌。再執行「股價 AND 漲跌」的關鍵字查詢。

表 12-4　擬定事件表

編號	事件	觸發條件	操作者	使用案例 / 活動	回應	相關需求
01	外部事件	使用者輸入關鍵字或詞彙	使用者	資料檢索：在首頁的搜尋欄位輸入關鍵字，按下搜尋按鈕，開始檢索	顯示相關搜尋結果列表	功能需求：關鍵字搜尋、搜尋結果顯示
02	內部事件	使用者查詢結果	系統	顯示檢索結果：在檢索結果頁面，顯示預設欄位組成的結果表列	重新顯示篩選後的結果列表	功能需求：檢索篩選功能
03	暫時事件	系統自動檢測並索引狀況通知管理者修正資料關鍵字	系統	紀錄查詢使用狀況的日誌：自動記錄並定期檢測使用日誌，分析資料檢索狀況	更新資料庫	功能需求：自動資料更新、關鍵字詞表格維護
04	暫時事件	使用者點擊某條檢索結果	使用者	查看檢索結果詳情：點擊特定檢索結果，顯示看詳細內容	顯示檢索詳細資料	功能需求：檢索結果詳情顯示、相關內容連結
05	外部事件	使用者分享檢索結果或內容	使用者	分享檢索結果或內容：點擊分享按鈕，選擇社交媒體平台進行分享	分享檢索結果	功能需求：社群分享功能

2. 使用案例

依據範例的事件表，撰寫使用案例：

使用案例名稱	• 資料檢索
參與者	• 網站使用者
目標	• 使用者希望透過關鍵字搜尋來找到特定的報紙資源。
前提條件	• 使用者已經進入數位典藏網站的首頁。
主要流程	• 使用者在搜尋欄位輸入所需的關鍵字或詞彙。 • 使用者按下搜尋按鈕，觸發檢索功能。 • 系統根據輸入的關鍵字進行檢索，顯示相關的搜尋結果列表。
後置條件	• 顯示關鍵字相符的檢索結果列表供使用者瀏覽。
例外	• 若檢索結果為空值，系統需要顯示相關訊息與提示。

使用案例名稱	• 顯示詳細資料
參與者	• 網站使用者
目標	• 使用者希望查看特定檢索結果的詳細內容。
前提條件	• 使用者已經進行了一次檢索，並且看到了搜尋結果列表。
主要流程	• 使用者在檢索結果列表中點擊特定檢索結果的標題或內容。 • 系統顯示選定檢索結果的詳細內容，包括各文數字欄位、圖像等。
後置條件	• 顯示所選檢索結果的詳細內容。
例外	• 若無法正確顯示檢索結果詳情，系統提示相關錯誤訊息。

使用案例名稱	• 分享檢索結果或內容
參與者	• 使用者
目標	• 使用者向其他社群平台分享檢索結果或內容
前提條件	• 設定社群平台的分享管道
主要流程	• 點擊分享按鈕，選擇社交媒體平台進行分享
後置條件	無
例外	• 若分享失敗，系統提示相關錯誤訊息，並記錄於系統日誌。

3. 繪製使用案例圖

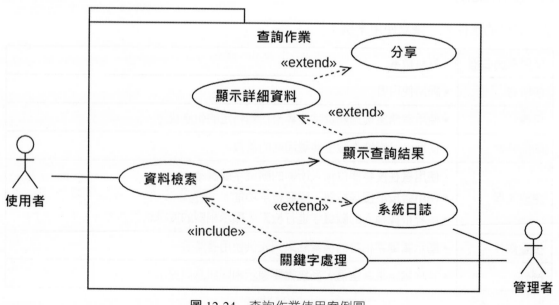

圖 12-24　查詢作業使用案例圖

依據範例的事件表,與撰寫的使用案例,繪製使用案例圖。使用案例的主要圖示,包括「資料檢索」與「顯示查尋結果」兩個使用案例。其中「資料檢索」必須包含將輸入字串斷詞成為關鍵字的處理功能,並依實際所需將查詢使用的狀況記錄於系統日誌,提供日後管理者了解是否需要調整查詢的模式,例如:使用者有輸入簡體字,但資料是正體字的情況;使用者使用縮寫字或是同義詞查詢資料,而須考慮增加相關詞對應的詞庫等。

依據經驗,檢索功能的設計,如果資料結構複雜,通常採取三層式的呈現方式:第一層是以表列方式顯示查詢結果資料的簡略(Brief)顯示方式,目的是以最小空間顯示最多的資料數量,通常是以一行呈現一筆資料;第二層是呈現資料較為重要的內容主的一般(Media)顯示方式,目的是提供使用者有較多資訊判斷是否符合自己所需的資料;第三層則是呈現完整資料內容的詳細(Detail)顯示方式,通常是以整個視窗或頁面呈現單一一筆資料的完整內容。本範例的資料因為並不會太過於複雜,所以使用案例只規劃第一層與第三層。

「顯示查詢資料」規劃其延伸的使用案例,是考量系統以第一層方式顯示查詢結果表列後,使用者不一定會進入「顯示詳細資料」的使用案例中。如果進一步顯示詳細資料,使用者才可以再選擇是否將資料分享到社群平台上,因此將「分享」規劃為「顯示詳細資料」的延伸使用案例。

4. 繪製活動圖

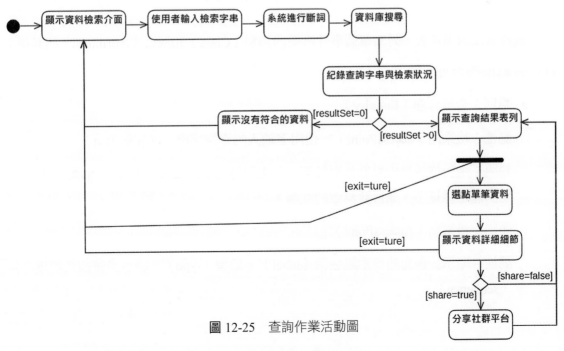

圖 12-25 查詢作業活動圖

5. 初步類別圖

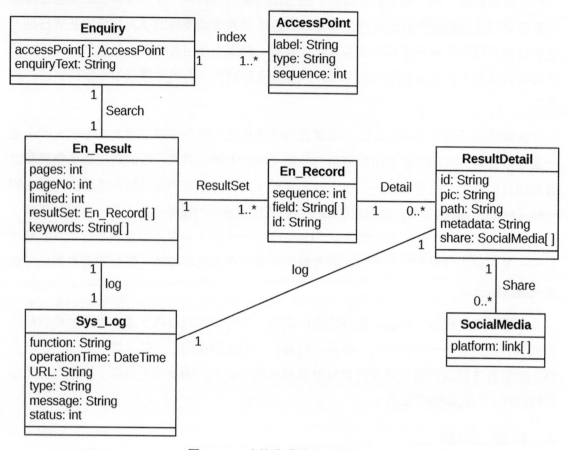

圖 12-26　查詢作業的初步類別圖

根據前面的事件表，列出每個事件所需的類別（Class）和屬性（Attributes）的範例：

(1) 資料檢索事件

a. 類別：查詢介面（Enquiry）

屬性：檢索點（accessPoint）、使用者輸入的查詢字串（enquiryText）。

說明：用於依據檢索點數量與性質，產生對應的檢索畫面。將使用者輸入的資料切詞產生關鍵字，執行資料庫的搜尋。

b. 類別：檢索點（AccessPoint）

屬性：顯示於畫面的檢索點名稱（label）、類型（type）、顯示於畫面的順序（sequence）。

說明：查詢資料時，系統可以依據不同欄位的性質，執行適當的資料查詢方式。
例如：年齡或日期的欄位，可以使用區間的方式進行查詢；姓名或名稱的欄位資料，
可以使用切截（truncation）或萬用字元（wildcard，或譯為通配字元）的方式進行
查詢；一般文字資料欄位，則可以使用關鍵字或模糊檢索方式。因此將各個欄位
配對適當的檢索點，並將每一檢索點依據欄位性質指定適當的查詢類型，提供系
統可依據類型執行適當的查詢策略。

c. 類別：查詢結果（En_Result）

屬性：資料於畫面呈現總共頁數（pages）、現在呈現的頁碼（pageNo）、每頁呈
現的資料上限筆數（limited）、檢索使用的關鍵字內容（keywords）、查詢結果
由資料庫回傳查詢結果的資料集（resultSet）。

說明：類別用於紀錄由資料庫回傳查詢結果的資料集，並用於呈現查詢結果的畫
面。

d. 類別：資料集內各筆資料內容（En_Record）

屬性：資料表列排序的順序（sequence）、表列（簡略）顯示時資料的欄位內容
（field）、資料儲存於資料庫的唯一性編號/主鍵內容（id）。

說明：用於組織查詢結果各筆資料的表列顯示內容。

(2) 顯示詳細資料事件

類別：單筆資料詳細的內容（ResultDetail）

屬性：資料儲存於資料庫的唯一性編號/主鍵內容（id）、資料對應的圖檔名稱
（pic）、圖檔儲存的目錄位置（path）、後設資料內容（metadata）、允許分享
的社群平台（share）。

說明：用於組織並顯示查詢結果，使用者選點檢視詳細的資料內容。

(3) 分享事件

類別：社群媒體平台（SocialMedia）

屬性：提供分享的社群平台的 URL 及相關資訊（platform）。

說明：提供系統產生畫面時，依據此類別產生社群平台分享的連結點。

(4) 系統類別

類別：日誌（Sys_Log）

屬性：紀錄執行的功能名稱（funcation）、執行時間（operationTime）、使用者
所在的網址（URL）、紀錄的類型（type）、紀錄的資訊內容（message）、以及
如果是發生例外產生的日誌，用於紀錄系統的狀態（status）。

這些類別和屬性的明細，可以幫助專案團隊較容易了解每個事件中所涉及的實體，
以及它們之間的關係。在開發過程中，根據這些類別和屬性，可以更準確地定義數據結
構、資料流和相關的資源。

6. 繪製系統循序圖

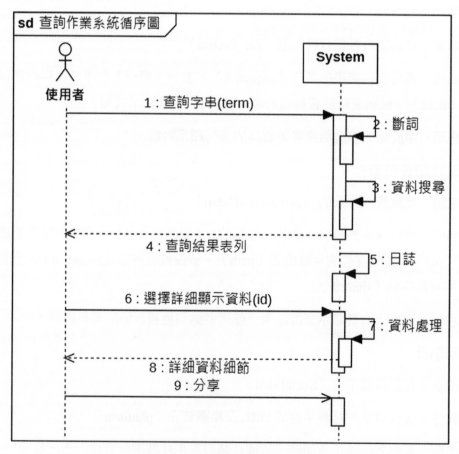

圖 12-27　查詢作業系統循序圖

7. 合約

撰寫的操作合約（Operation Contracts）範例，這些合約描述了在每個事件中各個類別的行為和互動：

(1) 查詢介面 Enquiry 類別

a. 操作：輸入查詢字串內容處理

前置條件：使用者進入查詢介面選擇檢索點。

交互參照：使用者輸入查詢字串。

後置條件：將使用者輸入查詢字串，依據檢索點轉換對應的資料類型。

b. 操作：斷詞

前提條件：檢索點為字串類型的資料。

交互參照：使用者輸入查詢字串。

後置條件：去除符號、控制字源，並依據中英數字分別切字與斷詞成為關鍵字。

(2) 檢索點 AccessPoint 類別

a. 操作：取得檢索點資訊

前置條件：檢索點屬性 accessPoint 為 Null。

交互參照：進入查詢畫面，產生查詢介面 Enquiry 類別的實例。

後置條件：由資料庫讀取檢索點相關資訊。

b. 操作：檢索點產生

前置條件：以取得檢索點資訊。

交互參照：系統根據檢索點性質設定查詢畫面選項。

後置條件：檢索點設定完成。

註解：如有多個檢索點，以下拉選項顯示，否則不顯示檢索點，只顯示查詢資料的輸入欄位。

(3) 查詢結果 En_Result 類別

a. 操作：依據關鍵字檢索資料庫

前置條件：關鍵字不為 Null，且已完成斷詞操作。

交互參照：依據關鍵字進行資料庫資料搜尋。

後置條件：取得資料庫回傳的資料集。

b. 操作：頁碼處理

前置條件：具備資料集。

交互參照：依據 limited 屬性值，及資料集筆數，計算頁碼的總數。

後置條件：紀錄頁碼總數，設現在呈現頁碼 pageNo 屬性值為 1。

c. 操作：顯示查詢結果

前置條件：已執行查詢操作，具備資料集及完成頁碼總數的計算。

行為：系統根據現在頁碼編號 pageNo 屬性值呈現畫面。

後置條件：查詢結果畫面顯示。

d. 操作：翻頁

前置條件：已執行查詢操作，具備資料集及完成頁碼總數的計算。

行為：使用者按下上頁、下頁、最前頁、最後頁或指定特定頁數。

註解：依每頁筆數 limited 屬性與現在頁碼編號 pageNo 屬性計算換到資料集內各筆資料內容（ResultRecord）。

輸出：依據頁碼顯示查詢結果。

例外：計算後 pageNo 屬性小於零，則指定為 1；pageNo 屬性大於 pages 屬性值，則指定為 pages 屬性值。

(4) 詳細資料 ResultDetail 類別

a. 操作：顯示資料的詳細內容

前置條件：已顯示查詢結果畫面，使用者選點特定某一筆資料。

交互參照：接收查詢畫面傳遞之資料的唯一性編號，進行資料庫的讀取。

後置條件：顯示資料的詳細內容。

b. 操作：組成社群分享選項

前置條件：顯示資料的詳細內容。

交互參照：資料分享至社群平台。

後置條件：組織並顯示社群分享的連結選項。

(5) 類別：日誌（Sys_Log）

操作：記錄系統日誌

前提條件：系統執行功能。

行為：系統記錄執行日誌。

後置條件：日誌被記錄至資料庫的日誌表格。

　　以上是根據提供的事件表所整理出的類別和屬性，以及相關的操作合約範例。每個操作合約描述了每個類別在特定情況下的操作行為、前提條件和後置條件。實際上，根據項目的需求和架構，可能需要更多的細節和設計。透過操作合約的擬定，可以更清晰地理解每個事件中的實體互動，並提供接續系統設計時，進一步完成類別的方法成員。

本章習題

問答題

1. 事件（event）是指在特定時間或地點發生，可以描述且值得注意的特定事情。其類型分為哪三種？

2. 系統循序圖是一種把系統應用當做黑箱的一個循序圖，主要包括哪四項元素？

3. 請比較說明系統循序圖與循序圖的差異。

4. 試說明 FURPS＋ 模式的縮寫字母，個別代表什麼意義。

Chapter 13

系統設計

13-1　物件導向系統設計

1.　概述

　　物件導向設計（OOD）方法主要是進一步規範、整理系統分析的結果，以便能夠執行物件導向程式（OOP）的撰寫。如圖 13-1 所示。OOD 的系統，通常包含下列作業：

(1) 進一步細化（refine）物件的定義規格

　　對於物件導向系統分析（OOA）抽象出來的物件、類別，以及彙集的分析文件，為有效進行 OOP 的實作撰寫階段，必須要有一個整理和精益求精的 OOD 過程。OOD 是以 OOA 階段產生的分析模型中所有類別進行分析，細化類別屬性、操作，完整各類別之間的關係。透過不斷細化把分析模型轉化成描述如何解決問題、如何實現資訊系統之更詳細的類別模型。OOD 工作也需要根據 OOA 階段產生的動態模型，產生可直接用於程式撰寫的模型。

(2) 資料模型和資料庫設計

　　資料模型的設計需要確定類別、物件屬性的內容、訊息連接的方式、系統存取的方法等。確定每個物件實例的資料都能夠對應到資料庫的結構模型中。

(3) 最佳化（optimization）

　　最佳化設計的作業，是從不同角度對分析結果和處理商業流程的歸納整理，包括類

別和系統結構的抽象、整合最佳化。如果是執行大型的資訊系統開發，通常會再進行元件圖與部署圖的繪製，並依據使用案例圖及活動圖細化類別操作中的相關演算法。

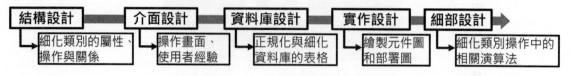

圖 13-1　系統分析作業

2. 設計原則

OOD 有必要的設計準則，也有期待能夠符合的原則。原則雖然非 OOD 必備的要求，但要能具備良好的設計水準，還是建議能夠達成：

(1)設計結果清晰、易懂、易讀。要達到此原則的方式是做到：

　　a.　一致的用語。

　　b.　統一使用的規範。

　　c　避免模糊的定義。

(2)聚合結構的深度應適當。

(3)精簡類別的設計，避免過度複雜，儘量設計小而簡單的類別：

　　a.　避免包含過多的屬性。

　　b.　具備明確的定義。

　　c.　簡化物件之間的合作關係。

　　d.　不要具備過多的操作，同時操作的名稱也儘量簡短。

(4)訊息傳遞的參數儘量單純。一般來說，訊息中的參數儘量不要超過 3 個。

13-2　由分析進入設計

系統分析階段產生的模型，目的是將核心商業問題的領域，表達成一組能互動合作的物件。也就是說，系統分析的目的是定義功能性的需求。為達此目的，分析活動應該

省略非功能性的需求,例如:效能、分散式/集中式處理、地端/雲端、使用者介面、資料庫等系統環境的議題。

進入設計階段產生的模型,主要的目的是在負擔得起且維護容易的原則之下,提高能成功實作並交付出符合功能需求之系統的可能性。因此,在系統設計中,需要考量功能性和非功能性的需求。

從物件導向的觀點來看,系統設計模型只是單純因加入了系統環境細節而細部修正系統分析模型,並調整已包含於分析模型的問題領域資訊。當由分析模型進入到設計模型階段時,首先應該仔細審查使用案例與類別之間的關係,確認是否所有類別都是不可或缺?是否有遺漏應具備的類別?並將分析階段僅有部分屬性的初步類別圖,定義完整的屬性與方法,包括考量是否有任何屬性或方法被遺漏?類別是否具備不必要的屬性與方法?甚至各個系統分析的視圖表示是否適當?

物件導向系統的開發過程是反覆與漸進的。因此,重新檢討分析模型,聚焦問題領域的模型,將對問題領域模型予以修改,以提高進化之系統的效率和有效性。以下分別介紹分解、區間與合作以及層次,作為將分析模型的問題領域導向,進入到系統設計解決方案領域的技巧。

1. 分解(Factoring)

分解是將整體抽離出個別獨立模組的過程。新的模組可能是一個新的類別或一個新的方法。例如,當檢視一組類別時可能會發現,這些類別具有一組相似的屬性與方法。因此,可以將這些相似的屬性與方法抽離出來,成為另一個單獨的類別。再檢視新類別與原有類別之間是否應該有超類別(super,繼承來源的基底類別,亦稱為父類別)的關係。如果具備,則新類別可以與現有類別透過一般化(generalization,表達 a-kind-of 關係)或組合(表達 has parts 關係)關聯起來。

如圖 13-2 所示的類別圖範例,如果最初在分析階段,尚未辨識出 Student 類別的,就可以在這個階段分割,方式是從 UnderGrad 大學部學生類別、PostGrade 研究所學生類別抽離出相同的方法與屬性,再使用一般化關係,將新類別(Student)與現有類別(UnderGrad、PostGrad)關聯起來。如果之前也沒有辨識出 Person 類別,也可以透過相同方式建立 Person 類別。只是在這個例子,Person 沒有專屬的方法,所以將其宣告為介面類別。

抽象化（abstraction）與細化（refinement）是兩個與分解有密切相關的動作。

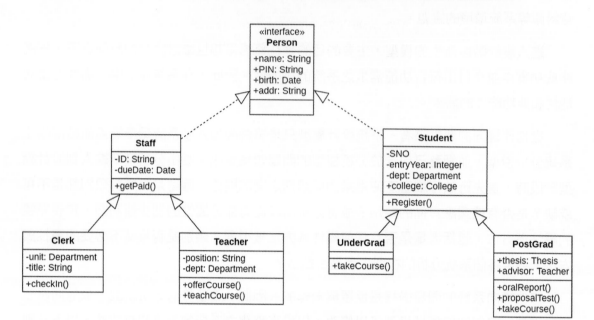

圖 13-2　類別圖範例

(1) 抽象化處理

是從一套由下而上的分解方式，從一群相似的類別中觀念中，創造出一個更高層次的類別。辨識出 Student 類別便是從一較低層次的類別抽象化成一個高層次的類別。抽象化程序會辨識出抽象類別（abstract class）或具體類別（concrete class）。

(2) 細化處理

細化的程序剛好是抽象化相反的程序，分解的方式是由上而下。例如圖 13-2 左方的 Saff 員工類別辨識出額外的子類別，包括 Clerk 職員類別與 Teacher 類別。

2. 區間與合作（Partition and Collaboration）

因為分解與抽象化、細化等都有可能發生於設計階段中的系統，規模龐大的系統所包含的資料可能超乎開發者與使用者的負荷。在系統設計階段，將資料切割成一群區間來處理對處理上比較有幫助。分區的意思是指一個物件導向的子系統，所以也可直接稱為分區子系統。所謂子系統是從一個較大的系統分解成若干個次要系統。例如：學校的教務系統，可以分解為課程管理系統、選課系統、考試管理系統、教學評估系統等。從物件導向的觀點來看，分區的依據是來自物件間的活動範本（所傳送的訊息），可以使

用套件圖來描述分區的結構。

如圖 13-3 所示，找尋潛在分區可能性的工具，是使用案例圖的合作圖示，結合溝通圖（Communication diagram，參見第 8-5 節）來辨識。

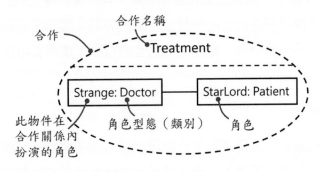

圖 13-3 修課的合作範例

➕)) 補充說明

關於 UML 有關互動與合作相關的視圖：

))) 強調物件之間參與互動關係的溝通圖（Communication diagram），原稱為合作圖（Collaboration diagram），UML 2.0 版之後更名為溝通圖。

))) 循序圖（Sequence diagram）和溝通圖（Communication diagram），加上 UML 2.5 新增的時序圖（Timing diagram）、互動概觀圖（Interaction Overview diagram），總稱為互動圖（Interaction diagram）

識別合作的建議方式是針對每個使用案例建立一個溝通圖。但是，一個類別可能同時支援多個使用案例，所以一個類別可能參與好幾個使用案例的合作。這些支援多個使用案例的類別、合作應該合併在一起。此外，也應該重新檢視類別圖，確認不同類別之間是如何的彼此相關。例如：如果一個類別的屬性具有複雜的物件類型，如人、系所、學院、部門等，且這些物件類型並沒有在類別圖中被塑造成一個關聯，就需要辨識出這些隱性的關聯。

除了類別之間有合作關係，分區之間也有合作關係。依據經驗法則是，類別之間傳送的訊息愈多，類別愈可能屬於相同的分區。傳送的訊息愈少，這兩個類別愈可能不屬於同一個分區。

另一個辨認可否分區的方式是以使用者端、伺服端及（操作）合約來塑造類別之間的各個合作方式。其中，使用者端是一個類別的實例，這實例會將一個訊息傳送給另一個類別之實例，用以執行某個方法；伺服端是一個接受訊息的類別的實例；而合約是一種規格（參閱第 12-8 節），用以正式化使用者端與伺服端物件之間的互動。這種方式，讓開發者透過類別之間已明定的合約來建立可能的分區。類別之間的合約愈多，則這些類別愈有可能屬於於同一個分區。類別之間的合約愈少，這兩個類別愈不可能屬於同一個分區。

3. 層次（Layer）

系統開發到分析階段，主要是著重於問題領域，而完全忽略系統環境（實體架構、使用者介面與資料的存取與管理）。為了將系統的分析模型成功進展到設計模型，就必須加入系統的環境資訊。一個有用而且不增加過多負擔的方式是使用分層次。一個層次代表了系統發展中的軟體架構裡的某一個要素，就好比是「結構化的系統架構」。其中包括，系統分析所專注的問題領域層。系統環境的每個不同要素，也都應該有一個層次。如同分區和合作的情況，層次也適合使用套件和套件圖描繪。

⊕» 補充說明

在 UML 中，分區、合作與層次可以使用套件（package）的機制來實現，一個套件是一個通用單元，可以用來包含 UML 模型中的任何元件。

將系統架構不同要素分開成不同層次的概念，可以追溯到全錄帕羅奧多研究中心（Xerox PARC）於 1972 年發展的 Smalltalk 程式語言提出的概念[1]。最早具體實作的描述，則是由挪威的 Trygve Reenskaug 在 1978 年為圖形使用者介面（Graphic User Interface，GUI）實作的報告[2]。

Smalltalk 設計最初希望可以使用同樣的應用邏輯，又可以很容易地發展各種不同使用者介面。為了達成這個目標，便建立了模型－觀點－控制器（Model-View-Controller，MVC）架構模式。其中 Model 表示實作應用邏輯（問題領域）；View 表示實作使用者介面的邏輯；與 Controller 則表示實作應用流程處理的邏輯。View 處理輸出部分，而

---

1 Lewis, S.（1995）. The art and science of Smalltalk. Prentice Hall. pp.91-100.

2 To, L. R. G., & Reenskaug, F. T.（1979）. THING-MODEL-VIEW-EDITOR an Example from a planningsystem. https://www.duo.uio.no/bitstream/handle/10852/9621/Reenskaug-MVC.pdf

Controller 處理輸入部分。由於圖形使用者介面首先於 Smalltalk 程式語言發展出來,所以 MVC 架構幾乎成為現在所有發展之圖形使用者介面的基礎。

(1) 關於架構模式

依據資料運作的角度而言,一般資訊系統架構可以簡化如圖 13-4 所示的 3 個層面:

a. 展現層:就是使用者介面。

b. 應用層:系統程式主要執行的功能,也就是要處理的商業邏輯。程式的執行包含三個主要元素:資料錄(Record)、邏輯定義(Definition)與流程(Procedure)。

c. 資料存取層:負責存取資料儲存體(Repository)內的資料,通常採用資料庫系統作為儲存體。

圖 13-4　資料運作的角度的系統架構

依據 UML 類別圖,對照到系統運作的角度, 則是表達為圖 13-5 所示用於處理使用者介面的 Boundary 類別、負責執行商業流程(businesss process)的 Control 類別,以及專責存取資料的 Entity 類別圖形。

圖 13-5　UML 類別的 ECB 圖形符號

(2) MVC 架構模式

MVC 架構的目的是實現一種動態的程式設計,簡化後續程式的修改和擴充,並且使程式某一部分的重複利用成為可能。除此之外,此模式透過對複雜度的簡化,使程式結構更加直覺。如圖 13-6 所示,軟體系統透過對自身基本部分分離的同時也賦予了各個基本部分應有的功能。

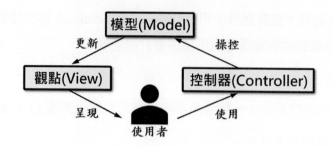

圖 13-6　MVC 架構模式應用

MVC 模式將系統分割成三個邏輯的元件,在系統設計時定義它們之間的相互作用:

a. 模型(Model):用於封裝與應用程式的商業邏輯相關的資料以及對資料的處理方法。程式設計師編寫程式應有的功能(實現演算法等等)、資料庫專家進行資料管理和資料庫設計(可以實現具體的功能)。「Model」不依賴「View」和「Controller」,對資料具有直接存取的權利。

b. 觀點(View):圖形介面的設計,實現資料有目的的顯示。為了實現「View」上的重新整理功能,「View」需要存取它監視的資料模型「Model」,因此應該事先在被它監視的資料進行註冊。

c. 控制器(Controller):負責轉發請求,對請求進行處理。「Controller」能實現不同層面之間的組織作用,用於控制應用程式的流程,處理事件並作出回應。

基本而言,MVC 是由三個「概念」所構成,可以用在各種的程式語言當中,例如:使用 Java 進行網頁開發時,JSP 作為 View 的顯示;JavaBeans 處理資料的運作邏輯;Servlet 則是負責實現控制 Model 和 View。不過 MVC 並沒有明確的定義,使用 MVC 需要精心的規劃。由於它內部原理比較複雜,所以需要花費一些時間去思考,這也是其主要的缺點。

依據 MVC 模式的架構,可以將系統設計的軟體架構在基礎、問題領域、資料管理、人機互動與實體架構等層次,每一層都限制特定類型的類別,才能存在該層次:

(1) 基礎層(Foundation layer)

基礎層是較為共用或非特定使用的層。所包含的類別為任何物件導向應用程式所必需,包括了代表基本資料型態的類別,例如:整數、浮點數、字元及字串;也代表了基本資料結構的類別,有時稱為容器類別。例如:串列、樹狀、圖形、集合、佇列;以及

代表有用的抽象的類別,有時稱為工具類別,例如:資料、時間與金錢。這一層的類別通常已包含在物件導向開發環境之內。

(2) 問題領域層(**Problemdomain layer**)

問題領域層是系統開發階段所關注的焦點。在此階段需要更詳細的說明這些類別,以便未來能有效地實作。無論類別屬於哪一層次,在設計類別的時候需要處理許多議題,例如:涉及分解、內聚、耦合、共生性、封裝、繼承與多型的正確使用、限制,合約規格以及細部方法的設計等。

⊕) 補充說明

內聚、耦合請參見 13-5 的介紹。

---

(3) 資料管理層(**Data management layer**)

資料管理層目的在於確保儲存於系統之物件的永續性。在這一層的類別,處理的是物件如何地被儲存與擷取。這一層的類別可以讓問題領域的類別專注在問題的處理邏輯,而忽視儲存與擷取的方式,因此可增加系統的可攜性。與這一層有關的議題還包括儲存格式,例如:關聯式、非結構化(NoSQL)以及物件導向式資料庫與儲存最佳化,例如:資料叢集與索引的選擇。

(4) 人機互動層(**Human-computtr Interaction layer**)

人機互動層所包含的類別與 MVC 模式的 View 與 Controller 觀念相關。主要目的是將使用者介面與問題領域的類別分開,也就是人機互動層的類別負責介面的產生、呈現與作用;問題領域層的類別負責商業邏輯的處理。如此便可增加系統的可攜性。人機互動層的類別主要是用來呈現按鈕、視窗、編輯欄位、下拉選單、捲軸、檢查盒(check box,亦譯為核取方塊、複選框)、選項按鈕(radio button,亦譯為無線電鈕、單選框)等,以及各類呈現使用者介面的相關類別。

資訊系統設計使用者介面時,必須思考許多議題。例如:不同網頁或視窗介面一致性的重要、使用者經驗(UX)的程度與範圍如何、使用者如何導覽整個系統、如何表現輔助訊息與線上說明、輸入與輸出應該採用哪介面元素來表現等。

(5) 實體架構層（Physical architecture layer）

實體架構層探討軟體如何在特定的電腦設備 網路運行。因此，這一層包含處理軟體、電腦作業系統和網路通訊的類別。例如：網站控管連線安全的 TLS，或是專門處理與不同連接埠互動的類別，就可以將其歸類在這一層。這一層也包括應用程式之間的中介軟體類別，例如資料庫的 Connecttion 類別，或是處理分散式物件的 CORBA、DCOM 等。

與基礎層不同的是在選擇適用於這一層的類別之前，需要先釐清一些系統規劃的問題，包括：電腦或網路架構的選擇，例如：主從式架構、三層式架構、雲端運算等；網路的實際設計；軟硬體規格；國際化議題，例如：多國語言、跨國法規與金流清算；資訊安全等。

13-3 物件導向設計活動

類別與方法（操作）的設計活動，是系統分析階段的延伸。除了在初步類別圖的基礎上，加上循序圖及合約的定義，另外也延伸對分解、層次與類別的描述。因此，延伸出的描述是在類別與方法之細部設計期間所製作出來的。用於設計類別與方法之活動，包括現有模型添加的規格、重用性的確認、設計的重組、最佳化等。最後，將依據問題領域設計出的最終類別，對應（mapping）到實作的程式語言。

1. 附加規格

由系統分析階段進入系統設計階段，針對分析所建立的問題領域層的類別，有必要檢視所有的結構與行為模型，加入附加的規格：

(1) 恰到好處的類別與成員

首先，確認在問題領域層的類別，是否是必要且完全能解決底層問題的類別。判斷的依據是確認各個類別沒有遺漏的屬性或方法，而且也沒有多餘或不用的屬性或方法（理想的類別應該是減一分則太瘦，增一分則太肥）。另外，是否有任何遺漏或額外的類別？如果在分析階段做得很好，就不需要增加任何屬性或方法，也不太可能有多餘類別或屬性、方法。就算有，應該也不會太多。但是，分析師仍然需要確保已經建立了相關的分解、分區、合作與層次。

(2) 決定能見度（Visibility）

能見度，也就是程式語言用來指定類別或類別成員存取權限、行為和性質的修飾語（modifier）。每個類別的屬性與方法，在設計階段還必須決定其能見度。

(3) 指定方法簽名（Signature）

如圖 13-7 Java 宣告方法的簽名結構為例。方法的簽名是由四個部分組成：修飾語、方法名稱、傳遞給方法的引數（也就是執行時，方法接收的參數）、回傳給呼叫端的資料類型。方法簽名是依據系統分析所擬定的操作合約。

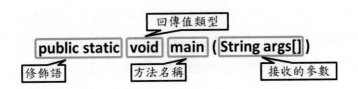

圖 13-7　Java 方法宣告的結構

(4) 定義限制（Limitation）

合約（Contract）是類別方法執行的條件約束。合約的條件約束稱為限制，也就是說，限制的是描述在合約的文件之內。限制包括 3 種：

a. 前置條件（pre-condition）：是指一個方法能夠順利執行，而必須符合的條件。例如：接收的參數資料類型必須正確，接收的參數數量必須符合，方法才能執行，否則就會引發例外。

b. 後置條件（post-condition）：方法執行後或完成方法執行時，所獲得的結果。例如：方法的執行不能使屬性值無效、方法的回傳值必須符合指定的資料範圍。

c. 不變式（invariant）：前置條件與後置條件限制個別方法執行前、後的條件約束，而不變式是指明此類別的物件狀態（state）必須滿足的條件。事實上，類別的不變式即自動蘊含於每個方法的前置條件和後置條件之內。物件在一個方法呼叫之前與之後維護其不變式，從而持續處於有效狀態而得以持續有效運作。

在系統設計階段，需要決定違反限制時應該處理的方式。例如：應該中止此階段程式運作？還是自動取消引起違反限制的更改，回復初始狀態？還是引發例外，交由例外發生的處理程式接手？設計師必須設計出哪些是系統打算處理的錯誤，以及處理的方式，不應該把這些問題留給程式設計師去判斷。

2. 重用性的設計

(1) 型樣（**Pattern**）

在設計階段除了使用分析階段的型樣，也存在使用設計型樣（design patterns，請參見附錄 B）、架構、程式及元件的情況。使用情況是逐層而異的，例如：某個類別庫在問題領域層上可能沒有作用，但在某個類別庫在基礎層上卻可能很有用途。

> **➕⟩ 補充說明**
>
> Pattern 是指在特定情境下重複出現的解決問題的一種通用解決方案。有許多不同的中文翻譯，包括模式、模板、樣板等。為統一用語，本書採用由國家教育研究院建置的《樂辭網》所提供的學術名詞作為依據。

如同分析型樣，設計型樣是有效地把協同合作的物件加以分類，然後針對常見問題提出一個解決方案。分析型樣用於系統分析階段，描述問題領域中的重要組成部分和關係；設計型樣用於系統設計階段，提供解決軟體設計問題的可重用方案。兩者主要差異說明如下：

a. 分析型樣（analyze patterns）：是在系統分析階段使用的一種方法論，用於理解和描述現實世界的問題領域。在系統分析中，分析師通過收集資料、與使用者溝通和研究相關文件，詳細了解系統需求和使用者需求。在這個過程中，分析師會識別出重要的概念、實體、關係和功能，並將其表示為分析型樣，這些型樣描述了問題領域中的重要組成部分和相互關係。

b. 設計型樣（design patterns）：是在系統設計階段使用的一種軟體設計方法論，用於解決常見的設計問題並提供可重用的解決方案。設計型樣是由開發者根據經驗和最佳實踐整理出來的，是在特定情境下有效的解決方案，例如物件的建構、結構、行為等。設計型樣可以幫助開發者更有效地設計和組織程式碼，提高程式碼的可讀性、可擴展性和可重用性。

(2) 框架（**Framework**）

框架是由一組已實作好的類別所組成，而可以用來當作應用程式的基礎。它提供了一系列的工具、函數、類別和模組，用於協助開發人員快速構建軟體應用程式。常見的框架包括 Web 框架（例如：Django、Ruby on Rails）、應用程式框架（例如：.NET 框架、

Java Spring 框架）、遊戲開發框架（例如：Unity、Cocos2d）等。大多數框架允許建立子類別，以便繼承框架中的類別。當繼承自框架中的類別時，基於子類別到父類別的繼承耦合，也就表示建立了一個相依性。因此，如果對該框架作了變更的話，當升級到新版本的框架時，必須要對系統重新編譯一次。

(3) 類別庫（**Class library**）

類別庫是由一組預先編寫好的類別、函數、方法和資源等組成的程式庫，提供各種常用的功能和工具，供程式設計師在開發軟體時重複使用。類別庫類似於框架，通常框架偏向特定領域，且框架可以使用類別庫來建構。常見的類別庫包括：

a. 標準程式庫（Standard Library）：是程式語言或開發平台內置的基本類別庫，例如：Java 的 JDK。

b. 框架（Framework）：是一個更大型的類別庫，提供了整個應用程式的基本架構和結構，例如 .NET 框架、Spring 框架等。

c. 第三方類別庫：由其他開發者或團體、機構編寫的，供程式設計師在特定領域中使用，例如資料庫程式庫、圖形處理庫等。

類別庫的好處在於提高程式設計的效率和可重用性。開發人員不需要從頭開始寫一個功能，而是可以直接使用類別庫中已經定義好的類別和方法，這樣可以節省大量的開發時間和程式撰寫的數量。

與框架的問題相同，如果使用繼承來擴充使用類別庫的類別，就會陷入增加耦合的問題。作為基礎層的類別庫有所變動，就會連同影響整個系統。如果程式庫是來自第三方，則會造成系統與該供應來源的相依性。

(4) 元件（**Component**）

元件則是一個自給自足、封裝好的軟體，具有特定的功能和介面，可以獨立地外掛（plugin）到系統中，發揮所需要的功能，例如：包含了 Java 類別和相關資源的 JAR（Java archive）、Python 封裝函數和變數的手稿的模組（Module）。一個元件有定義明確的應用程式介面（Application Programming Interface，API），API 本質上是一組元件內部之物件的方法介面。元件的內在構造則隱身於 API 的裡面。元件可以使用類別庫與框架實作出來，反之，元件也能被用來實作框架。因為元件是以外掛的方式加入到系統內運作，除非 API 隨著元件的版本不同而改變，不然，升級到新版本，通常只需要把元件連結回應用程式即可，並不需重新編譯。

3.　重組設計

　　當每個類別與方法已經指定好了，而且類別庫、框架與元件也納入正進化中的設計時，接下來應該使用 13-2 節介紹的分解（factoring）來重組系統的設計。

　　分解是一種過程，於此過程中某些方法或類別的某些面向會被抽離出來，並放到一個新的方法或類別上，藉此簡化整體的設計。例如，在審視某個特別層次的一組類別時，可能發現有相似定義的部分。在這種情況下，就應該把相似的地方分解出來，然後建立一個新類別。考量內聚、耦合的影響，新類別可以透過一般化（繼承）、組合或關聯關係，而保持與原有類別的關係。

　　另一個重組設計的程序是正規化（normalization）。正規化主要是針對資料結構設計的重組，請參見 15-2 節的介紹。然而，正規化有時也用來指出設計中可能遺漏的類別。同時與正規化有關的是將實際的關聯與組合關係實作為屬性。很難直接以物件導向程式語言來區分屬性、關聯及組合關係有何不同。因此，所有的關聯與組合關係，可以先轉換成類別中的屬性來思考。

　　例如，圖 13-8 (a) 學生 Student 類別與修課 Studying 類別有關聯，需要將 Student 加入到圖 13-8 (b) 所示 Studying 類別的屬性，以便能參照到 Student 類別。此外，修課 Studying 類別與科目 Subject 類別之間存在多對多的關係：單學年學期會修習多個科目；反之，單一課目也會在不同學年學期被修習（例如重修的情況）。因此 Studying 與 Subject 類別之間存在一個 Course 關聯類別，必須轉換成一個實際的類別。我們需將 Student 與 Subject 主要的屬性加到 Course 類別內，以便能夠參照 Studying 和 Subject 類別。

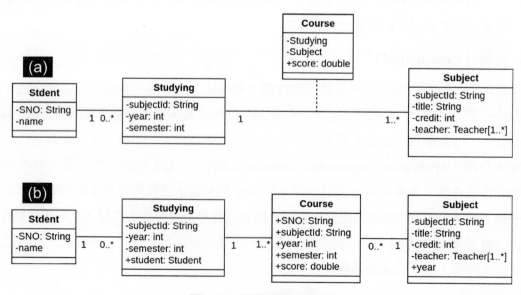

圖 13-8　轉換關聯之屬性

最後，所有繼承關係應該接受挑戰，以保證只支援一個一般化 / 特殊化（a-kind-of）的語意，否則所有前面提及的繼承耦合、類別內聚，以及一般化 / 特殊內聚等問題，仍會發生。

4. 設計最佳化

縱使設計高內聚、低耦合的類別，也進行了分解、分區、合作與分層的規劃，以及類別庫、框架與元件的設計，簡單易懂才是系統設計應該關注的焦點。不過，要讓設計的成果簡單易懂，通常會產生無效率的設計。相反地，著重於效率的方式，就容易使得設計難以理解。一個良好的實際設計必須在易懂與效率之間取得平衡，然後建立一個可接受的系統。設計最佳化需要考量的項目包括：

(1) 存取路徑

如果一個物件的訊息需要走訪很長的路徑才能傳送到目標物件，也就是說，訊息的傳遞需要經過許多的物件。如果路徑很長，而且訊息需要時常被傳送，就應該增加一個中介者（Mediator）。將複雜的物件互動行為封裝在一個中介者物件中，使物件透過中介者直接傳遞訊息到目標物件。

(2) 檢視成員

檢視每個類別的所有成員，確定哪些方法使用屬性、哪些物件使用方法的合理性。使用屬性的方法：

a. 取值方法（Accessor methods）：這些方法用於取得物件的屬性值，通常是類別中以 get 為命名開頭的方法，例如：getColor( ) 用於獲取顏色屬性的值。

b. 存值方法（Mutator methods）：這些方法用於設定或修改物件的屬性值，通常是類別中以 set 為命名開頭的方法，例如：setColor( ) 用於設定顏色屬性的值。

使用方法的情況：

a. 複雜的邏輯操作：當一個操作需要進行複雜的邏輯處理時，通常會使用方法來實現。

b. 有副作用的操作：當一個操作會對物件的屬性進行修改或影響其他物件時，通常會使用方法來實現，以保證操作的完整性。

(3) 扇出數目

扇出（fan-out）是指一個模組或物件對其他模組或物件的直接連接數量。

a. 直接扇出數目（Direct Fan-out）：指在系統設計中，一個模組或物件「直接」相連接的其他模組或物件的數目。直接扇出數目愈高，表示該模組與其他模組之間的直接關聯越高，也就是耦合較高。這可能導致模組之間的相互依賴性增加，影響程式的可維護性和可讀性。

b. 間接扇出數目（Indirect Fan-out）：指在系統設計中，一個模組或物件相連接的其他模組或物件的數目，也包括這些模組再與其他模組之間的關聯。間接扇出數目也反映了系統內部的耦合程度，如果一個模組與其他模組之間有較多的間接連接，表示系統的模組之間相互關聯程度增加，這可能導致系統的複雜性增加。

在設計中，應該儘量降低模組的扇出數目，即使模組之間需要相互連接，也應該採取適當的設計方法，以降低扇出數目的影響，例如：使用介面（interface）來隔離不同模組之間的相依性，或者使用中介者（mediator）模式來減少模組之間的直接傳送訊息。

(4) 執行順序

參考活動圖與演算法，觀察一個方法中指令的執行順序。如果方法的執行順序合理安排，可以減少不必要的計算和資源浪費，提高系統的運行效率。合理安排方法的執行順序可以簡化整個系統運作的流程，讓程式碼結構更加清晰和易於理解。

(5) 衍生屬性

衍生屬性是指在資料模型中的一個屬性，其值是根據其他屬性的計算或推導而來，而不是直接由使用者或系統輸入的。如果需要在系統中保持資料的一致性，可以使用衍生屬性來自動計算和更新相關的屬性值。計算出來的屬性值可以在需要時立即使用，而不需要額外的計算或查詢。如果某些屬性可以通過其他屬性計算得出，就可以將這些冗餘的屬性刪除，簡化資料模型，使其更加清晰和易於理解。

(6) 分解類別

系統設計最佳化採用分解類別的時機包括：

a. 複雜性高：當一個類別非常複雜，包含大量的屬性和方法，或功能過於龐大，不易理解和管理時，可以考慮將其分解成多個簡單的類別。這樣可以提高模型的可讀性和程式碼的維護性。

b. 單一職責原則（Single Responsibility Principle）：當一個類別承擔了過多的職責，即具有多個不同的功能或行為時，容易導致程式碼具備較高的耦合、不易擴充和重用。在這種情況下，可以依據不同的職責分解為不同的類別，使每個類別都專注於一個具體的功能。

c. 類別的功能相關但獨立：當幾個類別的功能相關但又是獨立的，即它們彼此之間並不依賴於對方的細節實現時，可以將這些相關的功能分解為不同的類別，使系統更加靈活和方便爾後的擴充。

反過來，如果兩個類別，彼此間相互依存且具備一對一的關係，是否合併則需要取決於具體情況和系統設計的需求。如果類別之間高度相似、兩個類別的功能緊密相關，且彼此之間的操作和屬性都相互影響，那麼合併這兩個類別可以更好地表達其功能聯繫，有助於更容易地理解和使用這些功能。但也需要注意以下情況，可能導致合併類別而衍生的問題：

a. 功能獨立性：如果這兩個類別的功能完全獨立，沒有相互影響，則合併它們可能會造成功能混亂，不利於程式碼的理解和維護。

b. 類別功能過於複雜：如果這兩個類別的功能過於複雜，合併後可能導致一個龐大的類別，難以管理和理解。

c. 程式碼重用：如果這兩個類別可以在不同的場景中獨立使用，合併它們可能會妨礙後續程式碼的重用。

因此，在進行系統設計最佳化時，應該仔細評估這兩個類別的相似性、功能關聯性和獨立性，並根據實際情況來決定是否合併。最重要的是要確保合併後的類別設計依然簡潔、易於理解和維護。

13-4 設計策略

完成系統分析，進入系統設計的階段，截至目前為止，都是假定系統將是由專案團隊來建構及實作。但系統的開發，並非都一定是全由專案團隊來完成，實際上建立新系統的方式包括：公司內部自行開發、購買現成的套裝軟體再客製化，以及委外由代理商、開發商或資訊服務供應商來建立系統等。依據專案特性，時程與專業的考量，甚至有些

功能可能還有使用授權的限制，無法由專案團隊自行實作。因此，可以依據不同的設計
選項，提出符合專案使用的準則，作為選擇專案到底適合何種方法之參考。

1. 自行開發（Custom development）

許多專案團隊，都認為自行開發或者說是從頭建立一個新系統，是建立系統的最佳
方法。至少，開發團隊可以開發完全符合需求的系統、掌控系統所有細節與功能、以靈
活和創造性的方式解決他們的企業問題。進而，自行開發的過程還可培養技術，提供後
續自行維護的能力。因為，系統式自行開發，所以程式更容易修改，以納入未來需要增
加或引入技術來擴充的需求。

公司內部自行開發一套資訊系統的過程，也就是在其內部建立管理與技術能力的知
識。開發團隊對企業的運作愈加熟悉，使得資訊系統可以與企業的策略和需求同步成長。
參與的開發人員將可以透過開發過程累積或學習的經驗，對未來應用類似技術的專案能
更得心應手。

然而，儘管自行開發資訊系統有著上述的好處，但也要注意，開發過程通常會需要
較長的時間和較高的開發成本。如果組織內部沒有足夠的技術能力和資源，可能會導致
開發過程複雜且耗時。

而且，除非是企業有持續性的開發需求，否則很難常態性的維持一組開發團隊。企
業內部自行開發系統，同時各種不同的技能，包括：技術、溝通協調、功能、專案管理
以及模型分析與設計等人力都必須具備，才能確保專案順利推動。IS 專業人士，尤其是
高度專業的人才，實際是很難尋覓，而且也不易留住。

2. 套裝軟體（Packaged software）

許多企業的需求都不是獨一無二的。重新研發並不能帶來任何優勢，因此許多企業
就直接購買已經寫好的套裝軟體，而不用自行開發解決方案。事實上，市面上已有現成
的商用軟體用以滿足各方的需求。例如：人事、會計、薪資系統。購買已經製作、測試
及驗證好的套裝軟體會更有效率。而且，與自行開發的系統比較，套裝系統包含軟體開
發商的專業與經驗，也可以在短時間內就購得並安裝上線使用。

套裝軟體的範圍可以從再利用性的元件，例如：JavaBeans、DCOM，到小型的單一
功能工具，例如：購物車程式、位置地圖、安全查核、語文翻譯等，以至於無所不包的
系統，像是企業資源規劃（Enterprise Resource Planning，ERP）系統，可用來安裝以自
動化整合企業各項業務資源和流程。需要注意的是，安裝像是 ERP 這一類大型複雜的自

動化系統會比安裝小型的套裝軟體困難得多，因為大型自動化系統可能面臨使用者接受度的挑戰、與內部其他系統的整合問題、企業流程需要配合改造等，效益較難掌握，執行風險也會增加。如果在導入過程中出現問題或延誤，可能會對組織的業務運作產生不利影響。

此外，購買套裝系統還有一個問題：企業一定得接受系統所提供的功能，而且很少情形是恰到好處。如果套裝系統的功能範圍很大，能具備企業所需就還好，但通常都無法完全涵蓋企業所需的功能。多數的套裝應用軟體提供下列一些解決方案。

(1) 客製化（customization）

客製化是提供系統參數的調整，改變某些功能運作的方式（因為是透過參數方式改變功能執行的運作，所以也稱為轉鍵 [turnkey]）。例如：某公司可能希望調整系統原有的結帳流程，提供多種付款方式或選擇不同的送貨方式，並減少步驟或提供更多選項給顧客。如果客製化的分量不夠，或是套裝軟體所提供的一些功能無法完全依公司需要而運作，那麼專案團隊便要找出暫時性的解決方案。

(2) 暫時性的解決方案（workaround）

暫時性的解決方案是一個客製化的替代程式，與套裝軟體有著一些接合之處，用以處理特殊的需要。製作一個套裝軟體缺少之必要功能，可以是一個好方法。但是，就和許多商品「改裝」的問題類似，暫時性的解決方案並非套裝軟體標準版本所支援，因此，當資訊系統進行升級時，反而使暫時性的解決方案無法正常執行。而且，如果問題再出現，系統廠商可能會把暫時性的解決方案當做代罪羔羊，拒絕提供任何技術支援。因此，除非非常必要，暫時性的解決方案應該是最後的手段。

3. 系統整合（System integration）

系統整合是指將新開發或新購置的套裝軟體，與舊有系統（legacy system）結合在一起的過程。

系統整合的主要挑戰是如何將不同的套裝軟體與舊有系統所產生的資料整合起來。整合的工作，通常是採取企業應用整合（Enterprise Application Integration，EAI）將套裝軟體與舊有系統的資料格式化，再建置一個整合的介面[3]。例如圖 13-9 所示的以固定 I/O 資料格式交換方式的 EAI 模式、圖 13-10 所示以訊息交換方式的 EAI 模式。

3　Dahl, O. (2002). Enterprise application integration. School of Mathematics and Systems Engineering. https://citeseerx.ist.psu.edu/document?repid=rep1&type=pdf&doi=071cbedf38ab73688975244818d45fac7a685b49

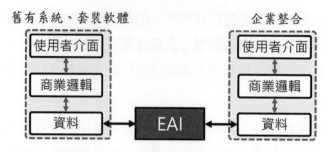

圖 13-9　資料層級的系統整合模式

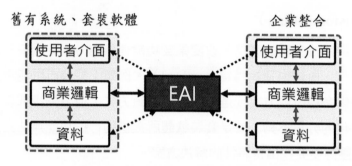

圖 13-10　訊息層級系統整合模式

　　專案團隊首先要審視不同套裝軟體或系統所產生和輸入的資料形式，並確認從套裝軟體或系統送至另一個套裝軟體或系統的資料，需要進行哪些轉換？這種方式，就像是「蒙騙」不同的套裝軟體或系統，使其以為資料是由其所預期來源的輸入或輸出。

　　另外的方式，是透過物件包裹器（object wrapper）的使用。將舊有系統的物件包裝在新物件內，創造出與舊有系統溝通與資料存取的應用程式介面（Application Programming Interface，API），確保新舊系統的相容性。

4.　外包（Outsourcing）

　　資訊系統的外包或稱為資訊委外服務，是將軟體建置的工作交給請第三方公司，例如：代理商、開發商或服務供應商來執行。資訊系統的外包，可以解決企業在資訊系統開發與運作不同階段的人力資源需求，避免資訊系統開發過程的許多風險。因此，需多企業資訊的開發過程，外包的情況相當普遍，例如：聘請顧問解決特定的問題、聘用程式人員來實作一個解決方案、委託一家公司來管理公司的 IT 部門和資產，或將部分或整個 IT 功能外包給一家公司開發。現今，部分的外包方式也擴及雲端供應商的服務模式，包括：整個資訊系統委外的軟體即服務（Software as a Service，SaaS）；外包系統與作業

環境的平台即服務（Platform as a Service，PaaS）；以及包括網路頻寬、儲存空間或伺服器等硬體設備委外的基礎設施即服務（Infrastructure as a Service，IaaS）。

　　資訊系統委外開發，一般的好處包括第三方公司（代理商、開發商）可能有豐富的技術經驗，擁有更多的資源、具備更熟練的程式開發專業人員等。許多公司採行外包都希望降低成本，可是有的公司卻把外包當做是增加企業價值的機會。雖然，外包可能是建置新系統的最佳選擇方案。但仍有需要注意的風險，例如：新系統的工作交由第三方公司，可能需要妥協一些公司營運或人事機密性資訊、開發的主導權也會使得公司內部的專業人士無法從專案的過程而受益。

　　不過，如果一家公司決定外包後，大多數的風險可以被事先確認出來，其中有兩個特別重要。

(1) 需求評估與外包決策

　　事前徹底評量專案的需求，避免將自己不了解的事務外包給第三方執行。俗話說要「知道」，不一定能「做到」，所以將「做到」外包，但關鍵是「知道」。

(2) 嚴選執行的第三方

　　仔細選擇委外的第三方公司，確認對方是否擁有系統所需要的同類型技術，且技術是否與公司既有技術相容（例如公司資訊系統慣用微軟的 .Net 平台，但委外的第三方公司較專精的卻是 Java 相關環境與技術）。

⊕» 補充說明

　　商業上，雙方達成的口頭或書面的協議，用來確定雙方在特定交易或行動中的法律義務和權利，一般稱為合約。但「合約」一詞容易與系統分析或設計使用的操作「合約」混淆。因此，本書針對雙方達成的協議，所擬定具有法律效力的契約，使用「合同」一詞。

控制外包的方式，通常是透過合同來進行約束：

(1) 時間與安排合同（Time and arrangements contract）

　　時間與安排合同是依據完成工作所需實際花費的時間與開銷計價。當然，這項協議可能會造成一筆大的費用，超乎當初的估計。這種合同比較適於當雙方都不清楚完成整個工作需要花多少時程與成本的時候。

(2) 固定價款合同（Fixed-price contract）

固定價款合同，是企業只需要支付合同所記載的金額。如果外包廠商超出彼此原先議定的價錢，必須自行吸收成本。甚至超過合同擬定的期限，還會有違約的罰款。因此，外包廠商事先對於定義需求將會更加小心謹慎，並確保在不超支並合乎合同規範的時程與功能下，儘快地完成交付。

(3) 加值型合同（Value-added contract）

加值型合同是提供外包廠商系統完成後，另外收取所得利益的某個比率。於這個情況下，對發包企業擔負的風險較低。雙方的關係應該被視為一種夥伴關係，進行公開交流而且互蒙其利。但是，合同如何兼顧雙方的公平性，必須很小心地平衡用字遣詞與彈性，避免過於僵化的合同，影響需求變更的彈性。

表 13-1　外包指導原則

原則	説明
明確的需求和目標	確定外包專案的明確需求和目標，包括範圍、時間表、預算和預期結果。
溝通和合作	確保與供應商之間有良好的溝通和合作，解決問題並共享資訊。
選擇合適的廠商	進行詳細的外包廠商評估和選擇，例如：實績、證照、營業額、過去履約證明等，確保廠商具有所需的技術能力、經驗和信譽。
簽訂明確的合同	確保合同中包含清晰的工作範圍、責任、成果、費用和付款條款等，避免合同模糊或爭議。
監督和控制	建立有效的專案監督和控制機制，確保外包專案按時、按質完成，並定期報告專案進度和結果。
知識轉移	在外包專案結束時，確保從外包廠商得到足夠的知識轉移，以便內部團隊能夠有效地繼續管理和維護系統。
風險評估和管理	評估外包專案可能面臨的風險，制定相應的風險管理計畫，並建立應急應對機制。
安全和保密	確保外包專案的安全性和保密性，對於涉及敏感資訊的專案，建立相應的保密條款和措施。
變更管理	如有必要進行合同變更，確保變更遵循事先確定的程序和準則。
評估和學習	專案結束後，進行評估和學習，收集經驗與教訓，以改進未來的外包。

管理外包關係，需要有專職人員負責這件事情，而此人的層級應該合乎工作的規模，隨時與外包廠商保持良好的溝通，定期監督合同執行的進度和品質，及時解決開發過程中遭遇的問題。常見外包的原則，請參見表 13-1 所列。

13-5 內聚與耦合

內聚與耦合是 1975 年 Myers 提出用來衡量模組本身及模組與模組之間的關係強度，同時也提供設計系統時的最佳指導原則 [4]：

(1) 內聚（Cohesion）

表示一個模組（類別、物件與方法）所承擔職責的自我相關程度。如果一個模組只負責一件事情，就說明這個模組具備高內聚；如果一個模組負責很多毫不相關的事情，則說明這個模組是低內聚。高內聚的模組比較容易理解、改變和維護。

(2) 耦合（Coupling）

表示模組和模組之間、類別和類別之間、方法和方法之間關係的親密程度。耦合越高，軟體元件之間的依賴性就越強，軟體的可重用性、可擴展性和可維護性就會相應地降低。

如圖 13-11 所示，內聚是用於模組內元素之間關係的強度；耦合則是一個模組與其他模組的連接關係的緊密程度。由於資料流或控制資訊，可能在模組之間存在這種相互的關係。如果一個軟體符合高內聚和低耦合的要求，就具備了較佳的可重用性、可擴展性和可維護性。

結構化程式，如果兩個函數存取同一個全域變數，這兩個函數之間就具備非常強的耦合。如果兩個函數沒有存取全域變數，則彼此的耦合度是由二者互相呼叫時傳遞參數的資訊量來決定。呼叫函數時，函數參數包含的資訊越多，函數和函數之間的耦合就越強。物件導向的程式，類別與類別之間的耦合度是由類別完成自己的職責和必須相互發送的訊息及參數來決定。

---

4 Yovits, M. C.（1994）. Advances in computers volume 39. Academic Press.

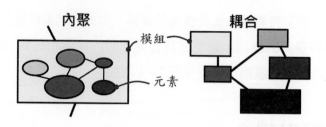

圖 13-11　內聚與耦合

1. 內聚

內聚反映了一個模組（類別、物件或方法）單一目的（single-purposefulness）的程度，高度內聚的模組可以改善耦合，因為只需要在模組之間傳遞最少量的基本資訊。一個類別或物件應該只代表一件事情，而且一個方法應該只解決一件單一的工作。

Coad 與 Yourdon 提出物件導向系統，設計時應考量 3 種一般類型的內聚：方法、類別及一般化 / 特殊化。

(1) 方法內聚（method cohesion）

處理各個方法裡面的內聚（例如：一個方法是如何的專心一致）。方法應該做一件事，而且只做一件事。一個實際執行多個功能的方法，比起只執行單一功能的方法要更加複雜。如圖 13-12 所示，Myers 由高到低，分別定義了 6 個方法的內聚類型。

　　a. 功能內聚（Functional cohesion）：模組中的每一個方法都是對模組中單一明確定義、解決同一問題而存在。也就是一個方法只執行一個與問題相關的任務。

　　b. 溝通內聚（Communicational cohesion）：模組中的方法因為處理相同的資料、使用相同的輸入資料，或產生相同的輸出資料，因此放在同一個模組中。

　　c. 循序內聚（Sequential cohesion）：模組中的各方法彼此的輸出入資料相關，一個模組的輸出資料是另一個模組的輸入資料。

　　d. 時間內聚（Temporal cohesion）：將相近時間點執行的方法，放在同一個模組中。

　　e. 邏輯內聚（Logical cohesion）：模組或類別內有許多邏輯上為同一類的方法，不論這些方法的本質是否有很大差異。

　　f. 偶然內聚（Coincidental cohesion）：模組中或類別的方法只是剛好放在一起，各方法之間唯一的關係只是恰在同一個模組中。

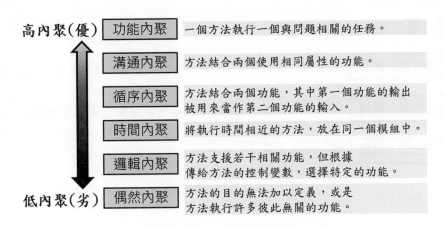

圖 13-12 方法內聚的類型

(2) 類別內聚（class cohesion）

是指類別的屬性與方法之間相關的程度，也就是說，一個類別是如何的專心一致。一個類別應該只代表一件事，例如：一位員工、一個部門或一個訂單。所有包含在一個類別內的屬性與方法，對於代表該事物而言，都應該是不可或缺的。例如，員工類別包含的屬性，應該要有社會保險號碼、姓、名、中間名起首字母、地址與津貼，但是它不應該含有門、引擎或頭巾等屬性。再著，不應該存在任何使用不到的屬性或方法。換句話說，一個類別應該只須具備能完整地定義現有的問題實體所需的屬性與方法。Glenford 建議內聚的類別應該具備[5]：

a. 應該包含數個在類別以外可視及的方法（也就是說，只有單一個方法的類別用處不大）。

b. 每個可視及的方法只執行單一功能（也就是說，它有功能內聚）。

c. 所有的方法只會使用屬性或是其他被定義於類別或是其中一個父類別之內的方法（也就是說，如果某個方法打算送一則訊息給另一個物件，該物件必須是本地物件之屬性值之一）。

d. 方法之間不應該有任何控制流程的耦合。

如圖 13-13 所示，Page-Jones 提出三種類型的類別內聚：混合型－實體、混合型－領域以及混合型－角色[6]。個別的類別可能擁有三種類型的混合類型。

5　Glenford, Myers J.（1978）. Composite Structured Design. Vom Nostrand Reiholk Co, Inc, New York, USA.

6　Coad, P., & Yourdon, E.（1991）. Object-oriented design. Yourdon Press.

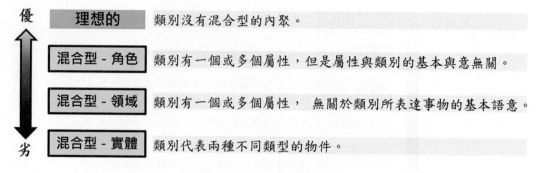

圖 13-13　類別內聚的類型

a. 混合型 —— 角色：類別有一個或多個屬性，將類別的物件關聯到同層（例如：問題領域層）的其他物件，但是屬性與類別的基本語意無關。

b. 混合型 —— 領域：類別有一個或多個屬性，將類別的物件關聯到不同層的其他物件。因此，它們無關於類別所表達事物的基本語意。在這些情況，牴觸的屬性位於另一個其他層的類別。例如：位於問題領域別的 port 屬性，應該存在於與問題領域類別相關的系統架構。

c. 混合型 —— 實體：類別代表兩種不同類型的物件。類別應該被分解為兩個不同的類別。通常不同的實體只使用到完整類別定義的一部分而已。

(3) 一般化 / 特殊化內聚（Generalization/specialization cohesion）

一般化 / 特殊化的內聚是軟體工程中用於描述模組或類別之間繼承的關聯性概念。

a. 一般化內聚（generalization cohesion）：是指具有相似特徵和功能的類別或模組進行抽象，形成一個更通用的父類別或模組，並讓其他子類別或模組繼承這個通用的父類別或模組。這樣的設計使得程式碼可以更加通用和模組化。

b. 特殊化內聚（specialization cohesion）：是指具有共同特徵和功能的類別或模組被合併成一個更特殊化的類別或模組，它們共享相同的父類別或模組。這樣的設計使得程式碼可以更加專注和集中在特定功能上，減少重複的程式碼。

一般化 / 特殊化內聚在物件導向程式設計中相當普遍，通常使用繼承機制來實現。透過一般化 / 特殊化內聚，程式設計師可以更好地組織和管理程式碼，提高代碼的重用性和可維護性，並更有效地實現系統的功能和需求。

2. 耦合

耦合是模組（類別、物件與方法）之間相互依存或是彼此關聯的程度。取決耦合程度的因素，包括關係的複雜程度；關係是否參照到模組本身或模組內的某些東西；以及傳送或接收的內容。相互依存度愈高，設計的某部分若發生改變，愈有可能引起其他部分跟著改變。

如圖 13-14 所示，Myers 由高到低，分別定義了 5 個耦合的類型：

(1) 資料耦合（Data coupling）

兩模組之間的聯繫使用單一欄位的參數，或是參數中的元素均為相同的資料型態。

(2) 戳記耦合（Stamp coupling）

兩模組之間的聯繫使用參數，其參數為某一資料結構的子結構，而不是簡單變數。

(3) 控制耦合（Control coupling）

某一模組的機能傳遞的參數控制另一模組的內部邏輯。

(4) 共用耦合（Common coupling）

兩個模組參考相同的整體資料區域，也就是模組間使用全域狀態的相依關係。

(5) 內容耦合（Content coupling）

一個類別的方法參考到另一個物件的內部（隱藏的部分）。這違反了封裝與資訊隱藏的原則。但是，C++ 可使用 friend 關鍵字的宣告，允許這種情形發生。

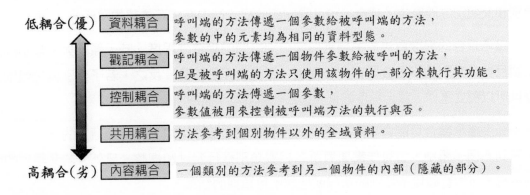

圖 13-14　耦合的類型

對於物件導向系統來說，Coad 與 Yourdon 提出了 2 類型的耦合：互動與繼承[7]。

(1) 互動耦合（Interaction coupling）

互動耦合指的是訊息傳遞下，方法與物件之間的耦合程度。Lieberhcrr 與 Holland 提出一個簡單、獨立於程式語言的迪米特定律（Law of Demeter，LoD），作為低耦合的設計原則[8]。Demeter 定律的核心概念是：每個單位（模組）應該僅與其直接相關的單位進行互動，而不應該與非直接相關的單位發生關係。換句話說，一個物件應該只跟它的直接朋友進行合作，不應該進一步認識這些朋友的朋友。

a. 只使用一階（one-level）呼叫執行方法：在一個物件的方法中，只應該直接呼叫該物件所屬的類別中的方法，不應該呼叫其他類別的方法。這樣可以防止過度依賴其他類別的方法，降低耦合度。

b. 不要使用長鍊（chains）呼叫執行方法：避免在一條長鏈上進行方法的呼叫，因為這樣會使得程式碼非常脆弱和難以維護。應該在必要的情況下，將長鏈拆分為多個獨立的呼叫。

c. 避免將物件的內部細節透露給外部：物件應該將自己的內部細節隱藏起來，只提供必要的介面給外部使用。這樣可以保護物件的封裝性和安全性。

(2) 繼承耦合（inheritance coupling）

耦合是指不同模組之間的相依程度，繼承耦合則是專指由繼承關係所造成模組間相互關聯的程度。當一個類別（子類別）繼承自另一個類別（父類別），子類別將擁有父類別的屬性和方法，同時可以擴充、修改或覆寫父類別的功能。這樣的繼承關係使得子類別和父類別之間產生了耦合，也就是它們的程式碼中有相互依賴的關係。

繼承耦合的程度取決於子類別與父類別之間的相依性程度。若子類別與父類別高度相關且對父類別的修改會影響到子類別，則耦合程度較高。反之，若子類別與父類別獨立且可以獨立運作，耦合程度較低。

高度繼承耦合可能會導致系統脆弱性和維護困難性增加。因為父類別的修改可能會影響到多個子類別，這可能需要對所有相關類別進行測試和調整。另外，若父類別的變動不當，可能會破壞子類別的功能或造成不可預期的結果。

7　Coad, P., & Yourdon, E. (1991). Object-oriented design. Yourdon Press.

8　Lieberherr, K. J., & Holland, I. M. (1989). Assuring good style for object-oriented programs. IEEE software, 6(5), 38-48. http://www-public.imtbs-tsp.eu/~gibson/Teaching/Teaching-ReadingMaterial/LieberherrHolland89.pdf

　　為了降低繼承耦合，開發人員可以考慮使用其他技術，例如：組合（composition）或委託（delegation），避免過度使用繼承。

　　雖然有些研究結果，系統內發生錯誤的分佈並不完全取決於模組耦合的高低，但是，也有許多研究調查的結果，提出較高內聚的模組，往往具有更低的出錯率。如果系統設計中需要衡量模組獨立程度，耦合和內聚仍是普遍採用判斷的標準。

13-6 ▸ 設計階段的循序圖

　　分析階段已針對外部環境與系統的關係繪製了初步類別圖與系統循序圖。設計階段的類別圖著重操作的細化；循序圖則著重於系統內部物件之間互動的描述。透過循序圖物件之間操作的執行，詳實地表達類別之間的互動關係。

1. 分析與設計的過程

　　如圖 13-15 所示，系統設計階段時，將系統需求與分析階段產出使用案例的描述、初步類別圖和系統循序圖整合，考量各類別／物件之間關係與分析撰寫的合約（contract），繪製設計階段的循序圖，或是和循序圖一體兩面的溝通圖。後續再依據循序圖與定義出各類別完整之屬性與操作，進一步定義展現層（使用者介面）和資料存取層（系統儲存結構，例如資料庫），作為實作階段程式撰寫依據。

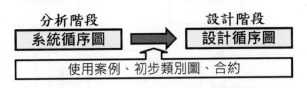

圖 13-15　分析與設計過程的循序圖

2. 設計步驟

　　設計階段的循序圖基本可參考下列三個步驟：

(1)選定一個系統的操作，判斷需要哪些物件來完成該操作，並將物件置於循序圖前端。

(2)決定此系統操作所有傳遞的訊息。並決定每一個訊息由哪一個物件發出，又由哪一個物件接受來執行此一操作。

(3)循序圖內加入展現層與資料存取層的物件。

3. 易犯錯誤

循序圖繪製時，因圖型使用的誤解，可能會有下列誤用的狀況發生：

(1) 參與者與物件的互動：如圖 13-16 所示，參與者代表實際的人或外部系統，並非系統內部的程式，理論上不應該直接呼叫訊息執行系統的操作。應可參考圖 13-16 右方的圖示使用傳遞參數的方式，由系統內部自行決定執行的程式。

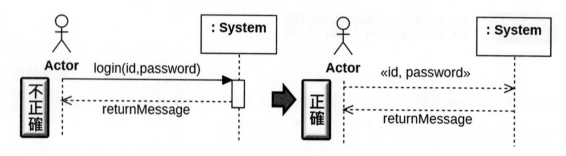

圖 13-16　參與者與物件互動的錯誤

(2) 控制焦點：控制焦點代表訊息執行操作的時間長短，如圖 13-17 所示，由 classA 類別在一個控制焦點執行範圍內，呼叫執行 classB 的操作，應該是一個操作對應一個控制焦點。

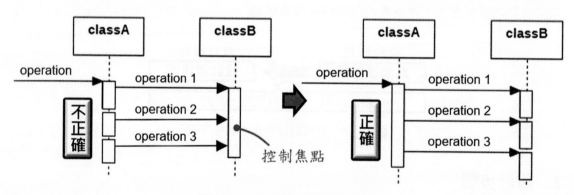

圖 13-17　訊息焦點使用的錯誤

(3) 訊息的發出與接收：發出的訊息一定會存在控制焦點，如圖 13-18 在 ClassA 同一操作之下，分別發出 operation 1 和 operation 2 兩個訊息，則這兩個訊息的控制焦點一定會在同一個。

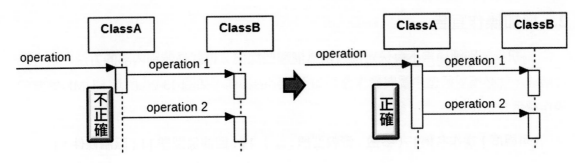

圖 13-18 訊息傳遞沒有起始的錯誤

(4) 若圖 13-19 之 ClassA 發出訊息執行 ClassB 的操作，而 ClassB 也發出訊息呼叫執行 ClassA 的操作，因為 operation 1 和 operation 2 是雙方各別發出訊息，ClassA 接收執行的操作不應在同一控制焦點上。

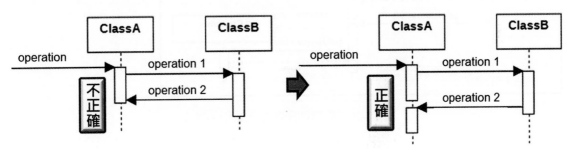

圖 13-19 訊息傳遞呼叫的錯誤

13-7 設計階段的類別圖

系統分析階段產出的初步類別圖（或稱領域模型），在系統設計階段完成循序圖之後，就可以將類別圖補充完整。初步類別圖與設計階段的類別圖主要差異包括三個方面：

1. 完整屬性表達

初步類別圖的重點是決定類別應具備那些屬性，所以通常僅標示屬性名稱；但在設計時的類別圖就必須盡可能表達完整。確定應具備完整屬性的方式是確定在問題空間和解決空間出現的全部物件及其屬性。UML 完整的屬性標示包括（請參見 6-2「類別與物件」一節的介紹）：

[可視度] 屬性名稱 [: 類型] [＝ 預設值] [{ 限制條件 }]

2. 增加操作宣告

初步類別圖通常不會決定出類別具備哪些操作，也就是類別內部的方法。但在設計階段，就必須對照循序圖與操作合約加入類別的操作，如圖 13-20 所示，UML 完整的操作標示方式表達。

[可視度] 操作名稱 [（參數 : 資料型態 , ... ）] [: 回傳值型態] [{ 限制條件 }]

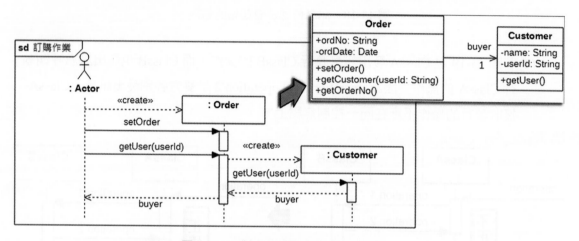

圖 13-20　對照循序圖加入類別的操作

設計時思考加入於每個物件的操作，並反覆推演最佳化。建議找出操作的過程如下：

(1)從需求中的動詞、功能或系統責任中找出類別的操作（候選操作）。

(2)從狀態轉換、流程追蹤、系統管理等方面補充類別的操作。

(3)對所找出的操作進行合併、篩選。

(4)對所找出的操作在類別之間進行合理分配（職責分配），形成每個類別的操作。

3. 調整類別關係

初步類別圖主要是描述各個類別之間的關係，著重關係之間的多重性關係（數集 cardinality 與必備 modality）；如圖 13-21 所示，設計階段需要將類別之間的關係做更進一步的表述：

(1)連結線可以改為具方向的導航箭號（navigability arrow），以便表達來源物件使用目的物件。

(2)目的物件的導航箭號端增加角色名稱。

(3) 省略來源物件的多重性，僅需在目的物件表現多重。

(4) 省略關聯名稱。

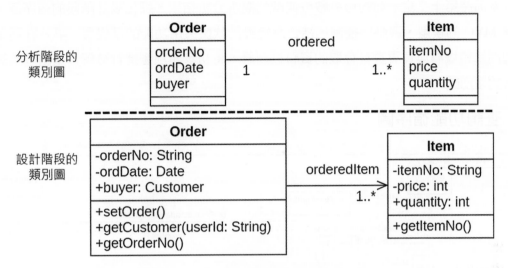

圖 13-21　分析與設計階段的類別圖比較

4. 加入依賴關係

依賴（dependency）關係是指兩類別之間的「影響」關係，當獨立的一個類別改變時，會影響到依賴的類別。在 UML 中使用依賴來描述全域變數、區域變數和對另一個類別的靜態方法的呼叫執行。為了方便撰寫程式時的了解，如果具備依賴關係，需要使用如圖 13-22 所示的虛線箭號表示來源類別建構之物件依賴於目的類別建構之物件。

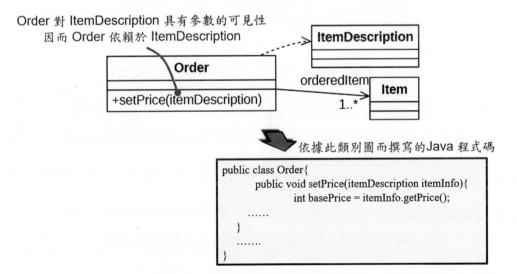

圖 13-22　類別之間依賴關係的表示

13-8 範例：數位典藏系統－系統設計

本節將第十二章示範的報紙數位典藏站需求分析結果，細化設計階段的循序圖。並依據 MVC 的模型、觀點與控制，結合系統設計軟體共用功能的基礎層、專注在商業流程的問題領域層與負責資料存取的資料控制層，將初步類別圖進行分解，重組成為設計階段的類別圖。

1. 查詢功能循序圖

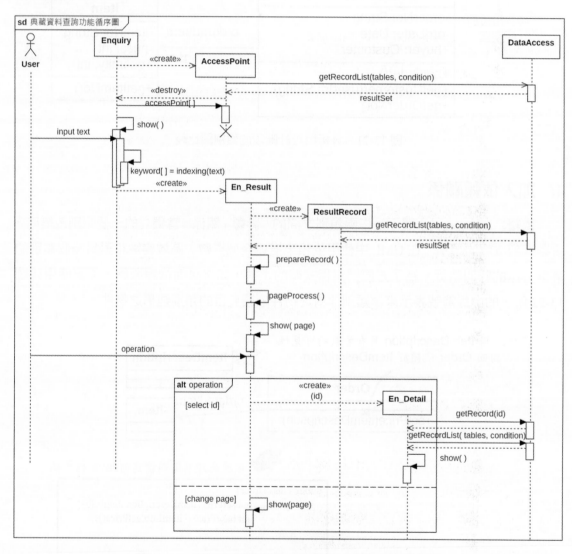

圖 13-23　系統設計階段進一步細化的查詢功能循序圖

Enquiry、En_Result、En_Detail 類別是負責處理介面呈現的觀點元件；DataAccess 類別是負責資料存取的資料控制層元件，專責於資料庫表格資料存取。

2. 系統類別圖

在 12-5 節，系統分析的階段，將描述使用案例文句中的名詞建立表單，經過分類方式找出上下關係，定義出概念類型的類別，繪製成初步類別圖。概念類別尚未具備執行所需的方法（類別的函數），加上操作合約，並經過系統設計階段的細化過程，考量系統、架構和技術設計等因素，確認出系統實務開發所需的類別結構。

循序圖完成後，接下來就是將初步類別圖細化完成如圖 13-24 所示設計階段的類別圖。繪製的方式是將初步類別圖加上細化後新增的類別，並加上操作，以及屬性與操作的能見度。部分屬性與操作可能在初步類別圖即已出現，也有部分可能會在繪製循序圖時加上。這時都要將其加入到設計類別圖內，並在類別之間加上兩類別之間的關係，可以使用具備方向性的關聯關係，最後再修正類別之間的數集（Cardinality）關係。

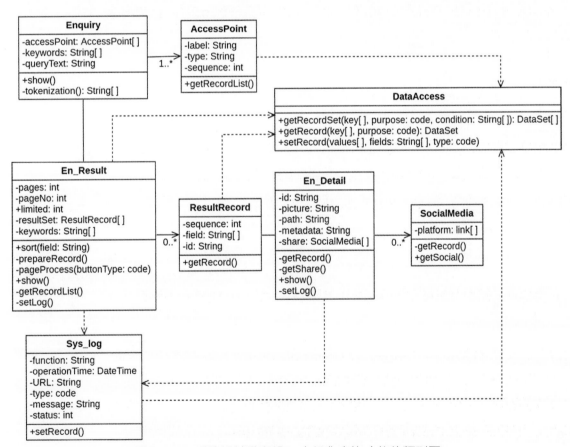

圖 13-24　系統設計階段進一步細化查詢功能的類別圖

本章習題

問答題

1. 請簡述模型－觀點－控制器模式（Model-View-Controller，MVC）在架構模式中，個別代表的邏輯領域。

2. 一般資訊系統架構可以簡化成哪三個個層面，個別對應 UML 哪一種圖形符號的類別？

3. 型樣（pattern）是指在特定情境下重複出現的解決問題的一種通用解決方案，請分別說明何謂分析型樣（analyze patterns）與設計型樣（design patterns）。

4. 請由高到低，分別列出方法的內聚（cohesion）類型。

5. 請由高到低，分別列出耦合（coupling）的類型。

Chapter

14

使用介面設計

　　使用者介面設計是資訊系統開發中的關鍵環節，直接影響到最終產品的易用性和使用者體驗。本章全面介紹了使用者介面設計的理論、方法與工具，包括使用者研究、資訊架構設計、互動設計、介面設計、響應式設計、可用性測試等內容。透過介紹使用者中心設計方法論，以及具體的設計工具如線框圖、視覺稿、雛型等介面設計的概念，並在實際項目中運用。

14-1 使用者介面與互動設計

　　介面設計，通常可以分成下列三個層次：

1. 使用者介面（User Interface，UI）

　　UI 設計是系統開發中非常重要的一個領域，其關注如何設計一個直觀、易於使用，且具有良好使用者體驗的介面。

　　20 世紀 80 年代，電腦教育與科技學會（Association for Computing Machinery，ACM）與電氣和電子工程師協會（Institute of Electrical and Electronics Engineers，IEEE）開始將使用者介面設計（User Interface Design）作為電腦科學的正式課程，使得介面設計成為系統設計易用性（usibility）非常重要的關鍵。

　　不過，UI 僅是表達以一個可用的介面形式存在，著重於呈現版面的編排，表現的是實體層面的設計。UI 包括了使用者與系統之間的任何視覺、聽覺和操作元素，如按鈕、

表單、圖形、文字和其他控制元素。使用者介面的目的是提供一個直觀、易於理解和操作的介面，讓使用者能夠輕鬆地操作系統，達成所需要完成的作業。

2. 互動設計（Interaction Design）

互動設計（Interaction Design）一詞則是在 1984 年，由創新設計公司（Global Design & Innovation Company，IDEO）的一位創始人 Bill Moggridge 提出互動設計（Interaction Design），著重於使用者與產品之間互動的設計。互動設計的工作一切都是從「互動」的觀點出發，從研究和資料分析中獲得設計依據。

互動設計關注的是如何設計和組織使用者與系統之間的互動方式和流程。包括使用者如何與系統進行溝通、執行功能和取得所需的資訊。互動設計針對使用者的目標、行為和需求，並設計相應的互動元素和操作流程，以提供良好的使用者體驗，讓系統的使用更簡單、功能更符合人性化的邏輯，而不是電腦程式的邏輯。

3. 使用者不可見（User Invisible）

使用者不可見是指使用者在使用產品或系統時無法直接感知或看到的部分。有些人認為 UI 的全稱應該稱為 User Invisible，此「不可見」並非是看不見的意思，而是讓使用者完全忽略「介面」的存在。優良的介面設計應該是將介面「隱藏」起來，讓介面與系統完美融合。

這涉及到技術、系統的內部工作原理以及用於支持和驅動使用者介面的處理過程。使用者視覺是專注於系統的內部和背後的細節，而不是外部呈現給使用者的介面元素。它通常由開發人員和技術專家來處理，以確保系統的正確運作，但對於一般使用者來說是不可見的。

使用者介面是使用者與系統進行互動的介面，包括任何使用者可以看到、聽到和操作的元素。互動設計則是針對使用者與系統之間互動方式和流程的設計，以提供良好的使用者體驗。而使用者不可見，則指系統介面不著痕跡的設計，提供使用者完全沒有負擔的操作。這三個介面設計的層次，共同建構令人滿意且易於使用的系統。

不論介面設計是否包含互動設計，使用者介面、使用者不可視，都離不開對使用者心理與行為的研究，因此 UI 設計經常需要如圖 14-1 所示的相關工程、心理或人因的背景。

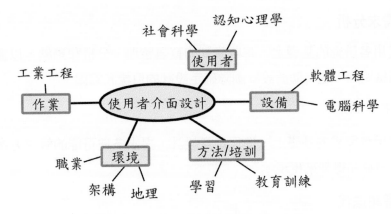

圖 14-1　UI 設計需要具備的能力背景

14-2 介面設計

　　介面設計是指設計介面的外觀、布局和互動的元素，以提供使用者與系統之間的互動方式。介面設計重視如何以視覺和美學的方式呈現介面，使其具有易於使用和吸引人的特點。但是，依據實際應用的角度來看，介面設計不是藝術設計，也不強調技術應用的新穎性。

(1) 藝術主要是一種自我表達的形式，透過創作者來表達他們的情感、觀點和創意。而介面的設計則是具備產品和服務型態的中介，並且減化操作負荷的實用性。

(2) 使用者並不關心介面的設計使用什麼技術，許多新技術的應用，反而更不便於使用。

　　在進行介面設計時，應該是以使用者的需求和感受出發，圍繞使用者為中心來設計系統，而不是讓使用者來適應系統。包括操作流程、系統架構、互動方式等，都必須考量使用者的習慣、感受。

1. 使用者中心設計

　　使用者中心設計（User-centered Design，UCD），強調將使用者的需求、期望和行為納入設計。通常包括以下關鍵步驟：

(1) 使用者研究

　　通過訪談、觀察和調查等方法，深入了解使用者的需求、期望、目標和行為。這有助於確定設計的方向和重點。

(2) 使用者需求分析

在基於使用者研究的基礎上，將收集到的資訊整理、分析和歸納，以識別使用者的主要需求和關鍵問題。這有助於設計團隊確定設計的目標和範圍。

(3) 創意設計

在理解使用者需求的基礎上，進行創意設計，提出多種可能的解決方案。這可以通過腦力激盪、草稿和雛型來實現。

(4) 用戶驗證和迭代

將設計方案進行實際測試和評估，並從使用者的回饋中獲取意見和洞見。這些回饋將被用於改進和優化設計，以確保最終的使用者體驗符合使用者的期望。

2. 圖形介面設計

圖形使用者介面（Graphic User Interface，GUI），是目前使用者介面設計的主流，廣泛應用於各類型電腦和手持式裝置，如手機、平板等，具備螢幕顯示功能的電子設備。圖形介面主要是採用視窗形式呈現，並採用事件驅動（Event-driven）技術。使用者透過圖形識別與控制互動元件，例如聲音、觸控或滑鼠等，進行有目的性的操作。

圖形介面設計是指在使用者介面中使用圖形元素來呈現和傳達資訊的設計程序，也就是應用圖形使用者介面的設計，在通過視覺圖像和圖形元素來提供使用者與系統之間的互動。在圖形介面設計中，設計師使用各種視覺元素，如圖示、圖形、圖片、色彩和排版等，來創建直觀、易於理解和使用的介面。通常包括以下關鍵要素和原則：

(1) 要素

a. 圖示設計：圖示（icon）是簡單且易於識別的圖形符號，用於代表特定的操作、功能或內容。圖示的設計應該具有清晰的形狀、明確的含義和一致的風格，以便使用者能夠快速識別和理解。

b. 色彩和排版：適當的色彩運用和排版設計可以幫助組織和區分不同的介面元素，以及引導使用者的注意力與情感。色彩應該遵循品牌識別和使用者習慣，並具有足夠的對比度和可讀性。排版應該清晰、一致，以便使用者輕鬆閱讀和理解內容表達的資訊。

c. 視覺層次結構：透過大小、顏色、對齊和間距等視覺特性，所表現的視覺層次結構，可以組織和呈現不同的介面元素，幫助使用者理解執行功能的結構和流程。

d. 動態圖形元素：除了靜態圖形外，動態圖形元素和動畫也可以增加介面的動態性和興趣性。適度使用動畫效果可以吸引使用者的注意力和引導使用者在介面上進行操作。

(2) 原則

a. 一致性：一致性確保不同介面元素之間的風格、布局和操作方式一致，提供使用者能夠快速上手。

b. 可視性：可視性則是指介面上的元素在視覺上是否明確、醒目和易於辨認。包括：對比度、色彩和顏色、文字和圖示的清晰度、排版和布局等。其中特別要注意色盲使用者的需求，避免依賴單一的色彩來傳達重要資訊。

c. 可及性：具備直觀、配合螢幕尺寸調整布局大小、焦點指示等，確保可以讓各類型使用者，包括具有身體或認知上的特殊需求的人，都能夠輕鬆地使用介面上的元素。

綜合上述圖形介面設計的關鍵要素與原則，在設計最初，首要的就是確認視窗的版面配置、字形（包括字型、大小、間距）、色票（色彩方案）。如果是網頁介面，則再加以考量響應式網頁設計（Responsive Web Design，RWD）、適應式網頁設計（Adaptive Web Design，AWD）等自動配合螢幕尺寸調整布局大小，或是 Google 於 2016 年推出不透過瀏覽器執行特定功能 的漸進式網頁應用程式（Progressive Web App，PWA）的介面設計。

14-3 使用者經驗設計

使用者經驗（User Experience，UX，或譯為使用者體驗）設計，是由美國人因工程專家 Donald Arthur Norman，於 1995 年提出的概念，表達設計團隊用來建立為使用者提供有意義和相關體驗的產品的過程 1。UX 提供一個綜合性的設計領域，創造出令使用者感到愉悅、有意義且有效的產品或服務使用體驗。UX 涵蓋了從使用者的角度出發，考慮產品的外觀、功能、互動、易用性和情感等各個方面。並且，涉及獲取和整合產品的整個過程的設計，包括品牌、設計、可用性和功能等方面。

---

1 Norman, D., Miller, J., & Henderson, A. (1995, May). What you see, some of what's in the future, and how we go about doing it: HI at Apple Computer. In Conference companion on Human factors in computing systems (p. 155).

1. 設計目的與對象

UX 的設計目的不僅是讓軟體容易使用，還包括設計與產品相關的其他體驗，例如營銷活動、包裝和售後支援。最重要的是，關注的是提供痛點和需求的解決方案。隨著數位產品和服務的興起，UX 逐漸成為系統開發的關鍵概念並成為一門專業領域，涉及使用者研究、使用者測試、介面設計、互動設計等多個領域，旨在改善使用者對產品或系統的感知和滿意度。

依據 ISO 9241-110:2020 對 UX 的定義為：使用者對系統、產品或服務使用和 / 或預期使用所產生的知覺和回應的結合 2。簡單的講，UX 就是一個人使用產品、系統或服務時的感受、情感和觀感，以及與使用該產品、系統或服務相關的互動過程。在 UX 設計中，使用者指的是潛在的或實際使用該產品、系統或服務的人，無論他們是終端用戶、消費者、客戶或其他利害關係人。使用者可以是各種不同背景和能力的人，包括但不限於以下類型：

(1) 終端使用者

是指最終使用系統或服務的個人或群體，例如手機應用程式的使用者、網站的訪客。

(2) 客戶

指支付費用或使用系統或服務的人，例如企業、組織、機構的員工或操作人員。

(3) 利害關係人

指對產品、系統或服務有利益或關注的人，包括管理人員、設計師、開發人員、銷售人員、營銷人員、投資者或其他相關人士。

2. 涵蓋面向

考量系統涵蓋終端使用者、客戶與利害關係人等各類型的使用者，如圖 14-2 所示，UX 設計的範圍至少需要考量四個面向：

(1) 設計

UX 的設計是指介面的設計，包括版面布局、色彩風格、圖案形式、字型、平面設計等項目。

2　ISO. (2020). Ergonomics of human-system interaction. https://cdn.standards.iteh.ai/samples/75258/83c8cf072187487686645aad04eff40e/ISO-9241-110-2020.pdf

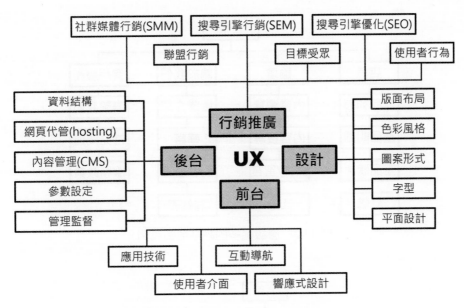

圖 14-2　UX 設計考量的四個面向

(2) 前台

前台（front end）是提供終端使用者操作與互動的服務或功能。因此前台 UX 完全是針對終端使用者的經驗設計，包括：

a. 導航

使用頁面路徑（breadcrumb，直譯為麵包屑）輔助，協助使用者定位，並提供明確的功能指標或使用帶有圖示的標籤指引。限制網頁或視窗的層級數，因為使用者需要選點的級數越少，他們存取所需資訊的速度就越快，也就越不容易混淆。如圖 14-3 所示，操作過程需要經歷過多的層級，讓使用者不容易記住過程的路徑，也會花費較多的操作時間。可以考慮改成如圖 14-4 所示的方式，減少級數的扁平化設計方式。

b. 應用技術

UX 設計的應用技術並非導入一些新興的介面技術，例如虛擬實境（Virtual Reality，VR）、擴增實境（Augmented Reality，AR）和混合實境（Mixed Reality，MR）等沉浸式科技（immersive technology）。實際上，前台的應用技術著重的關鍵領域包括：人機互動設計工具、使用者研究、情境分析、數值分析與使用者等統計分析技術。

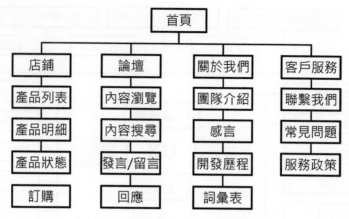

圖 14-3　層級過多的網站地圖範例

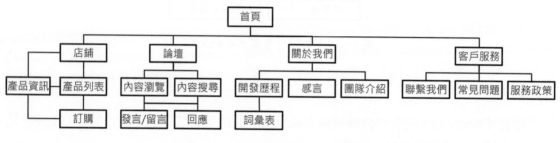

圖 14-4　簡化層級的網站地圖範例

c. 使用者介面

介面的形式，如表 14-1 所列，包括圖形使用介面、命令列介面、自然語言介面、觸控介面等型式，各類型介面均有其必須考量的專屬設計特徵。

表 **14-1**　使用者介面類型

介面類型	說明
圖形介面 Graphical User Interface，GUI	最常見的使用者介面形式，它使用圖形元素（如圖示、按鈕、視窗等）和視覺效果（如顏色、圖像等）與使用者進行互動。
命令列介面 Command Line Interface，CLI	以純文字方式進行互動的使用者介面形式。使用者可以通過鍵入命令和參數來執行操作。
自然語言介面 Natural Language Interface	提供使用者以自然語言與系統進行對談。此介面形式透過語音識別或文字輸入實現，並使用自然語言處理技術來解釋和回應使用者的指令。
觸控介面 Touch Interface	使用者透過觸控或手勢進行操作和互動。

圖形介面常見的包括視窗與網頁型式，其衍生型式如表 14-2 所列。

表 **14-2**　圖形介面的形式類型

介面形式	衍生介面形式	說明
視窗	單一視窗	最基本的視窗形式，應用程式的所有內容都呈現在一個視窗中。使用者只能看到和操作該視窗內的內容。
	多重視窗	這種形式允許應用程式同時顯示多個獨立的視窗，每個視窗可以包含不同的內容或功能。使用者可以同時進行多項任務或操作。
	分割視窗	單一視窗分割成多個區域。
網頁	多頁式	最常見，也是最傳統的網頁類型，不同的內容或功能分佈在個別獨立的網頁。
	一頁式	所有內容呈現在單一頁面上，使用者可以通過滾動頁面來查看不同的內容區塊。這種設計方式消除了多頁面之間的轉換，提供了連續且流暢的瀏覽體驗。

d. 響應式設計

響應式設計是確保網頁在各種設備、不同螢幕解析度與尺寸，都能提供最佳的使用者體驗。傳統響應式的設計包括：流式布局（Fluid Layout）、媒體查詢（Media Queries）、格網系統（Grid Systems）或是隱藏內容（Content Hiding）等類型，根據螢幕解析度與尺寸提供更好的使用者經驗。

近年來網頁的普及，包括許多企業資訊系統都逐漸採用網頁做為主要的介面形式。隨著行動辦公與手持設備的普及，響應式網頁設計（Responsive Web Design，RWD）、適應式網頁設計（Adaptive Web Design，AWD）已經成為現今網頁的必備的設計。如圖 14- 5 所示，RWD 對不同設備均採用共同的一個 CSS 樣式表，而 AWD 則是針對不同設備使用不同的 CSS 樣式表。兩者的比較說明，請參考表 14-3 所列。

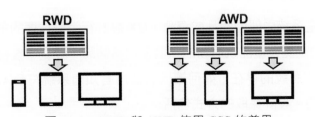

圖 14-5　RWD 與 AWD 使用 CSS 的差異

表 **14-3**　RWD 與 AWD 比較表

類型	說明	缺點
RWD	使用彈性布局、媒體查詢和彈性圖像等技術，使網頁能夠根據設備的螢幕大小自動調整和適應。網頁的元素（如文字、圖像、布局等）可以按比例縮放或重新排列，以提供最佳的閱讀和使用體驗。	• 因為設計是根據螢幕大小而不是設備特性進行調整，容易犧牲使用者經驗。 • 處理大量內容或複雜互動元素時，可能需要進行更複雜的媒體查詢和布局設計。 • 頁面載入時間較長，因為需要下載和加載適應不同螢幕尺寸的所有資源。 • 較舊版本的瀏覽器，可能無法完全支援 RWD。
AWD	根據設備特性和功能，針對不同設備定義特定的設計和布局。AWD 使用媒體查詢和條件語句等技術，可以檢測設備的屬性（如螢幕解析度、尺寸、類型等），並根據條件採用相對應的 CSS 樣式和頁面布局。	• 需要開發和維護多個版本的網頁，根據不同設備提供特定的設計和布局，增加了開發和維護成本。 • 需要預先了解和確定目標設備的特性和限制，才能進行相應的設計和開發 • 如果有新的設備釋出或設備特性變化，需要對 AWD 進行更新和調整，以確保網頁在新設備上仍然提供最佳的使用者經驗。 • 由於需要為不同設備開發和維護多個版本的網頁，可能增加開發和維護的複雜性。

(3)　後台

後台（back end）是指系統的後端部分，提供管理者或企業組織內部特定人員處理和管理資訊系統的核心功能和資源。因此，後台使用者經驗必須聚焦於後台的使用人員，而非前台的終端使用者。設計資訊系統的後台時，除了著重管理性的功能，UX 設計還應該注重如表 14-4 所列的一些基本要素。

通過提供直觀、易用、安全、監控和支援的功能和介面，後台使用者能夠更加高效地執行任務、管理資料和維護系統，從而提升整體的使用者經驗。

(4)　行銷推廣

行銷與推廣不是系統內部的商品或資源，UX 設計行銷與推廣的主體是系統本身。UX 的行銷推廣目的是提升產品或服務的整體使用者體驗，並從中獲得多方面的益處。如何讓潛在使用者知道系統的存在，如何讓既有使用者知道系統符合需求的功能所在，也都是行銷推廣的目的。設計採取的方式包括：

表 14-4　後台使用者經驗設計要素

項目	說明
安全和權限管理	確保使用者的安全和資料的保密性。這包括嚴格的身份驗證、權限管理和數據加密等安全措施。設計時，應規劃適當的使用者介面和工具，管理和設定使用者的權限和角色，並監控和紀錄使用者活動，以確保系統的安全性。
即時和詳盡的監控報告	後台應該提供即時和詳盡的監控和報告功能，以便能夠審查系統的運行狀態、資料的變化和相關的統計資訊。設計應該著重監控和報告介面的易用性，確保使用者能夠輕鬆地查找和解讀相關資訊，並根據需要採取適當的行動。
文件和輔助說明	提供相關的文件、輔助說明和教學資源，以協助使用者理解系統的功能和操作流程。設計時應該著重文件和輔助訊息的可用性和易用性，確保使用者可以輕鬆地取得所需的資訊和解決方案，並提供清晰的說明和指導。

a. 聯盟行銷

聯盟行銷（Affliate Marketing，亦譯為聯盟營銷、行銷聯盟，或稱為聯盟夥伴計畫、合作分潤計畫、策略聯盟計畫等）是企業或組織所代表的業主與其他推廣者（稱為聯盟或推廣者，例如：各社群平台、網站、上下游業者)合作，藉由推廣者推廣產品或服務，最後依照轉換的推廣量化成果，來給予一定比例的分潤。

試想如果專案開發並建置一個新的電子商務網站，如何在浩瀚的網際網路為人所知？通過聯盟行銷，企業可以與不同領域的聯盟合作，擴大系統的曝光範圍。這有助於吸引更多潛在使用者並提高品牌知名度，進而提升品牌認知和忠誠度。

此外，透過聯盟的推薦或評價來了解產品或服務，如果聯盟在特定領域或社群中有良好的聲譽和信任度，使用者更容易對推薦的產品或服務產生信任感，從而提高使用意願。

b. 使用者行為分析

使用者行為分析（User Behavior Analysis）是研究和評估使用者在產品或服務上行為和互動方式的方法。包含收集、分析和解釋使用者，包括目標受眾（TA）與潛在受眾（PA）在使用產品或服務過程中的行動、反應、偏好和模式。在 UX 設計中，執行使用者行為分析的目的是瞭解使用者如何與產品或服務互動、使用者的

需求和期望、以及使用過程中的困難和挑戰。這可以幫助設計團隊更好地了解使用者的角度，從而改進產品的使用者體驗。

常見使用者行為分析的做法包括：

- 使用者觀察：觀察使用者在使用產品或服務時的行為、動作和反應。這可以通過實地觀察、使用者測試、眼動追蹤、社群媒體分析等方式進行。

- 使用者訪談：與使用者進行深入的訪談，了解他們的使用經驗、需求、痛點和回饋。這可以透過面對面的訪談、焦點團體討論或遠程訪談等方式進行。

- 使用數據分析：收集和分析使用者的數據，例如使用紀錄、選點項目、停留時期、流量分析等。透過數據資料的分析，挖掘 TA 的行為模式、趨勢和特定功能的使用情況。

- A/B 測試：通過 A/B 測試比較不同設計版本或功能的效果，並觀察使用者在不同條件下的行為和反應。以便協助確認哪種設計能夠更好地滿足使用者需求。

c. 社群媒體行銷 SMM

社群媒體行銷（Social Media Marketing，SMM）是利用社交媒體平台進行行銷和宣傳的策略。透過社群媒體，企業或品牌可以與 TA 互動、建立關係、傳遞訊息、推廣產品或服務，以達到品牌宣傳、銷售促進和關係建立的目的。

d. 搜尋引擎行銷

搜尋引擎行銷（Search Engine Marketing，SEM）是一種網路行銷策略，透過付費廣告在搜尋引擎上提高網站的可見度和曝光度。SEM 通常涉及使用付費搜索廣告（例如 Google 廣告）來推廣網站、產品或服務。

e. 搜尋引擎優化

搜尋引擎優化（Search Engine Optimization，SEO）是一種透過優化網站的內容、結構和技術，以提高網站在搜尋引擎中的排名和可見度。SEO 不涉及直接支付給搜尋引擎，和 SEM 是透過付費方式提高曝光度的方式不同。

不過，網站的排名受到搜索引擎的演算法和多個因素的影響，無法直接控制，需要持續不斷地執行優化。為了 UX 在行銷推廣的目的，設計時，需要可考量的要素，可參考表 14-5 所列。

⊕» 補充說明

聯盟行銷和社群媒體行銷是兩種不同的行銷策略,兩者主要區別:

») 合作關係不同:聯盟行銷是建立在商家和聯盟(推廣者)之間的合作關係上。業主提供特殊的推廣連結或應用程式介面(API)給聯盟,聯盟通過在自己的系統、網站或平台上推廣產品或服務,獲得銷售分潤。而社群媒體行銷則是企業或品牌直接在社群媒體平台上進行行銷和宣傳活動,與受眾進行互動。

») 推廣方式不同:聯盟行銷的推廣方式是通過聯盟在自己的系統、網站、平台或社群中推廣商家的產品或服務。聯盟使用商家提供的推廣連結或程式將流量或訪客引導到業主的網站或產品頁面。社群媒體行銷則是在社群媒體平台上進行行銷,例如在 LINE、Facebook、Instagram、FB Messenger、Twitter 等社群媒體平台上發布內容、行銷和活動。

») 支付模式不同:聯盟行銷的支付模式是基於銷售佣金或特定交互授權的利益,即聯盟根據實際完成的交易獲得分潤。而社群媒體行銷的支付模式可以是基於行銷費用,或是與社群媒體平台達成的行銷合作協議。

») 受眾和範圍不同:聯盟行銷的受眾主要是聯盟的網路或社群中的使用者或訪客。聯盟通常擁有特定領域或群體的關注和信任,可以提供針對性的推薦。而社群媒體行銷的受眾是社群媒體平台上的使用者。社群媒體平台的範圍更廣泛,可以吸引不同背景和興趣的使用者。

表 14-5　UX 行銷推廣設計要素

項目	說明
提升品牌價值和形象	良好的 UX 能夠建立積極的品牌形象,提升品牌價值。透過設計引人入勝的介面和流暢的操作流程,UX 可以幫助建立品牌的信任和忠誠度,從而吸引更多的潛在客戶和提高品牌的競爭力。
增加滿意度和忠誠度	UX 設計旨在提供使用者愉悅、流暢和無壓力的體驗。這可以增加使用者的滿意度,讓他們感受到產品或服務的價值,願意再次使用並推薦給他人。使用者滿意度和忠誠度的提升可以促進品牌口碑的傳播,帶來更多的機會和業務增長。

(續下頁)

（承上頁）

項目	說明
提高使用量或銷售量	優秀的 UX 設計可以消除使用者在產品或服務中的障礙，提供簡單直觀的購買流程和介面，從而增加轉換率和銷售量。透過設計有效的行動呼籲（Call-to-Action）元素、引導訊息和個人化的推薦，可以提升使用者的使用意願。
改善口碑和口碑傳播	優秀的 UX 會引發使用者正面的口碑傳播。當使用者感受到良好的體驗時，他們傾向於分享和推薦給他人。通過設計具有分享功能的介面、提供使用者評價和評論的回饋機制，以及建立良好的客戶關係管理，UX 可以促進積極的口碑傳播，吸引更多的潛在使用者。
改進使用者參與和互動	良好的 UX 可以增加使用者的參與和互動。通過設計引人入勝的功能和遊戲化的元素，UX 可以吸引使用者主動參與，例如使用者調查、互動式問答、社交分享等。這樣的參與和互動可以增加使用者對產品或服務的投入感，並建立更深層次的關係，從而促進品牌的忠誠度和長期的參與。

這些設計要素能夠幫助提升行銷活動的使用者體驗，增加品牌價值、使用者滿意度、轉換率和口碑傳播，並促進更高程度的使用者參與和互動。

14-4 設計工具

系統設計時期製作介面的視覺化文件，其意義不僅能夠讓利害關係人達成共識，還可加深設計師的理解。UML 沒有針對使用者介面呈現畫面的視圖，廣泛採用的介面視覺化文件包括線框圖（Wireframe Diagram）、視覺稿（Mockup）和雛型（Prototype）三種形式。

1. 線框圖

線框圖是系統外觀視覺進行初步表達的一種視圖，用於將使用者介面的基本外觀以圖形化的方式呈現。

線框圖是一種低保真度（Low-fidelity）的設計工具，以簡單的線條和框架來表示不同的區域、功能和元素，用於視覺化和呈現介面設計的結構、版面和元素布局，而無需考慮細節的視覺風格和圖形設計。採用線框圖的目的是將設計想法轉化為可視化的結構，並提供設計方案的框架和指引。能幫助團隊成員和利害關係人更好地理解和評估設計的畫面結構和功能，以便在設計的早期階段進行討論、改進和共識。

線框圖通常包括以下要素：

(1) 介面結構

表達不同頁面、區域和功能之間的關係和結構，例如主選單/導覽（Main Navigation）、次選單/導覽（Secondary Navigation）、側邊欄（Sidebar）等。

(2) 版面和布局

表達頁面的版面結構、區域的大小和位置，以及元素的排列方式，例如標題、內容區域、按鈕和表格等。

(3) 功能和互動

表達不同功能和互動元素的位置和關聯，例如按鈕、鏈接、下拉選單等。

(4) 內容和資訊架構

線框圖可以展示頁面上的內容元素、內容區域和圖片等，以及它們之間的層次結構和組織方式。

線框圖通常以手繪或使用專業設計工具繪製，包括 Adobe XD、Sketch、Figma、Axure RP、Balsamiq 等著名的繪製工具，以及基於 FireFox 圖型設計軟體發展，完全免費且功能完整的 Pencil Project。如圖 14-6 所示，使用 Pencil Project 所繪製會員註冊畫面的線框圖範例。

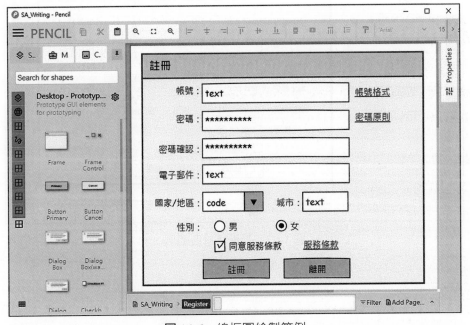

圖 14-6　線框圖繪製範例

2. 視覺稿

視覺稿，也稱為模擬稿，是介面設計師根據需求和功能設計的低保真度雛型，用於呈現視覺化介面設計、可確認部分連結及動態的簡易製作。

視覺稿與線框圖都是屬於設計早期階段的產出文件，兩者之間的差異：線框圖僅呈現基本的設計元素和布局結構，不包含具體的視覺細節。比較著重於介面元件的位置和功能，用於設計的結構和布局。而視覺稿則提供了更詳細和具體的設計細節，包括顏色、字體、圖像等。它通常更接近最終產品的外觀，可以傳達更多的視覺資訊。

由於網站的頁面或資訊系統的視窗具有「先後關係」和「互動」的結構，因此，靜態的線框圖並不能完全表達介面的動態表現，即使是「先後關係」也無法在切換頁面或視窗時確定實際的印象。因為在許多情況下，介面不是單純邏輯，而是視覺感官的體驗，使用者需要確定切換頁面或視窗時，感覺是否自然、是否了解目前的位置、是否正常理解接續的運作。

因此，如圖 14-7 所示，視覺稿比線框圖更接近最終產品的外觀，提供更具體和詳細的視覺效果主要用於展示和驗證設計概念，以獲得利害關係人的回饋，確保設計符合需求。

圖 14-7　視覺稿繪製範例

3. 雛型

雛型，也稱為原型，一個功能性的模型，具有較高的保真度，可以提供更真實的使用者經驗，包括功能的使用、互動流程和資料輸入輸出等。雛型主要用於測試和驗證系統與使用者的互動過程，以便評估和改進系統的設計。

系統開發模式也有雛形模式（Prototyping model）。雛型模式是指開發時，先針對使用者需 求較清楚或資訊人員較能掌握的部分，依分析、設計與實施等步驟快速開發雛型。而介面的雛型則單純是針對介面的設計與製作。兩者的區別如下：

(1) 介面設計的「雛型」

是設計過程中建立模擬產品或應用程式的模型，用於模擬和展示最終產品的外觀、功能和使用者經驗。

(2) 系統設計的雛型模式

是一種開發方法論，用於快速建構系統的初步模型或樣品。開發的初步模型通常具備了系統的基本功能和介面，提供使用者和開發人員能夠評估和驗證系統的設計。

好的使用者介面設計能夠提升使用者經驗、增加系統的價值，並在專案的成功中扮演著關鍵的角色。透過遵循設計原則、有效使用工具和方法，以及持續從使用者的回饋中修正和改進，確保能夠開發出令人滿意的使用者介面。

14-5　範例：數位典藏系統－介面設計

報紙數位典藏網站範例，因為屬於非商業性的公益知識型網站，網頁設計的示範，採用較為單純的三欄式編排設計。最上層為每頁固定的標題資訊，包括機構的標誌（logo）、橫幅（banner）和主選單等項目；第二層為實際需要呈現的內容；第三層是版權宣告與聯絡資訊。

1. 檢索介面線框圖

查詢主畫面提供最單純的查詢方式，依據輸入的關鍵詞，系統處理斷詞後，執行所有檢索點的查詢作業。介面設計時，規劃兩個進階的介面功能：

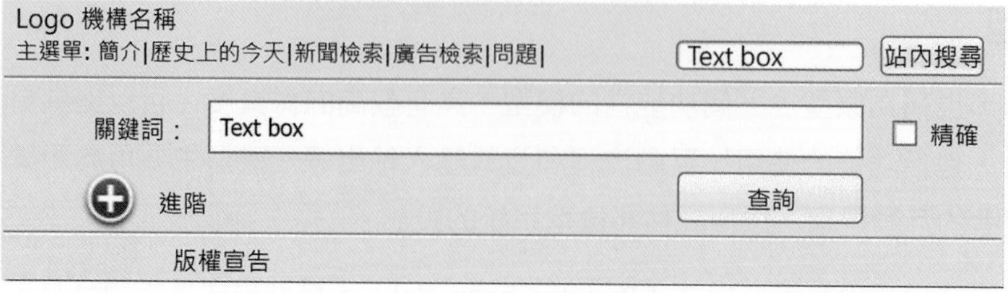

圖 14-8　檢索主介面線框圖

(1) 精確檢索

　　因為使用者輸入的關鍵詞經過斷詞，可以指定查詢時，斷詞之後的詞與詞之間是否必須連續的精確檢索方式，或是允許詞與詞之間可以有不同先後次序、包含其他字元、或是只有部分符合的模糊檢索方式。

(2) 進階檢索

　　如圖 14-9 所示的線框圖，使用者按下「進階」按鈕，提供選擇不同檢索點，例如指定特定報紙、日期區間等進階的檢索功能。

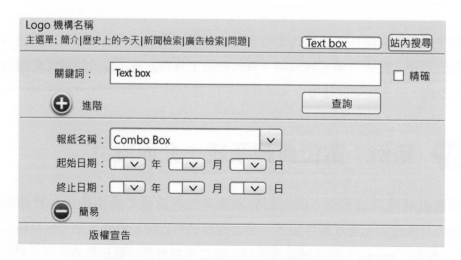

圖 14-9　檢索主介面顯示進階檢索的線框圖

2. 表列顯示查詢結果線框圖

　　範例的檢索結果顯示介面，依據 12-11 節系統分析使用案例的規劃，檢索的結果第一層是以表列形式顯示查詢結果資料的簡略（Brief）顯示方式；使用者選點表列內的單筆資料後，在下一層顯示完整資料內容的詳細（Detail）方式。因此，檢索結果表列的介面設計，規劃如圖 14-10 所示。

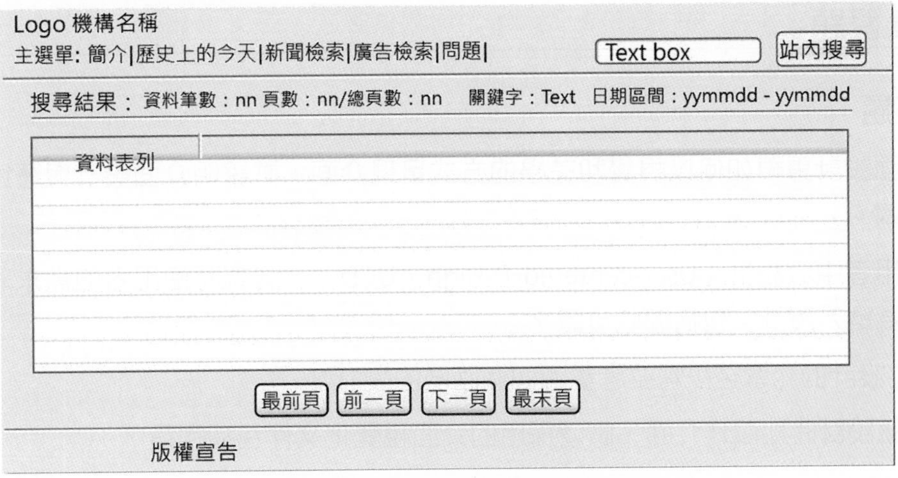

Logo 機構名稱
主選單: 簡介|歷史上的今天|新聞檢索|廣告檢索|問題|
Text box
站內搜尋
搜尋結果： 資料筆數：nn 頁數：nn/總頁數：nn 關鍵字：Text 日期區間：yymmdd - yymmdd
資料表列
最前頁
前一頁
下一頁
最末頁
版權宣告

圖 14-10　顯示檢索結果表列的線框圖設計

3. 顯示詳細資料線框圖

當使用者於圖 14-10 查詢結果表列中，選點任一筆資料時，系統觸發顯示該筆資料的詳細內容。介面設計時，除了呈現該筆資料的文字內容，也可考量該筆資料的多媒體數位物件，提供使用者更好的閱覽體驗。

Logo 機構名稱
主選單: 簡介|歷史上的今天|新聞檢索|廣告檢索|問題|
Text box
站內搜尋
標題：Text
分享：IG FB X TT LN
Column 1
Column 2
......
metadata 內容metadata 內容
....
100 x 100
版權宣告

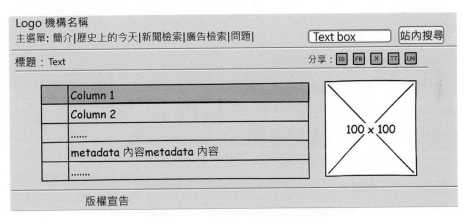

圖 14-11　顯示詳細資料線框圖

✎ 本章習題

問答題

1. 介面設計重視如何以視覺和美學的方式呈現介面,試說明介面設計與藝術設計的不同。

2. 使用者中心設計(User-centered Design,UCD),強調將使用者的需求、期望和行為納入設計。包括哪些步驟?

3. UX 設計的範圍至少需要考量哪四個面向的設計?

4. 系統設計時期製作介面,廣泛採用的介面視覺化文件包括哪種?

Chapter 15

資料庫設計

15-1　設計程序

　　關聯式資料庫管理系統（Relational Database Management System，DBMS）存取和操作資料庫，必須具備此資料庫的綱要（Schema，或稱後設資料 Metadata）。如圖 15-1 所示，綱要如同內部定義的資料庫內涵（intension），紀錄此一資料庫內各個物件的結構；而資料庫內儲存的資料則是實例（instances）或具體值（occurrences，或譯為出現、事件），儲存此一資料庫內各個表格的資料。

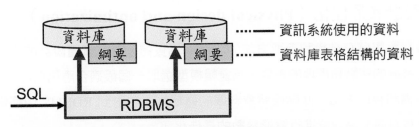

圖 15-1　資料庫綱要與儲存資料之關係

　　資料庫內各表格儲存的資料可以隨時不斷變更，但結構的內涵應是固定不變。資料庫設計的主要目標即是設計資料庫內部的綱要，包括：

(1) 邏輯綱要（Logical Schema）：例如群組相關的屬性和群組之間的關係。

(2) 實體綱要（Physical Schema）：例如存取記錄的類型、索引、排序，和實體儲存等。

　　基於這兩種區別，相應的資料庫設計活動就被稱為邏輯綱要設計和實體綱要設計。在需求分析階段，資料庫設計人員對組織內各個領域的資訊需求進行搜集，包括資料庫應用部分，例如公司詳細運作情況。然後對各種資料和資訊進行分析，與使用者更進一步地溝通，確定使用者的需求；並把需求轉化成使用者和資料庫設計人員都可接受的文件；最終與使用者確認對系統的資訊需求和處理目標達成一致的意見。

　　資料庫系統設計，可以分為如圖 15-2 所示的三個設計階段：

1. 概念設計（Conceptual design）

　　概念結構設計階段是在需求分析的基礎上，依據使用者和應用程式的觀點和處理或使用資訊的規範，使用正規化（Normalization）程序對資料進行塑模（modeling）和描述。此階段活動的最終結果是產出一個對整體需求、高階描述，與具體電腦和資料庫管理系統無關的概念綱要，並使用類別圖繪製表格之間的關聯。

2. 邏輯設計（Logical design）

　　將概念綱要轉換為 DBMS 的邏輯綱要。概念設計和邏輯設計兩個階段合起來稱為邏輯綱要設計。

　　從概念模型到邏輯結構的轉化就是將視圖（ER 圖，或類別圖）轉換為關係模型；然後從功能和性能上，對關係模式進行評估，如果達不到使用者要求，必須反覆修正或重新設計。

3. 實體設計和最佳化（Physical design and optimization）

　　資料庫在實際儲存結構和存取方法的設計稱為實體設計。實體設計的內容就是根據資料庫管理系統的特點和處理的需要，為邏輯模型選取一個最適合應用環境的實體結構，包括儲存結構和存取方法。此階段將資料庫的邏輯綱要映射到 RDBMS 中適當的儲存表示，並針對資料庫交易效能進行實體參數的最佳化。

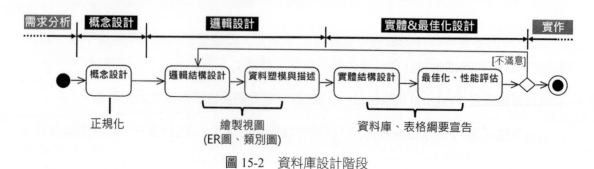

圖 15-2　資料庫設計階段

完成資料庫的設計階段，系統開發就進入實作的階段，對應到資料庫的工作就是實施階段。資料庫的實施階段是建立資料庫的實質性階段。在此階段，設計人員運用資料庫管理系統提供的資料語言，依據邏輯設計和實體設計的綱要建立資料庫，並進行應用程式使用資料庫的運行測試。

一個性能優良的資料庫不太可能一次性完成。通常需要經過多次的、反覆的設計、調教。在進行資料庫設計時，每完成一個階段都應進行設計分析、評估一些設計指標、產生文件，並與使用者交流。如果設計的資料庫不符合要求，則要進行修改，反覆多次，以實現系統的運作目標和滿足使用者的需求。

15-2 正規化法

設計資料庫結構，也就是資料庫內表格的結構與表格之間的關聯關係。不正確的表格結構或關聯關係，經常會造成實務功能的限制、應用系統開發上的困難或資料的錯誤。因此，在設計資料庫階段的最初始作業，如圖 15-3 所示。需要執行正規化（Normalization），以確保達成資料的一致性、資料結構的最佳化，以及減少資料的重覆性。

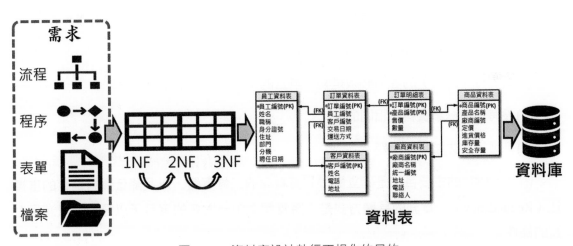

圖 15-3　資料庫設計執行正規化的目的

不過，一旦消除了大部分的資料重覆問題，卻衍生出另一個問題：即資料查詢速度變慢！通常正規化，會將表格由一個表格細分成數個表格，若要列出其中一筆資料，很可能需要合併（Join）相關的表格，而 Join 的動作，將直接影響系統效率，造成處理速

度變慢。因此，除了正規化的方法之外，有時也會考慮到「反正規化」，也就是違反正規化的作法。不過這通常是在系統複雜、使用者眾多、資料處理負荷較高的系統設計時，才可能需要考量的方式。

E. F. Codd 設計了關聯式代數所建立的模型，並於 1970 年提出第一正規形式（First Normal Form，簡稱 1NF）的正規化法，1971 年提出 2NF 與 3NF。1974 年 E. F. Codd 再與其同事 R. F. Boyce 共同提出 Boyce-Codd 正規形式（簡稱 BCNF）。後來一直到 2002 年之前還有 C. Date 的 4NF、H. Darwin 的 5NF、 R. Fagin 的 Domain/key 正規形式（DKNF）、N. Lorentzos 的 6NF 等後續的一些正規。不過，實際規劃設計資料庫時，通常只會用到前三個正規形式，即可滿足需求。

1. 第一正規形式（1NF）

就像蓋樓房一般，先有一樓才有二樓。正規化的過程也是必須先有 1NF，然後才有 2NF。1NF 的定義是：一個關聯表 R 的每個屬性都是單元值。為了達成 1NF，實體必須具備下列條件：

(1)必須為行與列的二維實體；

(2)實體的每一列（row，也就是表格的資料錄）只描述一件事情；

(3)每一行（屬性，也就是表格的欄位）只含有單一事物的特性（屬性的唯一性）；

(4)每一列（row）的屬性內只允許存放單一值；

(5)每個行（屬性）的名稱必須是獨一無二的；

(6)沒有任何兩筆資料是相同的；

(7)列或行的先後順序無關。

因此，1NF 的主要目的是確立關聯式資料庫的二維實體，以及降低資料儲存的重複性（Redundancy）。實施的具體方式是：將實體之中一對多的資料予以分割，以滿足上述的條件。

2. 第二正規形式（2NF）

介紹 2NF 之前，先解釋功能相依 (Funcational Dependency)。功能相依是指實體與實體之間的相互關係，若某個實體中有兩個屬性 X 及 Y，當 X 屬性值可推導出 Y 屬性值，稱功能相依性，表達 Y 屬性值相依於 X 屬性值。即若一關連 R，其屬性 Y 功能相依於屬性 X，記作 R.X → R.Y；若且唯若 R 中有二個 X 值相同時，其 Y 值亦相同。

以學生的資料為例，設若有一 Student 學生關聯表，具備下列屬性：

學號 sno	姓名 name	系所 dept	班級 class

可以知道「姓名」、「系所」、「班級」是依存於「學號」。當知道某一個學號，可以確知是哪一位學生的姓名、系所與班級；但當獲知一個姓名，並不一定就是某位學生，除了可能有同名同姓，姓名也會更改。

Student.sno → Student.name

且 Student.sno → Stuident.dept

且 Student.sno → Student.class

每一個符合 1NF 的實體必須含有一個主鍵，這個主鍵可以是一個或一個以上的屬性所組成的集合，實體主鍵之外的其他屬性，必須功能相依於主鍵之下，也就是由主鍵決定其他屬性的值。歸納上述的說明，可以知道要達成 2NF 必須：

(1)已 1NF；

(2)記錄中每筆資料可由主鍵單一辨識，但不能由部份主鍵來辨識。

2NF 的主要目的是確立實體的功能相依，實施的具體方式是：決定主鍵（包括候選鍵），保持 1NF 切割的各實體之間的關聯性。

⊕» 補充說明

　　部分文獻或圖書介紹的 2NF，除了主鍵以外的資料都必須完全功能相依與主鍵的正規形式，另外提出了：如果存在有屬性沒有完全相依於主鍵，必須將這些屬性分開形成兩個實體。這部分可能是英文直譯的誤解，在實務上會有執行的問題，第一是未考慮 3NF 強調的遞移相情況下，很難決定屬性有無完全相依於主鍵；第二是將沒有完全相依於主鍵的屬性分開形成兩個實體的過程，其實是 3NF 的執行程序。實際上，2NF 的實體數量相同於 1NF，不會分割屬性增加實體的數量。

---

3. 第三正規化形式（3NF）

　　已經 2NF 的實體，在某些情況仍會有異常的狀況發生，這些異常的狀況主要是遞移相依（Transitive Dependency）所造成的原因。遞移相依是指在一個實體中，所有屬性應該相依於主鍵，也就是 1NF 的功能相依主鍵 R.X → R.Y。如果又存在某一屬性可以決

定其餘屬性的值，就稱為遞移相依。也就是說，若 R.X → R.Y 且 R.Y → R.Z，則 R.X →
R.Z 成立，此種相關性稱為遞移相依。若有上述情況存在，在刪除資料時，可能會造成
其他資料遺失損毀。為了達成 3NF，實體必須具備下列條件：

(1)已 2NF。

(2)所有和主鍵無關之資料項彼此間獨立。

3NF 的目的就是在於消除遞移相依的情況，實施的具體方式是：有自我相依的屬性
必須再分割，並維持 2NF 的關聯性。

15-3 圖示法

UML 廣泛地使用在物件導向軟體工程，以及資料庫設計領域的圖示。然而，仍有一
些資料庫設計偏向採用傳統結構化的實體關係圖（Entity-Relationship Diagram，ERD），
主要原因是 ERD 強調實體（實體類別）和關聯（實體之間的關係）。在強調資料庫的實
體型態及其之間的關係時，提供了比較更直觀的表示方式。為兼顧資料庫設計採用的傳
統結構化圖形表示方法，本節分為兩部分介紹：

(1)結構化視圖－介紹 DFD 與 ERD 為主的圖形表示方式；
(2)物件導向視圖－介紹 UML 之中，用於資料庫設計的類別圖（Class Diagram）表
  示方式。

1. 結構化視圖

應用在表達資料庫設計的表格結構、表格資料與功能之間關係的圖示，常見的包括
有資料流程圖（Data Flow Diagram，DFD）與實體關係圖（ERD），此外為了將設計好
的眾多表格，能提供開發時方便地查閱其屬性，可以應用資料字典（Data Dictionary）作
為輔助。不過，資料字典並沒有固定的格式，只要是能夠將表格的所有說明、細節表列
如同字典一般，方便查閱即可。

(1) 資料流程圖（DFD）

DFD 將一組處理或程序的邏輯資料流程記錄成文件，包括資料在系統內部之間、
系統與外部之間、組織內各部門之間、或組織與外部之間的流動情形，表達資料來源
（Source）、終點（Destination）及儲存之處（Data store）。透過 DFD 可以了解各項外

部實體的資料流通介面,並且知道用來儲存資料的檔案,以支援處理過程所需的資料或所產生的資料。DFD 主要有下列二個應用目的:

a. 顯示資料在系統中流向的資料流;

b. 描述處理資料流的功能項目。

資料流是用來表示程式中各個敘述之間所傳遞的訊息,DFD 則是將這個傳遞的關係以類似網路結構的圖形來表示。如圖 15-4 所示,DFD 使用四種符號描述資料的流動流程:

a. 資料流(data flow):箭頭符號,表示資料的流通路徑。

b. 程序(process):圓型符號,代表一個個體或程序。流入資料經此個體或程序處理後,轉換成流出資料。

c. 儲存體(data store):上下直線或是三邊方框符號,表示資料儲存的物件或檔案。

d. 外部實體(external entity):矩形符號,代表正在描述之系統以外的其他系統或外部個體。

圖 15-4　DFD 圖示符號

參考如圖 15-5 所示,描述會計薪資系統處理薪資發放流程的 DFD 範例圖示。

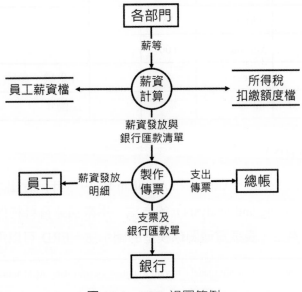

圖 15-5　DFD 視圖範例

(2) 資料字典（Data Dictionary）

資料字典是用來描述資料庫結構與表格、欄位的名稱、內容與格式等資料的明細。提供開發或維護時，查閱資料庫表格的相關資訊。不過資料字典並沒有統一格式，通常是參考資料庫管理系統的綱要內容，再加上欄位名稱、用途等描述。實際的使用，可以依據專案團隊或公司過往的經驗，規劃應有的格式。例如表 15-1 示範一個表格的資料字典的範例。

表 15-1　資料字典表格內容範例

系統名稱：學務系統					
日期：**2024 Jan 02**			項次：**1/50**		
表格中文名稱：學生基本表格					
表格名稱：**Sudent**			主鍵：**sid**		
欄位名稱		資料類型	長度	小數	備　註
中文	英文				
學號	sid	char	7		主鍵
密碼	pwd	varchar	20		預設：生日，格式：YYMMDD
姓名	name	nchar	20		
生日	birth	date			ISO-8601，YYYY-MM-DD
性別	gender	bit	1		0：女性；1：男性
電子郵件	email	varchar	50		
連絡電話	tel	varchar	15		
通訊住址	address	varchar	100		
系所代碼	dept	char	3		外來鍵。參照：Dept.id
入學年	enrollYear	int			民國年

(3) 實體關係圖（ERD）

實體關係模型是由 Senko、Altman 和 Astrahan 於 1973 年所提出，應用在資訊塑模與分析（information modeling and analysis）的方法，用來描述資料物件（實體）之間的關係[1]。ERD 是以資料為主，表達實體關係模型的圖示法。ERD 可以用來描繪出資料庫整

1　Chen, P. P. S. (1976). The entity-relationship model—toward a unified view of data. ACM transactions on database systems (TODS), 1(1), 9-36.

體的邏輯結構，除了做為系統設計與開發的參考，亦非常適合作為系統分析師與使用者溝通的工具。參考圖 15-6 的範例，ERD 使用下列元素符號描述實體之間的關係：

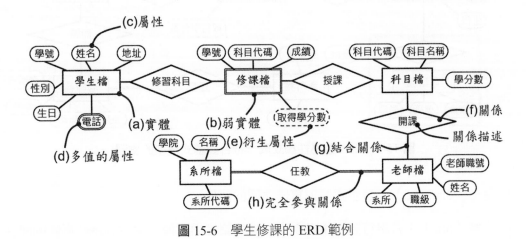

圖 15-6　學生修課的 ERD 範例

a. 矩形（rectangle）：實體符號，代表資料物件，也就是資料庫的表格。

b. 雙矩形（double rectangle）：如果一個實體的值組沒有足夠的屬性來組成主鍵，則這一個實體就稱為弱實體（weak entity），使用雙矩形的圖形來表示。例如圖 15-6 所示的「修課檔」實體，因為其實際的內容只有一個「成績」屬性，而「學號」屬性是「學生檔」的主鍵、「科目代碼」屬性則是「科目檔」的主鍵。「修課檔」實體單獨存在並沒有意義，必須藉由其他的實體產生關聯，也就是說弱實體存在相依（dependent）於識別的實體。這點說起來複雜，其實就是「主鍵之一是外來鍵」的意義。

c. 橢圓形（ellipse）：屬性符號。使用一個或一個以上的屬性（也就是表格的欄位），用來標示此一資料物件所包含的資料欄位內涵。

d. 雙橢圓形（double ellipse）：表示多值的屬性。例如圖 15-6 所示的「電話」屬性，表示該屬性值為多值，不過關聯式資料庫的特性之一是「屬性值必須是單元值，不可以是一個集合」，如同第一正規化的要求，因此在關聯式模型上，可以將該「電話」屬性獨立成如圖 15-7 所示的一個符合關聯式模型的「電話檔」實體。

e. 虛線橢圓形（dashed elipse）：用來表示衍生屬性（Derived attributes）。所謂衍生屬性是指這個屬性的值是由其它屬性計算出來的，該屬性本身並不存在。

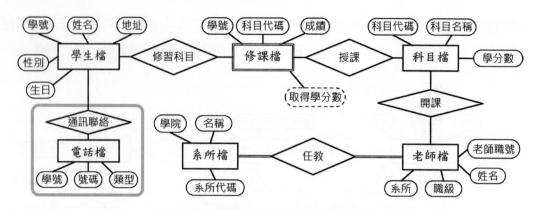

圖 15-7　將多值屬性獨立成一符合關聯式模型的實體

f. 菱形（diamond）：表示實體與實體之間的關係。

g. 直線（line）：直線符號可用在兩處：連結屬性與實體，用於表示該實體的屬性集合；連結實體與實體，用以表達實體之間的關聯關係。

雙直線（double line）：用來表示實體在關係中的完全參與（participation），也就是實體與實體之間存在有紀錄的關係。以圖 15-7 的「系所」與「老師」兩個實體為例，每一位老師都隸屬於一個系所，不會有老師不屬於任何一個系所，也不會有系所沒有任何老師，表示「系所」與「老師」兩個實體之間必會存在完全參與的關係，但是老師與科目之間，如果允許老師沒有任教（例如擔任行政職），則「老師」與「科目」兩個實體之間便是存在部分（partial）的關係；同樣的情況，「學生」實體也可能與修課是存在部分的關係，例如研究生已經修完畢了課程只剩下論文撰寫的情況。

2. 物件導向視圖

(1) 類別圖

資料庫設計使用的物件導向視圖，為 UML 的類別圖。如圖 15-8 所示，資料庫表格的組成，與類別的屬性、方法的組成形式相同。

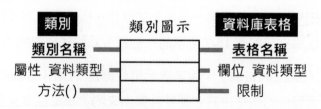

圖 15-8　資料庫表格對應類別圖示的欄位意義

(2) 關係（relationship）

類別圖使用關係表達資料庫表格之間的關聯。類別圖具備的關聯關係，包括如圖 15-9 所示的三種線條符號。

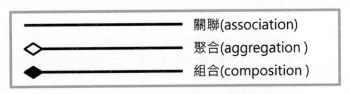

圖 15-9　資料庫表格具備的關聯關係符號

關聯（association）是一種結構關係，使用單一直線連結表格之間的關係。關係就是表格之間外來鍵對應主鍵的關聯關係。當 B 表格的外來鍵對應 A 表格的主鍵時，可以說：A 表格是「整體」；B 表格是「部分」，也就是 B 表格詳細的細節在 A 表格，兩者之間就存在聚合關係。當表格具備「整體和部分」的關係，且「整體」必須負責「部分」的生命期，也就是說當解構「整體」時，必須同時也解構「部分」，反之當建構「部分」時，「整體」必須預先存在。

聚合（aggregation）與組合（composition）是更進一步表示表格之間的整體與部分的關係，也就是物件導向設計的「擁有」（has a）。

a. 聚合使用帶空心菱形箭頭的線條。在聚合關係中，整體與部分的關係並沒有很強的擁有關係，沒有一致的生命週期。

b. 組合是帶實心菱形箭頭線條。組合關係具備強烈的擁有關係和一致的生命週期。

以圖 15-10 為例，表格 A 與表格 B 存在一般關係；表格 A 與表格 C 存在聚合關係，若表格 A 的資料刪除，表格 C 有外來鍵連結表格 A 的資料不一定刪除；表格 A 與表格 D 存在組合關係，若表格 A 的資料刪除，則表格 D 有外來鍵連結表格 A 的資料，一定會被刪除。

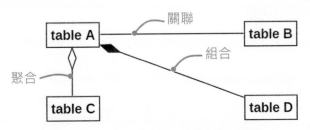

圖 15-10　聚合與組合的表格關係範例

　　因此，刪除上一層表格的紀錄不一定連帶刪除下一層表格的紀錄時，使用聚合關係；刪除上一層表格的紀錄需要連帶刪除下一層表格的紀錄時，使用組合關係。

　　以關聯式資料庫使用的 SQL 語法解釋組合關係，就如同外來鍵的宣告加入了 delete cascade 與 update cascade。以表 15-2 分別比較關聯、聚合與組合三種關係的差別：

表 15-2　關聯與聚合、組合之差異比較

關係類型	線條圖示	關係
關聯	實線	表格之外來鍵對應關係。
聚合	實線與空心的菱形	表格之外來鍵對應關係，且外來鍵為主鍵之一。
組合	實線與實心的菱形	表格之外來鍵對應關係，且外來鍵為主鍵之一，並在宣告時加入 delete cascade 與 update cascade。

參考下列建立 A、B、C、D 四個表格的 SQL 敘述，可以表達成圖 15-10 所示的關聯關係：

```
create table A
( id char(5) primary key,
 name varchar(10))

create table B
(id char(5),
 seq int,
 type char(5),
 name varchar(10),
 primary key (id,seq),
 foreign key (type) references A(id))

create table C
( id char(5),
 seq int,
 name varchar(10),
 primary key(id,seq),
 foreign key (id) references A(id))

create table D
(id char(5),
 seq int,
 name varchar(10),
 primary key (id,seq),
 foreign key (id) references A(id) on delete cascade on update cascade)
```

a. 表格 B 的外來鍵 type 欄位對應到表格 A 的主鍵。欄位 type 並非表格 B 的主鍵之一，表示一般的關聯關係，使用實線表達兩個表格之間的關聯關係。

b. 表格 C 的外來鍵 id 欄位，對應到表格 A 的主鍵。表格 C 的主鍵包含 id 與 seq 兩個欄位，因此欄位 id 為表格的主鍵之一，使用聚合表達兩個表格之間的關聯關係。

c. 表格 D 的外來鍵 id 欄位，對應到表格 A 的主鍵。表格 D 的主鍵包含 id 與 seq 兩個欄位，因此欄位 id 為表格的主鍵之一，且宣告時加上 delete cascade 與 update cascade 的宣告，表示表格 A 的資料錄刪除或修改時，會一併連同異動表格 D 的資料錄。使用組合表達兩個表格之間的關聯關係。

3. 整合型的 ERD 與數集關係

如表 15-3 所列，使用傳統 ERD 與 UML 的類別圖表達資料庫表格結構各有優缺點。

表 **15-3** ERD 與類別圖比較說明

視圖　　優缺點	實體關係圖（ERD）	類別圖（Class diragram）
優點	專用於描述資料庫中實體的關係，著重於資料庫設計的情境。 強調實體與彼此之間的關係，能夠清晰地表示資料庫的架構。	不僅可以描述資料庫結構，還可以描述系統的的行為、方法和關係。 可以描述類別之間的複雜關係，提供了更多層次的細節。 與程式碼更直接地整合，較易於理解和後續的程式實作。
缺點	主要用於資料庫設計，無法完整表達系統如行為和交互等需求。	在資料庫設計上提供過多的細節，容易使資料庫設計顯得過於複雜。 UML 類別圖旨在描述整個系統，而不僅僅是資料庫。

因此，將兩者截長補短結合的 ERD 表示方式，可以方便與清楚地用於資料庫表格結構。

(1) 數集與必備關係

實體之間使用的兩個標示：數集（Cardinality）與必備（Modality）關係。如圖 15-11 所示，靠近實體的為數集關係，表示最多出現的數量；靠近實體外側的為必備關係，通常為 0 表示非必備，1 表示必備。無論是數集還是必備關係，都是表達實體之間關係可能出現的數量，通常指稱為數集關係，省略必備關係的稱呼。

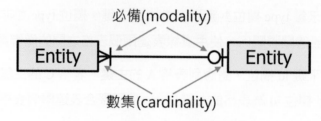

圖 15-11 實體之間表達數量的關係

a. 數集：列舉出一個物件與另一物件間相關的最大數量，數集有三種可能：

1 對 1（1:1）

1 對多（1:N）

多對多（M:N）

b. 必備：當物件之間並無關係存在或關係並非強制性時，其關係為「0」（zero），否則為「1」（one）。

數集標示的符號並沒有固定的符號記號（Notation），可以參考圖 15-12 所列的幾種比較常被使用的符號記號，ERD 一般慣用資訊工程圖使用的符號。

數集與必備關係		資訊工程圖	Barker圖示	UML圖示
0到1	非必備，不可多個	─○┤	····	0..1
1到1	必備，不可多個	─╫─	───	1
0到多	非必備，可多個	─○<	─<	0..*
1到多	必備，可多個	─┼<	─<	1..*
多到多	特殊範圍	無	無	3..5

圖 15-12 常見的關係圖示標示符號

(2) ERD

ERD 的表格圖示外觀與範例如圖 15-13 所示，通常將表格欄位的限制條件併入在欄位區塊的左方標示，PK 表示主鍵、FN 表示外來鍵、N 表示允許虛值（Null）。欄位區塊的中間表示表格的欄位名稱，右方則是宣告的資料類型。

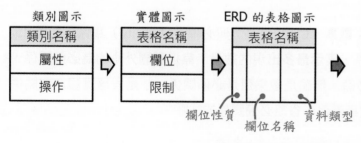

圖 15-13 ERD 圖示範例

15-4 ▶ 範例：數位典藏系統－資料庫設計

1. 資料庫設計

本單元依據報紙數位典藏網站建置範例的需求，作為資料庫設計的示範。資料的需求規畫，可區分為管理者、系統、資料主體、索引四組基本表格的設計需求。

(1) 管理者

系統初始設計，一般使用者不需要註冊帳號。為了系統後台作業執行的控管，管理者需要具備適當的帳號，方能依據帳號的權限執行後台的功能。系統採取角色為基底（role-based）的設計方式。指定各帳號擔任的角色，登入後系統即可依據該角色的權限值，判斷功能的可否執行。

(2) 系統

系統管理的基本資訊，包括系統日誌（log）、功能參數（例如：功能的名稱、允許執行的權限值）、代碼（例如：學歷、地區、類型等）、訊息（例如：錯誤代碼對應的說明）等系統執行時需要使用的資訊。範例的示範以系統日誌與執行程式功能的權限參數值為例。

(3) 資料主體

本範例是報紙數位典藏的網站系統開發，系統儲存的資料主體便是報紙的內容。因為報紙屬於連續性出版品，且每一份報紙會有多格版面，每一版面會有多則新聞內容等屬性。設計前的需求分析必須確實與客戶確認，報紙每則新聞內容著錄於資料庫的屬性。

(4) 索引

資料庫主要用於資料的儲存。雖然關聯式資料庫使用的 SQL 語法提供非常方便的資料搜尋指令，但是大量資料搜尋的效率與功能性有限。因此，需要考慮設計索引型態的檔案架構。比較普遍的設計方式是採用倒排檔（Inverted file）的設計方式[2]。倒排檔（Inverted file）主要的概念是依據資料主體檔案中出現的詞彙及其在文件中位置的列表。

倒排檔的資料結構包括三個檔案，使用的方式如圖 15-14 所示。最初建置資料主體的資料時，系統便會自動將資料內容依據關鍵字建立的規則（規則是由設計者依據檢索的需求規劃的關鍵字原則），撰寫程式將資料內容分解所得的關鍵字，分別寫入 indexing 檔與 postings 檔。

2　Yu, S. C., Chen, H. H., & Chen, C. C. (2005). Dynamic Metadata Management System for Digital Archives: Design and Construction. In Design and Usability of Digital Libraries: Case Studies in the Asia Pacific (pp. 55-75). IGI Global.

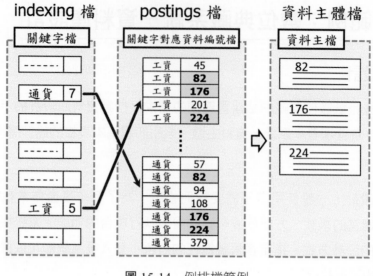

圖 15-14　倒排檔範例

a. 從資料主體檔中，個別記錄分解的關鍵字，在將這些關鍵字儲存至 indexing 檔案內；

b. 使用 Postings 檔記錄這些關鍵字所屬的文件編號，每一個關鍵字在 indexing 檔案中，可以有出現的位置、文件的數量等註記，以提供檢索功能的應用。

　　例如查詢「通貨」和「工資」，系統搜尋 indexing 檔，分別獲得「通貨」有 7 筆資料、「工資」有 5 筆資料。接著由 Postings 檔可取得「通貨」存在於資料主體檔的系統編號（主鍵）分別是 57、82、94、108、176、224、379；「工資」存在於資料主體檔的系統編號分別是 45、82、176、201、224。兩者經過比對，同時具有「通貨」和「工資」的編號為 82、176、224 三筆資料。最後，即可由資料主體檔讀取此三筆資料的內容。

2. 表格關聯

　　依據需求收集的資料、表單、結構、資料類型與查詢需求等，經過資料庫正規化的分析過程，將網站資料檢索所需的表格關連結構，分別繪製管理者（圖 15-15）、系統（圖 15-16）、資料主體與索引（圖 15-17）等類型的類別圖：

(1) 管理者表格

　　分別設計角色 Role 與管理員 Staff 兩個表格，其中 Staff.role_id 為外來鍵參照 Role 的主鍵 id。

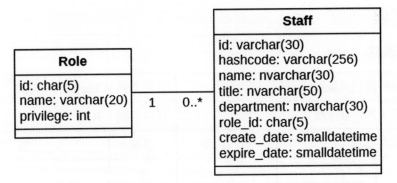

圖 15-15　報紙數位典藏網站使用的管理者表格關係圖範例

(2) 系統表格

　　報紙數位典藏網站使用的系統表格，僅示範規劃紀錄程式執行功能權限值，用於與登入使用者角色的權限值比對，判斷是否允許執行的 SYS_Func 表格；用於系統運作中記錄各功能使用、資料異動、或是執行發生例外等事件資訊的 SYS_Log 日誌表格；以及單純用於任何網頁需要呈現社群平台分享連結的 SocialMedia 表格。

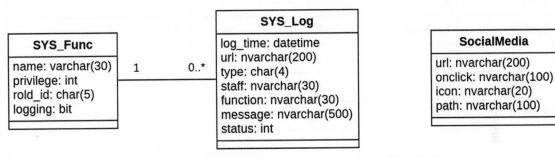

圖 15-16　報紙數位典藏網站使用的系統表格關係圖範例

(3) 資料主體與索引表格

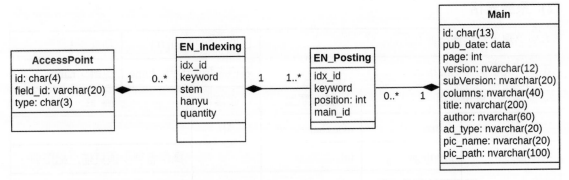

圖 15-17　報紙數位典藏網站使用的索引與資料主體表格關係圖範例

3. 資料字典

(1) 管理者表格

系統名稱：報紙數位典藏網站			日期：2024 Jan 02	項次：**1**
表格中文名稱：角色權限檔			表格名稱： Role	主鍵：**id**
欄位名稱		資料類型	長度	備　註
角色代碼	id	char	5	
名稱	name	nvarchar	20	
權限值	privilege	int		最小 0，最大 9

系統名稱：報紙數位典藏網站			日期：2024 Jan 02	項次：2
表格中文名稱：管理人員帳號檔			表格名稱： Staff	主鍵：id
欄位名稱		資料類型	長度	備　註
帳號	id	nvarchar	30	
密碼	hashcode	nvarchar	256	比對密碼之雜湊碼
姓名	name	nvarchar	30	
職稱	title	nvarchar	50	
部門	department	nvarchar	30	
角色	rold_id	char	5	FK: Role.id
啟用日期	create_date	smalldatetime		
到期日期	expire_date	slmalldatetime		

(2) 系統表格

系統名稱：報紙數位典藏網站			日期：2024 Jan 02	項次：3
表格中文名稱：功能檔案			表格名稱： SYS_Func	主鍵：name
欄位名稱		資料類型	長度	備　註
功能名稱	name	nvarchar	30	
權限值	privilege	int		操作者至少須具備之權限值
角色	role	char	5	操作者須具備之角色
日記	logging	bit		使用是否紀錄日誌

系統名稱：報紙數位典藏網站		日期：2024 Jan 02		項次：4	
表格中文名稱：系統日誌檔		表格名稱：SYS_Log		主鍵：log_time	
欄位名稱		資料類型	長度	備 註	
執行時間	log_Time	datetime		紀錄時間	
執行者來源	url	nvarchar	200	使用者執行所在的電腦位址	
類型	type	char	4	日誌類型	
執行者	staff	nvarchar	30	登入帳號	
執行功能	function	nvarchar	30	FM: SYS_Func.name	
訊息	message	nvarchar	500		
執行狀態	status	int			

系統名稱：報紙數位典藏網站		日期：2024 Jan 02		項次：5	
表格中文名稱：享之媒體平台參數檔		表格名稱：SocialMedia		主鍵：id	
欄位名稱		資料類型	長度	備 註	
名稱代號	id	char	3	例如：FB: 臉書、IG: Instagram 、YT:Youtube 等	
網址	url	nvarchar	200		
執行功能	onclick	nvarchar	100	網頁選點時執行之 JavaScript 功能名稱	
圖示檔名	icon	nvarchar	20		
圖示目錄	path	nvarchar	100		

(3) 資料主體表格

系統名稱：報紙數位典藏網站			日期：2024 Jan 02		項次：6
表格中文名稱：資料主體檔案			表格名稱： Main		主鍵：id
欄位名稱		資料類型	長度	備 註	
系統編號	id	char	13	編碼格式：報紙代碼 {1} 年度 {4} 月份 {2} 日期 {2} 序號 {4}	
出版日期	pub_date	date		ISO-8601，自動取 id[2:9]	
版次	page	int			
版面	version	nvarchar	12		
次版面	subVersion	nvarchar	20		
專欄	column	nvarchar	40		
標題	title	nvarchar	200		
記者 / 作者	author	nvarchar	60		
廣告類型	ad_type	nvarchar	20		
圖檔名稱	pic_name	nvarchar	20	報紙代碼 {1} 年度 {4} 月份 {2} 日期 {2} 序號 {1}	
圖檔目錄	pic_path	nvarchar	100		

(4) 索引表格

系統名稱：報紙數位典藏網站			日期：2024 Jan 02		項次：7
表格中文名稱：索引點			表格名稱： AccessPoint		主鍵：id
欄位名稱		資料類型	長度	備 註	
索引點	id	char	4	索引點代碼	
欄位	field_id	varchar	20	對應 Main 表格之欄位名稱	
檢索型態	type	char	3	指示是否數字區間、允許切載、允許模糊等檢索方式	

系統名稱：報紙數位典藏網站		日期：2024 Jan 02			項次：8	
表格中文名稱：索引檔		表格名稱：EN_Indexing			主鍵：idx_id, keyword	
欄位名稱		資料類型	長度	備　註		
索引類型	idx_id	char	4	FK: AccessPoint.id		
關鍵字詞	keyword	nvarchar	6			
字彙原詞	stem	nvarchar	20	模糊檢索用		
拼音	hanyu	nvarchar	20	拼音檢索用		
數量	quantity	int				

系統名稱：報紙數位典藏網站		日期：2024 Jan 02			項次：9	
表格中文名稱：倒排檔		表格名稱：EN_Posting			主鍵：idx_id, keyword, position	
欄位名稱		資料類型	長度	備　註		
索引類型	idx_id	char	4	FK: EN_Indexing.idx_id		
關鍵字詞	keyword	nvarchar	6	FK: EN_Indexing.keyword		
位置	position	int		欄位內容的位置		
資料系統號	main_id	char	13	FK: Main.id		

4. 產生 ERD

　　starUML 工具軟體可以使用 UML 的類別圖表達資料庫的表格，也可以使用外掛的功能繪製 ERD。StarUML 可以安裝各種 Extensions 來強化功能，而其中有一個 Extension 叫做「Entity Relationship DataModel Generation」，它的功能是從資料庫執行逆向工程產生 ERD。

(1) 安裝外掛的 ERD 繪圖工具

　　安裝 Extension 的方法是在 StarUML 的主選單上選擇 Tools | Extension Manager...，開啟如圖 15-18 所示，功能擴充管理器（Extension Manager）視窗。在搜尋欄位輸入 Entity Relationship DataModel Generation 之中的任意字串後，就會找到想要安裝的擴充功能。此時，點選 install 後重新啟動，即可完成安裝。

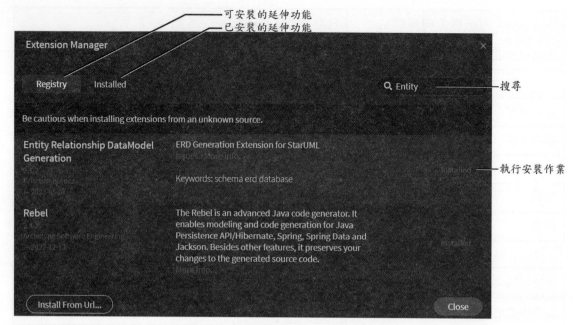

圖 15-18　安裝外掛的 ERD 繪圖工具

(2) 設定資料庫

在 StarUML 的主選單上選擇 Tools | Database | MS SQL Server | Configure Server...，開啟如圖如圖 15-19 所示，所示的資料庫偏好（preference）設定視窗，設定資料來源的連結資料庫。

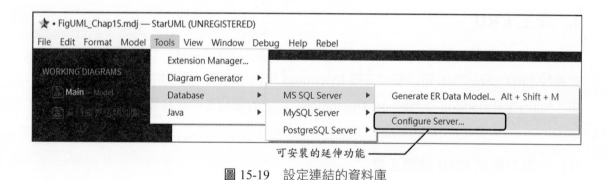

圖 15-19　設定連結的資料庫

以微軟的 SQL Server 資料庫為例，設定的選項包括如圖 15-20 所示的項目。

其中資料庫系統監聽器（Listener）使用 TCP/IP 協定的連結埠號（port），SQL Server 慣用 1433，可以使用伺服器端 SQL Server 的「設定管理員」確定是否已有啟動 TCP/IP，以及監聽器使用的實際埠號。

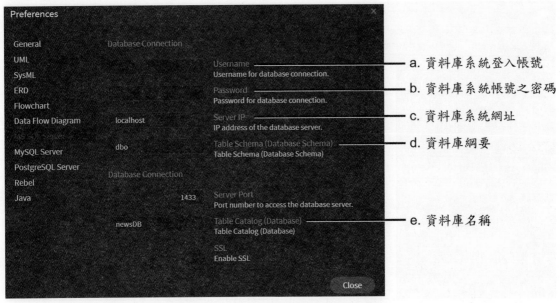

圖 15-20　連結的資料庫偏好設定項目

a. 資料庫系統登入帳號
b. 資料庫系統帳號之密碼
c. 資料庫系統網址
d. 資料庫綱要
e. 資料庫名稱

(3) 產生資料表格實體

　　因為是執行逆向工程，所以連結的資料庫必須已經存在所需繪製 ERD 的表格。如圖 15-21 所示，在 starUML 主選單上選擇 Tools | Database | MS SQL Server | Generate ER Data Model…

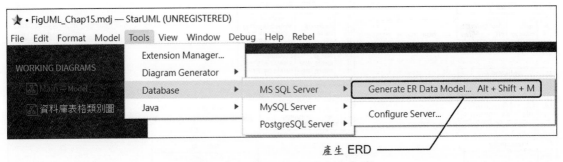

圖 15-21　執行 ERD 的產生作業

　　如果先前 (2) 資料庫的偏好設定正確，則 starUML 會產生以資料庫與綱要為名稱的資料模組（Data Model）。例如：資料庫名稱為 newsDB，綱要為 dbo，則產生的資料模組名稱為 newsDB.dbo。展開後該資料模組，可以顯示如圖 15-22 所示該資料庫內的所有表格實體。

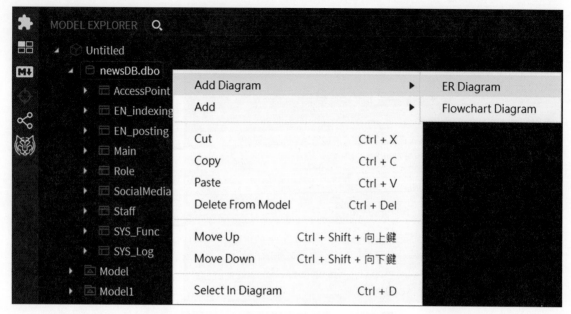

圖 15-22 資料模組與所屬的表格實體

(4) 繪製 ERD

在 Data Model 點擊滑鼠右鍵,選擇 Add Diagram | ER Diagram 可產生空白的 ERD。
接著,將需要繪製的表格實體,從資料模組上一個個拖拉到畫面上,即可自動完成如圖
15-23 所示的視圖。

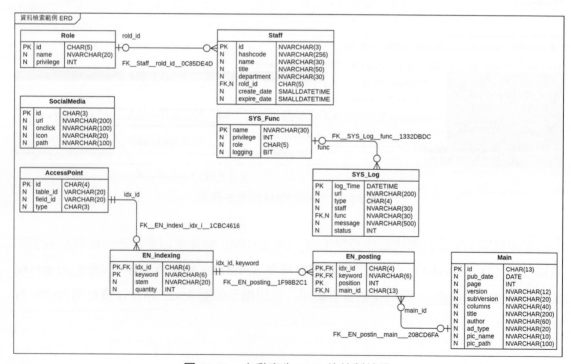

圖 15-23 自動產生 ERD 的繪製結果

✏ **本章習題**

問答題

1. 資料庫的設計主要是進行哪兩種內部綱要的設計？

2. 資料庫設計活動從需求收集開始，綱要設計，一直到上線運作，其間基本還包含哪些階段？

3. 請簡單說明三個正規化的執行重點。

Chapter
16

實作

軟體建構

　　談到實作時，一般常會立刻聯想到程式的編寫。從時間和成本的角度來看，程式設計通常是大多數系統開發專案中占有最大比例的工作。然而，程式設計也是相對風險較高的一個環節，因為糟糕的程式結構和撰寫風格可能導致後續維護成本增加、系統穩定性不佳，甚至難以擴展。儘管專案失敗通常不是由於程式本身，而是由於分析、設計、安裝或專案管理不善所致，但選擇適當的程式語言、有效的開發工具以及完善的軟體建構管理則是系統開發成功的關鍵。因此，本章的重點在於探討如何正確進行系統開發的實作程序。

1.　建構（Construction）

　　建構是軟體開發生命週期中的一個關鍵階段，該階段涉及將設計規範實作成為實際可執行的程式碼。在軟體建構階段，開發人員根據需求和設計，撰寫程式碼，並建立系統的基本功能和模組。建構的關鍵要素包括：

(1)　程式碼實作

　　在軟體建構階段，開發人員根據需求規格和設計規範，將系統的各個功能和模組轉化為具體的程式碼。開發人員使用適當的程式語言和開發工具，實現系統的邏輯和行為。

(2)　模組和組件開發

　　軟體建構涉及開發和組織系統的各個模組和組件。系統分析師將系統劃分為個別獨

立的模組，並為每個模組實作相應的功能。這有助於模組化的開發，促進程式碼的可重用性和維護性。

(3) 測試和除錯

在軟體建構過程中，開發人員進行測試和除錯以驗證程式碼的正確性和功能性。執行方式可以使用單元測試、整合測試和驗收測試等方法，確保程式碼運行正常並符合預期的行為。

(4) 程式碼品質和風格

軟體建構階段也關注程式碼的品質和風格。開發人員應遵循良好的程式撰寫規範，確保程式碼的可讀性、可維護性和可擴展性。程式設計師可以使用程式碼檢查、靜態分析工具等方法來提高程式碼的品質和效能。

(5) 文件和註解

包括程式碼註解、API 文件、系統手冊、操作手冊等工件（artifact），有助於其他開發人員理解和使用程式碼。

(6) 版本控制和配置管理

確保程式的版本控制和配置管理。開發人員可以使用版本控制系統，例如 Git 或 Subversion，來管理程式碼的變更和版本。

2. 程式管理設計

實作階段，專案經理（PM）通常需要負責安排下列程式設計的工作：

(1) 分派任務

程式設計第一個步驟就是分配模組或功能分派給程式設計師。PM 依據專案的需求和時間表，將不同的程式設計任務分派給相應的團隊成員或開發人員。PM 會評估每個成員的技能和專長，並確保每個任務都能分配給最適合的人。

(2) 協調合作

協調專案成員之間的合作，確保在程式設計方面的工作能夠順利進行。也需要處理不同成員之間的衝突或問題，並促進團隊之間的有效溝通和協作。

協調最簡單的方式是利用每周的專案會議，討論過去一周以來任何出現的議題。另一個改進協調的方法是建立並遵循一套標準，標準的範圍包括命名規則、程式設計原則、註解形式等規範。

(3) 監督進度

　　追蹤每個任務的完成情況，確保程式開發的每一個階段都能按時完成，並及時處理任何延遲或風險。系統規劃最初所估計的時間，以及分析與設計階段修正後所估計的時程，隨著實作的進展，也經常需要因開發的狀態而適時修正。如果一個程式模組需要花費比預期還要長的時間開發，就必須審慎回應將預計完成時間往後順延。

(4) 解決問題

　　當在程式設計過程中出現問題或困難時，需要快速且有效地解決。可能需要協助專案成員克服技術上的挑戰，提供支援或尋找解決方案。

　　實作階段常見下列 4 種錯誤：

a. **研**究導向型開發（Research-oriented development）：使用最新穎的技術的研究導向型開發，強調在開發過程中進行研究和創新。但是新穎技術的不易掌握、説明文件不足、功能也未必如所宣稱的好。因此，具有高度不確定性。這可能導致開發團隊面臨未知的挑戰和困難。解決方案：如果要使用最新穎的技術，必須大幅地增加專案的時間及成本。

b. 使用低成本人員：較低成本的人員，通常（非絕對）技術能力不足、缺乏足夠的專業知識和經驗，甚至對組織管理文化的熟悉程度也較低。因此低成本的人員，生產力通常明顯比不上優秀的人員。解決方案：如果成本不是關鍵，就應指派最佳的人員，千萬不要為了節省成本，而優先指派低層次的人員。

c. 缺乏程式碼控制：較大型的專案，程式設計師對原始程式碼的變動需要彼此協調，避免兩個程式設計師同時更改相同的程式，而覆寫了另一個人所修改的程式。以程式設計師之間人工協調的方式，仍難避免多人同時異動同一支程式的錯誤發生。解決方案：透過管理工具執行程式的簽入與簽出管理。

d. 不當的測試：在實作時專案失敗的頭號原因是：沒有完善的階段測試，或不使用正式的測試計畫。解決方案：請務必分配足夠的時間供正式測試之用。

　　如果發生短期無法解決的問題，除了專案成員嘗試克服，未避免過度影響進度時程，PM 需要能儘快裁定因應方案。

(5) 資源管理

管理相關的資源，包括人力、時間和工具等，確保專案團隊有足夠的資源來完成程式設計工作，並優化資源的使用以提高效率。

(6) 規劃和控制

制定程式設計工作的計劃和策略，確定關鍵里程碑和目標。同時，也要控制進度、成本和品質，以確保程式設計工作按照計劃進行並達到預期的結果。

16-2　程式語言

1. 選擇物件導向語言

選擇採用物件導向方法的程式語言是為了充分發揮物件導向的重用特性，進而提升軟體的效率、品質和穩定性。在考量開發團隊成員的程式語言技能時，除了考量熟悉程度，更應該優先考慮具有最完善且最能有效表達問題領域語義的物件導向程式語言。此外，選擇物件導向程式語言時，還應考慮以下因素：

(1) 對開發人員的教育訓練：考慮提供開發人員有關物件導向分析、設計和程式撰寫技術的教育訓練，以確保團隊能夠有效掌握所選用的程式語言。

(2) 技術支援：考量在使用該物件導向程式語言期間能夠獲得的技術支援，確保開發過程中能夠及時解決可能出現的技術問題。

(3) 開發工具和平台：確認開發人員可使用的開發工具、開發平台，以及所需的設備性能和記憶體需求，確保這些因素符合項目的需求和團隊的實際情況。

(4) 整合既有軟體的容易程度：考慮所選用的物件導向程式語言對於與既有軟體的整合性，確保相容且能夠整合現有系統。

2. 程式撰寫風格

程式撰寫必須遵循一致的規範，除了考量管理、協同開發的溝通之外，還可達成下列目的：

(1) 提高軟體元件的重用性。

(2) 方便後續的擴充性。

(3) 增加系統的強健性（robust）。

為了有效管理程式內容及考量未來維護的容易性，撰寫程式時不僅僅是根據規格撰寫程式，還需要注意程式的簡潔與風格一致性。許多資訊系統要解決的問題如果很複雜，程式當然就會相對很複雜。但還是需要儘量保持簡潔性，使得程式較易修改和維護。不管是設計或程式撰寫建議可以遵循 KISS（keep it simple and stupid）規則。

程式不是自己看得懂就好，還必須能讓團隊其他人員一看就懂。為了符合程式擴充、修改的彈性，甚至在閱讀或除錯（debug）的過程能夠更為容易，程式撰寫的風格（coding style）就相對重要。程式撰寫的風格可以參考下列原則：

(1) 命名規則：包括類別、物件、屬性、方法，以及變數、常數等宣告，必須有一致的命名規則。（命名規則的介紹請參見下一節）

(2) 程式排版：密密麻麻的程式擠在一起，對閱讀上會感到很吃力，如果將程式敘述搭配區塊、空格與縮格（indent）等排版技巧，對閱讀上就會比較輕鬆：

a. 在程式段落間插入適當空行。

b. 為單一敘述的程式設立區塊

c. 將個別條件區隔在單獨的一行

例如比較圖 16-1 所列，左方是沒有排版的程式；右方是善用區塊、空格與縮格的排版方式，程式相對比較容易閱讀。

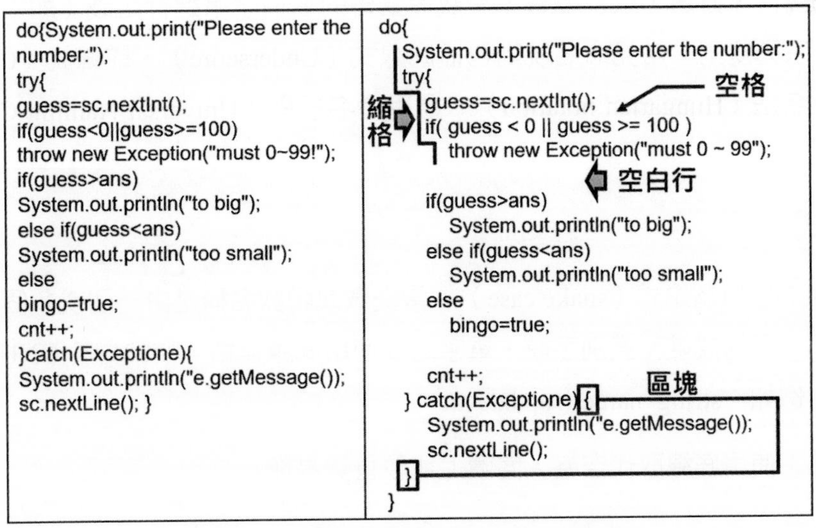

圖 16-1　善用程式排版讓程式容易閱讀

(1) 避免使用全域變數：全域變數（global variable）容易造成不明確的錯誤，讓程式較難找出錯誤發生的原因。

(2) 限制參數個數和參數類型：程式傳遞參數個數太多和使用複雜的資料類型等，都會造成耦合力的增加。

(3) 善用常數：使用常數來代表一個固定的數值或字串，因為常數的具名宣告能夠顯示常數的意義，對於程式的可讀性與維護性的幫助很大。

(4) 變數要指定起始值：有些程式語言會自動給定變數起始值，但有些系統則不會。若開始使用時就指定起始值，可以避免因系統預設初值的問題而造成錯誤。

(5) 巢狀迴路不要超過一層：巢狀迴路若超過一層，會造成閱讀上的困難。如果非得超過一層，建議重新思考解決方案。

(6) 繼承不要過多：自己建立的類別繼承盡量不要太多層，可以讓程式比較容易維護。

(7) 確認迴路會結束：撰寫程式經常發生的錯誤是產生無限迴路，造成程式無法正常中止。

16-3 命名規則

命名規則（naming convention）是電腦程式設計的原始碼，針對標識符號，如類別、物件、屬性、方法，以及變數、常數等宣告的名稱字串進行定義（即「命名」），而遵循的一系列規則。常見命名規則包括底線式（Underscore）、駝峰式（Camel-case）及匈牙利命名法（Hungarian notation）、通用命名規則（Universal Naming Convention，UNC）等。

1. 底線式

(1) 特性：也稱為蛇式（snake case）。當變數或函數名稱是由一個或多個單字連結在一起，而構成唯一識別字時，單字之間使用底線連結，較常見於 GNU/Linux 環境中。例如：string_name、update_at。

(2) 優點：使用底線取代空格，閱讀上比較直覺易懂。

2. 駝峰式

(1) 特性：名稱第一個單字以小寫字母開始，第二個單字的字首大寫。或是每一個單字字首都採用大寫字母。例如：myFirstName、myLastName，看上去就像圖 16-2 所示的駱駝峰一樣此起彼伏。

(2) 優點：可以利用名稱前綴的大小寫，區分變數，以及函數、類別等類型。單字之間使用大寫取代底線，能夠減少名稱的長度。

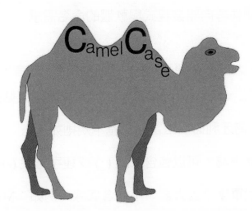

圖 16-2　駝峰式命名的名稱就像駝峰般起伏

圖片來源：Bascos, J. (2018, December 4). What is the difference between Pascal Case and Camel Case?, from https://programmingwithjosh.blogspot.com/2018/12/what-is-difference-between-pascal-case.html

3. 匈牙利命名法

(1) 基於駝峰式的命名基礎，在名稱前綴添加預先約定好的縮寫，代表的是目的或其他提示。例如：strName、nScore，其中 str 表示是字串（String）類型、n 表示是數字（Number）類型。

(2) 優點：採用容易記憶、容易理解的原則，名稱的前綴代表類型，加上代表用途描述的單字組成，方便直接由名稱辨識類型與使用目的。

匈牙利命名法，是由美國全錄（Xerox）公司的帕羅奧多研究中心（Palo Alto Research Center，PARC）工作，後來任職於微軟首席架構師的 Charles Simonyi 所發明[1]。此命名法在微軟公司內部被廣泛使用，因為前綴看起來像是某種非英語語言編寫的，而且 Charles Simonyi 來自於匈牙利，所以就稱為匈牙利命名法。

1　Simonyi, C. (1999). Hungarian notation. MSDN Library, November.

使用匈牙利命名法的優點是可以立刻知道程式標示符號的類型與使用目的。但是匈牙利命名法有很多定義的前綴字，並不好記憶。加上物件導向和程式規模愈來愈大，例如多型物件、泛型和自定類型，都很難使用匈牙利命名法來命名。

4. 通用命名規則

(1) 特性：通用命名規則和匈牙利命名法雷同，延伸涵蓋檔案、名稱空間、列舉類型、巨集等命名的規範。

(2) 優點：符合現今物件導向開發程式與軟體的命名需求。

因為 C++ 是 Google 大部分開源專案的主要程式撰寫語言，所以通用命名規則源自於 Google 的 C++ 風格指南，作為 Google 主導的開源專案所遵循的命名方式。

通用命名規則除了和匈牙利命名法雷同。基本規則如下：

(1) 檔名：名稱要全部小寫，可以包含底線 (_) 或連字符號 (-)。

(2) 類型：名稱的每個單字字首大寫，不包含底線。例如：MySchoolClass。

(3) 變數：名稱一律小寫，單字之間以底線連接。屬性以底線結尾，但如果類型是結構則不用。例如：a_local_variable、a_class_attribute_number_。

(4) 常數：全域或類別內的常數名稱前加「k」，其餘每個單字字首均大寫。例如：kDaysOfAWeek。

(5) 一般函數：名稱的每個單詞字首大寫，沒有底線。傳遞的參數則要求與變數命名方式相同。例如：GetScoreAverageFunction()。

(6) 存取（accessor）與修改（mutator）函數：使用小寫字母，單詞之間以底線相連。例如：void set_num_entries(int num_entries){ … }。

⊕» 補充說明

» 存取（accessor）函數：俗稱 getter，用以取得類別內 private 或 protected 資料成員的函數；

» 修改（mutator）函數：俗稱 setter，用以設定類別內 private 或 protected 資料成員的函數。

---

(7)名稱空間：使用小寫，並基於專案名稱和目錄結構。例如：google_new_project。

(8)列舉、常數、巨集：名稱全部大寫，單字之間以底線連結。例如：

MY_MESSAGE_BOX。

　　命名規則只有原則，沒有強制的規範，具有隨意性，但至少符合三個基本要求：一致性、要有描述性、少用縮寫。盡可能給有描述性的命名，不要用只有專案開發者能理解的縮寫，除非是廣泛運用慣例的縮寫，別在意名稱的長度，畢竟讓程式碼易於理解很重要。

16-4 註解

　　在程式碼中，使用註解的目的不僅是為了溝通，也是確保程式的可讀性。如圖 16-3 所示，不同程式語言各有不同的註解符號，但都有共同的特性，就是：註解是給人看的，對編譯器會隱藏註解內容的意義，也就是執行時電腦會完全忽略註解的內容。

語言	註解符號
Fortran、BASIC	! 單行註解
Pascal	// 單行註解 (* 多行註解 *) { 多行註解 }
COBOL	* 單行註解
C 家族(C++, Java...)	// 單行註解 /* 區域註解 */
Python	# 單行註解 ''' 多行註解 '''
HTML	<!-- 區域註解 -->
SQL	--單行註解 /* 區域註解 */

圖 16-3　不同程式語言使用註解的符號

1. 註解類型

依據溝通、說明或標註等不同的目的，註解大致可以區分成下列類型：

(1) 文件註解：每一個程式檔案的開頭描述版權、內容、版本等說明資訊。

(2) 類別註解：描述類別的功能和用法。

(3) 函數註解：於宣告開頭描述函數的功能；於定義處描述函數的實作方式。

(4) 變數註解：如果名稱無法明確表達用途或是限制等情況，可藉由註解提供額外的說明。

(5) 實作註解：提供程式中特殊演算法，或任何重要的程式邏輯加以說明。

(6) 待辦註解：對那些臨時的、短期的解決方案、已經完成但仍不完美，或預留下階段再撰寫的程式使用的待辦（to-do-list）註解。

(7) 澄清（clarification）註解：類似待辦註解，用來提示程式碼可能需要維護、重構或擴充的資訊。通常是認為程式碼撰寫的過於雜亂，而提供給後續程式人員進行簡化的說明。

(8) 棄用註解：透過註解標示範圍內的程式碼，電腦並不會執行。如還須保留程式碼，卻又暫時不要執行，則可以使用註解方式達成，並在區域內說明棄用的原因。利用註解來除錯程式，是設計師常用的技巧之一。藉由註解暫時棄用部分程式碼，讓程式設計師通過該方式，找出造成執行錯誤的程式碼。

2. 註解使用時機

使用註解的時機是一個備受爭論的議題，存在各種不同的觀點，有時甚至觀點是完全相反。註解的寫法也是一樣，完全沒有既定的規範。在撰寫註解時，至少要能注意下列 3 點：

(1) 雖然電腦執行時忽略註解內容，但需要將註解視為是程式的一部分，而非獨立於程式碼之外的組成。

(2) 註解需要維護：如果程式變更，註解可能會失去原有的意義，所以一定要隨著程式的修改而更新註解。

(3) 自己寫的註解不是只為自己存在的：註解是為了以後，所有會使用到此程式碼的人員而提供的；註解也是為了讓爾後，所有要瞭解此程式碼的設計而服務的。

對於註解的意義與撰寫的時機，雖然有許多不同說法。但是，註解仍有其重要性。最後，總結使用註解的要點如下：

(1) 每一個類別和方法要有簡短說明。

(2) 要說明參數所代表的意義和使用方式。

(3) 第一次使用的變數要說明。

(4) 如圖 16-4 所言，以 why，而非 what 角度撰寫註解。

(5) 註解適當即可，過多註解比沒註解還要差。

> "I can always figure out the what, if I look at the code long enough. But the context of 'why' is lost forever unless written down"

圖 16-4　要以 why 而非 what 角度撰寫註解的雋語

（圖片來源：Kelly, S. (2016, October 25). Comments: Why not What., https://pt.slideshare.net/StabbyCutyou/comments-why-not-what）

16-5　強健的程式實作

1. 類別的實作

在系統開發過程中，類別的實作是最核心的工作。使用物件導向語言所撰寫的系統中，所有的資料都被封裝在類別的實例中。程式流程則是被封裝在一個更高層的類別中。開發的方式可以是先開發一個比較小或簡單的類別，再作為開發比較大或複雜類別的基礎，如此應用物件導向繼承與封裝的開發技巧，逐步完成整體系統開發。物件導向程式類別重用的特性，可以有下列實作的情況：

(1) 原封不動的重用：如果是長期進行開發的作業，許多核心使用的類別，尤其是系統管理類別，例如使用者帳號的作業、系統日誌、權限處理、編輯功能、搜尋引擎的關鍵字索引產生等。如果最初的設計符合物件導向精神，經過長期的應用，基本都相當穩定，可以直接導入到新開發的系統使用。

(2) 進化性重用：可能不存在能夠完全符合系統目標要求的類別，需要部分修改或反覆地優化。

(3)重新開發：不重用原先的類別，而開發一個新的類別。

(4)例外處理：一個類別應是自主的、有專責目標，並能適時拋出例外。雖然原則是直接重用，但基於系統的需求，而擴充例外訊息的處理的範圍。

2. 使用者介面的彈性

(1) 網頁介面

傳統對於網頁呈現的解決方案是在電腦版本之外，另外再設計手機版或平板的網頁。若內容要維護時，就需要同時維護多個不同平台的網頁內容。相同平台，但不同廠商的產品，也會有解析度的差異，而造成使用者介面難以正確呈現的狀況。因此，能夠依據不同螢幕的大小或解析度差異，而自動調整網頁圖文內容的技術便因應而生。

a. 響應式網頁設計（Responsive Web Design，RWD）：應用 CSS 技術，在使用者端偵測螢幕尺寸，來決定呈現網頁版面的方式。

b. 適應網頁設計（Adaptive Web Design，AWD）：和 RWD 以一套 CSS style 通用於各裝置的方式不同，AWD 是針對裝置對應獨立的 CSS，可以有多套 CSS。因為 AWD 有明確判斷使用者裝置的步驟，比較適合使用者平台不定且種類多元的環境。

(2) 代碼

例如學歷使用 P 代表小學；J 代表中學；S 代表高中。善用代碼的運用，可以減化系統運作的複雜度。包括：

a. 減少資料的體積：因為資料以代碼取代原始文字字串，因此在儲存、傳輸上都會減少負荷。

b. 加快資料的處理：資料輸入可以依據代碼自動以選單式選擇，或逐行輸入代碼方式，加快資料建檔速度。系統並可以具代碼清單檢核，避免資料建檔錯誤的風險。

c. 確保資料的一致：例如縣市別，在員工資料、客戶資料、貨品收發地址、進貨來源等許多資料項目均存在此一欄位。透過代碼的使用，再對應到實際的文字字串，使用所有相同代碼的縣市資料完全一致，爾後地址更名（例如台北縣更名為新北市；板橋市更名為板橋區），只須單獨修改代碼對應的文字字串，就會達成所有地址一致變更的結果。

(3) 訊息

使用者介面的呈現，若是直接撰寫在程式內（俗稱「寫死」），以後如果需要更改介面文字，例如提供多語（multilingual）呈現的切換時，必須被迫修改程式，或是為不同畫面準備多個不同的程式。因此，可以適度將呈現的內容，包括顯示訊息與錯誤訊息以如圖 16-5 所示的外部訊息方式處理。顯示訊息獨立於程式之外，提供系統呈現介面的彈性，除了可適度提供不同的語文介面，更改介面訊息或版面時，只需變更資料庫內的版面或顯示訊息資料，即可在不須變更程式之下達成。

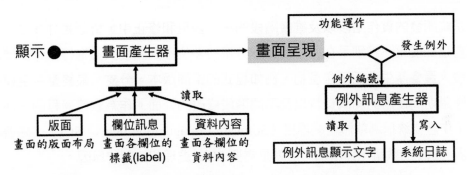

圖 16-5 顯示訊息獨立於程式之外，提供系統呈現介面的彈性

3. 系統的強健性

系統運作時，使用者的操作很可能會發生與原定流程完全不同的程序。因此，程式必須具備完整的邏輯檢查與防呆機制，避免不必要的問題。有些程式語言具備嚴謹的宣告與存取限制，有些則無。如何寫出具備強健性的（robust）穩定程式，可參考下列原則：

(1) 輸入檢查：許多程式的錯誤，發生於資料建檔的輸入、資料移轉的匯入，或是內部參數的傳遞。因此，對於輸入資料必須進行確實的檢查，包括資料的類型、格式、長度或範圍，以及必備欄位的資料是否存在等。

(2) 例外處理：除了程式中能預先考量各種可能發生錯誤的情況之外，還可能發生非預期的執行時期錯誤（run-time error），例如陣列超過宣告的數量、記憶體溢位、網路斷訊、數值除以零的運算錯誤等。無論可預期或不可預期的錯誤狀況，都要具備適當的例外處理機制。

(3) 系統日誌：系統應該具備完整規劃與設計的日誌（log），紀錄系統使用硬體、軟體發生問題之訊息，以及系統運作之各種事件。無論是系統發生錯誤的人、事、時、地、物；系統資料毀損的修復還原，以及系統執行的統計分析等，都可以藉由日誌內的資訊獲得妥善的處理。

16-6 組態管理

1. 簡介

軟體組態管理（Software Configuration Management，SCM），亦稱為軟體建構管理，是界定軟體組成的項目，管理每個項目的變更（版本控制），並維護不同項目之間版本關聯的一種管理方法。SCM 的主要目的是確保專案實作的系統完整性，使軟體在開發過程中的任何時間點都可以被追溯。

在系統開發的實作階段以及維護階段的程式變更和修正中，會面臨許多變化，需要有效應對這些變化。特別是在將一個模組分派給多位不同開發人員進行實作的過程中，這些開發人員會產生多個工作產物，例如程式的中間版本、分支、最終整合至模組的程式、在除錯期間使用的測試資料以及不同階段修改的介面。作為軟體過程的一部分，所有這些工作產物統稱為軟體組態項目（Software Configuration Items，SCI）。隨著軟體開發的進展，SCI 的數量迅速增加，這就是需要 SCM 處理和控制的原因。

SCM 不僅涵蓋產品的組成部分，還有特定版本的管理，包括如圖 16-6 所示的 4 個主要工作：

(1) 組態識別（Configuration Identification）：定義項目及其組態文件的辨識方式。

(2) 變更管理（Change Mangement）：監控和控制對項目及其組態文件的更改。

(3) 組態狀態報告（Configuration Status Accounting）：提供有關項目及其組態文件的狀態和資訊，確保對項目進行的變更正確實施。

(4) 組態稽核（Configuration Auditing）：對進行的變更進行審計，驗證組態文件與項目的一致性。

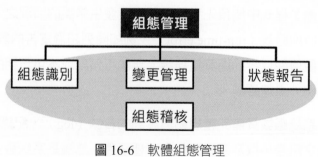

圖 16-6　軟體組態管理

組態管理在軟體發展過程中提供一套有效管理與控制軟體開發過程中變更作業的方法，建立完整的資訊以提供軟體開發人員使用，對軟體開發人員的生產力與品質管理方面將有極大的幫助。系統開發使用組態管理基本能夠提供下列優點：

(1) **降**低軟體修改導致專案失敗的風險。

(2) 建立軟體發展過程中所有的記錄（程式碼、文件或修改記錄等），作為專案規劃與維護管理的依據。

(3) 控制軟體的品質與增進軟體再利用性。

(4) 控制專案時程與成本於既定水準，避免軟體的修改而延誤專案的進度與增加成本。

2. 組態管理計畫

組態管理標準須符合之特性包括：

(1) 提供一個完整架構供軟體原始碼、文件、介面、資料庫等，在軟體發展過程中實施建構管理活動的依據。

(2) 有效支援軟體開發方法論，能夠充分契合需求、標準、政策、組織與管理哲學之需求。

(3) 在軟體開發或維護管理過程中，能夠提供管理者及時且正確的資訊，例如基準的狀況、變更控制、測試、稽核及發行等。

因此，在實施組態管理之前，應為專案擬定程式建構的組態管理計畫，包含項目識別、組態變更控管、組態稽核、以及組態狀態報告等活動的規劃與工作資源分配。組態管理計畫所需包含的內容通常包含下列內容：

(1) 計畫簡介

描述計畫的目的、應用範圍等，有關組態管理之基本資訊。

a. 組態管理計畫的涵蓋範圍及實施之目的。

b. 所涵蓋之項目的描述。

c. 描述可能使用的組態管理工具。

d. 其他與此計畫相關連文件之描述及之間的關係。

(2) 管理政策

針對解決目的、範圍、角色、職責、管理承諾、跨組織之間的協調和符合程度的配置管理策略等,例如:

a. 組態管理流程實施之政策及希望達成之目標。

b. 指定負責與授權組態管理之活動的人員。

c. 人員的資格及訓練等要求。

d. 項目的準則。

e. 活動中所需產生之報告的頻率、分發及控制等要求。

(3) 項目之識鑑

所有的項目都需要被「唯一」的識別(identification)出及定義其特性(包含其功能及特徵)。例如,某類別方法接收的參數,其資料型態不符,可以透過項目識別及特性以發現相關處理方式。所以在此部分可定義:

a. 鑑別項目及其版本狀態之方法。

b. 每個項目中,應包含之屬性資訊,如:名稱、類型、儲存地點、來源、發生之服務之歷史事件等。

c. 組態之基準點的建立及執行的時間點。

d. 項目整個生命週期的可追溯性的建立。

e. 項目發布的流程等。

(4) 組態控制

組態控制是管理的核心目標,沒有執行組態控制可能導致衝突、遺失修改、混亂的版本控制和不穩定的程式碼基礎等問題。因此,組態控制的計畫應至少包含下列內容:

a. 確定變更控制的策略和流程,包括變更請求、審核、批准和執行。

b. 如何保護項目以避免未經授權的存取、變更或損毀。

c. 識別和評估組態管理的風險,並提供災難復原的方法。

(5) 狀態紀錄及報告

資訊之完整性及正確性對組態管理相當重要。因此,擬定組態狀態紀錄報告之內容及格式的定義,例如:

a. 版本號：記錄每個軟體組件或項目的版本號。版本號可以是數字、字母、日期或其他標識符，用於唯一識別不同版本的組件。

b. 版本描述：提供對每個版本的描述或概要。描述可以包括版本的主要功能、修復的問題、新增的功能等，以便清楚地了解每個版本的變更內容。

c. 發布日期：記錄每個版本的發布日期。這有助於追蹤和確定項目的時間軸。

d. 變更記錄：詳細記錄每個版本的變更內容。這可能包括對程式碼的修改、新增或刪除的功能、修復的錯誤等。變更記錄應該具體且清晰，以便開發人員和相關人員了解每個版本的變更細節。

e. 變更原因：記錄每個變更的原因或驅動因素。例如是基於需求變更、錯誤修復、功能增加等。了解變更的原因有助於追蹤和評估項目的改進。

f. 測試結果：記錄每個版本的測試結果。這可以包括單元測試、整合測試、系統測試和驗收測試等結果。測試結果提供了對每個版本品質的評估和確認。

g. 缺陷報告：記錄每個版本中發現的缺陷或錯誤報告。這包括錯誤的描述、重現步驟、優先級、狀態和解決方案等。缺陷報告有助於追蹤和管理項目中的錯誤，並進行及時的修復。

h. 文件和註解：記錄相關的文件和註解，如程式碼註解、API 文件、系統手冊等。這提供了對組件和版本的說明和使用指南。

i. 統計和指標：提供組態管理活動的統計和指標，如版本數量、錯誤數量、變更數量、測試通過率等。這有助於評估組態管理的效能和項目的進展。

j. 審計和合規性：記錄組態管理活動的審計結果和合規性情況。這包括遵守組態管理策略和程序標準的符合情況等。

(6) 組態的驗證與稽核

需要定期進行驗證（verification）和稽核（audit）的檢查、評估和審核組態的相關內容。執行包括：

a. 完整性（integrity）：確保所有的項目都被正確地包含在組態中，並沒有任何缺漏或遺失。

b. 一致性：確保組態中的所有組件和元素都是一致的，即它們符合預定的標準和規範。

c. 正確性：檢查組態中的變更是否按照正確的程序和準則進行了執行，並且在實施後沒有引入錯誤或問題。

d. 審計變更記錄：審查和確認變更記錄的完整性和準確性。這包括變更的記錄、變更的原因、變更的批准人員等。

e. 審計組態文件和紀錄：審查和確認組態文件和紀錄的合規性（completeness）和完整性。這可能包括組態文件的版本號、描述和更新歷史等。

f. 審計組態項目的狀態：確認項目的當前狀態是否符合設定的標準和要求。這可能涉及驗證元件的版本、配置和相關屬性。

g. 確認合規性和政策遵守：確保組態管理活動符合相關的合規性要求和組織內部政策。這可能包括確認變更控制和審核程序的遵守情況。

h. 評估組態的可追蹤性和可復原性：檢查組態的追蹤和復原能力，以確保在需要時能夠準確地追蹤和恢復特定版本的組態。

(7) 時程

指定專案組態管理活動與其他活動之間的順序與關係。計畫的組態管理時程，需要與專案的里程碑與重要事件配合。組態管理里程碑的制訂可包含基準的建置、變更控制實作，以及組態稽核的開始與結束時間。

(8) 資源

指定需要執行組態管理活動所需要的軟硬體資源與人力資源。

(9) 維護

指定維護組態管理計畫所需要的活動與責任歸屬。計畫的變更如何被評估、核准、執行與溝通。

3. 軟體基準建置

因為開發過程中，不同程式的修修改改，有些功能提早開發，有些結構延遲處理等。程式建構過程的不同步調，需要有一個確定系統相對穩定狀態的基準點，做為系統的一個版本依據。

依據 IEEE 610.12-1990「軟體工程術語標準詞彙表」（Standard Glossary of Software Engineering Terminology）的解釋，基準（baseline）是對產品屬性的商定描述和審查，之

後作為進一步開發和定義變更的基礎,這種變更只能通過正式的變更控制來完成。因此,可以將「軟體基準」的解釋是:由組態項目所匯集而成的集合,在專案重要時間點(例如專案里程碑或系統測試等),經過正式的審查與核可後,作為下一階段開發或遞交的基礎。

軟體基準建置是通過標記特定版本的程式碼和相關的配置項目來實現的。這些基準建置可能包括特定版本的程式碼庫、配置文件、測試結果和設計文件等的同步。建置的目的是確保在開發過程中的重要時間點,可以準確地保存軟體的狀態,幫助版本控制、追蹤變更、進行測試和回溯等方面。由於軟體基準建置提供了共同的時間點,使團隊成員能夠更容易地理解和共享系統的狀態和進展,進而協助團隊更好的協同合作。

(1) 軟體變更申請(Software Change Request,SCR)

SCR 是一份文件,用於描述和建議對配置基線進行變更,內容通常包括變更的描述、原因、優先級等。不同目標的變更(例如系統目標或合約的變更)需要分別提交個別的SCR。

(2) 組態控制委員會(Configuration Control Board,CCB)

參考圖 16-7 所示的簡易組態控制流程,CCB 負責監督和控制軟體或系統的組態管理活動,通常由專案利害關係人、技術專家和其他相關人員組成,執行軟體開發過程中審查、批准和管理變更的任務,目標是確保軟體或系統的變更符合組織的需求和標準。

軟體基準的建立與發行,需先得到 CCB 的授權。基準建立發行後,需要通知並指派軟體人員,並讓該軟體人員有適當權限存取基準,以根據此基準進行後續的軟體開發。軟體基準建立後,如需進行變更,則需透過變更管理程序的管控來評估與確認變更。透過正式的變更管理機制將軟體的任何變更納入建構管理作業的範疇,以確保變更的影響在可接受的範圍,不致使專案時程延誤或經費超支等問題阻礙專案的進行。

4. 軟體組態管理工具

在配置組態實施方案時,需要根據專案的管理需要,選擇適合的工具,從而搭建一個最適合的組態管理平台。軟體組態管理工具(Software Configure Management Tool,SCMT),可以分為 3 個級別:

(1) 版本控制工具

入門級的工具,例如:開源的 Concurrent Version Control System(CVS)、微軟公司的 Visual SourceSafe(VSS)。

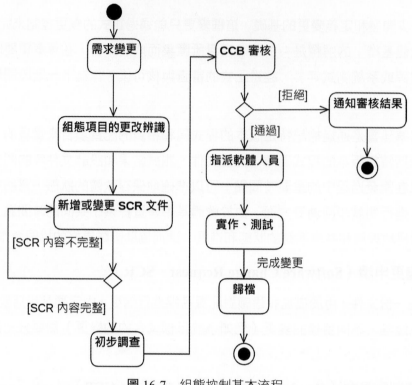

圖 16-7　組態控制基本流程

(2) 專案級配置管理工具

適合管理中小型的專案，在版本管理的基礎上增加變更控制、狀態統計的功能，例如：Mercurial、Subversion（SVN）、PVCS（Polytron Version Control System）、Gitlab 等。

(3) 企業級配置管理工具

在專案管理的配置管理基礎上，另具有流程定義與軟體生命週期變化流程的管理功能，例如：CA Harvest Software Change Manager（CA Harvest SCM，原名為 AllFusion Harvest）、IBM 公司的 ClearCase、微軟公司的 Team Foundation Server（TFS）。

本章習題

問答題

1. 在軟體建構階段，關鍵要素包括哪六點？

2. 善用代碼的運用，可以減化系統運作的複雜度。對於資料的處理，可以包含哪三項優點？

3. 請說明何謂軟體組態管理（Software Configuration Management，SCM），其使用的主要目的為何？

Chapter

17

測試

17-1　測試

　　軟體品質不良的資訊系統在運行過程中，容易產生各式各樣的問題，輕者影響系統正常工作，重者造成事故，甚至造成生命財產的損失。例如加拿大原子能有限公司（AECL）生產的 Therac-25 放射線療法機器，因為軟體設計的瑕疵，病患接受到比正常劑量高一百倍的輻射，在 1985 年到 1987 年之間，直接導致了 5 名患者死亡，其餘患者受到了嚴重傷害[1]。1996 年 6 月 4 日歐洲太空總署發射一艘名為 Ariane 5 的商業火箭，發射後 37 秒，僅因為電腦採用 16 bits 處理浮點數，當數字大於 32767 時，發生溢位 (Integer Overflow) 例外，導致火箭偏離預定飛行軌跡，解體並爆炸，造成 2 名人員當場死亡及人造衛星與科學儀器超過台幣 110 億元的損失[2]。

　　軟體測試是保證系統品質的重要的手段。依據 ISO/IEC 29119：2013 軟體與系統工程－軟體測試（Software and systems engineering -- Software testing），軟體測試的定義為：軟體測試是一種系統性的活動，藉由執行軟體或系統的實施、執行過程，評估其品質和功能，以滿足特定需求。軟體測試涉及確認軟體或系統是否滿足規定的需求，或是預期結果與實際結果之間的差別。資訊系統發展將整個過程明確劃分為幾個階段，將複雜問題具體按階段加以解決。在軟體的整個開發過程中，可以對每一階段提出若干明確的查核點，作為各階段目標實現的檢驗標準，從而保證開發過程的正確性。

1　Leveson, N. G., & Turner, C. S. (1993). An investigation of the Therac-25 accidents. Computer, 26(7), 18-41.

2　Dowson, M. (1997). The Ariane 5 software failure. ACM SIGSOFT Software Engineering Notes, 22(2), 84.

資訊系統的品質不僅僅體現在程式的正確性上，程式編碼及先前所做的需求分析、系統設計密切相關。軟體使用中出現的錯誤，不一定是程式設計人員在撰寫階段造成的，很可能是在程式設計，甚至需求分析而埋下的問題。這種情況，僅對程式的除錯可能會誘發更多錯誤，必須追溯到軟體開發的最初階段，如此無疑增加了系統開發的費用。因此，為了保證資訊系統的品質，軟體測試的概念和實施範圍必須擴充。整個軟體生存週期，各個開發階段的工作均執行適當的軟體驗證和測試。因此，廣義的軟體測試實際上是由驗證、測試組成的。

1. 軟體測試

在整個軟體生命週期，驗證、測試分別有其著重的階段。確認驗證實施在計畫階段、需求分析階段、設計階段；測試主要實施在程式碼撰寫階段和測試階段。實際上，驗證、測試是相輔相成的。驗證會產生測試的標準，而測試通常又會說明完成一些系統的確認和驗證，特別是系統測試階段。

(1) 驗證（Verification）

是指通過檢查和評估軟體或系統的規格說明、設計、程式碼或其他工作產出，以確保其符合預先定義的規範、標準或規則。驗證的目標是確認軟體或系統是否按照規範要求進行開發，並且在構建過程中沒有出現錯誤或違規行為。驗證聚焦的是開發過程的正確性，即「開發的方式是否正確」。

(2) 測試（Testing）

是指通過執行軟體或系統的實施或執行過程，以評估其品質、功能和效能，並發現其中的缺陷、錯誤或其他問題。測試的目標是識別軟體或系統在不同情況下的行為，以及與預期結果不一致的任何差異。測試聚焦的是軟體的可靠性和正確性，即「軟體是否按照預期工作」。

2. 測試類型

如圖 17-1 所示，測試工作分為功能性測試（functional testing）與非功能性測試（non-functional testing）兩大類。

測試工作是系統開發中很重要的工作，而且測試工作需要耗費許多的人力與資源，如圖 17-2 所示，需要規劃撰寫完整的測試計畫。

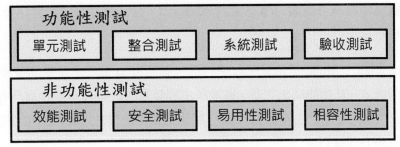

圖 17-1　測試類型

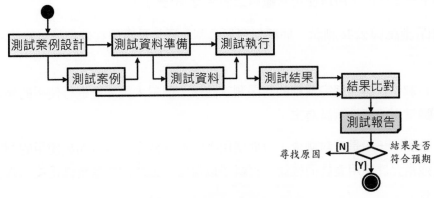

圖 17-2　測試計畫執行內容

3. 測試形式

依照測試的性質，測試又可分為如圖 17-3 所示的黑箱（black box）、白箱（white box）和灰箱（gray box）、煙霧測試、alpha 測試、beta 測試、公共測試、封閉測試等方式。

(1)黑箱測試：測試時不需要知道程式的邏輯與結構，只需要測試程式的執行結果是否和規格一致，也就是將程式看成是一個黑箱。

(2)白箱測試：測試軟體程式內部的邏輯與結構，因為要清楚知道程式的內容結構，因此稱為白箱測試。

(3)灰箱測試：介於白箱與黑箱測試之間的方式。灰箱測試除了關注輸出對於輸入的正確性外，同時也關注內部運作的處理流程與功能執行的狀況，但不如白箱測試那樣詳細和完整。

(4)煙霧測試：也稱為建構驗證（build verification）測試。「煙霧測試」一詞源自硬體業，只開啟單一設備的電源，如果機器沒冒煙，代表該設備基本功能沒有問題，之後被微軟採用作為軟體測試的方式。煙霧測試是一種非詳盡的測試方式，只確

定最關鍵功能是否有效，但不深入測試細節。通常是在系統建置之後和發布之前的初步測試。

(5)Alpha 測試：Alpha 是希臘字母中的第一個字母 α，表示系統開發釋出週期中的第一個版本，其功能尚未完善。通常是由開發團隊的成員或合作夥伴作內部測試。Alpha 測試通常進行白箱測試，部份其他測試可能會在之後由其他測試團體以黑箱或灰箱方式進行。

(6)Beta 版本是最早對外公開的軟體版本，由實際使用者參與測試。因為是 Alpha 的下一個階段，所以使用希臘第二個字母 β 表示。

(7)封閉測試與公共測試：簡稱封測與公測，通常是應用在遊戲領域軟體開發的測試方式。

　a. 封測：軟體開發完成前的封閉測試階段，限量人員才能進行使用的測試方式，通常以技術性測試為主。

　b. 公測：一般是在封測後，根據使用者的反映修正，進行開放使用的測試方式。通常允許使用者註冊帳號，資料予以保留，公測完成系統修正後進入正式運營。

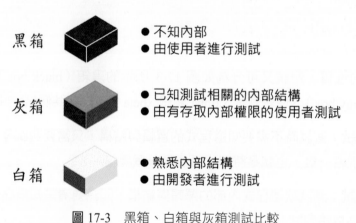

圖 17-3　黑箱、白箱與灰箱測試比較

17-2　物件導向測試

　　物件導向技術產生更好的系統結構、更規範的程式設計風格，最佳化了資料使用的安全性，提高了程式碼的重用性。物件導向技術保證了軟體應該有較高的品質，許多人因此誤認為物件導向技術開發出的程式就不需要進行測試。因為無論採用什麼樣的程式

設計技術，軟體的錯誤都是不可避免的，而且由於物件導向技術開發的程式碼重用率高，反而需要更嚴格的測試，避免錯誤的繼承。因此，軟體測試並沒有因物件導向程式設計的興起而喪失它的重要性。

物件導向開發模型不同於傳統的瀑布模型，將「開發過程」分為物件導向分析（OOA）、物件導向設計（OOD）和物件導向程式（OOP）三個階段。分析階段產生整個需求的抽象描述，在此基礎上進一步歸納出類別和適用於程式語言的類別結構，最後形成程式碼。

由於物件導向的特點，採用這種開發模型能有效地將分析設計的描述或圖表標準化地描繪，不斷適應客戶或使用者需求的變動。針對這種開發模型，測試和系統開發有密切關係，結合傳統的測試方式，整個軟體發展過程中應不斷測試，使開發階段的驗證完成後的單元測試、整合測試、系統測試成為一個整體。如圖 17-4 所示，各項功能性測試對應於軟體開發生命週期（SDLC）的階段目標。

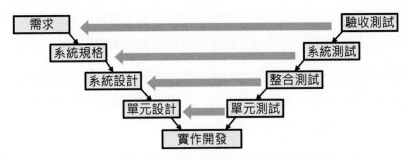

圖 17-4　測試對應於軟體開發生命週期的階段

(1) 實作開發測試

OOP 測試主要針對實作開發的程式設計風格和程式碼實現進行測試，其主要測試內容在單元測試和整合測試中實行。

(2) 單元測試

單元測試是後續進行整合測試的基礎，是對程式內部具體且單一的功能模組進行檢測，例如 C++、Java 程式語言的類別方法（成員函數）的測試。

⊕)) 補充說明

因後續內文討論測試方法，易與類別方法此一名詞混淆。因此，類別的方法在本章儘量以成員函數稱呼之。

---

(3) 整合測試

整合測試主要對系統內部功能之間的服務進行測試，例如成員函數之間的呼叫執行、參數傳遞、類別之間的建構使用等。整合測試不僅單元測試，更要對應 OOD 的規劃。

(4) 系統測試

系統測試是基於整合測試的最後開發階段對整個系統進行全面的測試，包括功能性與非功能性的測試等。主要是依據 OOA 的結果，使用者需求為測試目標，以確保系統的整體品質和符合預期的效能要求。物件導向程式包含了繼承、封裝和多型的特性，這使得傳統的測試方法需要做一些調整：

a. 封裝是對資料的隱藏，外部只能透過類別的成員函數來存取或維護資料，有效地減低了類別屬性被隨意修改和存取的風險。因此，能夠降低在傳統程式中對資料非法存取的檢測。

b. 繼承提升了程式碼的重複使用，但相對地也增加了錯誤延續的風險。為了應對這點，需要加強對繼承程式碼進行測試的規劃和執行策略。

c. 多型提供物件導向程式能夠展現出強大的處理能力，但同時也讓程式內相同成員函數的行為變得複雜。在進行測試時，必須考慮不同類型具體執行的行為，以確保系統的彈性和穩健性。

17-3 功能性測試

功能性測試是檢驗開發的軟體功能是否符合設計目標的測試工作，這項工作是實作程式的一部分。內容包括撰寫測試計畫，進行如圖 17-5 所示的單元、整合、系統和相容性等測試。

圖 17-5　功能性測試

功能性測試的目的在驗證資訊系統是否能夠正確地按照預期的功能運行，重於軟體執行的功能、行為和邏輯。功能性測試主要包括以下方面：

(1)功能驗證：測試軟體的各個功能點，確保其符合需求規格說明書或功能規範。

(2)功能完整性：驗證系統的各個部分和模組之間的互通，以確保它們能夠正確地協同工作。

(3)使用者介面測試：測試使用者介面的可用性、易用性和一致性。

(4)資料處理測試：驗證資料的輸入、輸出和處理是否正確。

功能性測試可以包括手動測試和自動化測試，以確保軟體在各種使用情況下都能正確運行。

1. 單元測試

傳統的單元測試針對程式的函數、過程或完成某一特定功能的區塊。主要是測試個別類別、成員函數、和共同完成某特定功能的類別集合的程式功能。測試者必須知道程式的內容，才能確保每一個執行路徑的測試，一般建議由程式設計師執行，所以屬於白箱測試。可以沿用傳統程式的單元測試的概念進行測試，例如：

(1) 等價劃分（Equivalence Partitioning）

在等價劃分中，將輸入資料劃分為若干個等價類型，使得每個等價類的測試案例具有相同的測試行為。這意味著在同一個等價類型中，使用任何一組有效的輸入資料，系統的行為都應該是相同的。因此，測試這個等價類型中的一個代表性測試案例就可以覆蓋整個等價類型的測試情況。執行的步驟如下：

a. 了解值域：首先，需要了解輸入的取值範圍以及可能的邊界情況。

b. 確定等價類型：在輸入範圍內，將資料劃分為若干個等價類型。每個等價類型中的資料具有相同的測試行為。

c. 選擇測試用案例：從每個等價類型中選擇一個或多個代表性測試案例進行測試。

d. 執行測試：使用選定的測試案例來測試系統的行為，確保其符合預期。

假設有一個函數接受一個整數作為參數，並根據整數的值執行不同的邏輯。輸入整數的範圍是 1 到 100。等價劃分可能如下：

a. 等價類型 1：輸入整數為 1 到 30

b. 等價類型 2：輸入整數為 31 到 70

c. 等價類型 3：輸入整數為 71 到 100

(2) 因果圖（Cause-and-Effect Diagram）

因果圖，也稱為魚骨圖（Fishbone Diagram）或石川圖（Ishikawa Diagram），是一種用於分析問題根本原因的圖形工具。廣泛使用在單元測試和其他軟體發展過程中，幫助識別和理解問題的根本原因，從而採取正確的措施來解決問題。

如圖 17-6 所示，因果圖的基本結構是一個中心線（通常畫成橫線），象徵著問題或現象。從中心線延伸出多個斜線，這些斜線代表導致問題的各種可能原因。這些原因通常按照一定的類別進行組織，如人員、方法、設備、材料、環境等。

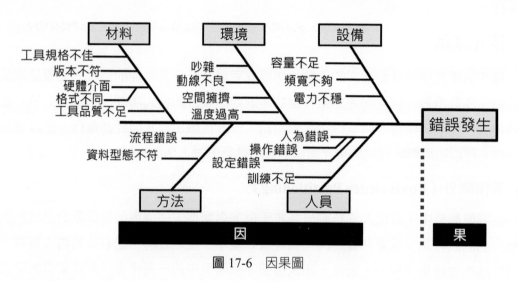

圖 17-6　因果圖

繪製因果圖的過程通常包括以下步驟：

a. 確定問題或現象：首先，確定需要解決的問題或關注的現象，並在中心線上寫明。

b. 確定主要原因類別：考慮導致該問題的可能原因，然後將它們劃分為幾個主要的原因類別。這些類別會成為斜線的標籤。

c. 確定具體原因：在每個原因類別下，列出可能導致問題的具體原因或因素。這些因素可以是直接的原因，也可以是影響因素。

d. 分析原因：一旦因果圖繪製完成，專案團隊可以一起分析每個原因類別和具體原因，進一步測試問題的發生原因。

(3) 邊界值分析（Boundary Value Analysis）

進行邊界值測試時，測試人員會選取測試案例的輸入值接近邊界條件的情況，例如最小值、最大值和邊界值，以測試在這些邊界條件下的軟體行為。因為在許多情況下，

軟體在接近邊界條件時可能會產生錯誤或不正確的行為。通常情況下，邊界條件可能會引起程式的特殊情況或邊界問題，這些問題在程式設計和程式編碼時可能容易被忽略。

(4) 邏輯覆蓋（Logic Coverage）

衡量測試案例是否涵蓋了被測程式碼中所有邏輯路徑的衡量標準。常使用的覆蓋測試方式包括：

a. 敘述覆蓋：測試程式中所有敘述至少被執行過一次。

b. 條件覆蓋：測試程式中所有條件的真偽至少被執行過一次。

c. 決策覆蓋：測試程式中所有決策路徑都至少被執行過一次。

d. 複合覆蓋：將各類覆蓋測試方式混合使用。

(5) 路徑分析法（Path Analysis）。

測試程式中不同執行路徑的覆蓋情況。路徑分析是基於控制流圖（Control Flow Graph）來分析程式的執行路徑。控制流圖是一個圖形表示，將程式的各個執行路徑表示為節點和邊的結構。每個節點代表程式中的一個基本區塊（basic block），而邊表示程式執行從一個基本區塊到另一個基本區塊的流轉。在路徑分析法中，測試人員會選擇一組路徑，以確保覆蓋程式中盡可能多的執行路徑。

無論採用何種測試法，用於單元測試的測試分析（提出相應的測試要求）和測試案例，規模和難度等均遠小於整合測試與系統測試，但著重對程式碼應有 100% 的覆蓋率（code coverage）。

⊕» 補充說明

測試覆蓋率是通過量化計算「程式哪裡有被測試過，哪裡沒有被測試過」來保證測試的完整性。

在物件導向程式設計中，類別成員函數通常程式較小、功能單純，並且這些成員函數之間的相互呼叫頻率較高。這種特性使得一些潛在的錯誤可能不容易被發現。因此，在進行測試分析並設計測試案例時，應該特別注意物件導向程式的這些特點。需要仔細規劃測試，以確保程式能夠正確實現設計所要求的功能。

因此，在物件導向程式設計階段，測試的焦點主要在兩方面：

(1) 資料成員是否滿足資料封裝的要求？

資料封裝是屬性資料和資料有關的成員函數集合。檢查資料成員是否滿足資料封裝的要求，基本原則是資料成員是否被外部（資料成員所屬的類別或子類別以外的類別）直接呼叫。也就是說，當改變資料成員的結構時，是否影響了類別的對外介面，是否會導致其他類別的程式必須更改。

(2) 類別是否實現了要求的功能？

類別實現的功能都是通過類別成員函數的執行。在測試程式的類別功能時，確認類別成員函數執行的正確性，是實現系統功能的基礎。類別成員函數之間的作用和類別之間相互運作所達成的服務，無法在單元測試確定，而是需要進行後續的整合測試。此外，單元測試類別的程式，除了確認程式碼是否能夠正確的執行，類別提供的功能應該要以系統設計的結果為依據，檢測類別提供的功能是否滿足設計要求，是否有缺陷。必要時還應該參照系統需求分析的結果，做為最終測試是否符合的標準。

此外，物件導向程式設計的特性，尤其是繼承特性和多型特性，使子類別繼承會有多載（overload）、覆寫（override）父類別成員函數的情況。與傳統測試方式，需要增加兩個層面的測試考量：

(1) 繼承的方法是否需要再測？

對父類別中已經測試過的成員函數，兩種情況需要在子類別中重新測試：

a. 繼承的成員函數在子類別中做了更動。

b. 成員函數呼叫了更動過的成員函數的部分。

(2) 具備多型的子類別的測試考量？

a. 執行多型實例的測試。對於子類別繼承並覆寫父類別的成員函數，在測試時要確保多型是否能夠正確地處理。也就是透過父類別的呼叫執行子類別的覆寫函數時，能夠正確地實現該函數的作用。

b. 確實測試覆寫的父類別和子類別的成員函數。在測試案例中，需要包含針對父類別和子類別的不同測試情況，以驗證它們的行為和邏輯是否符合預期。

c. 檢查參數和回傳值。對於具備多載的函數，需要仔細檢查參數的傳遞和回傳值的處理。確保父類別和子類別的成員函數，在處理參數和回傳值時都能正確運行。

d. 處理例外情況：多型和子類別可能有自己的實作，因此，測試案例應該分別測試

父類別和子類別，輸入或條件在例外執行時的行為是否正確，是否會引發適當的例外或錯誤處理程序。

e. 使用適當的測試技術：根據實際情況，選擇合適的測試技術，如黑箱測試、白箱測試、邊界值分析等，以確保對父類別和子類別的測試完整且有效。

f. 繼承關係中的特殊情況：子類別可能會繼承父類別的私有成員，這時測試要特別注意存取權限和資料封裝是否會造成執行上的問題。

g. 父類建構子（constructor）和解構子（destructor）函數：子類別繼承父類別時，建構子和解構子函數的執行順序和影響，必需要仔細了解和測試。

總之，對於子類別繼承父類別的情況，單元測試應該全面覆蓋繼承關係中的所有成員函數，並特別注意多型、例外處理、資料封裝等情況。確保父類別和子類別的成員函數在繼承過程中能夠正確地實現預期的行為和邏輯。

2. 整合測試

傳統的整合測試，通常是自下向上（buttom-up）對整合完成的功能模組進行測試，一般可以在部分程式編譯完成的情況下進行。而對於物件導向程式，相互呼叫執行的功能散布在程式的不同類別之中，類別透過參數傳遞的要求和回應達成執行的服務需求。類別的行為與它的狀態密切相關，狀態不僅僅表現在類別資料成員的值，也可能包括其他類別中的狀態資訊。因為類別相互依賴的關係非常緊密，所以在開發不完全的程式上，對類別進行的單元測試，就無法確認各類別之間交互使用的情況是否能夠執行正確。所以，整合測試通常需要在整個程式單元完成後進行。需要得注意的是，物件導向程式具有動態特性，程式的控制流程難以確定。因此，只能在完成整個單元程式後，進行基於黑箱原則的整合測試。

相對於單元測試對成員函數行為正確性的檢測，整合測試著重於系統的結構和內部的交互作用。整合測試可以分成先執行靜態測試，再執行動態測試的兩格步驟實施：

(1) 靜態測試

靜態測試主要針對程式的結構，檢測程式結構是否符合設計要求。許多工具軟體都能提供逆向工程（reverse engineering）的功能，例如 IBM 公司的 Rational Rhapsody，將原始碼轉化為模型，得到完整類別之間關係的類別圖。再將逆向工程得到的結果與系統設計的結果比較，檢測程式結構和實作上是否有差異或缺陷。

(2) 動態測試

動態測試設計測試案例時，通常需要參考系統設計的類別關係作為參考，確定不需要被重複測試的部分，減小測試的工作量，同時可以考慮使用如 Find Code Coverage、SonarQube 等程式碼檢測工具。

設計整合測試時，可以參考以下步驟：

(1) 確定整合測試的目標

明確整合測試的目的和範圍。瞭解要測試的系統元件和其之間的交互關係，以及預期的功能和性能。

(2) 識別測試場景

根據整合測試的目標，識別不同的測試場景。測試場景是一系列測試案例的集合，用於測試特定系統互動的情況。

(3) 確定測試資料

為每個測試案例確定合適的測試資料。測試資料應該涵蓋各種情況，包括正常情況、邊界情況和例外情況。

(4) 編寫測試案例

根據測試場景和測試資料，編寫整合測試案例。測試案例應該明確指定測試的輸入、預期輸出和預期行為。

(5) 決定執行順序

確定整合測試案例的執行順序。通常，需要按照一定的順序來執行測試，以確保先測試依賴的組件。

(6) 執行測試案例

按照預定的順序，依序執行整合測試案例。在執行過程中，記錄測試結果和問題。

(7) 追蹤和管理問題

如果在執行測試案例過程中發現問題或缺陷，應該及時記錄並追蹤這些問題，確保得到解決。

(8) 進行回歸測試

在修復問題後，進行回歸測試，確保修正後的程式不會產生新的問題。

設計整合測試的測試案例時，則可考量下列步驟：

(1) 選定檢測的類別

參考系統設計的結果，依據類別的狀態和相對應的行為、類別或成員函數間傳遞的參數、輸出 / 入的要求等。

(2) 確定覆蓋標準

包括：

a. 類別所有服務要求或服務提供的一定覆蓋率。

b. 依據類別之間傳遞的參數，達到對所有執行緒的一定覆蓋率。

c. 類別所有狀態的覆蓋率。

(3) 確定類別關係

利用系統設計結果所規劃的類別圖，確定待測類別的所有關聯關係。

(4) 依據執行實例

根據程式中類別執行時的實例關係進行案例的測試，確認改變類別的狀態的條件、使用類別的服務和期望類別實現什麼行為等。

設計整合測試的測試案例時，不但要設計確認滿足類別功能的輸出 / 入，也應該設計一些例外的輸出 / 入情況，確認類別是否有不合法的行為產生，例如傳送與類別狀態不符的訊息，要求不符的服務等。根據具體情況，動態的整合測試有時也可以在系統測試時再執行。

3. 系統測試

單元測試和整合測試僅只有保證達成軟體設計的功能，但不能確認在實際運行時，是否達成客戶的要求和滿足使用者的需求、是否存在大量實際使用條件下會被誘發產生錯誤的潛在狀況。因此，需要對完成開發的軟體經過整體的系統測試。也就是說，開發完成的軟體，僅是實際投入使用系統的一個組成部分，還需要測試它與系統其他部分配套運行的表現，以確保系統在各模組功能、內部與外部的環境，都能正常的運作。

系統測試應該儘量採用與使用者實際使用環境相同的平台環境，對尚未到位的設備或周邊，也應有相對模擬的替代性方案，以便確保被測系統的完整性。系統測試時，應

該參考系統分析結果，不僅僅是檢測軟體的整體行為表現，也是對軟體發展的設計再次確認。具體測試內容除了功能測試，還會以正式的軟體需求規格說明書，並結合非功能性（17-4 節）的需求為測試目標。

4. 驗收測試

驗收測試（acceptance testing）測試系統和原先使用需求是否一致，是從使用者的角度來檢視，系統是否能正常運作。所以測試是由客戶來主導，並搭配有經驗的測試人員與開發人員輔助撰寫測試案例。由於驗收測試涉及到客戶是否接受最後開發完成的系統，所以接受測試的項目通常會詳列在最初的需求建議書（Request for Proposal，RFP）中。測試時所有軟體均加以測試其表現的性能，例如：正確性、方便性、規格及其限制條件等相關資訊均應記錄，提供是否可以驗收、後續使用及維護的參考。

17-4 非功能性測試

功能測試根據需求進行功能上的測試，而非功能測試則是針對更廣泛的品質問題進行測試，通常是依據客戶的期望和效能要求進行。功能與非功能測試兩者主要差異在於需求之間的區別：

(1)功能需求：系統的行為或執行。

(2)非功能性需求：系統的性能或可用性。

因此，功能性測試檢查系統內部功能的正確性，而非功能性測試檢查如圖 17-7 所示的系統運作能力，例如效能、安全性、可靠性、可用性和可維護性等。

圖 17-7　非功能性測試

ISO/IEC 25010:20 制定完整的系統軟體品質規範，不過範圍過於廣泛，且對於商業資訊系統的開發有時程與成本的考量，很難全面兼顧。常見的非功能性測試包括下列類型：

1. 效能測試

效能測試評估系統的回應時間、傳輸量和資源利用率等性能指標。因資訊系統類型的多元，主要測試項目會因系統應用的環境、需求而不同。常見的效能測試包括：

(1) 可靠性測試（Reliability testing）

測試系統在長時間運行中的穩定性和可靠性。包括對系統進行長時間運行的測試，以驗證系統是否能夠在穩定的條件下持續工作，並保持期望的效能水準。

(2) 容錯測試（Fault tolerance testing）

測試系統在面對故障或異常條件時的反應和恢復能力。包括硬體故障、網路中斷、資料丟失等情況，以驗證系統是否能夠正確處理這些故障，並保持可靠的運行狀態。

(3) 壓力測試（Stress testing）

在一定的負荷條件下，給予系統會承受額外的工作負載，長時間連續執行，以檢查其是否有效執行並能夠按要求處理的壓力變化。目的是發現系統效能的變化情形，並找出系統瓶頸所在。

(4) 負載測試（Load Testing）

在一定的工作負荷下，資料在超量環境中執行，給系統造成的負荷及系統回應的時間，檢驗系統能否承擔。

(5) 容量測試（Capacity testing）

確認系統能承受的最大資料容量 (資料儲存)，涉及對系統資源的使用、處理速度和性能指標進行評估。通常和資料庫與記憶體有關，以確定系統的容量和擴充能力，並預測系統在未來工作負載下的可靠性。容量和負載的區別在於：容量關注的是容量大小，而不在意實際使用的效能。容量測試針對資料庫而言，是在資料庫中有較大數量的資料記錄情況下對系統進行的測試。將大量的數據寫入資料庫中，並監控整個系統的行為，確保應用程式能夠運作，也稱為體積測試 / 洪水測試 (Volume Testing)。

(6) 容錯測試（Fault tolerance testing）

測試系統在面對故障或異常條件時的反應和恢復能力。它可以包括類比硬體故障、網路中斷、資料丟失等情況，以驗證系統是否能夠正確處理這些故障，並保持可靠的運行狀態。

(7) 冗餘性測試（Redundancy testing）

測試系統中的冗餘零件和備份機制的有效性和可靠性。通過類比冗餘系統中的零件故障和切換，驗證系統在冗餘配置下是否能夠無縫切換和繼續運行。

2. 安全測試

安全測試驗證系統的安全性和防護機制，以保護系統免受潛在的威脅。包括各類資訊安全的檢驗，例如：弱密碼防護、病毒掃描、軟體原始碼的安全檢測、軟體漏洞與弱點掃描、風險評估、網際網路和網站安全測試、滲透測試等。

因應近年來資安問題，獨立在 17-5 節介紹資安的檢測。

3. 易用性測試

依據 ISO 9241 的定義，易用性（Usability）是指產品在特定的情境（context）下為特定的使用者使用，包括軟體人機工學、視覺介面、訊息呈現原則、互動回應等，所具有之有效性（effectiveness）、效率（efficiency）與滿意度（satisfaction）。易用性測試評估系統的使用者經驗（UX），確保系統對使用者友善（user friendly）且易於操作。

常見的易用性測試類型如下：

(1) 使用者介面評估（Usability Evaluation）

通過評估使用者介面的設計、布局和互動元素，以確定其對使用者的友善程度。常用的評估方式包括專家評審、使用者調查等。

(2) 學習性測試（Learnability Testing）

評估使用者在初次接觸系統時的學習曲線和學習過程。測試目標是確定系統是否易於學習，使用者能夠快速理解和掌握系統的操作方式。

(3) 導航測試（Navigation Testing）

測試使用者在系統中導航和瀏覽功能時的體驗。目標是確保系統的導航功能表、連結和導航流程容易理解、直觀和一致。

(4) 回饋與回應時間測試（Feedback and Response Time Testing）

評估系統在使用者操作後給出的回饋和回應時間。測試目標是確保系統在使用者互動過程中，回應時間符合使用者的期望。若是執行較久的運算或處理，也能及時反應適當的訊息。

(5) 錯誤處理測試（Error Handling Testing）

　　測試系統在使用者輸入錯誤或操作錯誤時的處理或防呆機制。目標是確保系統能夠提供清晰的錯誤提示和合適的引導，糾正使用者錯誤並繼續操作。

(6) 使用者經驗測試（User Experience Testing）

　　通過模擬真實使用場景，評估使用者在實際使用過程中的整體體驗。測試目標是瞭解使用者在使用系統時的感受、情緒和滿意度。

　　易用性測試的執行方式、流程有非常多種變化，主要是藉由使用者實際使用，觀察並記錄整個使用過程的方式，評估是否有下列問題發生。測試完成後再依問題解決的難易程度，擬定解決的優先順序：

(1)有效性問題：使用者無法完成任務或應執行的作業。

(2)效率問題：使用者不能在期望的時間內完成任務。

(3)滿意度問題：使用者完成任務過程感到不確定、不安或不愉快。

4. 相容性測試

　　相容性（Compatibility）測試，在某一特定環境下，確定開發的系統是否可於其他軟、硬體配合並正確運作的檢驗。例如：不同伺服器主機、不同作業系統平台、網路環境或協力廠商軟體元件不同版本之間、印表機等各類型號或廠牌之外接設備、各種瀏覽器、不同螢幕解析度等。或是資料、檔案、程式是否能與其他系統共用或互通等。

(1) 平台相容性測試（Platform Compatibility Testing）

　　平台相容性測試評估軟體在不同作業系統（如 Windows、Mac、Linux）或不同硬體平台（如 PC、移動設備）上的相容性。測試人員會驗證軟體在不同平台上的安裝、運行和功能表現，並確保它在不同平台下的穩定性和一致性。

(2) 瀏覽器相容性測試（Browser Compatibility Testing）：

　　測試使用不同網頁瀏覽器，例如：Firefox、Safari、Chrome、Edge 連結使用系統網頁的相容性。測試人員會驗證軟體在各種瀏覽器中的外觀、版面、功能和性能，並確保使用者在不同瀏覽器上都能正常存取和使用軟體。

(3) 設備相容性測試（Device Compatibility Testing）

　　設備相容性測試評估系統介面在不同設備，例如：手機、平板電腦、智慧電視上的

相容性。測試人員會驗證軟體在不同設備上的顯示、解析度、螢幕尺寸和互動模式,確保軟體能夠適應不同設備的特性和限制。

(4) 資料庫相容性測試(Database Compatibility Testing):

測試與不同資料庫系統,例如:Oracle、SQL Server、MySQL 之間的相容性。測試人員會驗證軟體與各種資料庫的連接、資料存取和資料處理是否正常,並確保系統能夠與不同資料庫平台的特性和語法相容。

(5) 網路相容性測試(Network Compatibility Testing):

測試評估系統在不同網路環境下的相容性,包括區域網路、網際網路(internet)或是雲端環境等。測試人員會驗證系統在不同網路條件下的性能、回應時間和網路安全,並確保系統能夠在不同網路環境中穩定運行。

相容性測試類型的目標是確保系統的軟體在不同配置和環境下的相容性和穩定性。透過這些測試,發現並解決在特定平台、瀏覽器、設備或網路環境中可能出現的問題,提供更廣泛的軟體支援和更穩定的使用狀況。

17-5 資安測試

資訊安全(簡稱資安)包含資料的保護及維護資料的安全。對於保護使用者隱私和資料安全,預防駭客攻擊,增強系統穩定性和使用者信任都至關重要。在當前充滿數位化風險的環境下,進行全面的資安防護是保障系統安全和可靠運行的必要手段。

1. 安全政策

依據 ISO 27001 資訊安全管理系統(Information Security Management System,ISMS)建立安全管理與稽核制度。

(1) 資通設備之管理

- 系統使用與管理規範。

- 使用文件紀錄。

(2) 存取控制與加密機制管理

- 有線 / 無線、網域、網路區隔等安全控管。

- 資通業務與特權之權限管理。

- 加密作業管理。

(3) 作業與通訊安全管理

- 惡意軟體防範措施。

- 遠距工作之安全措施。

- 電郵安全管理。

- 實體與環境安全措施，包括辦公室、機房、機櫃等。

- 資料備份。

- 外部儲存媒體防護措施，包括紙本、光碟、隨身碟等。

- 電腦使用之安全管理。

- 行動設備之安全管理。

(4) 資通安全防護設備

- 防護軟、硬體之安裝、更新或升級。

2. 開發過程的資安防護

資訊安全的威脅，包括內部與外部的威脅，系統開發的過程，為確保資訊安全，通常需涵蓋下列作法：

(1) 安全需求分析

在系統規劃和需求定義階段，將安全需求明確列入需求文件。確保系統在設計和實作過程中考慮到安全性。

(2) 安全設計

在系統設計階段，著重考慮安全架構和安全機制。採用安全設計原則，確保系統具備合適的安全層級和防護措施。

(3) 安全開發

在系統開發過程中，嚴格遵守程式撰寫的安全規範，謹慎使用第三方共享軟體，避免使用不明來源的公用程式，防範常見的安全性漏洞。例如：跨站腳本攻擊（XSS）、SQL 注入和伺服端請求偽造（SSRF）等。

(4) 安全測試

進行系統安全測試，包括資安測試和漏洞掃描。確保系統在正式上線之前經過充分的安全驗證和審查。

(5) 身份驗證與授權

為系統使用者提供合適的身份驗證和授權機制。確保只有授權使用者能夠存取特定功能和資料。例如：角色權限設定、強密碼機制、分身簽入限制等。

(6) 加密與保護

對系統中的機敏資料進行加密存儲和傳輸，確保資料在儲存和傳輸過程中不容易被竊取或篡改。例如：資料的儲存採取加密、隱碼處理，網站採用最新 TLS 1.3 版的安全通訊傳輸協定。

(7) 監控與審計

建立安全監控和審計機制，持續監測系統的安全狀態，及時發現異常行為和安全事件。

(8) 漏洞修復

定期檢查和修復系統中可能存在的漏洞（Vulnerability，或稱弱點）和安全隱患。及時升級系統元件和修補程式，保持系統的安全性。

(9) 災難復原

制定備份和復原計畫，確保在發生安全事件或系統故障時能夠迅速恢復系統功能。

(10) 培訓與意識

為系統開發專案團隊和使用者提供安全培訓，建立資安的正確觀念。確保團隊瞭解和遵守安全的最佳實踐。

3. 系統安全測試

(1) 弱點掃描

弱點掃描（Vulnerability Assessment）是利用弱點掃描工具，例如：Acunetix Web Vulnerability Scanner、Fortify、OpenVAS、Tenable Nessus、Zenmap 等，進行系統安全檢測（黑箱檢測）與程式碼檢測（白箱檢測）的安全性掃描。評估系統是否存在已知的安全風險與弱點，針對掃描結果提出相關建議與掃描報告，提供修補參考。常見的弱點掃

描包括 OWASP 2021 年最新公布的 TOP 10 等安全威脅。檢測流程如圖 17-8 所示，檢測完成後提出測試報告，並且針對各項風險分析處理方案與實施修正。

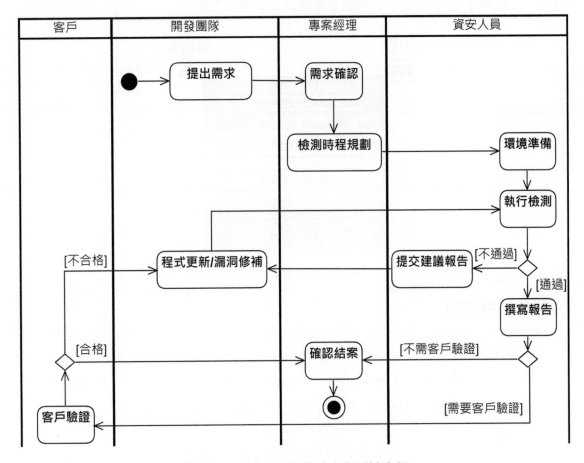

圖 17-8　系統開發專案的安全測試流程

(2) 滲透測試

　　滲透測試（Penetration Testing）模擬真實的攻擊場景，專注於發現系統的弱點和漏洞，試圖突破系統的防禦層並獲取未經授權的存取權限。滲透測試的方式是模擬駭客可能會入侵的手法來檢測系統、網站的安全性。如圖 17-9 所示，可以依據不同的強度考量實施測試，確保系統防護的層級，並也可藉由測試結果提出弱點補強的建議。

(3) 社交工程

　　社交工程（social engineering）是使用類似網路釣魚等方式，例如：電郵、簡訊、彈出式廣告、留言板等，誘使目標提供自己的個人資料、帳密等憑證，最終達到冒用目標登入系統或取得敏感資訊的方式。社交工程已經成為一種越來越常見的攻擊方法，84%

的駭客在網路攻擊鏈（Cyber Kill Chain）中利用基於網站的社交工程攻擊 （Web-based Social Engineering Attacks，WSEA）成功率很高[3]。尤其是企業或政府機關使用資訊系統的員工，如果資安意識較低，容易成為系統資安防護的隱憂。

圖 17-9　滲透測式類型

➕⁾ 補充說明

　　網路攻擊鏈是以偵查（Reconnaissance）、武裝（Weaponization）、傳遞（Delivery）、漏洞利用（Exploitation）、安裝（Installation）、命令與控制（Command & Control）、行動（Actions）等 7 個環節，描述駭客攻擊採取的步驟。

　　企業或政府機關，防禦策略中最重要的應該是員工意識與訓練，因為員工一直都是社交工程攻擊的戰略目標。社交工程測試，是模擬攻擊者透過人為手段，測試使用者的資安意識。例如：寄發最新時事或公司通告等測試郵件至使用者信箱引誘點擊，統計使用者的開信率、附檔開啟率、郵件連結點擊率等資訊，統計使用者的資安意識程度。對於資安意識較低的使用者，提供資安意識提升資訊或協助輔導，以強化資安意識、警覺性及降低社交工程攻擊成功之風險。

本章習題

問答題

1. 是列舉軟體測試工作的類型。

2. 試列舉黑箱、白箱、灰箱測試的差異比較。

3　Yang, Z., Allen, J., Landen, M., Perdisci, R., & Lee, W. (2023). TRIDENT: Towards Detecting and Mitigating Web-based Social Engineering Attacks. In 32st USENIX Security Symposium, USENIX Security (Vol. 2023, pp. 1681-1698).

Chapter 18

上線維運

18-1　環境建置與上線

當系統發展完成後就要安裝到實際使用的環境上運作，稱之為上線。全新系統上線的作業相對單純，如果是取代舊系統，或是上線的環境具備其他應用系統，縱使上線之前已經做過充分的測試，但是等到正式上線仍然可能會有許多問題發生。上線通常是專案成員緊張的階段，為避免上線時產生嚴重錯誤導致不可收拾，上線之前必須做好詳細的規劃。

上線之前規劃的作業，包括相關軟硬體系統及環境的設置、資料庫的建置或轉換、上線前的系統測試或驗收測試、使用手冊的撰寫、教育訓練或技術移轉。這些作業並不一定要照次序進行，有些作業可以平行進行或反覆進行，專案管理者確認這些作業都準備妥當後就可以真正上線運作，完成上線的作業。

1. 環境建置

在系統開發完成並進行上線之前，需要進行環境建置。環境建置是為了使系統順利運行，將系統部署到正式運營環境中的一系列活動。包括在正式的伺服器和網路環境中安裝、設定、測試和準備系統，以便使用者可以開始使用該系統。環境建置前的重要性包括：

(1) 驗證系統功能

環境建置是確保系統在真實運行環境中正常運作的關鍵步驟。在環境建置完後，可以對系統進行全面的功能測試，驗證系統的運行是否符合預期要求。

(2) 確保穩定性

環境建置需要搭建和配置相應的硬體和軟體環境，以確保系統運行的穩定性和可靠性。如果是採用雲端運算的方案，也需要確認動態資源調配與網路連線使用品質的環境建置程序。適當的環境建置能夠減少系統故障和問題的發生。

(3) 模擬實際使用情況

環境建置完成時，能夠透過測試運行的過程模擬真實的使用情況，包括使用者的操作和資料量等。這有助於發現潛在的問題和瓶頸，並進行相應的優化和調整。

(4) 進行測試

環境建置後，可以進行各種驗收測試前的準備工作，包括功能測試、性能測試、安全測試等。

2. 上線方式

系統開發完成後，並不是直接上線就解決問題了。上線牽涉到作業方式改變或增加、程序的調整等，甚至作業部門與人員也必須調整改變。另外，上線時會打斷原有的作業，如果上線產生問題，就很可能導致整個作業大亂，如果調整回原有的作業又耗時耗力，最麻煩的是（委外由專案團隊開發系統的）客戶抱怨甚至流失，所以不得不謹慎規劃。

新系統取代舊系統進行上線時，常見的有下列 4 種方式：

(1) 平行運行（parallel run）

這是最常見的上線方式之一。如圖 18-1 所示，在平行運行中，新系統和舊系統同時執行，執行的時間可以數週甚至到數個月。這時候硬體的運作資源就需要準備雙份，即使不需要雙份設備，也需要額外的資源。另外，資料　入與輸出都需要雙軌進行，以確保新舊系統的資料均能保持同步。如果所有的運作都一致，就確認系統可以正常運作。

平行運行的做法可以降低上線的風險，不過需要更高的成本。另外，完全的平行運行也不太實際，例如：資料要新舊系統兩邊同時輸入，硬體設備、伺服器都要額外採購，也需要暫時的人力，一般企業可能負擔不起，所以有時候會採取部分的平行運行作業。部分平行作業就是挑選關鍵功能進行平行作業即可，資料輸入也是抽樣選擇，這樣可以大幅地降低平行作業的費用。另外有一種做法是將新系統轉為主要作業，舊系統當成備份，當新系統發生問題時，舊系統可以馬上接手。

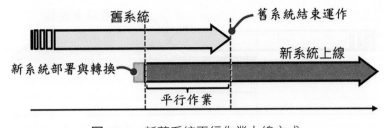

圖 18-1　新舊系統平行作業上線方式

(2)　直接上線（pdirect cutover）

也稱為大躍進（Big Bang）的一次性切換方式。如圖 18-2 所示，直接上線是指在特定的日期和時間直接關閉舊系統，然後將新系統上線。這種方式可能需要在上線之前進行充分的測試和準備工作，包括系統及環境的設置、資料庫的建置或轉換等，以確保新系統能夠完全代替舊系統。

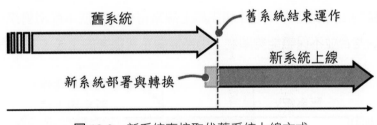

圖 18-2　新系統直接取代舊系統上線方式

直接上線的方式存在極大的風險，如果上線後新系統無法順利運作，會導致作業混亂、資料流失等，不是好的上線方式。為確保直接上線可以順利成功，新系統建置與資料轉換工作更需要做的確實，才能避免不必要的時間與成本的浪費。

(3)　先導上線（pilot deployment）

如圖 18-3 所示，在全面上線之前，可以將新系統部署在測試區域，由特定的使用者或小組進行測試和評估。如果測試結果滿意，再進行全面上線。例如：企業擁有 A、B、C 三個營業處。系統最初只先在 A 營業處上線，待運行一段時期後，再全面上線。又或是以某部門為測試與評估的對象，例如：新的銷售系統可以先在某特定銷售點使用。當此銷售點確定沒有問題，再推行至別的銷售點。

先導上線其實是平行運行與直接上線兩種方式的結合。這樣的做法相較於平行運行，在成本上則較為節省；相較於直接上線，則具備較低的風險，所以許多公司樂於採用此方法。

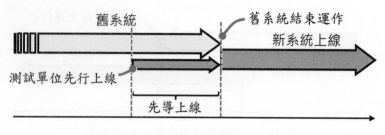

圖 18-3　新系統採用先導上線方式

(4) 分階段上線（phased rollout）

如圖 18-4 所示，這種方式是將新系統分為幾個元件或子系統，每個階段可以包含不同的功能或部門。起始階段將一部分的功能上線執行，測試完成後，進入下一階段，然後再增加元件或子系統，直到所有的系統都上線完畢。這樣可以減少風險並確保順利過渡，並讓使用者逐步熟悉新系統。

階段性上線的風險比起直接上線和先導上線來得低，但成本就相對來得高。一次上線測試和後續的整合並不保證能夠順利，仍然需要花費很多的工夫，才能得以上線成功。

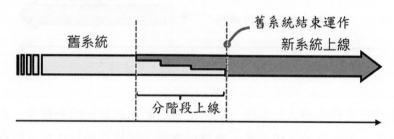

圖 18-4　新系統分階段上線方式

無論採用哪種上線方式，都需要仔細規劃和準備工作。在上線之前，必須確保新系統經過充分的測試和驗證，並提供相應的培訓和支援，以確保使用者能夠順利過渡到新系統。同時，要預留充足的時間和資源來處理可能出現的問題，以保證上線的成功。

當所有上線工作都完成後，接下來還有一連串的評估作業，稱之為後製作階段評估（post-implenienlation evaluation）。後製作階段評估就是評估系統上線後的相關事項，包括系統的作業與輸出是否精確完整、系統安全性與可靠度是否達到標準、資料庫與硬體運作是否有效率、使用者文件的品質是否良好等。最後還要進行使用者滿意度的調查，調查時間最好是系統上線後 1~3 個月的時間，也可以一年後再一次進行評估。

18-2 **教育訓練**

在系統上線時進行教育訓練是為了強化企業或客戶內部的使用者對於新系統運行環境、系統操作與管理的熟悉度,確保使用者能夠順利且有效地使用新的系統。

1. 訓練目的

執行教育訓練的目的包括:

(1) 熟悉系統功能

讓使用者熟悉新系統的功能和介面。透過訓練,使用者可以了解系統提供的各種功能,以及如何使用這些功能來完成作業。

(2) 提高使用效率

訓練幫助使用者學會更有效地使用系統。掌握系統操作技巧,節省使用者執行作業的時間和精力。

(3) 減少錯誤和疏漏

正確的訓練可以幫助使用者避免常見的操作錯誤和疏漏,防止因操作錯誤造成後續更嚴重的補救措施。

(4) 提高使用者信心

通過訓練,減少使用者對新系統可能帶來的不確定性和抵觸,幫助使用者克服這些困難,增加對系統使用的信心。

(5) 減少支援需求

熟悉系統的使用者更有能力自行解決問題,減少對維護團隊尋求技術支援的依賴。

(6) 幫助接受變化

當系統替換舊有系統或引入新功能時,使用者通常會有適應新系統的門檻,而有排拒心理。良好且專業的教育訓練,使用者可以更容易適應新系統,並理解變化所帶來的好處。

(7) 改進工作效率

使用者熟悉系統後,可以更好地掌握系統的運作和流程,從而優化工作流程,這有助於提高整體工作效率和生產力。

教育訓練有時也會有附加的延伸目的，例如：考量對系統與環境的掌握度，授課講師通常會是專案開發團隊的成員，透過教育訓練可以讓使用者與講師熟悉，方便後續問題的諮詢與溝通；教育訓練也可以為單位訓練種子教師，提供後續系統專案推動的協助角色。

2. 安排方式

(1) 執行計畫

為了有效達成教育訓練實施的目的，需要事先擬定「執行計畫」，明確地列出教育訓練的目標、範圍、對象、時程和實施的資源等計畫。這樣可以讓參與培訓的相關人員清楚地知道訓練的目的和預期成果，並知道如何進行。

一般而言，教育訓練的執行計畫可以包含下列項目：

a. 訓練目標：明確列出訓練的目標和預期成果，例如提高使用者對系統的熟悉程度、減少支援需求等。

b. 訓練對象：確定受訓的對象，包括哪些部門、員工或使用者需要參加訓練。

c. 訓練方式：確定訓練的方式，是面對面訓練、線上教學還是混合式課程。

d. 訓練時間：安排訓練的時間表，包括開始和結束日期、訓練的持續時間和頻率。

e. 訓練地點：指定訓練的地點，確保訓練場所符合受訓者的需求。

f. 訓練資源：確定訓練所需的資源，包括教材、軟體、硬體和教學工具等。

(2) 課程規劃

在系統上線的教育訓練，依據資訊系統的任務，以及培訓的對象專業與業務性質，會有很大的差異。一般而言，安排課程內容通常至少包括下列課程項目：

a. 培訓介紹：介紹課程的背景、目的和預期效果。

b. 系統概述：簡要介紹系統的概念、功能和特點。

c. 介面導覽：指導受訓者如何使用系統的介面和導覽功能。

d. 功能詳解：詳細說明系統的各項功能，並示範如何使用這些功能。

e. 常見問題和解答：介紹系統使用中常見的問題和解決方式。

f. 使用技巧：分享系統的使用技巧或是便捷的操作方式。

g. 上機練習：提供實際上機的操作，能夠更容易理解和記憶各種功能、操作步驟。操作中也可能發生未預期的錯誤，能夠當場了解問題所在，然後修正錯誤。

h. 資源和支援：介紹系統使用的相關資源和後續技術支援的通報與解決方式。

　　除了實體授課的方式，考量系統使用機構內人員的異動，或是因應後續系統功能的改版，許多教育訓練也可考慮採用線上教學的方式，採用數位教材，或是結合系統輔助訊息的導引。提供數位的教育訓練方式，方便後續使用者的學習。

18-3 變更管理

　　變更管理（Change Management，CM）是指在系統開發、上線部署或維運過程中，對系統中的任何變更進行控制和管理的一系列流程和實踐。這些變更可能包括系統功能的新增、修改或刪除，硬體和軟體的更新，配置的變更，以及流程的調整等。在系統上線後實施變更管理是為了確保系統的穩定性、可靠性和安全性。實施變更管理的步驟如圖 18-5 所示：

(1) 變更申請

　　當有任何變更的需求時，必須先提交變更申請。申請應包含變更的描述、原因、影響範圍、預期成果等相關資訊。

(2) 變更評估

　　提交的變更申請需由相關人員進行評估，確定變更是否必要，以及其可能的影響和風險。

(3) 變更批准

　　在評估完成後，需要有授權人員進行變更的批准。只有得到批准的變更才能進入後續實施階段。

(4) 變更實施

　　經過批准的變更需要在控制下進行實施。實施過程中需確保順利執行變更，並監控變更的進展和結果。

(5) 變更驗證

　　完成變更實施後，需進行驗證，確保變更符合預期要求，並且不會對現有系統造成負面影響。

(6) 變更記錄

　　每一次變更都需要有詳細的記錄，包括變更的內容、時間、負責人、驗證結果等。這些記錄有助於追蹤變更的歷史和效果。

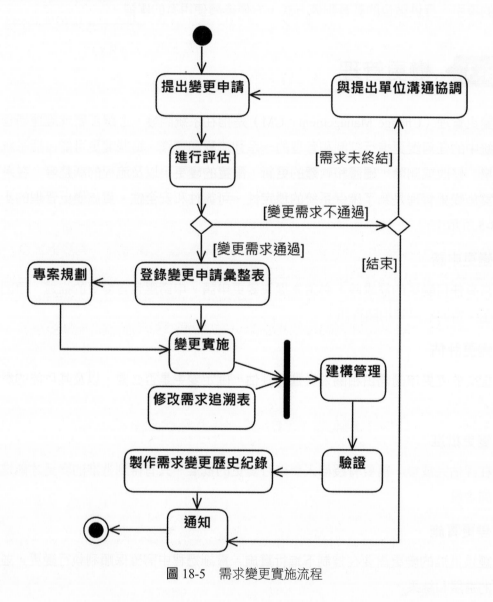

圖 18-5　需求變更實施流程

(7) 通知和溝通

在進行重要變更時，需要及時通知相關的利害關係人和使用者，並進行溝通，以減少不必要的疑慮和衍生後續的問題。

(8) 回顧和改進

在變更實施後，需進行回顧和改進，檢討變更的執行過程，並從中學習，以提高變更管理的效率和效果。

無論是商業模式、系統平台、介面形式，隨著環境變化難以預測且頻率不斷增加，變更管理正變得日益重要。無論新的資訊系統設計得如何，以及實施計畫如何規劃，人力資源都應該在應對變更方面扮演關鍵角色。

18-4 保固維護

1. 保固

保固是指在開發的系統交付或服務提供後，供應商向客戶承諾在一定的時間內為系統或服務提供免費的維修、更換或技術支援等維護服務。這是專案開發團隊對系統或服務品質的一種保證，也是對客戶的一種承諾。事實上，保固並非專案開發團隊免費與義務的服務，通常會將保固的金額包含在最初客戶購買系統的報價金額內。因此，在專案開發之初的合約簽定前，雙方必須先確認保固期滿之後的維護服務範圍與金額的計算方式。

保固通常具有以下特點：

(1) 期限

保固期限是指專案開發團隊承諾提供免費服務的時間區間，通常以月或年為單位。

(2) 服務範圍

保固通常涵蓋系統本身的製造缺陷或技術問題，並且需要符合使用條件下使用。如果系統是由使用者不當使用或造成損壞的，通常不在保固範圍內。有時系統功能雖然符合，但可能基於易用性（usibility）不良或操作性（operability）不佳等各種使用上的因素，而需要修改部分程式或介面，也會在保固內容許一定比例的程式或介面修改服務。

(3) 修復或更換

在保固期內，如果系統出現故障或問題，專案開發團隊通常會提供修復或更換系統的服務，以確保系統能夠正常運作。

(4) 技術支援

保固期間，專案開發團隊通常會提供免費的技術支援，回答客戶對系統或服務的問題，解決使用上的疑慮。

保固是確保客戶權益的重要服務手段，維持客戶良好關係的方式，也是系統專案開發團隊對系統或服務品質負責的表現。客戶在導入系統或使用服務前應詳細確認保固條件，以確保在保固期內享受相應的服務和維護。服務的方式通常區分為定期保養維護與維修通報服務兩類：

(1) 定期保養維護

在保固期間內，執行系統定期的軟、硬體檢測。檢測項目通常包括：系統性能調教、原始碼掃描、預防性測試、系統日誌確認與警告排除、版本升級、硬體清潔等，並提交檢測結果報告。

(2) 維修通報服務

提供專屬通報服務的管道，例如：專案保固期間若有問題諮詢需求或發生系統運作問題，使用者可聯繫專屬客服專線。並在保固合約依據緊急事件與一般事件，如表 18-1 所示的範例，分別載明處理與復原的時限。

表 18-1　維修通報處理時間範例

類別	緊急事件	一般事件
服務時間	周一～周日	周一～周五，非例假日
回應時間	12 小時內	08:30~17:00
服務時限	通知後： 4 小時到場 8 小時恢復正常	通知後： 24 小時到場 48 小時恢復正常

啟動維修通報服務的作業流程如圖 18-6 所示：

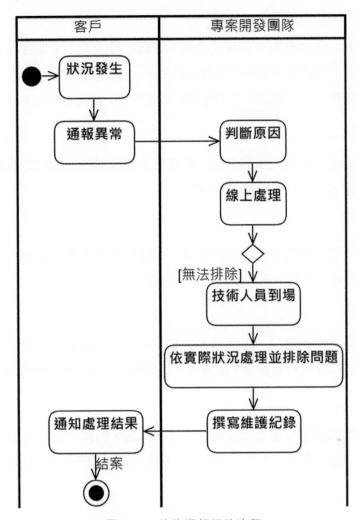

圖 18-6　維修通報服務流程

2.　維護

　　系統維護是為了確保系統持續運行、安全可靠，並能夠適應不斷變化的需求和環境。定期的維護可以幫助系統保持在良好的狀態，並確保它能夠持續地為組織提供價值。系統上線交付後的維護工作，通常包括如圖 18-7 所示的軟體、硬體與資安 3 個主要項目。

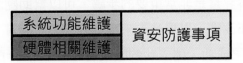

圖 18-7　保固維護的主要項目

維護工作的內容，一般會包含以下 6 個作業：

(1) 錯誤修正

系統開發過程中難免會有一些程式錯誤、邏輯不符漏洞，未能在各個階段的測試中發現。經過上線後，可能會由操作中發現這些問題，因此需要進行錯誤修正和漏洞修補，以確保系統正常運作。

(2) 支援更新

隨著技術的發展、資訊環境的變化，系統可能需要進行功能的更新和系統的升級，以符合新技術的相容性，以及後續發展的需求。

(3) 適應變化

系統上線後，可能會因為自動化的作業，引發組織的調整、業務的擴充等改變，可能需要調整或擴展系統的功能來適應新的需求或法規。

(4) 安全性

隨著資訊安全威脅的增加，維護系統的安全性變得至關重要。需要定期執行資安防護的檢核、更新修補程式和加強安全措施等，保護系統和資料免於攻擊或病毒的破壞。

(5) 效能優化

經過一段時間的使用，系統可能會出現效能問題，例如：空間不足、運行速度變慢或資料處理時間增加等情況。維護可以優化系統的效能，提高其運行效率。

(6) 客戶服務

維護還包括提供使用支援和後續培訓，確保使用者能夠正確使用系統，解答操作的疑問，並提供相應的技術支援。

18-5 專案評量

專案結束後進行專案評量是非常重要的步驟，可以幫助團隊瞭解專案的執行過程、成果和挑戰，從中學習和改進，以提升未來專案的效率和品質。藉由專案的評量，可以瞭解專案是否成功？ 如果成功，則成功的因素有哪些？ 有什麼可以改進，以及如何改進？

專案完成的評量也有助於專案的正式結束。因為，經過評量的過程是對專案成果進行最終審查和確認，能夠確保所有的交付項目都已經完成，並釋放相關資源。

1. 評估與評量

評估（assessment）與評量（evaluation），在字義上非常相近，本文依據專案執行時，著重的作業項目，分別界定為：

a. 評估：強調的是收集資訊和數據的過程，以了解特定事務的狀況，以便能夠做出判斷、決定。收集的方式可以是質性的（如觀察、訪談）或量化的（如測試、問卷調查）。

b. 評量：強調的是使用收集到的資訊和數據給予評價。評價通常是基於評估的結果，用於衡量事務的成果、績效或做出改進。

(1) 專案評估

專案評估是規劃過程的一個組成部分，在第九章「專案管理」中，各個階段都需要評估。對企業而言，在專案準備階段，需要評估一個專案相對於其他專案的相對盈利能力，以便高層管理的決策者選擇優先專案。因此，專案在實際投入運營之前要進行評估。但專案評估並沒有就此結束。專案在執行過程中也會執行評估，以了解其運作成功與否。在實作或上線階段，專案評估的目的是提出補救措施並指出改進其工作的適當步驟。

(2) 專案評量

評量的目的是查明是否已實現所有目標或專案的成功情況。有哪些教訓值得汲取？如何面對錯誤，如何克服意想不到的困難？目前的表現必須對未來的政策起到重要的幫助作用，從而避免類似錯誤的再次發生。因此，專案評量涉及從專案的制定、實施、完成各個階段成果的分析。

2. 評量目的

專案經理（PM）有責任分析自己和所有團隊成員在整個開發過程中的投入與產出，判斷專案是否成功。如果達到成功的標準，專案成員一定會為自己對組織的貢獻感到自豪，並且會注意到自己如何增強了自己的技能。通過衡量多個專案的成果，還可以發現專案團隊工作流程的改進情況。

(1) 檢測改進領域

針對專案中實施過程的改進和提升,評量績效可以為專案制定更具戰略性的方法。如果評量結果表明團隊沒有實現專案目標,就會成為 PM 在下一次任務之前確定應該要改進的領域。專案結束之後的評量對於後續業務發展的品質、效率,以及建立學習和改進的文化都非常重要。

(2) 做出組織決策

高層管理的決策者可能會根據您的專案評量來選擇公司未來系統分析與設計的發展方式。可能會影響招聘和聘用決策、組織資金以及現有員工的生涯規劃。因此,建立具體的指標與提供準確的估計非常重要,這樣可以幫助專案團隊成員有追求成功的目標,也能據以判斷是否達成的依據。在明確的專案評量指標之下,能夠提供 PM 決策的準則,也能提供專案成員發展更多的創造性自由來履行工作職責。

3. 評量項目

(1) 計算耗費成本

從財務角度評量專案績效。從專案開始之前建立的原始預算與執行專案時消耗的資金進行比較。如果數字相似,表示已經準確估計了必要支出項目與金額,甚至包括匯率、通膨的貨幣價值影響。如果實際支出低於預算,則可以在完成專案時揭示節省了開支。如果累計支出超出原先的估計,則進一步調查超支的原因。

專案期間進行成本管理。例如,如果購買習慣已經偏離預算,則應該實施策略,在財務挫折升級之前減少支出或嚴格審查價格。如果發現某一件作業項目具有成本效益,那麼可以考慮將資金增加投入該作業項目的支出比例。專案完成後,雖然支出偏離原訂的預算,高層管理的決策者可能會因為提交較高品質的結果或理解超支原因,而讓 PM 可以有更多的財務資源來參與未來的專案。

(2) 確定是否按時完成

確認是否在客戶或利害關係人指定的日期之前完成了系統的上線。按時完成專案可以表明專案團隊在壓力下的工作效率,也可以證明 PM 的領導是否成功。建立專案里程碑(milestone)控管專案進展,幫助團隊成員確保專案按計畫進行,並作為檢測完成的條件和標準。

(3) 評定團隊的績效

專案績效可以揭示團隊協同作業的品質。當團隊中的每一位成員都樂於接受新觀點，並要求彼此對自己的工作行為負責時，就可以提高團隊的績效。富有凝聚力的團隊合作也有助於開發更高品質量的系統。研究如何提高績效時，可以衡量團隊的緊密程度，以決定是否要協調培訓計畫或重新分配新團隊成員來完成任務。

(4) 判斷是否達成目標

目標達成是評估專案執行成果的重要指標。這些目標不僅包括系統發展的成果，還應該涵蓋公司業務目標和團隊專業成長的成果。舉例而言，共同的目標可能包括增加收入、擊敗競爭對手和提高品牌知名度等。

PM 通常會將專案執行的結果與最初的願景進行比較。如果願景成功實現，這證明了專案團隊的出色表現。然而，若最終開發的系統未達到專案原定的理想，則需要分析阻礙實現願景的原因。獎勵成功達成目標的團隊，將激勵成員持續努力並凝聚更好的向心力。

進行目標達成的驗證，同時檢討成果作為學習經驗，並為未來決策提供依據。同時，這樣的評估也有助於提升組織的透明度和責任感。並且，通過這樣的過程，能夠不斷優化專案管理程序，讓組織能夠在持續學習和改進中不斷進步。

(5) 衡量投資回報率

投資回報率（Return On Investment，ROI）是一個重要的指標，用來衡量開發團隊所屬公司在專案中獲得的經濟收益。透過審查專案的績效，可以確保系統開發的成果對公司來說是有利可圖的，也就是說能夠為公司帶來更多收益。通過評估多個專案的 ROI，能夠確定哪種策略或是哪個開發項目對公司來說是最有利的，進而做出更明智的執行決策。

(6) 評估客戶滿意度

著重於客戶反應以衡量系統上線的成效。客戶滿意度的提升，通常代表專案已成功滿足他們的需求，並開發了吸引他們的高品質系統。可以使用系統記錄的日誌（log）來收集使用者的操作情況，並透過使用者滿意度調查評估系統的易用性和實用性等方面。收集客戶滿度度的過程中，消費者積極的反應可以證明專案團隊所採取的策略是有效的。

(7) 發現最終產品的價值

最終完成並向客戶提交上線的系統品質，證明了系統分析與設計的成果，也表現了 PM 管理能力、專案團隊的技術能力。以至於專案成果的貢獻會對開發團隊、甚至企業的發展，都有極其重要的影響。

4. 改進技巧

系統開發的專案完成後，進行的評量結果是寶貴的回饋和學習機會，包括改進管理的技巧與提升管理的方法，可以幫助在下一個專案中取得成功：

(1) 管理技巧

a. 促進組織目標

您的團隊必須了解他們的任務目的以及他們可以採取的步驟來為公司的工作流程做出積極貢獻，這一點至關重要。告知他們專案的理想結果可以讓他們在復雜的任務中保持動力，從而提高他們的效率。

b. 進行廣泛的研究

尋求有用的資源以更多地了解您的工作背景並製定有凝聚力的策略。作為 PM，研究可以幫助您代表團隊做出明智的決策，並且可以為確定實際的截止日期和規劃預算奠定基礎。

c. 進行成本估算

有效分配財務資源可以幫助您避免材料超支，並利用可用資金實現您的業務目標。通過成本估算，您可以全面了解完成一個成功專案所需的資金量。

d. 使用時間管理工具

如果您想更有效地管理時間，請考慮投資可以跟踪進度的工具，例如日曆和電子表格。您還可以評估團隊成員的技術技能，以委派體現他們優勢的任務，這可以讓您更輕鬆地向利害關係人及時提交內容。

e. 應用利害關係人的回饋

您參與專案獲得的經驗越多，您的表現可能就會越成功。利用利害關係人的反饋來製定如何超越他們的期望的策略，並思考未來需要採取哪些不同的做法。

f. 協調團隊建設活動

加強團隊協作的另一種方法是為他們創造相互建立關係的機會。考慮在工作場所內外舉辦社交聚會，讓員工熟悉同事的工作方式和興趣。

(2) 管理方法

a. 分析評量結果

仔細分析評量結果，了解專案的成功因素和挑戰，識別成功的方面以及可能的改進之處。

b. 思考改進措施

根據評量結果，思考潛在的改進措施。包括在專案管理、資源配置、溝通、制度和文件等方面的改進。

c. 建立知識庫

將評估和改進的知識累積到公司的知識庫中，並建立有效的分享管道與觀摩機制，為未來的專案提供有價值的參考和指南。

d. 培訓和發展

根據評量的結果，識別專案團隊成員可能需要的培訓和發展需求，提高團隊的技能和能力，以應對未來更大的挑戰。

e. 改進流程和標準

檢討並改進系統開發流程和標準，確保後續能夠實現更精準的系統開發任務。

f. 鼓勵持續改進

建立一個鼓勵持續改進的文化，讓團隊成員在每個專案中都能從過去的經驗中學習並改進。

g. 持續監控和評估

在以後的專案中，持續監控和評估改進措施的成效，確認改進是否取得了預期的效果，並根據需要進行調整。

5. 總結

如果專案順利照著預定系統分析與設計的計畫進行，在專案即將結束時，會面臨上線與驗收的壓力，通常會是最忙碌的時候，絕對不能鬆懈。

　　專案成功與否的評量只看結果。PM 要能坦率接受成功或失敗的結果，並具有責任及義務將結果告知專案團隊成員。無論結果 何，都不能忘了要勉勵成員的辛苦。成功是成員們合作的結果，失敗則是專案管理不完備，或外在環境的影響的結果，失敗的責任並不在成員身上，而在於 PM。

　　除了評量之外， 案的最後一項作業，就是 PM 必須和專案團隊成員一起回顧、檢討專案的過程。就算專案的結果是成功的，也不代表所進行的專案管理就是完美的。針對應該改善的問題做反省，可以運用到未來的其他專案中。如果專案並沒有成功，回顧專案的過程或許會讓人感到痛苦，但從失敗中能夠學到很多經驗。就算專案失敗了，還是應該針對做得好的部分，給予專案成員正面評價及讚賞。

本章習題

問答題

1. 系統開發完成後，新系統取代舊系統進行上線，常見的有哪四種方式？

2. 服務的方式通常區分為哪兩個項目？

3. 依據專案執行時，著重的作業項目，分別解釋評估（assessment）與評量（evaluation）的意義。

附錄 A

UML 工具軟體

　　繪製 UML 的工具相當多，本書採用 StarUML 作為 UML 的工具軟體，具備 UML 最新版本完整的塑模工具，支援 Windows、MacOS 及 Linux（Ubuntu 或 Fedora）三種作業系統平台。透過擴充功能，StarUML 也能支援正向與逆向工程，能夠藉由 UML 視圖自動產生 Java 的「stub code」，以及將 Java 程式、資料庫逆向產生相應的 UML 視圖。

　　StarUML 最初是基於開源，遵循自由軟體 GNU 公共授權（General Public License，GPL）協議，免費提供下載使用。雖然 StarUML 後來轉型為付費的跨平台 UML 工具軟體，但提供無限期試用的使用方式，只需在開啟或關閉檔案時選點如圖 A-3 所示的評估（evaluate）按鈕，即可使用所有完整的功能，非常方便作為學習 UML 的主要工具。官網相關資訊如下：

- 官網首頁：https://staruml.io/

- 下載網頁：https://staruml.io/download

- 功能指引文件：https://docs.staruml.io/

　　功能指引文件的內容，涵蓋軟體操作說明、UML 所有視圖建模、擴充外掛等說明與介紹，非常詳細與完整。

A-1 下載與安裝

1. 下載

於網頁：https://staruml.io/download 依安裝的作業系統平台，以 Windows 版本為例，選點如圖 A-1 所示的 Windows 按鈕，下載 StarUML Setup 6.0.1.exe 安裝檔案。檔案大小約為 162 Mb。

圖 A-1　下載網頁

2. 安裝

安裝程序很簡單，執行下載的檔案，即會完成安裝，顯示如圖 A-2 所示 starUML 工具軟體。

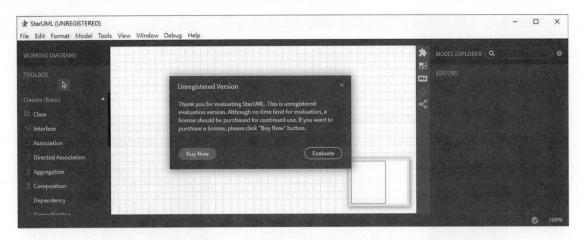

圖 A-2　starUML 工具軟體主畫面

開啟、關閉 starUML 工具軟體或存檔時，視窗會顯示未註冊的提示對話框，提醒是否付費購買使用權。如果免費使用，可以逕行按下圖 A-3 所示評估使用的「Evaluate」按鈕。

付費購買使用權　　　　　　評估使用

圖 A-3　使用 starUML 工具軟體

starUML 全部的功能提供永久免費使用，唯一不便之處是開啟、關閉或存檔時需要選點評估使用的「Evaluate」按鈕。如果購買永久使用：

(1) 校園版：教育機構使用

個人使用授權的費用是 US$69；實驗室或班級每位使用者的授權的費用是 US$69；全校授權使用費為：US$4900

(2) 一般版：非教育機構的使用對象

個人使用授權的費用是 US$99；商業機構或公司，每位使用者的授權的費用是 US$129；針對員工人數超過 5000 人的大型商業機構的授權使用費為：US$9900

StarUML 工具軟體執行的編輯環境顯示如圖 A-4 所示的視窗畫面。每一專案允許涵蓋任意數量的視圖。視圖繪製的操作方式，請參見功能指引文件說明。

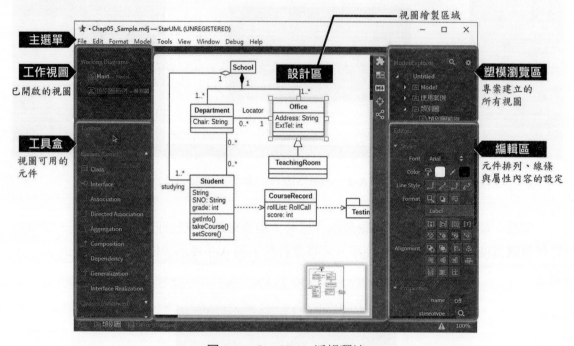

圖 **A-4**　StarUML 編輯環境

3.　系統偏好設定

執行主選單 | File | Preferences 的選項開啟如圖 A-5 所示的系統偏好設定視窗。針對各類型視圖的繪製環境設定預設值。

General 項目常須設定的項目包括：

(1)　**General 子項目**

- Auto backup：編輯時，是否自動備份。

- Default View Style：編輯視圖的字體類型、大小、顏色，以及線條的顏色等外觀設定。

(2)　**DiagramEditor 子項目**

- Show Grid：視圖背景是否顯示格線。

- Snap to Grid：移動視圖內的圖示時，是否對齊格線。

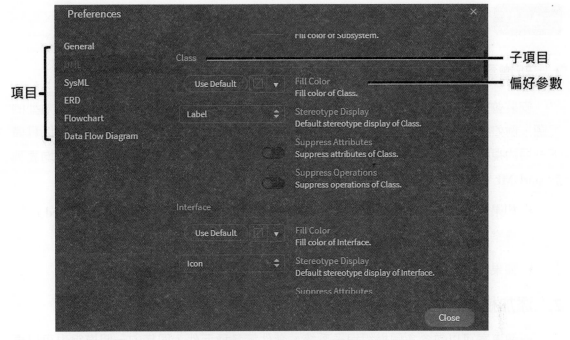

圖 A-5　系統偏好設定

　　UML 項目，除了指定視圖預設的顏色，主要常用的是設定 class 與 interface 這兩個圖示預設是否顯示屬性與操作。例如開啟「Suppress Attriburtes」表示預設不顯示屬性。繪製試圖時，如果特定某一個圖示需要顯示屬性時，仍可在該圖示按下滑鼠右鍵，於 Format 選項內選點「Suppress Attributes」變更特定圖示的屬性顯示與否。

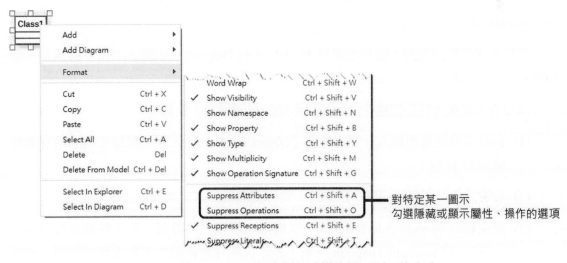

圖 A-6　個別設定屬性或操作是否顯示的方式

A-2 建立專案

1. 新增專案

安裝並完成系統偏好後，即可開始塑模的專案。一個塑模的專案包含多個各類型的視圖，例如：類別圖、循序圖、活動圖等。各個視圖依據其性質不同，可能還可以具備下一層的視圖。一個專案所有具備的視圖，以及試圖內所有包含的圖示、符號，均表列於 starUML 視窗左上方的塑模瀏覽區。starUML 專案存檔的附檔名為「.mdj」。

- 如果安裝後，沒有建立任何專案，starUML 會自動建立一個 名稱為「Untited」的專案。

- 如果需要自行新增一個專案，請選點主選單 File | New 選項。

2. 添加模組

一個專案可以包含多個模組與子系統、套件等各種元件，同樣的一個模組也可以再包含下一層的模組、子系統、套件等各種元件。增加專案模組的方式：

方式 1：於視窗右方的「塑模瀏覽區」選點專案或某一特定模組的名稱。於主選單 Model | Add 選擇 Model 選項。

方式 2：於視窗右方的「塑模瀏覽區」滑鼠右鍵選點該專案或模組名稱，於浮動式選單選點 Add | Model 選項。

3. 添加視圖

添加專案模組的視圖，請於主選單 Model | Add Diagram，如圖 A-7 所示的選項，選擇需要添加的視圖。

添加時會依據所在的模組，決定可以添加的視圖種類。例如：

(1) 先在現有模組內加入一個物件圖（Object Diagram），系統預設新增的類別圖為 Model1 模組。

(2) 於右方的「塑模瀏覽區」選點此一物件圖名稱，確定焦點在此物件圖上。

(3) 於主選單 Model | Add Diagram，或滑鼠右鍵選點物件圖，則系統顯示可增加的視圖只有 Flowchart Diagram 一項，表示只能在物件圖之下加入此一視圖。也就是說，UML 有規範限定不同視圖之下一層可以包含的視圖種類。

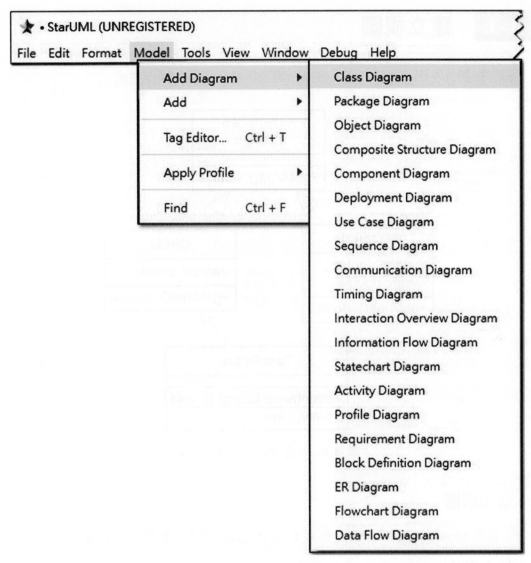

圖 A-7　添加視圖

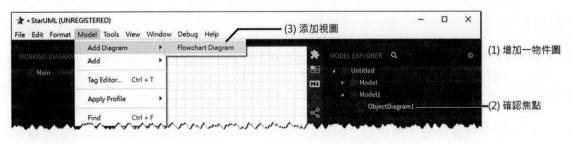

圖 A-8　於現有模組內添加視圖

A-3 建立視圖

以下列圖 A-9 所示的類別圖，做為示範說明繪製視圖的操作方式。

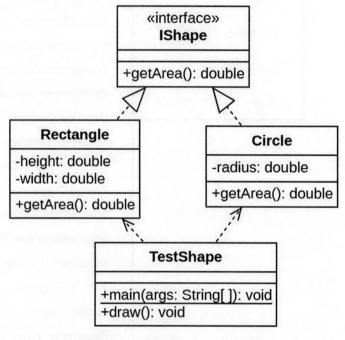

圖 A-9 示範練習使用的類別圖

1. 添加視圖

主選單 Model | Add Diagram，選點 Cass Diagram 選項，新增一類別圖。

2. 加入類別

請於視窗左下方的「工具盒」，分別放置一個介面與三個類別圖示至視窗中間的「設計區」。

(1) 放置圖示的方式，是先在左下方的工具盒選點欲加入類型的圖示，再於設計區適當位置點擊滑鼠左鍵，即會置入該類型圖示。

(2) 如果需要一次置入多個，可以在工具盒選滑鼠左鍵雙擊（double-click）類型的圖示。當該類型圖示右方出現鎖圖案，則可直接在設計區重複點擊滑鼠左鍵，重複置入該類型的圖示。

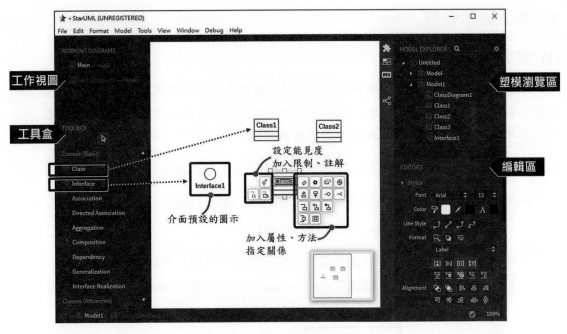

工作視圖

工具盒

塑模瀏覽區

編輯區

圖 A-10　放置圖示

3.　變更顯示格式

(1)　以滑鼠右鍵選點欲改變顯示格式的圖示後，於顯示的浮動式選單設定顯示格式。

(2)　例如變更視圖中的介面圖示，於浮動式選單 Format | Stereotype Display | Label。顯示屬性與方法：於浮動式選單 Format，取消 Suppress Attributes 和 Suppress Operations 的勾選。（可以使用快捷鍵 Ctrl+Shift+A 屬性； Ctrl+Shift+O 方法的顯示或取消顯示）

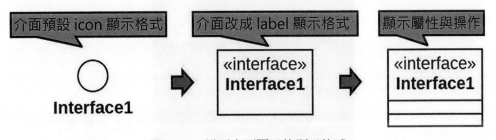

介面預設 icon 顯示格式　　介面改成 label 顯示格式　　顯示屬性與操作

圖 A-11　變更介面圖示的顯示格式

4. 加入圖示參數

(1) 變更圖示名稱

參見圖 A-12 所示,變更圖示的方式,或是編輯大多數各個圖示的屬性(是指圖示所代表元件的相關資訊,不是類別所具備的屬性。為了避免混淆,以下稱為「資訊參數」),均可參照下列方式變更該圖示所代表之元件的名稱。

- 滑鼠左鍵雙擊圖示的名稱,系統反白該名稱後,可直接輸入新名稱。

- 滑鼠選點該圖示,於圖示周圍出現 8 個方塊焦點,於視窗右下方的編輯區內「Properties」項目的 name 欄位輸入新名稱。

- 滑鼠於視窗右上方的塑模瀏覽區內選點該圖示的名稱,系統框住該名稱表示取的焦點,於視窗右下方的編輯區內「Properties」項目的 name 欄位輸入新名稱。

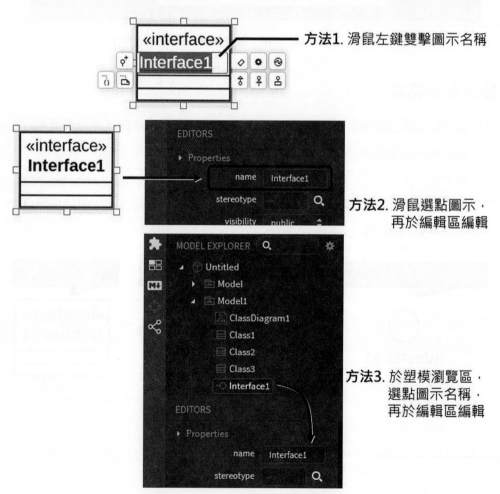

圖 **A-12** 設定圖示的資訊參數值

(2) 加入屬性與操作

　　如圖 A-13 所示，以滑鼠左鍵雙擊類別圖示，選點圖示旁出現的小圖像，選點加入屬性圖像，系統會顯示如圖 A-13 右方編輯屬性名稱的畫面，可再選點「+」圖像，增加第二個屬性。

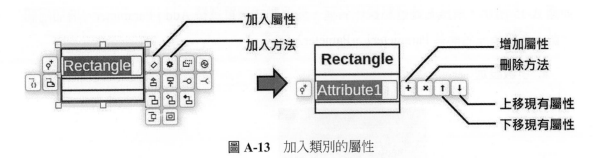

圖 **A-13** 　加入類別的屬性

　　加入操作的方式如同加入屬性。請參考範例的內容：IShape 介面具備一個操作；Rectangle 類別具備兩個屬性與一個操作；Circle 具備一個數系、一個操作；TestShape 類別具備兩個方法。

(3) 指定屬性的類型與參數

　　先選點類別圖示的屬性，然後在右下方編輯區設定該類別屬性的相關資訊參數。屬性常用的資訊參數，請參見圖 A-14。

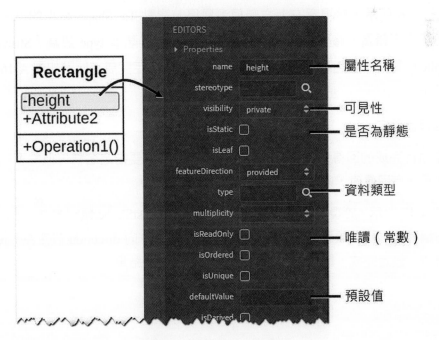

圖 **A-14** 　屬性常用的設定

(4) 指定操作的類型與參數

操作包括傳遞的引數（argument）、回傳值類型。引數可能不只一個，而且還具備資料類型。因此，操作的設定較為繁複。以 TestShape 類別的 main 操作為例，參考步驟 (2) 加入一個操作。參考步驟 (3) 變更操作名稱 name 為「main」、勾選靜態 isStatic 選項。如圖 A-15 所示，滑鼠右鍵選點操作名稱，於浮動式選單選擇 Add | Parameter，增加兩個參數。系統預設名稱為 Parameter1、Pameter2。

a. 引數設定

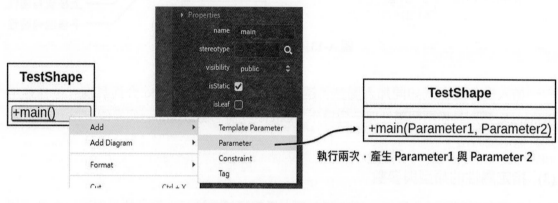

圖 A-15　操作加入所屬的參數

如圖 A-16 所示，於視窗右上方塑模瀏覽區，選點 TestShape 類別的 Parameter1 參數。再於下方編輯區，修改名稱 name 為「args」、資料類型 type 設為「String」、多樣性 multiplicity 輸入一個空格，表示陣列未指定數量。設定完成，顯示如圖 A-16 左方的類別圖示結果。

b. 回傳值設定

操作執行完成的回傳值，為無名的變數，因此不需要指定名稱，但需要指定其資料類型，如果沒有回傳值，則類型可以指定為 void。

如圖 A-17 所示，於視窗右上方塑模瀏覽區，選點 TestShape 類別的 Parameter2 參數。再於下方編輯區，資料類型 type 設為「String」、傳遞方向 direction 設定為「return」 表示是回傳值。設定完成，顯示如圖 A-17 左方的類別圖示結果。

```
TestShape
─────────────────────────────────
+main(args: String[ ], Parameter2)
```

引數名稱

資料類型

陣列數量

圖 **A-16**　設定 main 操作的 args 引數

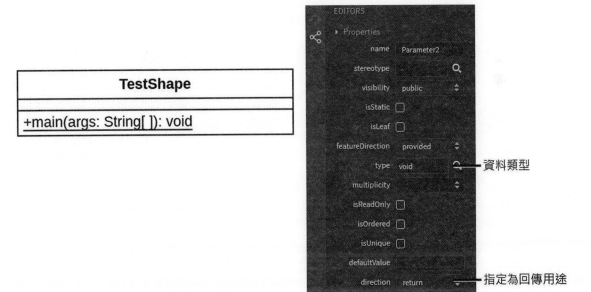

```
TestShape
─────────────────────────────────
+main(args: String[ ]): void
```

資料類型

指定為回傳用途

圖 A-17　設定 main 操作的回傳值資料類型

5. 建立關係

　　將各介面、類別的相關資訊參數設定完成，最後就是建立彼此之間的關係。依據系統分析與設計的考量，決定介面與類別之間的關係，如圖 A-18 所示逐一繪製。（各類型關係的意義，請參見 5-1 節的說明）。

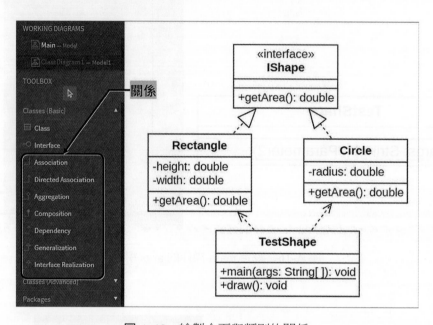

圖 A-18 繪製介面與類別的關係

附錄 B

設計型樣

　　系統開發經常遇到相同的程式問題，因此需要考慮具備重用性（Reusability）的物件導向軟體系統設計。隨著技術不斷的發展與演進，發展出了這些重複出現問題的解決方案，稱之為設計型樣（Design Patterns），或譯為設計模式。

　　設計型樣並非一組程式碼，而是一個概念。例如 Java 程式語言的企業級爪哇豆（Enterprise JavaBean，EJB）是應用於企業運算的程式框架（framework）。程式框架定義了整體應用架構的類別和物件的關係等參數，以便提供系統開發人員能夠專注於系統本身的特定應用細節。程式框架的設計具備設計型樣，以便實現重用性的需求。每種模式都有相應的原理與之對應，運用設計型樣可以有效地解決許多開發的需求。設計型樣把簡單的問題標準化處理，把環境中的各個部分進行抽象、歸納，每一個模式描述了一個在我們周圍不斷重複發生的問題，以及該問題的核心解決方案。所以使用設計型樣，除了建立良好的系統軟體外，在未來維護程式或是變更需求，都可以節省許多時間與精力。

　　Gamma 等人將設計型樣分為如圖 B-1 所示的建構型、結構型與行為型三大類共 23 種設計型樣 [　Gamma, E., Helm, R., Johnson, R., & Vlissides, J., (1995). Design Patterns: Elements of reusable object-oriented software (Vol. 99). Reading, Massachusetts: Addison-Wesley.]：

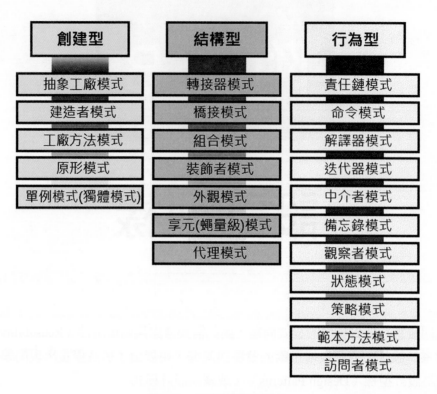

圖 B-1　設計型樣的類型

➕⟫ 補充說明

圖示說明：

⟫ **參與者類別（Participant client class）**：是在 UML 中，參與活動或互動過程中扮演特定角色的類別，用於表示該類別在該活動或互動中的參與。例如，當描述一個購物系統中的購買流程時的顧客（Customer）類別。

⟫ **隱含類別（Implicit client class）**：是在 UML 中，隱含的參與活動或互動的類別。它是指過程中沒有明確地顯示在圖中，但仍然起到了作用的類別。例如，當描述一個訂單處理系統中的訂單（Order）類別與庫存（Inventory）類別之間的互動時，可能需要隱含地加入其他類別（例如庫存管理器）來處理庫存的相關操作。

1. 建構型模式（Creational patterns）

用於處理物件建構的機制。包括下列 5 類：

(1) 抽象工廠（Abstract factory）模式

提供一個建立一系列或相關依賴物件的介面，而無需指定它們具體的類別，實際建立哪些物件由工廠的子類別來實現。抽象工廠模式與策略模式非常相似，策略模式使用物件對函數的傳遞進行編碼（encode）；抽象工廠模式則是使用物件對建構函數的傳遞進行編碼。

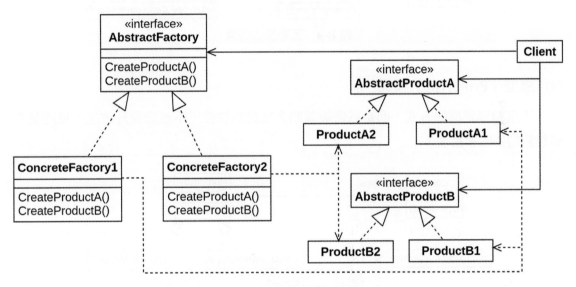

圖 B-2　抽象工廠模式結構

(2) 建造者（Builder）模式

將一個複雜物件的「建構」與「表示」分離，隱藏並封裝建構過程的細節，可以依據需求組裝，建立不同需求的物件。

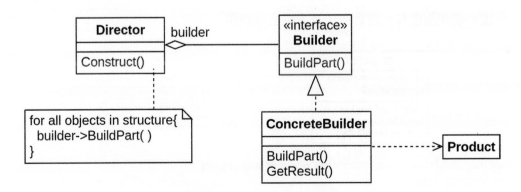

圖 B-3　建造者模式結構

(3) 工廠（Factory method）模式

定義一個類別來負責建立其他類別的實例（Instance），被建立的實例通常都具有共同的父類別（super class）。

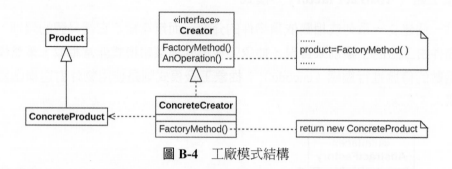

圖 B-4　工廠模式結構

(4) 原型（Prototype）模式

不用傳統建構的方式，而是透過複製的方式建立物件，不但能提升效能，也隱藏了創建新物件的複雜性。

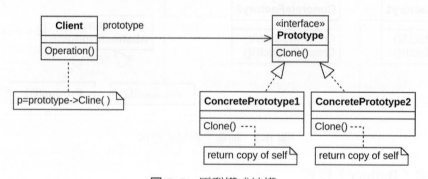

圖 B-5　原型模式結構

(5) 單例（Singleton，或譯為獨體）模式

保證一個類別僅有一個實例，並提供全域使用。

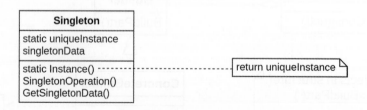

圖 B-6　單例模式結構

2. 結構型模式（Structural patterns）

結構模式包括下列 7 類，用於解釋如何將物件或類別組合成更大的結構，同時仍保持這些結構的靈活性和效率：

(1) 轉接器（Adapter）模式

用於允許一個類別看起來實作了一個介面，但實際上並沒有。當需要一個類別來實作一個特定的介面，但卻無法更改類別定義時，就可採用適配器模式。

a. 類別轉接器使用多重繼承來使一個介面轉接另一個介面：

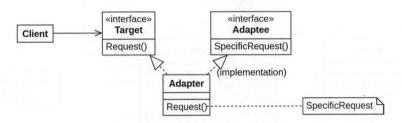

圖 B-7 轉接器模式多重繼承結構

b. 物件轉接器依賴物件組合：

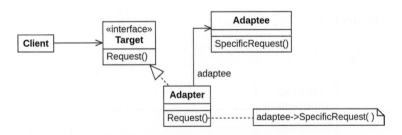

圖 B-8 轉接器依賴物件組合之結構

(2) 橋接（Bridge）模式

將抽象部分與實作部分分離，使它們都可以獨立的變化，即用合成關係代替繼承關係。

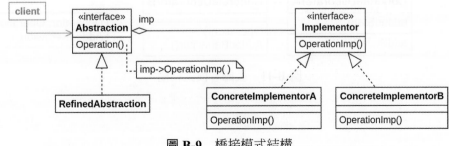

圖 B-9 橋接模式結構

(3) 組合（Composite）模式

將物件組合成樹形結構以表示「部分 - 整體」結構，使用容器型態（container type）作為包含其同類元素的子型態。

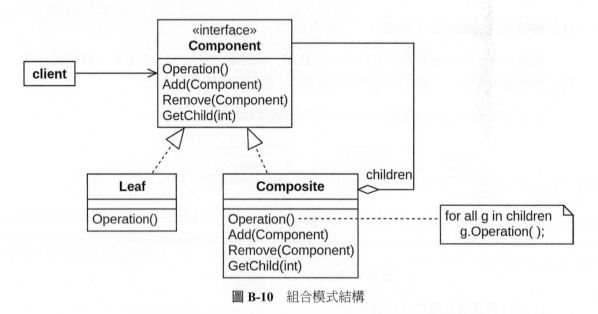

圖 B-10　組合模式結構

(4) 裝飾者（Decorator）模式

動態的將介面既有的實作添加額外的行為。

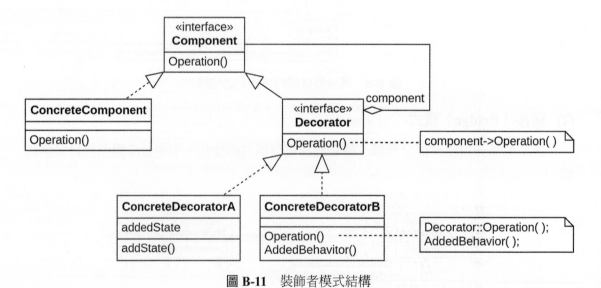

圖 B-11　裝飾者模式結構

(5) 外觀（Facade）模式

外觀模式用於隱藏系統的特定實作細節，為子系統中的一組介面提供一致的介面，允許呼叫程式在不了解系統如何運作的情況下提出高階的抽象的請求。

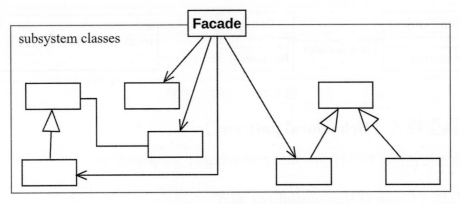

圖 B-12　外觀模式結構

(6) 享元（Flyweight，或譯為蠅量級）模式

與其他類似物件共享其部分資料來最小化內部記憶體使用的物件。

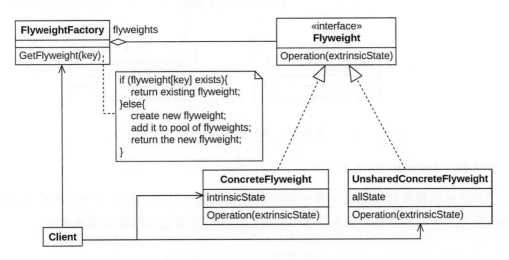

圖 B-13　享元模式結構

(7) 代理（Proxy）模式

用於控制或監視對物件的存取。與裝飾器模式比較，代理模式定義了一個類別來包裝現有物件，不是增加或更改原類別的行為介面，而是攔截行為並施加額外的規則。

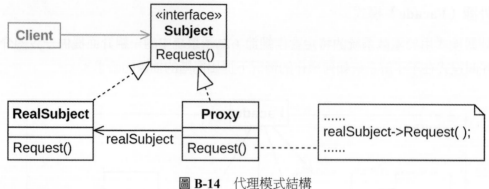

圖 B-14　代理模式結構

3. 行為型模式（Behavioral patterns）

行為型模式包括下列 11 類，用於處理不同物件之間的通訊：

(1) 責任鏈（Chain of Responsibility）模式

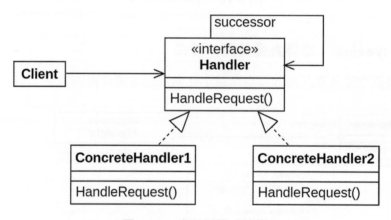

圖 B-15　責任鏈模式結構

(2) 解譯器（Interpreter）模式

這應該是最難設計的模式。當一類問題經常反覆出現時，就設計一個用於表達該問題的自定義語言，並定義一個直譯器，理解自定義語言表達的問題並解決問題。

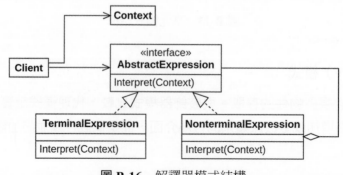

圖 B-16　解譯器模式結構

(3) 命令（Command）模式

以「命令物件」的形式取得工作，然後將其傳遞給系統中的另一個實例以進行一般方式的執行。

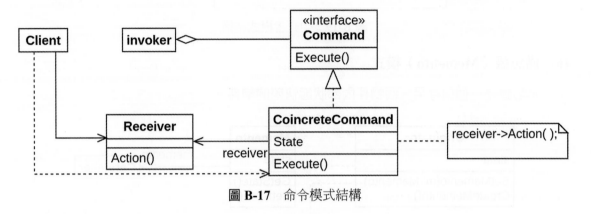

圖 B-17　命令模式結構

(4) 迭代器（Iterator）模式

迭代器模式允許透過中間對象循序存取資料結構，而無需知道使用哪種資料結構。

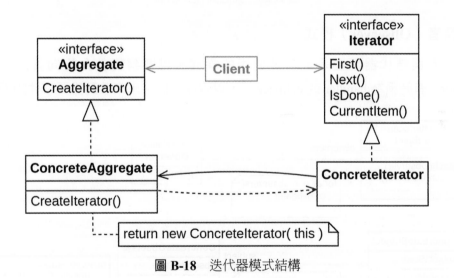

圖 B-18　迭代器模式結構

(5) 中介者（Mediator）模式

定義一個中介者物件用來封裝一組物件的互動方式，避免物件間相互直接的引用，從而降低它們之間的耦合程度，並且可以獨立地改變這些物件之間的互動方式。

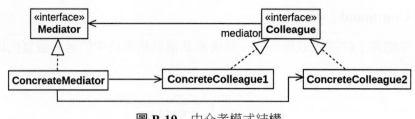

圖 B-19　中介者模式結構

(6) 備忘錄（Memento）模式

備忘錄是一個儲存另一個物件內部狀態快照的物件。

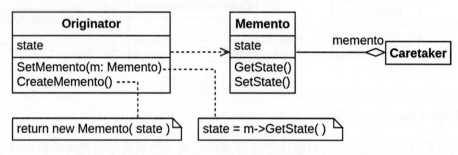

圖 B-20　備忘錄模式結構

(7) 觀察者（Observer）模式

觀察者與迭代器兩個是最常被使用的模式。可觀察物件允許向其添加偵聽器（Listener，有時稱為 handler 或 callback），以確保它們在未來收到重要事件的通知。

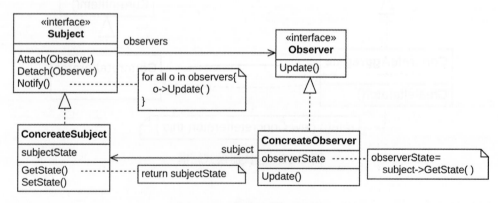

圖 B-21　觀察者模式結構

(8) 狀態（State）模式

大多數的 OOP 建構的物件不能更改其類別。狀態模式可以透過改變物件的行為，使物件看起來似乎改變了它所屬的類別。

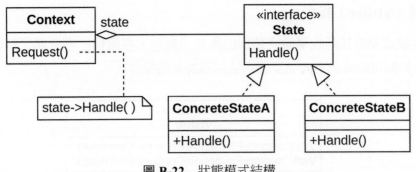

圖 B-22 狀態模式結構

(9) 策略（Strategy）模式

策略模式用於定義一系列的演算法並使它們之間可以互換。

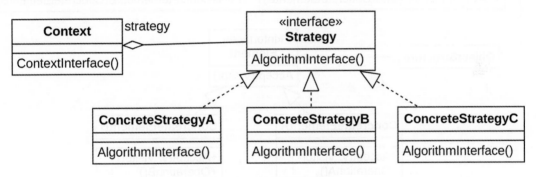

圖 B-23 策略模式結構

(10) 範本方法（Template method）模式

允許父類別將其演算法的一部分推延到其子類別。使得子類別可以不改變某一演算法的結構，即可重定義該演算法的某些特定步驟。

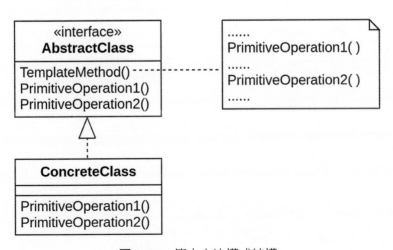

圖 B-24 範本方法模式結構

(11) 訪問者（Visitor）模式

訪問者模式要求我們枚舉給定類別的所有子類別，在確保已經考慮了每種情況，並在不修改底層類別的情況下向類型層次結構添加新的操作。

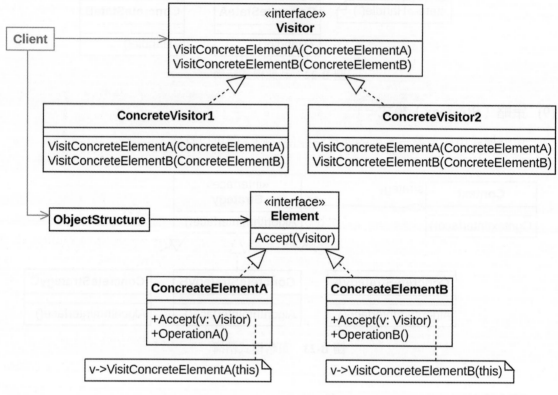

圖 B-25　訪問者模式結構

附錄 C

資通系統防護基準

依據 2021 年 8 月 23 日發行之行政院公報 27 卷 158 期資通系統防護基準修正規定：

控制措施 系統防護需求分級		高	中	普
存取控制	帳號管理	一、機關應定義各系統之閒置時間或可使用期限與資通系統之使用情況及條件。二、逾越機關所許可之閒置時間或可使用期限時，系統應自動將使用者登出。三、應依機關規定之情況及條件，使用資通系統。四、監控資通系統帳號，如發現帳號違常使用時回報管理者。五、等級「中」之所有控制措施。	一、已逾期之臨時或緊急帳號應刪除或禁用。二、資通系統閒置帳號應禁用。三、定期審核資通系統帳號之申請、建立、修改、啟用、停用及刪除。四、等級「普」之所有控制措施。	建立帳號管理機制，包含帳號之申請、建立、修改、啟用、停用及刪除之程序。
	最小權限	採最小權限原則，僅允許使用者（或代表使用者行為之程序）依機關任務及業務功能，完成指派任務所需之授權存取。		無要求。

（續下頁）

系統防護需求分級 控制措施		高	中	普
存取控制	遠端存取	一、遠端存取之來源應為機關已預先定義及管理之存取控制點。二、等級「普」之所有控制措施。		一、對於每一種允許之遠端存取類型，均應先取得授權，建立使用限制、組態需求、連線需求及文件化。二、使用者之權限檢查作業應於伺服器端完成。三、應監控遠端存取機關內部網段或資通系統後臺之連線。四、應採用加密機制。
事件日誌與可歸責性	記錄事件	一、應定期審查機關所保留資通系統產生之日誌。二、等級「普」之所有控制措施。		一、訂定日誌之記錄時間週期及留存政策，並保留日誌至少六個月。二、確保資通系統有記錄特定事件之功能，並決定應記錄之特定資通系統事件。三、應記錄資通系統管理者帳號所執行之各項功能。
	日誌紀錄內容	資通系統產生之日誌應包含事件類型、發生時間、發生位置及任何與事件相關之使用者身分識別等資訊，採用單一日誌機制，確保輸出格式之一致性，並應依資通安全政策及法規要求納入其他相關資訊。		
	日誌儲存容量	依據日誌儲存需求，配置所需之儲存容量。		
	日誌處理失效之回應	一、機關規定需要即時通報之日誌處理失效事件發生時，資通系統應於機關規定之時效內，對特定人員提出警告。二、等級「中」及「普」之所有控制措施。	資通系統於日誌處理失效時，應採取適當之行動。	
	時戳及校時	一、系統內部時鐘應定期與基準時間源進行同步。二、等級「普」之所有控制措施。		資通系統應使用系統內部時鐘產生日誌所需時戳，並可對應到世界協調時間 (UTC) 或格林威治標準時間 (GMT)。

（續下頁）

控制措施 ＼ 系統防護需求分級	高	中	普
事件日誌與可歸責性 ／ 日誌資訊之保護	一、定期備份日誌至原系統外之其他實體系統。 二、等級「中」之所有控制措施。	一、應運用雜湊或其他適當方式之完整性確保機制。 二、等級「普」之所有控制措施。	對日誌之存取管理，僅限於有權限之使用者。
營運持續計畫 ／ 系統備份	一、應將備份還原，作為營運持續計畫測試之一部分。 二、應在與運作系統不同地點之獨立設施或防火櫃中，儲存重要資通系統軟體與其他安全相關資訊之備份。 三、等級「中」之所有控制措施。	一、應定期測試備份資訊，以驗證備份媒體之可靠性及資訊之完整性。 二、等級「普」之所有控制措施。	一、訂定系統可容忍資料損失之時間要求。 二、執行系統源碼與資料備份。
營運持續計畫 ／ 系統備援	一、訂定資通系統從中斷後至重新恢復服務之可容忍時間要求。 二、原服務中斷時，於可容忍時間內，由備援設備或其他方式取代並提供服務。		無要求。
識別與鑑別 ／ 內部使用者之識別與鑑別	一、對資通系統之存取採取多重認證技術。 二、等級「中」及「普」之所有控制措施。	資通系統應具備唯一識別及鑑別機關使用者 (或代表機關使用者行為之程序) 之功能，禁止使用共用帳號。	
識別與鑑別 ／ 身分驗證管理	一、身分驗證機制應防範自動化程式之登入或密碼更換嘗試。 二、密碼重設機制對使用者重新身分確認後，發送一次性及具有時效性符記。 三、等級「普」之所有控制措施。		一、使用預設密碼登入系統時，應於登入後要求立即變更。 二、身分驗證相關資訊不以明文傳輸。 三、具備帳戶鎖定機制，帳號登入進行身分驗證失敗達五次後，至少十五分鐘內不允許該帳號繼續嘗試登入或使用機關自建之失敗驗證機制。

（續下頁）

系統防護需求分級 控制措施		高	中	普
識別與鑑別	身分驗證管理			四、使用密碼進行驗證時，應強制最低密碼複雜度；強制密碼最短及最長之效期限制。五、密碼變更時，至少不可以與前三次使用過之密碼相同。六、第四點及第五點所定措施，對非內部使用者，可依機關自行規範辦理。
	鑑別資訊回饋	資通系統應遮蔽鑑別過程中之資訊。		
	加密模組鑑別	資通系統如以密碼進行鑑別時，該密碼應加密或經雜湊處理後儲存。		無要求。
	非內部使用者之識別與鑑別	資通系統應識別及鑑別非機關使用者 (或代表機關使用者行為之程序)。		
系統與服務獲得	系統發展生命週期需求階段	針對系統安全需求（含機密性、可用性、完整性）進行確認。		
	系統發展生命週期設計階段	一、根據系統功能與要求，識別可能影響系統之威脅，進行風險分析及評估。二、將風險評估結果回饋需求階段之檢核項目，並提出安全需求修正。		無要求。
	系統發展生命週期開發階段	一、執行「源碼掃描」安全檢測。二、系統應具備發生嚴重錯誤時之通知機制。三、等級「中」及「普」之所有控制措施。	一、應針對安全需求實作必要控制措施。二、應注意避免軟體常見漏洞及實作必要控制措施。三、發生錯誤時，使用者頁面僅顯示簡短錯誤訊息及代碼，不包含詳細之錯誤訊息。	
	系統發展生命週期測試階段	一、執行「滲透測試」安全檢測。二、等級「中」及「普」之所有控制措施。	執行「弱點掃描」安全檢測。	

（續下頁）

控制措施	系統防護需求分級	高	中	普
系統與服務獲得	系統發展生命週期部署與維運階段	一、於系統發展生命週期之維運階段，應執行版本控制與變更管理。二、等級「普」之所有控制措施。		一、於部署環境中應針對相關資通安全威脅，進行更新與修補，並關閉不必要服務及埠口。二、資通系統不使用預設密碼。
	系統發展生命週期委外階段	資通系統開發如委外辦理，應將系統發展生命週期各階段依等級將安全需求（含機密性、可用性、完整性）納入委外契約。		
	獲得程序	開發、測試及正式作業環境應為區隔。	無要求。	
	系統文件	應儲存與管理系統發展生命週期之相關文件。		
系統與通訊保護	傳輸之機密性與完整性	一、資通系統應採用加密機制，以防止未授權之資訊揭露或偵測資訊之變更。但傳輸過程中有替代之實體保護措施者，不在此限。二、使用公開、國際機構驗證且未遭破解之演算法。三、支援演算法最大長度金鑰。四、加密金鑰或憑證應定期更換。五、伺服器端之金鑰保管應訂定管理規範及實施應有之安全防護措施。	無要求。	
	資料儲存之安全	資通系統重要組態設定檔案及其他具保護需求之資訊應加密或以其他適當方式儲存。		

（續下頁）

控制措施 系統防護需求分級		高	中	普
系統與資訊完整性	漏洞修復	一、定期確認資通系統相關漏洞修復之狀態。二、等級「普」之所有控制措施。		系統之漏洞修復應測試有效性及潛在影響，並定期更新。
	資通系統監控	一、資通系統應採用自動化工具監控進出之通信流量，並於發現不尋常或未授權之活動時，針對該事件進行分析。二、等級「中」之所有控制措施。	一、監控資通系統，以偵測攻擊與未授權之連線，並識別資通系統之未授權使用。二、等級「普」之所有控制措施。	發現資通系統有被入侵跡象時，應通報機關特定人員。
	軟體及資訊完整性	一、應定期執行軟體與資訊完整性檢查。二、等級「中」之所有控制措施。	一、使用完整性驗證工具，以偵測未授權變更特定軟體及資訊。二、使用者輸入資料合法性檢查應置放於應用系統伺服器端。	
	軟體及資訊完整性		三、發現違反完整性時，資通系統應實施機關指定之安全保護措施。	無要求。

國家圖書館出版品預行編目 (CIP) 資料

系統分析與設計：活用 UML／吳仁和作．－－初版．－－
新北市：全華圖書股份有限公司，2024.02
　　面；　公分
ISBN 978-626-328-855-3（平裝）

1.CST：系統分析　2.CST：軟體開發
312.2　　　　　　　　　　　　　　　113001290

系統分析與設計—活用 UML

作　　者／吳仁和、游佳萍

執行編輯／李慧茹、張繼元

封面設計／盧怡瑄

發 行 人／陳本源

出 版 者／全華圖書股份有限公司

郵政帳號／0100836-1 號

圖書編號／06922

圖書編號／06922

初版日期／2024 年 2 月

定　　價／新台幣 560 元

I S B N／978-626-328-855-3（平裝）

I S B N／978-626-328-851-5（PDF）

全華圖書／www.chwa.com.tw

全華網路書店 Open Tech／www.opentech.com.tw

若您對書籍內容、排版印刷有任何問題，歡迎來信指導 book@chwa.com.tw

臺北總公司（北區營業處）　　　南區營業處
地址：23671 新北市土城區忠義路 21 號　　地址：80769 高雄市三民區應安街 12 號
電話：(02)2262-5666　　　　　　　　　　電話：(07)381-1377
傳真：(02)6637-3695、6637-3696　　　　傳真：(07)862-5562

中區營業處
地址：40256 臺中市南區樹義一巷 26 號
電話：(04)2261-8485
傳真：(04)3600-9806(高中職)
　　　(04)3601-8600(大專)

版權所有‧翻印必究

國家圖書館出版品預行編目 (CIP) 資料

系統分析與設計：使用 UML/ 余顯強, 傅詠絮編著. --
初版. -- 新北市：全華圖書股份有限公司, 2024.02
　　面；　公分
ISBN 978-626-328-855-3(平裝)

1.CST: 物件導向 2.CST: 軟體研發
312.2　　　　　　　　　　113001259

系統分析與設計－使用 UML

編　著　者／余顯強、傅詠絮

發　行　人／陳本源

執　行　編　輯／林昆明、李慧茹

封　面　設　計／盧怡瑄

出　版　者／全華圖書股份有限公司

郵　政　帳　號／0100836-1 號

印　刷　者／宏懋打字印刷股份有限公司

圖　書　編　號／06522

初　　　　版／2024 年 2 月

定　　　　價／新台幣 590 元

Ｉ　Ｓ　Ｂ　Ｎ／978-626-328-855-3　（平裝）

Ｉ　Ｓ　Ｂ　Ｎ／978-626-328-851-5　（PDF）

全　華　圖　書／www.chwa.com.tw

全華網路書店 Open Tech ／ www.opentech.com.tw

若您對書籍內容、排版印刷有任何問題，歡迎來信指導 book@chwa.com.tw

臺北總公司（北區營業處）
地址：23671 新北市土城區忠義路 21 號
電話：(02)2262-5666
傳真：(02)6637-3695、6637-3696

中區營業處
地址：40256 臺中市南區樹義一巷 26 號
電話：(04)2261-8485
傳真：(04)3600-9806(高中職)
　　　(04)3601-8600(大專)

南區營業處
地址：80769 高雄市三民區應安街 12 號
電話：(07)381-1377
傳真：(07)862-5562

歡迎加入 全華會員

● **會員獨享**

會員享購書折扣、紅利積點、生日禮金、不定期優惠活動…等。

● **如何加入會員**

掃 QRcode 或填妥讀者回函卡直接傳真 (02) 2262-0900 或寄回，將由專人協助登入會員資料，待收到 E-MAIL 通知後即可成為會員。

如何購買 全華書籍

1. **網路購書**

全華網路書店「http://www.opentech.com.tw」，加入會員購書更便利，並享有紅利積點回饋等各式優惠。

2. **實體門市**

歡迎至全華門市（新北市土城區忠義路 21 號）或各大書局選購。

3. **來電訂購**

(1) 訂購專線：(02) 2262-5666 轉 321-324
(2) 傳真專線：(02) 6637-3696
(3) 郵局劃撥（帳號：0100836-1 戶名：全華圖書股份有限公司）

※ 購書未滿 990 元者，酌收運費 80 元。

OpenTech 全華網路書店.com.tw

全華網路書店 www.opentech.com.tw
E-mail: service@chwa.com.tw

※ 本會員制如有變更則以最新修訂制度為準，造成不便請見諒。

讀者回函卡

掃 QRcode 線上填寫 ▶▶

姓名：＿＿＿＿＿＿＿＿＿＿　生日：西元　　　　年　　　月　　　日　性別：□男 □女

電話：（　　　）＿＿＿＿＿＿＿＿　手機：＿＿＿＿＿＿＿＿＿

e-mail：（必填）＿＿＿＿＿＿＿＿＿＿＿＿

註：數字零，請用 Φ 表示，數字 1 與英文 L 請另註明並書寫端正，謝謝。

通訊處：□□□□□

學歷：□高中・職　□專科　□大學　□碩士　□博士

職業：□工程師　□教師　□學生　□軍・公　□其他

學校／公司：＿＿＿＿＿＿　科系／部門：＿＿＿＿＿＿

· 需求書類：

□ A. 電子 □ B. 電機 □ C. 資訊 □ D. 機械 □ E. 汽車 □ F. 工管 □ G. 土木 □ H. 化工 □ I. 設計
□ J. 商管 □ K. 日文 □ L. 美容 □ M. 休閒 □ N. 餐飲 □ O. 其他

· 本次購買圖書為：＿＿＿＿＿＿　書號：＿＿＿＿＿＿

· 您對本書的評價：

封面設計：□非常滿意　□滿意　□尚可　□需改善，請說明＿＿＿＿＿＿
內容表達：□非常滿意　□滿意　□尚可　□需改善，請說明＿＿＿＿＿＿
版面編排：□非常滿意　□滿意　□尚可　□需改善，請說明＿＿＿＿＿＿
印刷品質：□非常滿意　□滿意　□尚可　□需改善，請說明＿＿＿＿＿＿
書籍定價：□非常滿意　□滿意　□尚可　□需改善，請說明＿＿＿＿＿＿
整體評價：請說明＿＿＿＿＿＿

· 您在何處購買本書？

□書局　□網路書店　□書展　□團購　□其他

· 您購買本書的原因？（可複選）

□個人需要　□公司採購　□親友推薦　□老師指定用書　□其他

· 您希望全華以何種方式提供出版訊息及特惠活動？

□電子報　□DM　□廣告（媒體名稱＿＿＿＿＿＿）

· 您是否上過全華網路書店？（www.opentech.com.tw）

□是　□否　您的建議＿＿＿＿＿＿

· 您希望全華出版哪方面書籍？＿＿＿＿＿＿

· 您希望全華加強哪些服務？＿＿＿＿＿＿

感謝您提供寶貴意見，全華將秉持服務的熱忱，出版更多好書，以饗讀者。

填寫日期：　　／　　／

2020.09 修訂

親愛的讀者：

感謝您對全華圖書的支持與愛護，雖然我們很慎重的處理每一本書，但恐仍有疏漏之處，若您發現本書有任何錯誤，請填寫於勘誤表內寄回，我們將於再版時修正，您的批評與指教是我們進步的原動力，謝謝！

全華圖書　敬上

勘 誤 表

頁　數	行　數	書 名　　　錯誤或不當之詞句	作 者　　　建議修改之詞句

我有話要說：（其它之批評與建議，如封面、編排、內容、印刷品質等・・・）